U0660910

□ 中国高等职业技术教育研究会推荐

高职高专系列规划教材

自动控制原理

(第二版)

主　编　赵四化

副主编　王　琪　易世君

参　编　耿玉茹

主　审　金雯丽

西安电子科技大学出版社

内 容 简 介

本书是在 2004 年 7 月第 1 版的基础上修订而成的。本书以经典控制理论为基础内容，系统地论述了生产过程控制中所必需的基础理论。从控制系统的基本结构和数学模型出发，重点介绍了控制系统的时域分析法、根轨迹分析法、频域分析法、采样系统分析法和系统校正。全书共分 8 章。第 1 章总体介绍控制系统的发展概况，基本结构、类型及研究方法，为后续内容提供必要的基础知识。第 2 章以微分方程为基础，以传递函数为手段，主要讨论典型环节的数学模型。第 3 章以时域响应分析法分析系统。第 4 章以根轨迹法分析系统。第 5 章以频域分析法分析系统。第 6 章主要介绍依据频率分析方法对系统进行设计、校正。第 7 章主要介绍采样系统的基本概念以及基本的分析方法。第 8 章介绍状态空间分析方法。另外还有两个附录，主要介绍拉普拉斯变换基础知识。

本书可作为高职高专类院校通信及电子技术专业“自动控制原理”课程教材，也可作为其他非控制类专业的备选教材，还可供有关技术人员参考。

★本书配有电子教案，需要者可登录出版社网站，免费下载。

图书在版编目(CIP)数据

自动控制原理/赵四化主编．—2 版．
—西安：西安电子科技大学出版社，2009.8(2020.3 重印)
中国高等职业技术教育研究会推荐．高职高专系列规划教材
ISBN 978-7-5606-2271-2

Ⅰ．自…　Ⅱ．赵…　Ⅲ．自动控制理论—高等学校—技术学校—教材　Ⅳ．TP13

中国版本图书馆 CIP 数据核字(2009)第 126808 号

策　　划　马武装
责任编辑　马武装
出版发行　西安电子科技大学出版社(西安市太白南路 2 号)
电　　话　(029)88242885　88201467　　　邮　编　710071
网　　址　www.xduph.com　　　电子邮箱　xdupfxb001@163.com
经　　销　新华书店
印刷单位　陕西天意印务有限责任公司
版　　次　2009 年 8 月第 2 版　2020 年 3 月第 10 次印刷
开　　本　787 毫米×1092 毫米　1/16　印张 16.75
字　　数　385 千字
印　　数　40 001～43 000 册
定　　价　37.00 元
ISBN 978-7-5606-2271-2/TP

XDUP 2563002-10

序

1999 年以来，随着高等教育大众化步伐的加快，高等职业教育呈现出快速发展的形势。党和国家高度重视高等职业教育的改革和发展，出台了一系列相关的法律、法规、文件等，规范、推动了高等职业教育健康有序的发展。同时，社会对高等职业技术教育的认识在不断加强，高等技术应用型人才及其培养的重要性也正在被越来越多的人所认同。目前，高等职业技术教育在学校数、招生数和毕业生数等方面均占据了高等教育的半壁江山，成为高等教育的重要组成部分，在我国社会主义现代化建设事业中发挥着极其重要的作用。

在高等职业教育大发展的同时，也有着许多亟待解决的问题。其中最主要的是按照高等职业教育培养目标的要求，培养一批具有“双师素质”的中青年骨干教师；编写出一批有特色的基础课和专业主干课教材；创建一批教学工作优秀学校、特色专业和实训基地。

为解决当前信息及机电类精品高职教材不足的问题，西安电子科技大学出版社与中国高等职业技术教育研究会分两轮联合策划、组织编写了“计算机、通信电子及机电类专业”系列高职高专教材共 100 余种。这些教材的选题是在全国范围内近 30 所高职高专院校中，对教学计划和课程设置进行充分调研的基础上策划产生的。教材的编写采取公开招标的形式，以吸收尽可能多的优秀作者参与投标和编写。在此基础上，召开系列教材专家编委会，评审教材编写大纲，并对中标大纲提出修改、完善意见，确定主编、主审人选。该系列教材着力把握高职高专“重在技术能力培养”的原则，结合目标定位，注重在新颖性、实用性、可读性三个方面能有所突破，体现高职教材的特点。第一轮教材共 36 种，已于 2001 年全部出齐，从使用情况看，比较适合高等职业院校的需要，普遍受到各学校的欢迎，一再重印，其中《互联网实用技术与网页制作》在短短两年多的时间里先后重印 6 次，并获教育部 2002 年普通高校优秀教材二等奖。第二轮教材预计在 2004 年全部出齐

教材建设是高等职业院校基本建设的主要工作之一，是教学内容改革的重要基础。为此，有关高职院校都十分重视教材建设，组织教师积极参加教材编写，为高职教材从无到有，从有到优、到特而辛勤工作。但高职教材的建设起步时间不长，还需要做艰苦的工作，我们殷切地希望广大从事高等职业教育的教师，在教书育人的同时，组织起来，共同努力，编写出一批高职教材的精品，为推出一批有特色的、高质量的高职教材作出积极的贡献。

中国高等职业技术教育研究会会长 李宗尧

IT类专业高职高专规划教材编审专家委员会

第二版前言

本书是在2004年7月第1版的基础上修订而成的。为了适应当前自动控制技术的发展和教学要求，编者在相关章节上做了调整，如重新改写了第4章，将第8章自动控制原理实验的内容改为介绍状态空间分析方法。另外，删去了附录C，使全书内容更为紧凑。

“自动控制原理”是一门自动控制专业的基础理论课程，属于技术基础课，该课程主要阐述经典控制理论的有关基本原理及基本分析方法，为后继课程运用控制原理提供基础知识。

本书在选材上，坚持“理论够用为度，注重实际应用为主”的理念，以经典控制理论为基础内容，系统地论述了生产过程控制中所必需的基础理论。从控制系统的基本结构和数学模型出发，重点介绍控制系统时域分析法、根轨迹分析法、频域分析法、采样系统分析法和系统校正。

全书共分8章。第1章介绍控制系统的发展概况，基本结构、类型及研究方法等基础知识。第2章以微分方程为基础，传递函数为手段，主要讨论典型环节的数学模型。第3章以时域响应分析法分析系统。第4章以根轨迹法分析系统。第5章以频域分析法分析系统。第6章主要介绍依据频率分析方法对系统进行设计、校正。第7章主要介绍采样系统的基本概念以及基本分析方法。第8章介绍状态空间分析法在自动控制中的基本应用。另外还有两个附录，主要介绍拉普拉斯变换的基础知识。

本书由成都电子机械高等专科学校赵四化教授主编。参加编写工作的有王琪(成都电子机械高等专科学校)、易世君(成都电子机械高等专科学校)、耿玉茹(成都电子机械高等专科学校)等。成都电子机械高等专科学校对本书的出版给予了大力的支持，在此表示衷心的感谢。

由于编者的水平有限，书中疏漏错误在所难免，竭诚欢迎广大读者批评指正。

编　者

2009年5月于成都

第一版前言

本书是为高职高专类院校通信及电子技术专业学生学习“自动控制原理”课程而编写的教材，也可作为其他非控制类专业的备选教材。

“自动控制原理”是一门自动控制专业的基础理论课程，属于技术基础课，该课程主要阐述经典控制理论的有关基本原理以及基本分析方法，为后继课程运用控制原理提供基础知识。

本书以经典控制理论为基础内容，系统地论述了生产过程控制中所必需的基础理论。从控制系统的基本结构和数学模型出发，重点介绍控制系统的时域分析法、根轨迹分析法、频域分析法、采样系统分析法和系统校正。

第8章的目的是为了增强学生动手能力的培养。考虑到目前现代控制理论的发展，本书在附录中增加了对MATLAB语言的介绍。

在内容的安排上，为了适应高职高专层次的教学需要，本书仍按研究系统的方法独立地介绍各章。第1章总体介绍控制系统的发展概况，基本结构、类型及研究方法，为后续内容提供必要的基础知识。第2章以微分方程为基础，传递函数为手段，主要讨论典型环节的数学模型。第3章以时域响应分析法分析系统。第4章以根轨迹法分析系统。第5章以频域分析法分析系统。第6章主要介绍依据频率分析方法对系统进行设计、校正。第7章主要介绍采样系统的基本概念以及基本分析方法。第8章介绍自动控制系统的基本实验。附录C介绍了MATLAB语言在自动控制中的基本应用。

本书由成都电子机械高等专科学校赵四化主编。参加编写工作的还有胡俊波(成都电子机械高等专科学校)、谭三(成都西华大学)、王琪(成都电子机械高等专科学校)、庞小琪(成都电子机械高等专科学校)、蔡礼渊(成都电子机械高等专科学校)。成都电子机械高等专科学校对本书的出版给予了大力的支持，在此表示衷心的感谢。

由于编者水平有限，书中疏漏错误在所难免，竭诚欢迎广大读者批评指正。

编　者

2004年3月于成都

目　　录

第1章 绪 论

1.1 引 言

1.1.1 自动控制理论概述

自动控制理论是研究各种自动控制过程共同规律的技术学科。它的发展初期是以反馈理论为基础的自动调节理论。随着科学技术的进步，自动控制原理已发展成为一门独立的学科，它包括工程控制论、生物控制论、经济控制论和社会控制论。工程控制论是控制论中最成熟的分支，主要研究工程领域中控制系统信息分析、变换、传送的一般理论与设计应用。自动控制理论是工程控制论的一个分支，它只研究自动控制系统分析和设计的一般方法。根据自动控制技术发展的不同阶段，自动控制理论可分为"经典控制理论"和"现代控制理论"两大部分。

经典控制理论是指20世纪50年代末期所发展形成的理论体系。经典控制理论主要是研究单输入—单输出线性定常系统的分析和设计问题，其理论基础是描述系统输入—输出关系的传递函数，主要采用时域分析方法和频域分析方法。

现代控制理论是在20世纪60年代初期，为适应更复杂系统的设计，研究具有高性能、高精度的多输入—多输出系统而出现的新的控制理论。

自动控制原理是一门自动控制专业的基础理论课程，它属于技术基础课程，该课程讲述的是自动控制系统分析设计的一些基本方法，譬如根轨迹法、频域响应法、状态空间法等。它使用的系统数字模型有传递函数和状态模型等，所处理的系统为线性系统和非线性系统等。本课程主要研究的系统是线性定常系统。

1.1.2 自动控制的发展历史及现状

自动控制技术在工业、农业、国防和科学技术现代化中起着十分重要的作用。自动控制技术水平的高低也是衡量科学技术先进与否的重要标志之一。随着国民经济和国防建设的发展，自动控制技术的应用日益广泛，其重要作用也越来越显著。

自动控制的发展已有很长的历史，自动机和自动钟很早就发明了。大约在公元前3世纪，古代希腊人特西比奥斯(Ktesibios)发明的滴水时钟，至公元9世纪经阿拉伯人改进后成为一个典型的负反馈控制系统。工业革命时期，瓦特(James Watt)发明的蒸汽发动机离心式调速机构，也是一个很好的负反馈控制系统。

我国古代在自动学方面的成就就更为超前，远在3000多年前出现的铜壶滴漏装置的水平控制问题比古希腊人的滴水时钟更早。2000年前发明的指南车，也可看成是一个按扰动补偿的自动控制系统。

现代控制论的产生和发展乃至形成一个独立的工程学科还是在近代。在瓦特发明蒸汽发动机离心式调速机构之后大约100年，麦克斯韦(J. C. Maxwell)发表的“论调节器”一文，利用线性微分方程对离心式调速机构的动态性能进行了分析和研究，这是关于反馈控制理论的第一篇正式论文。随后，1884年劳斯(E. J. Routh)，1892年李雅普诺夫，1895年赫尔维茨(A. Hurwitz)等人都对控制理论作出了重要的贡献。在这一时期，自动控制系统也开始较为广泛地应用于工业生产控制。在第一次世界大战期间，自动控制被广泛应用于军事工业。特别是在第二次世界大战期间，由于军事的需要，使自动控制理论及其应用得到了很快的发展。飞机、火炮、舰船的快速精确控制，雷达跟踪和导弹制导技术的发展已达到了较高水平。战后，随着许多理论和实践成果的发表，使控制理论的发展推向高潮。1948年伊万斯(W. R. Evans)提出了根轨迹法。至此，经典控制理论已基本趋于完善。

经典控制理论在指导自动控制技术的发展和应用中起到了重大作用。但是，经典控制理论存在着严重的局限性：经典控制理论只限于处理线性非时变系统；只限于处理单输入—单输出系统等。因此，经典控制理论对于时变系统，非线性系统(除简单例子外)和多输入—多输出系统是无法使用的。为了突破经典控制理论的局限性，从20世纪60年代初开始，一种新型的方法——现代控制理论被提出，并得以迅速发展。现代控制理论是建立在状态空间的基础上的，其本质是利用状态方程求解问题。由于计算机技术的高速发展，使得复杂的数学问题得以解决，从而促进了现代控制理论的发展，并使其在应用中越来越显示出优越性。

1.1.3 自动控制的基本方法

自动控制系统有两种最基本的形式，即开环控制和闭环控制。复合控制是将开环控制和闭环控制适当结合的控制方式，可用来实现复杂且控制精度较高的控制任务。

1. 开环控制

开环控制是指控制装置与被控对象之间只有顺向作用而没有反向联系的控制过程。即被控量(系统输出)不影响系统控制的控制方式称为开环控制。所以，在开环控制中，不对被控量进行任何检测，在输出端和输入端之间不存在反馈联系。

开环控制又有两种方式，即用给定值操纵的控制方式和干扰补偿的控制方式。

1) 用给定值操纵的控制方式

用给定值操纵的开环控制系统的方框图如图1-1所示。

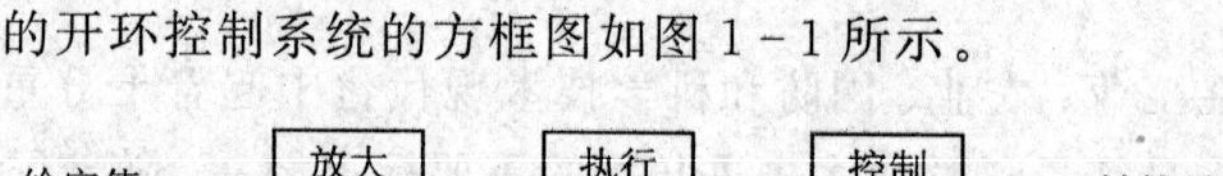

图1-1 用给定值操纵的开环控制

这种控制方式的特点是：在给定输入端到输出端之间的信号传递是单向进行的。

这种控制方式的缺点是：当受控对象或控制装置受到干扰，或者在工作过程中元件特性发生变化而影响被控量时，系统不能进行自动补偿，所以控制精度难以保证。但是由于它的结构比较简单，因此在控制精度要求不高或元器件工作特征比较稳定而干扰又很小的场合中应用比较广泛。

2）用干扰补偿的控制方式

用干扰补偿的开环控制方式的方框图如图 1－2 所示。

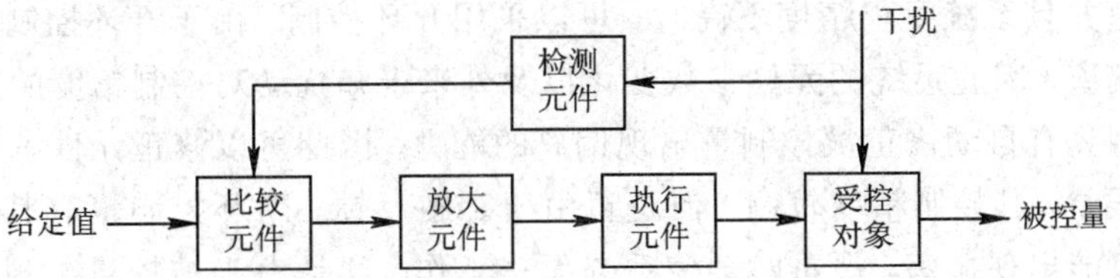

图 1－2　用干扰补偿的开环控制

这种控制方式的特点是：干扰信号经测量、计算、放大、执行等元件到输出端的传递也是单向进行的。

用干扰补偿的控制方式只能用在干扰可以测量的场合。另外这种控制方式在工作过程中不能补偿由于元件及受控对象工作特性变化而对被控量所产生的影响。

2. 闭环控制

被控量参与系统控制的控制方式称为闭环控制。闭环控制的方框图如图 1－3 所示。

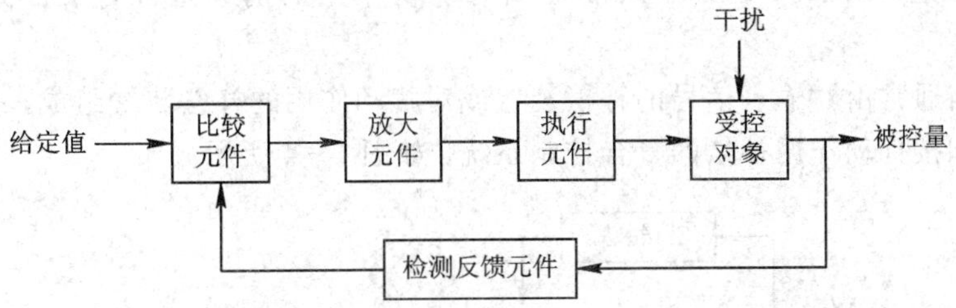

图 1－3　闭环控制

闭环控制的特点是在控制器和被控对象之间，不仅存在着正向作用，而且还存在着反馈作用，即系统的输出信号对被控制量有直接影响。闭环控制中，在给定值和被控量之间，除了有一条从给定值到被控制量方向传递信号的前向通道外，还有一条从被控量到比较元件传递信号的反馈通道。控制信号沿着前向通道和反馈通道循环传递，所以闭环控制又称为反馈控制。

在闭环控制中，被控量时时刻刻被检测，或者再经过信号变换，并通过反馈通道送回到比较元件和给定值进行比较。比较后得到的偏差信号经放大元件进行放大后送入执行元件。执行元件根据所接收信号的大小和极性，直接对受控对象进行调节，以进一步减小偏差。由此可见，只要闭环控制系统出现偏差，不论该偏差是由干扰造成的，还是由系统元件或受控对象工作特性变化所引起的，系统都能自行调节以减小偏差。故闭环控制系统又称为带偏差调节的控制系统。

闭环控制从原理上提供了实现高精度控制的可能性，它对控制元件的要求比开环控制低。但与开环控制系统相比，闭环控制系统的设计比较麻烦，结构也比较复杂，因而成本较高。闭环控制系统是自动控制中广泛应用的一种控制方式。当控制精度要求较高，干扰影响比较大时，一般都采用闭环控制系统。

3. 开环控制与闭环控制的比较

一般来说，开环控制结构简单、成本低、工作稳定，因此，当系统的输入信号及扰动作用能预先知道并且系统要求精度不高时，可以采用开环控制。由于开环控制不能自动修正被控制量的偏离，因此系统的元件参数变化以及外来未知扰动对控制精度的影响较大。

闭环控制具有自动修正被控制量出现偏离的能力，因此可以修正元件参数变化及外界扰动引起的误差，其控制精度较高。但是正由于存在反馈，闭环控制也有其不足之处，就是被控制量可能出现振荡，严重时会使系统无法工作。这是由于被控量出现偏离之后，经过反馈便形成一个修正偏离的控制作用。这个控制作用和它所产生的修正偏离的效果之间，一般是有时间延迟的，使被控制量的偏差不能立即得到修正，从而有可能使被控制量处于振荡状态。因此，如果系统参数选择不当，不仅不能修正偏离，反而会使偏离越来越大，而导致系统无法工作。自动控制系统设计的重要课题之一就是要解决闭环控制中的振荡或发散问题。

4. 复合控制

复合控制就是将开环控制和闭环控制相结合的一种控制方式。实质上，它是在闭环控制回路的基础上，附加一个对输入信号或对扰动作用的前馈通路，来提高系统的控制精度。

前馈通路通常由对输入信号的补偿装置或对扰动作用的补偿装置组成，分别称为按输入信号补偿和按扰动作用补偿的复合控制系统，如图 1-4 所示。

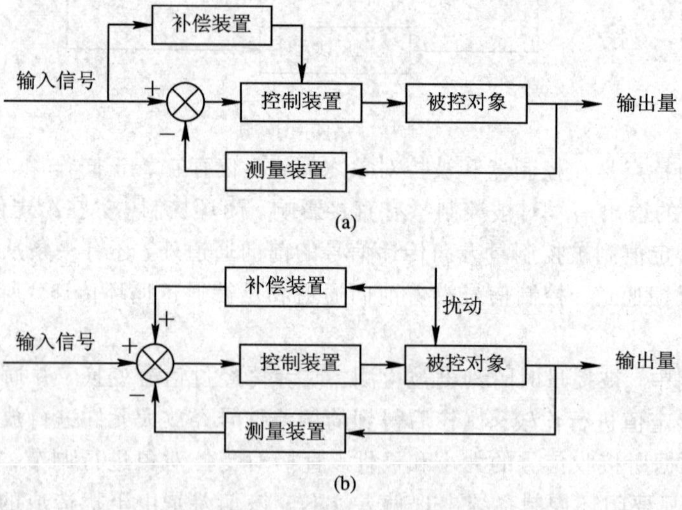

图 1-4 复合控制系统方框图

(a) 按输入作用补偿；(b) 按扰动作用补偿

通常，按输入信号补偿的装置可以提供一个输入信号的微分作用，该微分作用作为前馈控制信号与原输入信号一起对被控对象进行控制，以提高系统的跟踪精度。按扰动作用补偿的装置能够在可测量的扰动对系统的不利影响产生之前提供一个控制作用以抵消扰动对系统输出的影响。补偿装置按照不变性原理设计，即在任何输入下，都能保证系统输出与作用在系统上的扰动完全无关或部分无关，从而使系统的输出完全复现输入。

1.1.4 控制系统的分类

由于控制技术的广泛应用以及控制理论自身的发展，使得控制系统具有各种各样的形式，从不同的角度出发，分类的方式也不相同。本节仅介绍两种常见的分类方法。

1. 按输入信号特征分类

1）定值控制系统

给定信号(给定值)为一常值的控制系统称为定值控制系统。这类控制系统的任务是保证在扰动作用下使被控变量始终保持在给定值上。在生产过程中的温度、压力、流量、液位高度等大量的控制系统都属于这一类系统。

2）随动控制系统

给定信号是一个未知变化量的闭环控制系统称为随动控制系统。这类控制系统的任务是保证在各种条件下系统的输出(被控变量)以一定精度跟随给定信号的变化而变化，所以这类控制系统又称为跟踪控制系统。如雷达无线跟踪系统，当被跟踪目标位置未知时属于这类系统。

3）程序控制系统

给定信号是一个按一定时间程序变化的时间函数的闭环控制系统就称为程序控制系统。如热处理炉温度控制系统的升温、保温、降温过程都是按照预先设定的规律进行控制的，所以该系统属于程序控制系统。

2. 按所使用的数学方法分类

1）线性控制系统和非线性控制系统

(1) 线性控制系统。当系统中各组成环节的特性可以用线性微分方程(或差分方程)来描述时，这类系统称为线性控制系统。线性控制系统的特点是可以运用叠加原理。在系统存在几个输入时，系统的输出等于各个输入分别作用于系统时的系统输出之和，当系统输入增大或缩小时，系统的输出也按比例增大或缩小。

若描述控制系统特性的微分方程(或差分方程)的系数是常数而不是随时间变化的函数，则这种线性系统称为线性定常(或时不变)系统；若微分方程(或差分方程)的系数是时间的函数，则系统称为线性时变系统。

(2) 非线性控制系统。当系统中存在非线性的组成环节时，系统的特征就由非线性微分方程来描述，这样的控制系统称为非线性控制系统。对于非线性系统叠加原理是不适用的。

严格地讲，实际的控制系统都具有不同程度的非线性。非线性特性根据其处理方法不同，可以分为本质非线性和非本质非线性两种。对于非本质非线性，其输入、输出的关系曲线没有间断点和折断点，且呈单值关系。因此当系统变化量变化范围不大时，为便于分析研究，可简化为线性关系来处理。这样可以应用成熟的线性控制理论进行分析和讨论。对于本质非线性特性，其输入、输出关系或是具有间断点和折断点，或是具有非单值关系。这类控制系统需要用非线性理论来分析和研究。

2）连续控制系统与离散控制系统

(1) 连续控制系统。当控制系统中各组成环节的输入和输出信号都是时间的连续函数时，称此类系统为连续控制系统。连续控制系统的特征一般是用微分方程来描述的。信号的时间函数允许有间断点(不连续点)。若系统是线性的而且又是连续的，则称为线性连续系统。

(2) 离散控制系统。控制系统中只要有一个组成环节的输入信号或输出信号在时间上是离散的，就称为离散控制系统。离散系统与连续系统的区别仅在于信号只在特定离散的瞬时(如图 1-5 所示)是时间的函数，而在两离散的瞬时点之间信号是不确定的。

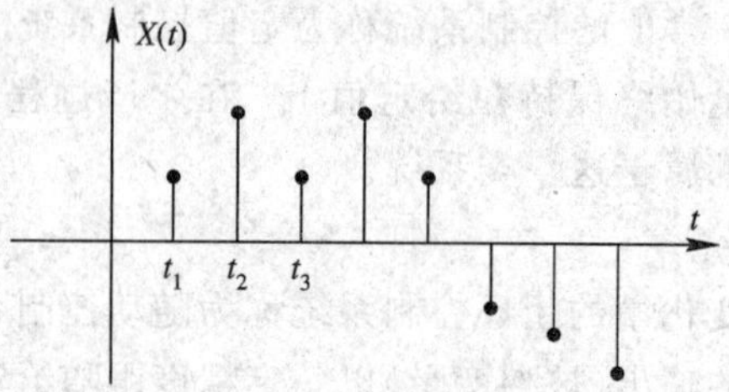

图 1-5　离散信号

离散控制系统的特性可用差分方程来描述。若差分方程是线性的，则系统为线性离散控制系统。图 1-6 所示为几种不同类离散系统的特性。

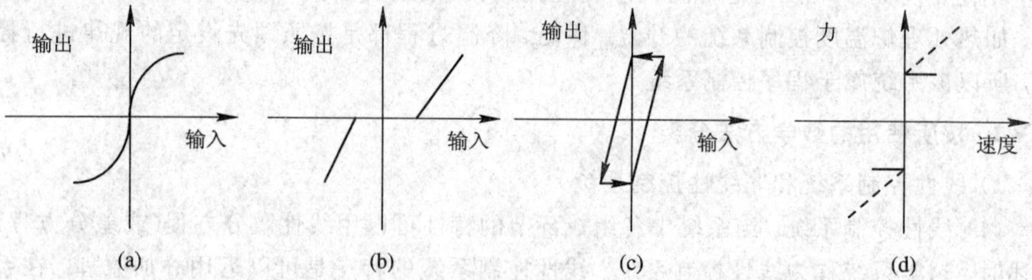

图 1-6　常见的非线性特性

(a) 饱和；(b) 死区；(c) 间隙；(d) 干摩擦和粘性摩擦

在计算机引入控制系统后，控制系统由连续系统变成离散系统。随着计算机在自动控制中的广泛应用，离散系统理论得到迅速发展。

3) 单变量控制系统与多变量控制系统

(1) 单变量控制系统。在一个控制系统中，如果只有一个被控变量和一个控制作用来控制被控对象，则称该系统为单变量控制系统，又称为单输入—单输出系统。如图 1-7 所示。目前大量的过程控制系统都属于这类系统。

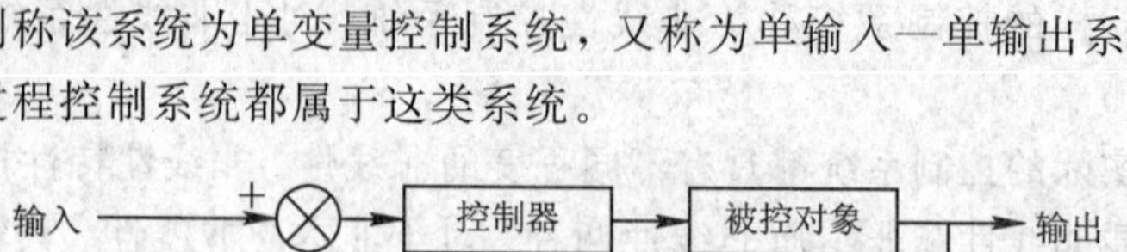

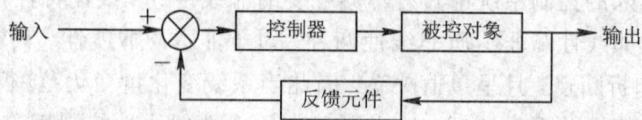

图 1-7　单变量控制系统

(2) 多变量控制系统。如果一个控制系统中的被控变量多于一个，控制作用也多于一个，而且各控制回路相互之间有耦合关系，则称这类控制系统为多变量控制系统，也称为多输入—多输出控制系统，如图 1-8 所示。

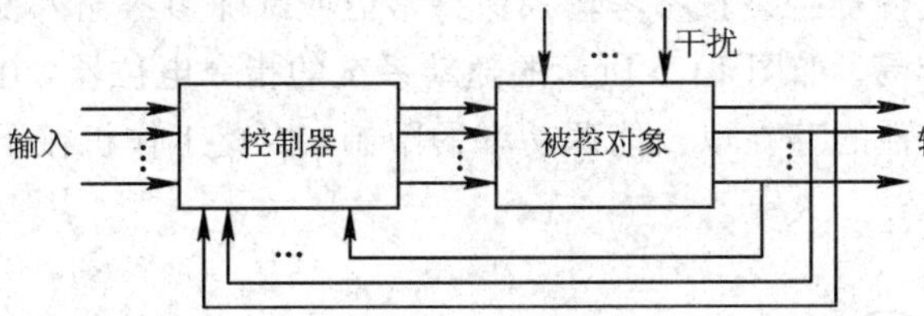

图 1-8　多变量控制系统

1.1.5　控制系统的研究内容和方法

1. 控制系统的研究内容

控制系统的类型很多，但研究的内容和方法是类似的。在研究控制系统时不是从具体控制系统的物理性质入手，而是从表征这些控制系统的数学模型出发，用数学(包括实验)的方法去构造一个人们所需要的数学模型，或是去研究这种系统的数学模型。因此，对于控制系统的研究主要分为两个内容，一是控制系统的分析，二是控制系统的综合。

控制系统的分析是指在已知控制系统的数学模型的条件下，分析系统的性能，并研究性能指标与系统结构、参数之间的关系，从而提出改善控制系统性能的途径和措施。

而控制系统的综合是指根据生产实际对控制系统提出的性能指标的要求，用数学的方法去确定系统的某些参数或附加某种装置(称为校正装置)的过程，可见控制系统的综合是控制系统设计的一部分。

2. 控制系统的研究方法

对于单变量线性控制系统，常采用经典的时域法、频率法和根轨迹法来进行研究。

1）时域法

时域法是一种以微分方程为基础而构成的数学模型，通常采用求解微分方程的途径，直接在时间域中对控制系统进行研究的一种方法。在一定的输入变量作用下，系统的输出变量时域表达式可以由微分方程求得(或由传递函数求得)，从而计算出控制系统的时域性能指标。由这种方法得出的性能指标比较直观，并且系统的参数与性能指标之间的关系比较清楚。由于目前计算技术的发展，求解微分方程的工作量大为减轻，因而使时域法的应用更为广泛。

2）频域法

对于一些不容易从理论推导得出系统微分方程的场合，可以通过频率响应求得系统的特性。由于这种方法简便，物理概念明了，因而在实践中得到了广泛的应用。

3）根轨迹法

根轨迹法是一种以作图法为基础研究控制系统的方法。由于它是从系统的开环特性出发去研究系统的闭环特性的，因此方法简单，特别是在系统设计时较为方便。

1.1.6　对控制系统的基本要求

对工作在不同场合下的控制系统有不同的性能要求。本节主要从控制的角度来讨论控制系统应满足的基本要求。

控制系统的任务是使被控量按参考输入保持常值或跟随参考输入变化。但是要在任何时间做到这一点并不容易。如图 1-9 所示的随动系统的指令电位器，在瞬间转动一个单位角度时，由于系统中惯性的存在以及能源功率的限制，因此工作机械不可能立即跟随转动相等的角度。

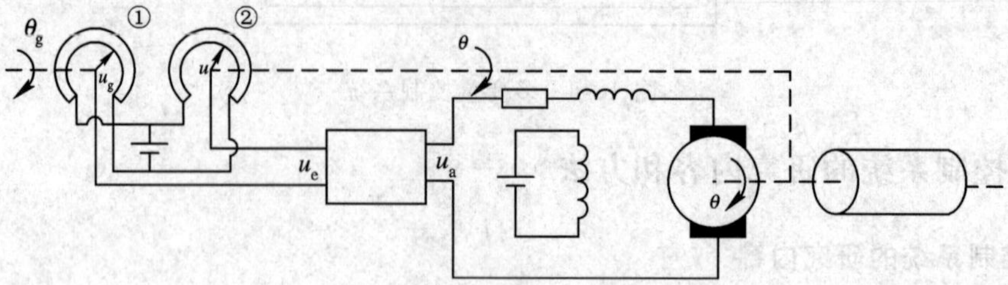

图 1-9　随动系统

当偏差产生的控制作用使工作机械转过与给定值相等的角度时，由于惯性的关系，工作机械将仍以一定速度继续旋转，因而出现反向偏差。控制系统又产生反向控制作用，使工作机械反向转动。如此周而复始，出现了振荡的跟踪过程。控制系统的这一运动过程称为系统的动态过程。当系统结构及其参数匹配合理时，经过一定时间后，被控量将趋于希望值。

图 1-10 表示了在阶跃输入信号作用下几种系统被控量的变化过程，图中 $x(t)$ 表示输入，$y(t)$ 表示输出。

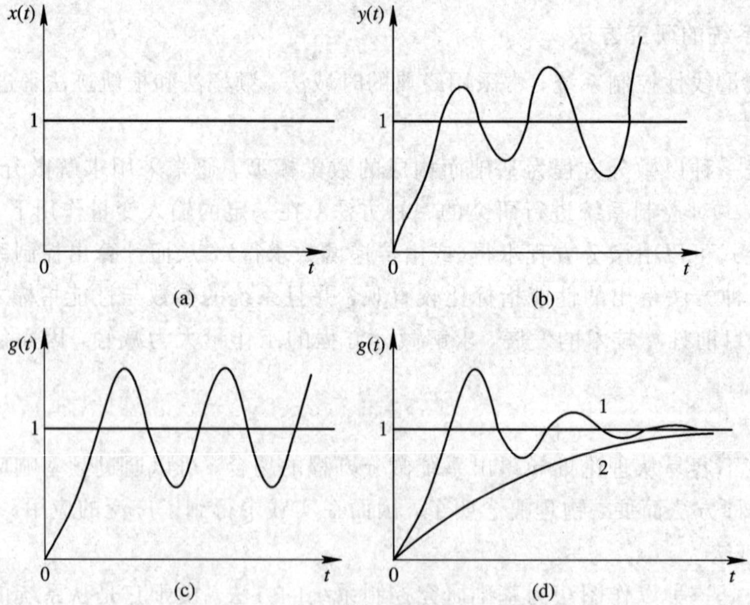

图 1-10　控制系统的阶跃输入和输出

显然，不是所有系统都能正常地工作。系统要能正常工作，必须满足如下基本要求。

(1) 稳定性。稳定性是指系统被控量偏离给定值而振荡时，系统抑制振荡的能力。对于稳定的系统，随着时间的增长，被控量将趋近于希望值。可见稳定性是保证系统正常工作的先决条件。

图 1-10(b)和图 1-10(c)所示的系统是不稳定的，这种系统不能正常工作。

图 1-10(d)所示的系统是稳定的。

(2) 快速性。快速性是指被控量趋近希望值的快慢程度。快速性好的系统，它的过渡过程时间就短，就能复现快速变化的控制信号，因而具有较高的动态精度。图 1-10(d)所示的系统 1，其快速性要比系统 2 好。

稳定性和快速性是反映系统动态过程好坏的尺度。

(3) 精确性。精确性是指过渡过程结束后被控量与希望值接近的程度。也就是当系统过渡到新的平衡工作状态后，被控量与希望值偏差的大小。系统的这一性能指标被称为系统的稳态精度。

考虑到控制系统的动态过程在不同阶段中的特点，工程上常常从稳、快、准三个方面来评价系统的总体精度。对同一个系统而言，稳定性、快速性和准确性相互制约。提高过程的快速性，常常会诱发系统的强烈振荡；改善系统的平稳性，控制过程又可能变得很迟缓，甚至最终精度也有所下降。因此，分析、解决这些矛盾，将是本课程讨论的内容。

习　题

1.1　什么是系统？什么是被控对象？什么是控制？

1.2　什么是自动控制？它对人类活动有什么意义？

1.3　试列举几个日常生活中的开环控制系统和闭环控制系统，并说明它们的工作原理。

1.4　自动控制系统主要由哪几部分组成？各组成部分有什么功能？

1.5　试用反馈控制原理来说明司机驾驶汽车是如何进行线路方向控制的，并画出系统方框图。

1.6　洗衣机控制系统的方框图如习题 1.6 图所示，试设计一个闭环控制的洗衣机系统方框图。

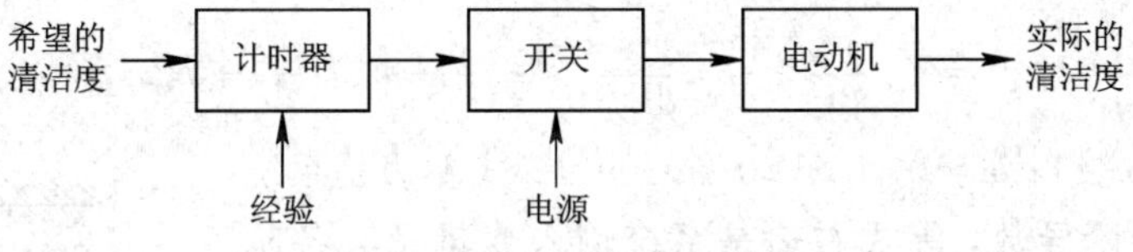

习题 1.6 图　洗衣机控制系统

第 2 章　控制系统的数学模型

数学模型是描述系统输入变量、输出变量和内部变量之间关系的数学表达式。反映系统或部件动态特性的数学模型称作动态数学模型。常用的动态数学模型有微分方程、传递函数和动态结构图。

建立数学模型是对系统进行分析和研究的基础。数学模型把系统的基本特性从具体的物理现象中抽象出来，从而可以很方便地研究一般控制系统的运行规律。

在建立数学模型时，应该根据系统的具体情况和要求忽略某些次要的因素，使数学模型既能反映系统的本质特性，又能做到尽可能简单，以减小分析计算的工作量。一般来说，建立系统的数学模型有两种方法：分析法和实验法。分析法先分析系统各部件的物理规律，然后列写出各变量之间的数学关系。实验法先对系统施加典型输入信号，再根据系统的输出响应得到系统的数学模型。采用分析法得到系统数学模型的过程是：① 明确输入、输出量；② 建立输入、输出量的动态联系；③ 消去中间变量，得到系统的数学模型。

2.1　列写系统的微分方程

微分方程是在时域中描述系统动态特性的数学模型。列写系统的微分方程是建立数学模型的重要环节。研究控制系统时常用的传递函数、动态结构图等都是在微分方程的基础上衍生出来的。

一般线性定常系统或元件的典型形式为

$$
\begin{aligned}
&a_0\frac{\mathrm{d}^n y}{\mathrm{d}t^n}+a_1\frac{\mathrm{d}^{(n-1)} y}{\mathrm{d}t^{(n-1)}}+\cdots+a_{n-1}\frac{\mathrm{d}y}{\mathrm{d}t}+a_n y\\
&=b_0\frac{\mathrm{d}^m x}{\mathrm{d}t^m}+b_1\frac{\mathrm{d}^{(m-1)} x}{\mathrm{d}t^{(m-1)}}+\cdots+b_{m-1}\frac{\mathrm{d}x}{\mathrm{d}t}+b_m x
\end{aligned}
\tag{2-1}
$$

其中，$a_0\neq 0$ 且 $n\geqslant 1$；$b_0\neq 0$ 且 $m\geqslant 0$；$n\geqslant m$。等式左边是系统输出变量及其各阶导数，等式右边是系统输入变量及其各阶导数，且等式左右两边的系数均为实数。

根据系统的物理特性，可分为机械系统、电路系统和机电系统。

2.1.1　机械系统

例 2.1　带阻尼的弹簧系统如图 2－1 所示，试列写系统的微分方程。

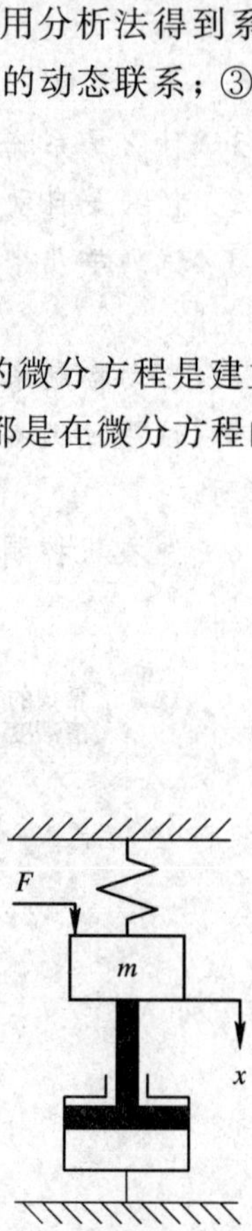

图 2－1　带阻尼的弹簧系统

解 (1) 明确输入、输出量。外作用力 F 为输入变量，位移 x 为输出变量。

(2) 建立输入、输出量的动态联系。设质量 m 相对于初始平衡状态的位移、速度和加速度分别为 x、$\mathrm{d}x/\mathrm{d}t$ 和 $\mathrm{d}^2x/\mathrm{d}t^2$。根据牛顿定律得

$$F - f\frac{\mathrm{d}x}{\mathrm{d}t} - kx = m\frac{\mathrm{d}^2x}{\mathrm{d}t^2} \tag{2-2}$$

其中，k 为弹簧的弹性系数，f 为阻尼器的粘性摩擦系数。

(3) 整理，得系统数学模型：

$$F = m\frac{\mathrm{d}^2x}{\mathrm{d}t^2} + f\frac{\mathrm{d}x}{\mathrm{d}t} + kx \tag{2-3}$$

2.1.2 电路系统

例 2.2 已知一 RLC 电路如图 2-2 所示，试列写其微分方程。

解 (1) 明确输入、输出量。$u_o(t)$为输出量，$u_i(t)$为输入量。

(2) 建立输入、输出量的动态联系。

设回路电流为 $i(t)$，根据基尔霍夫定律，有

$$L\frac{\mathrm{d}i(t)}{\mathrm{d}t} + Ri(t) + u_o(t) = u_i(t) \tag{2-4}$$

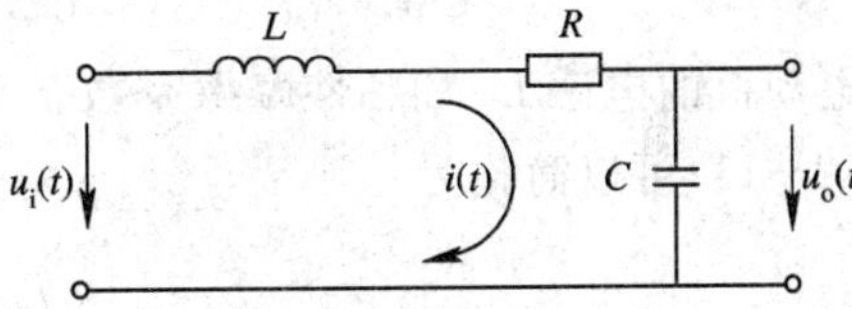

图 2-2 RLC 电路

式中 $i(t)$是中间变量，$i(t)$和 $u_o(t)$的关系为

$$u_o(t) = \frac{1}{C}\int i(t)\,\mathrm{d}t \tag{2-5}$$

(3) 消去中间变量 $i(t)$，得到系统的数学模型。由式(2-5)得 $i(t)=C\dfrac{\mathrm{d}u_o(t)}{\mathrm{d}t}$，代入式(2-4)，得

$$LC\frac{\mathrm{d}^2u_o(t)}{\mathrm{d}t^2} + RC\frac{\mathrm{d}u_o(t)}{\mathrm{d}t} + u_o(t) = u_i(t) \tag{2-6}$$

上式就是所求微分方程。这是一个典型的二阶线性常系数微分方程，对应的系统也称为二阶线性定常系统。

2.1.3 机电系统

例 2.3 已知一他励直流电动机系统如图 2-3 所示，试列写其微分方程。

图中，$u(t)$为电枢电压；E_a 为反电动势；I_a 为电枢电流；R_a 为电枢电阻；L_a 为电枢电感；M 为电磁力矩；Ω 为电机角速度；J 为电动机总的转动惯量；f 为电动机和负载折算到轴上的等效粘性阻尼系数；I_f 为励磁电流(常数)。

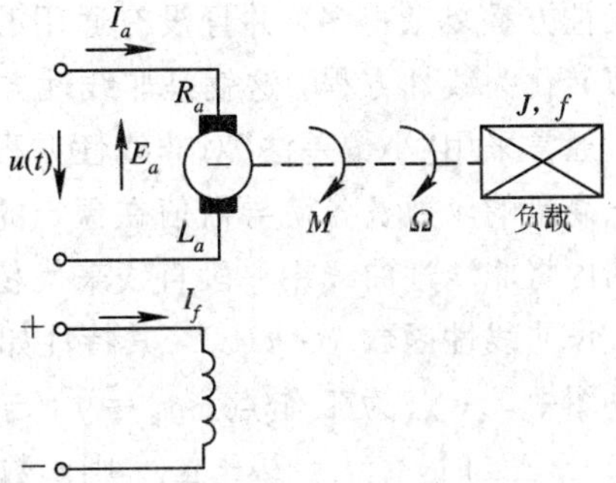

图 2-3 他励直流电动机系统

解 (1) 明确输入、输出量。输出量为 Ω，输入量为 $u(t)$。

(2) 建立输入、输出量的动态联系。在他励

直流电动机系统中有机械运动及电磁运动，二者之间还存在耦合。根据几种关系建立的输入、输出量的动态联系为

机械运动：

$$J\frac{\mathrm{d}\Omega}{\mathrm{d}t}+f\Omega=M \tag{2-7}$$

电磁运动：

$$u-E_a=L_a\frac{\mathrm{d}I_a}{\mathrm{d}t}+R_aI_a \tag{2-8}$$

机电之间的耦合关系：

$$E_a=C_e\Omega \tag{2-9}$$

$$M=C_mI_a \tag{2-10}$$

其中，C_e 为电动机电势常数；C_m 为电动机力矩常数。

(3) 消去中间变量，得到系统的数学模型。消去中间变量 E_a、I_a 和 M，得

$$\frac{L_aJ}{C_eC_m}\frac{\mathrm{d}^2\Omega}{\mathrm{d}t^2}+\left(\frac{R_aJ+L_af}{C_eC_m}\right)\frac{\mathrm{d}\Omega}{\mathrm{d}t}+\left(1+\frac{R_af}{C_eC_m}\right)\Omega=\frac{u}{C_e} \tag{2-11}$$

当电动机的电感 L_a 和粘性摩擦系数 f 较小时，二者对系统的动态影响可以忽略不计，则式(2-11)可以简化为

$$T_m\frac{\mathrm{d}\Omega}{\mathrm{d}t}+\Omega=\frac{u}{C_e} \tag{2-12}$$

其中

$$T_m=\frac{R_aJ}{C_eC_m}$$

称为电动机的机电时间常数。

2.1.4 非线性方程的线性化

严格说，现实系统中的元件几乎都具有不同程度的非线性，所以对于系统的输入变量和输出变量之间的关系来说，其实应该用非线性动态方程来加以描述。但是在大多数情况下，非线性因素都比较弱，可以将它们近似为线性元件，然后用线性微分方程加以描述。然而，有的元件的非线性程度较为严重，如果简单地将它们看作线性元件，则会使建立的数学模型与实际情况偏离过大，从而导致分析结果出现错误。由于非线性方程的性质一般比线性方程复杂得多，并且没有通用的解法，因此工程上经常在一定条件下将非线性方程近似转化为线性方程，这就是非线性方程的线性化。

通常采用“小偏差法”对非线性方程进行线性化。应用“小偏差法”的条件是输入变量和输出变量的函数及各阶导数值在预定的工作点附近都存在。该方法的实质是在一个很小的范围内将非线性曲线用一段直线来代替。方法如下。

设非线性函数 $y=f(x)$，其特性如图 2-4 所示。

图中，A 点为工作点，$y_0=f(x_0)$。x、y 在工作点附近做小范围增量变化，即当 $x=x_0+\Delta x$ 时，有 $y=y_0+\Delta y$。则函数 $y=f(x)$在工作点附近可以展开成泰勒级数：

$$y=f(x_0)+f'(x_0)\Delta x+\frac{1}{2!}f''(x_0)\Delta x^2+\cdots \tag{2-13}$$

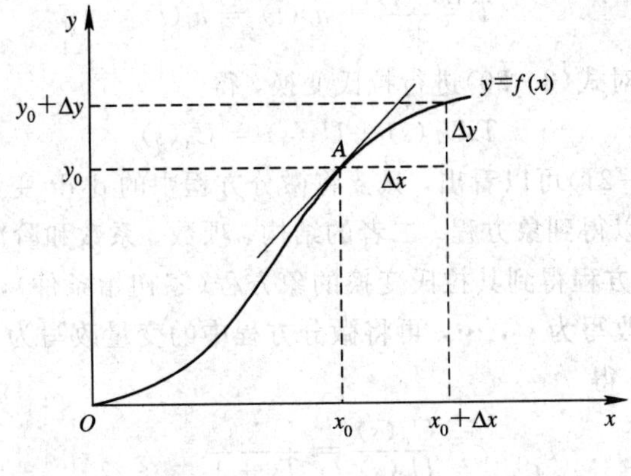

图 2-4　非线性特性

当 Δx 很小时，可以忽略上式的高次项，则式(2-13)可以改写为

$$y = f(x_0) + f'(x_0)\Delta x \tag{2-14}$$

或

$$y - y_0 = f'(x_0)\Delta x \tag{2-15}$$

即

$$\Delta y = f'(x_0)\Delta x \tag{2-16}$$

对于式(2-16)，如果略去增量符号 Δ，那么非线性函数 $y=f(x)$ 在工作点处的线性化方程就是

$$y = f'(x_0)x \tag{2-17}$$

令 $k=f'(x_0)$，则有

$$y = kx \tag{2-18}$$

2.2　传 递 函 数

微分方程是描述系统动态性能的时域数学模型。建立了系统的微分方程以后，求解方程就可以得到系统的动态过程。但是微分方程的列写十分繁杂，求解过程计算量比较大，采用微分方程来分析系统的性能很不方便。因此，在工程上通常用拉普拉斯变换(简称拉氏变换)将微分方程变换为 s 域中的代数方程，然后再进行求解。传递函数就是在此基础上派生出来的，它不仅可以表征系统的动态特性，还可以用来分析系统结构和参数变化对系统性能的影响。有关拉氏变换的内容见附录。

2.2.1　传递函数的概念

设 RC 电路如图 2-5 所示，输入电压为 $u_i(t)$，输出电压为 $u_o(t)$。

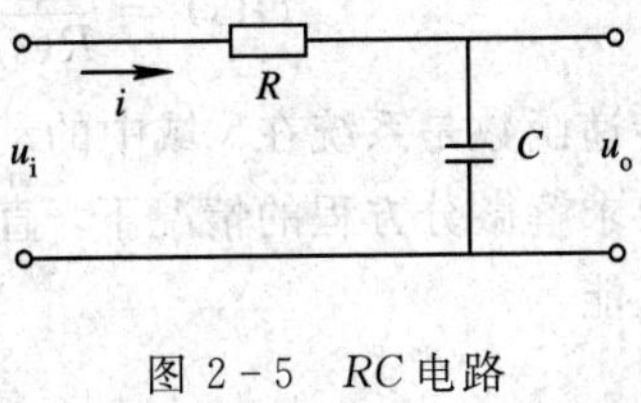

图 2-5　RC 电路

根据电路理论，可以列写出系统的微分方程：

$$RC\frac{du_o(t)}{dt} + u_o(t) = u_i(t) \tag{2-19}$$

令 $RC=T$，上式改写为

$$T\frac{du_o(t)}{dt}+u_o(t)=u_i(t) \tag{2-20}$$

设初始值 $u_c(0^-)=0$，对式(2-20)进行拉氏变换，得

$$TsU_o(s)+U_o(s)=U_i(s) \tag{2-21}$$

比较式(2-20)和式(2-21)可以看出，只要将微分方程中的 d/dt 变为 s；$u_o(t)$变为 $U_o(s)$；$u_i(t)$变为 $U_i(s)$，就可以得到象方程。二者的结构、项数、系数和阶次完全一致。

一般地，要由微分方程得到其拉氏变换的象方程(零初始条件)，只需将微分方程中的 d/dt 改写为 s，d^2/dt^2 改写为 s^2，…，再将微分方程中的变量改写为 s 域中的象函数即可。

将式(2-21)整理，得

$$\frac{U_o(s)}{U_i(s)}=\frac{1}{Ts+1} \tag{2-22}$$

式(2-22)中，$U_o(s)$和 $U_i(s)$分别为输出量和输入量的象函数。由式(2-22)可知，$U_o(s)$和 $U_i(s)$ 的比值是 s 的有理分式函数，只与系统的结构和参数有关，而与输入信号无关。由于它包含了微分方程(2-19)中的全部信息，故可以用它作为在复频域中描述 RC 电路输入—输出关系的数学模型，可记为

$$G(s)=\frac{U_o(s)}{U_i(s)}=\frac{1}{Ts+1} \tag{2-23}$$

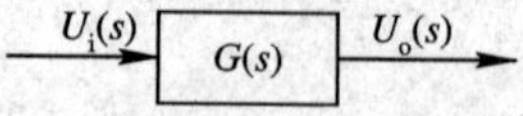

图 2-6　RC 电路方框图

这一关系可以用图 2-6 所示的方框图表示，输入信号经过 $G(s)$ 动态传递到输出，故称$G(s)$为 RC 电路的传递函数。

2.2.2　传递函数的定义

传递函数是指在零初始条件下，线性定常系统输出变量的拉氏变换象函数与输入变量的拉氏变换象函数之比。

设线性定常系统为

$$a_0\frac{d^n c(t)}{dt^n}+a_1\frac{d^{(n-1)}c(t)}{dt^{(n-1)}}+\cdots+a_{n-1}\frac{dc(t)}{dt}+a_n c(t)$$
$$=b_0\frac{d^m r(t)}{dt^m}+b_1\frac{d^{(m-1)}r(t)}{dt^{(m-1)}}+\cdots+b_{m-1}\frac{dr(t)}{dt}+b_m r(t) \tag{2-24}$$

其中，$a_0\neq0$ 且 $n\geqslant1$；$b_0\neq0$ 且 $m\geqslant0$；$n\geqslant m$。等式左边是系统输出变量及其各阶导数，等式右边是系统输入变量及其各阶导数，且等式左右两边的系数均为实数。

设初始值为 0，对式(2-24)两边进行拉氏变换得

$$(a_0s^n+a_1s^{n-1}+\cdots+a_{n-1}s+a_n)C(s)$$
$$=(b_0s^m+b_1s^{m-1}+\cdots+b_{m-1}s+b_m)R(s) \tag{2-25}$$

根据传递函数的定义得到系统的传递函数为

$$G(s)=\frac{C(s)}{R(s)}=\frac{b_0s^m+b_1s^{m-1}+\cdots+b_{m-1}s+b_m}{a_0s^n+a_1s^{n-1}+\cdots+a_{n-1}s+a_n} \tag{2-26}$$

传递函数是系统在 s 域中的动态数学模型，是研究线性系统动态特性的重要工具。在不需要求解微分方程的情况下，直接根据系统传递函数的某些特征便可分析和研究系统的动态性能。

2.2.3 传递函数的性质

(1) 传递函数是将线性定常系统的微分方程经拉氏变换后导出的，因此传递函数的概念只适用于线性定常系统。

(2) 传递函数是复变量 s 的有理分式函数，通常 $n \geqslant m$，且所有的系数均为实数。

(3) 传递函数只取决于系统或元件的结构和参数，与输入量的形式和大小无关。

(4) 传递函数是在零初始条件下求得的。

2.2.4 传递函数的求法

1. 根据系统的微分方程求传递函数

首先列写出系统的微分方程或微分方程组，然后在零初始条件下求各微分方程的拉氏变换，将它们转换为 s 域的代数方程组，消去中间变量，得到系统的传递函数。

例 2.4 试求例 2.2 中 RLC 电路的传递函数。

解 根据基尔霍夫定律，有

$$L\frac{\mathrm{d}i(t)}{\mathrm{d}t}+Ri(t)+\frac{1}{C}\int i(t)\,\mathrm{d}t=u_{\mathrm{i}}(t) \tag{2-27}$$

$$u_{\mathrm{o}}(t)=\frac{1}{C}\int i(t)\,\mathrm{d}t \tag{2-28}$$

在零初始条件下，将上两式进行拉氏变换得

$$LsI(s)+RI(s)+\frac{1}{Cs}I(s)=U_{\mathrm{i}}(s) \tag{2-29}$$

$$U_{\mathrm{o}}(s)=\frac{1}{Cs}I(s) \tag{2-30}$$

消去中间变量 $I(s)$后，得

$$(LCs^2+RCs+1)U_{\mathrm{o}}(s)=U_{\mathrm{i}}(s) \tag{2-31}$$

根据传递函数的定义，可得 RLC 电路的传递函数为

$$G(s)=\frac{U_{\mathrm{o}}(s)}{U_{\mathrm{i}}(s)}=\frac{1}{LCs^2+RCs+1} \tag{2-32}$$

2. 用复阻抗的概念求电路的传递函数

在电路中有三种基本的阻抗元件：电阻、电容、电感。流过这三种阻抗元件的电流 i 与电压 u 的关系是

电阻：$u=Ri$；电容：$\frac{\mathrm{d}u}{\mathrm{d}t}=\frac{1}{C}i$；电感：$u=L\frac{\mathrm{d}i}{\mathrm{d}t}$。

对以上各等式两边作拉氏变换(零初始条件)，得：

电阻：

$$U(s)=RI(s)$$

可见电阻 R 的复阻抗仍为 R。

电容：

$$sU(s)=\frac{1}{C}I(s)$$

整理得

$$U(s) = \frac{1}{Cs}I(s)$$

可见电容的复阻抗为 $1/(Cs)$。

电感：

$$U(s) = LsI(s)$$

可见电感的复阻抗为 Ls。

复阻抗在电路中经过串联、并联，组成各种复杂电路，其等效阻抗的计算和一般电阻电路完全一样。通过复阻抗的概念可以直接写出一个电路的传递函数，省掉了微分方程的推导和计算过程，从而减少了计算量。

例 2.5 试用复阻抗的概念求例 2.2 所示电路的传递函数。

解 根据基尔霍夫定律，有

$$U_o(s) = \frac{\frac{1}{Cs}}{Ls + R + \frac{1}{Cs}}U_i(s) = \frac{1}{LCs^2 + RCs + 1}U_i(s) \tag{2-33}$$

整理得

$$G(s) = \frac{U_o(s)}{U_i(s)} = \frac{1}{LCs^2 + RCs + 1} \tag{2-34}$$

2.3 系统的动态结构图

控制系统的动态结构图(方框图)是描述系统中各变量间关系的数学图形。应用动态结构图可以简化复杂控制系统的分析和计算，同时能直观地表明控制信号在系统内部的动态传递关系，因此在控制理论中的应用十分广泛。

2.3.1 动态结构图

动态结构图是系统中各环节函数功能和信号流向的图形表示，由函数方框、信号线、信号分支点、信号相加点等组成(如图 2-7 所示)。

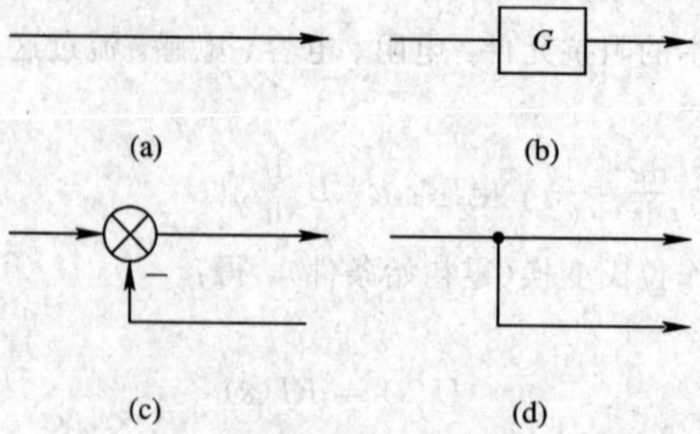

图 2-7 动态结构图的基本组成部分

(1) 信号线(如图 2-7(a)所示)：表示输入、输出通道，箭头代表信号的传递方向。

(2) 函数方框(传递方框，如图 2-7(b)所示)：方框内为具体环节的传递函数。

(3) 信号相加点(综合点、比较点，如图 2-7(c)所示)：表示几个信号相加减。

(4) 信号分支点(引出点，如图 2-7(d)所示)：表示同一信号输出到几个地方。

2.3.2 动态结构图的绘制

系统的动态结构图的绘制步骤如下：

(1) 根据信号传递过程，将系统划分为若干个环节或部件。

(2) 确定各环节的输入量与输出量，求出各环节的传递函数。

(3) 绘出各环节的动态结构图。

(4) 将各环节相同的量依次连接，得到系统动态结构图。

例 2.6 试绘制图 2-8 所示 RC 电路的动态结构图。

解 (1) 根据信号传递过程，将系统划分为四个部件：R_1、C_1、R_2、C_2。

(2) 确定各环节的输入量与输出量，求出各环节的传递函数。

R_1：输入量为 $u_i - u_1$，输出量为 i_1；传递函数为

$$\frac{I_1(s)}{U_i(s)-U_1(s)}=\frac{1}{R}$$

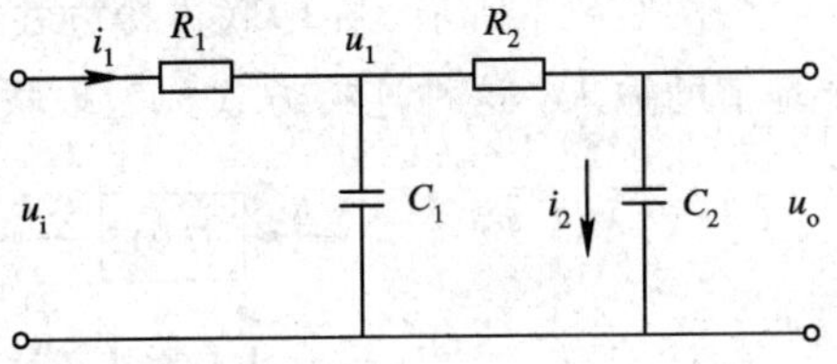

图 2-8 RC 电路

C_1：输入量为 $i_1 - i_2$，输出量为 u_1；传递函数为

$$\frac{U_1(s)}{I_1(s)-I_2(s)}=\frac{1}{C_1 s}$$

R_2：输入量为 $u_1 - u_o$，输出量为 i_2；传递函数为

$$\frac{I_2(s)}{U_1(s)-U_o(s)}=\frac{1}{R_2}$$

C_2：输入量为 i_2，输出量为 u_o；传递函数为

$$\frac{U_o(s)}{I_2(s)}=\frac{1}{C_2 s}$$

(3) 绘出各环节的动态结构图(如图 2-9 所示)。

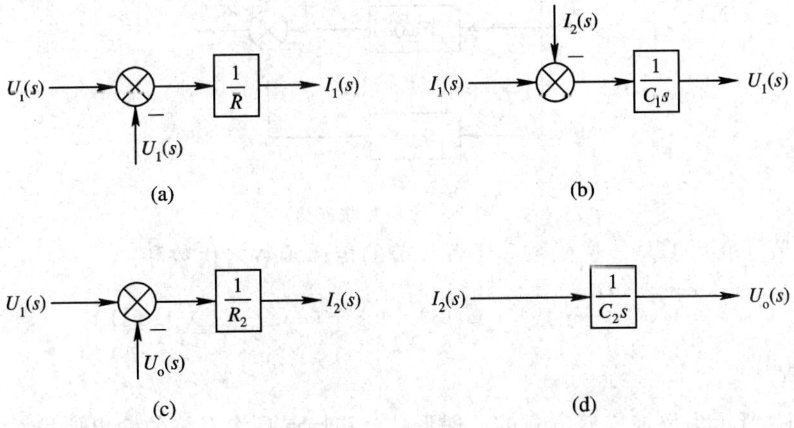

图 2-9 RC 电路各部件的动态结构图

(4) 将各环节相同的量依次连接，得到系统动态结构图(如图 2-10 所示)。

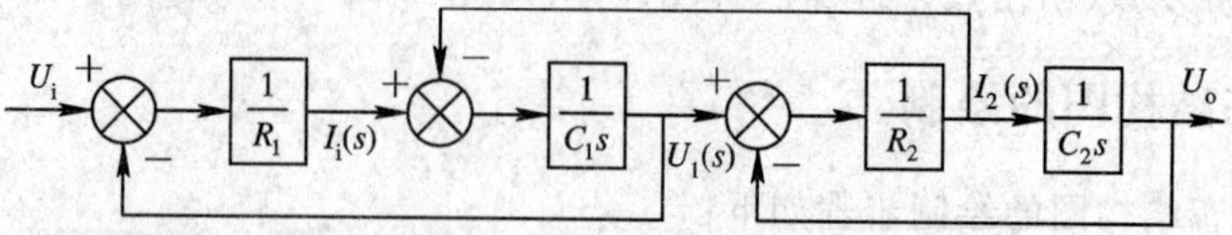

图 2-10　RC 电路的动态结构图

2.3.3　动态结构图的基本连接方式

动态结构图的基本连接方式有三种：串联、并联、反馈。复杂系统的动态结构图都是由这三种基本的连接方式组合而成的。

1. 串联

如图 2-11 所示，在串联连接方式中，n 个环节首尾相连，前一个环节的输出作为后一个环节的输入，这种连接方式称为串联。

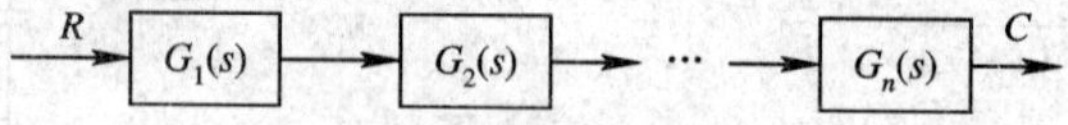

图 2-11　串联环节

n 个环节串联后的总传递函数等于各环节的传递函数的乘积：

$$G(s)=G_1(s)\cdot G_2(s)\cdot\cdots\cdot G_n(s)=\prod_{i=1}^{n}G_i(s)\tag{2-35}$$

2. 并联

如图 2-12 所示，在并联连接方式中，n 个环节的输入相同，而总输出为各环节输出的代数和，这种连接方式称为并联。

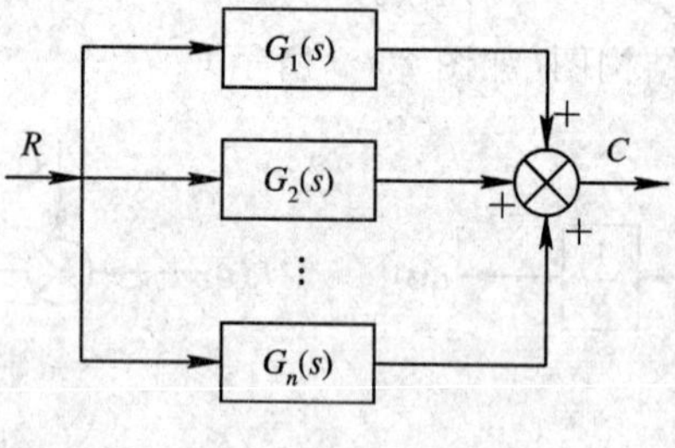

图 2-12　并联连接

n 个环节并联后的总传递函数等于各环节的传递函数之代数和：

$$G(s)=G_1(s)+G_2(s)+\cdots+G_n(s)=\sum_{i=1}^{n}G_i(s)\tag{2-36}$$

3. 反馈

图 2-13 所示为反馈连接方式的一般形式，其特点是将系统的输出信号 $C(s)$ 在经过某个环节 $H(s)$ 后，反向送回到输入端。

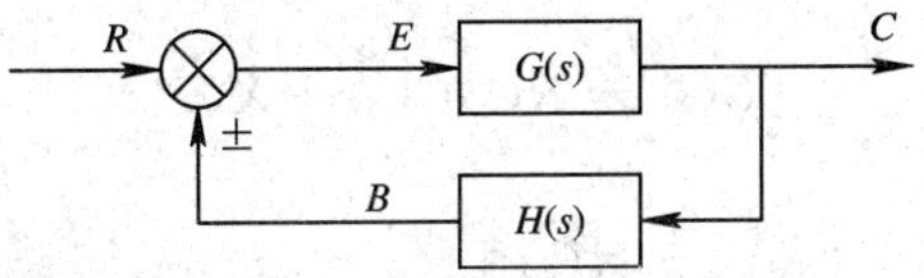

图 2-13　反馈连接

从 $E(s)$到 $C(s)$的通道称为前向通道，从 $C(s)$到 $B(s)$的通道称为反馈通道。前向通道和反馈通道在系统中形成闭合回路。从 $R(s)$到 $C(s)$的传递函数称为闭环传递函数，一般用 $\Phi(s)$表示。根据反馈信号加在相加点的极性，反馈连接方式可以分为负反馈和正反馈。

由图 2-13 可知，在负反馈的情况下：

$$\begin{aligned}C(s) &= G(s)E(s) = G(s)[R(s)-B(s)]\\ &= G(s)[R(s)-H(s)C(s)]\end{aligned}$$

即

$$[1+G(s)H(s)]C(s) = G(s)R(s)$$

整理得

$$\frac{C(s)}{R(s)} = \frac{G(s)}{1+G(s)H(s)} \tag{2-37}$$

相应的，在正反馈的情况下：

$$\frac{C(s)}{R(s)} = \frac{G(s)}{1-G(s)H(s)} \tag{2-38}$$

如果反馈通道的传递函数 $H(s)=1$，则称闭环系统为单位反馈系统。

2.4　动态结构图的等效变换

系统的动态结构图有时很复杂，为了求整个系统的传递函数，经常需要对动态结构图进行等效变换。所谓等效变换，是指在保证总体动态关系不变的条件下，设法将原结构进行逐步地归并和化简，最终变换为基本的连接方式。

2.4.1　相加点的移动

1. 相加点的前移

将图 2-14(a)中 $G(s)$方框之后的相加点移到方框之前，需要在被挪动的通道串上 $1/G(s)$ 方框，其等效结构如图 2-14(b)所示。

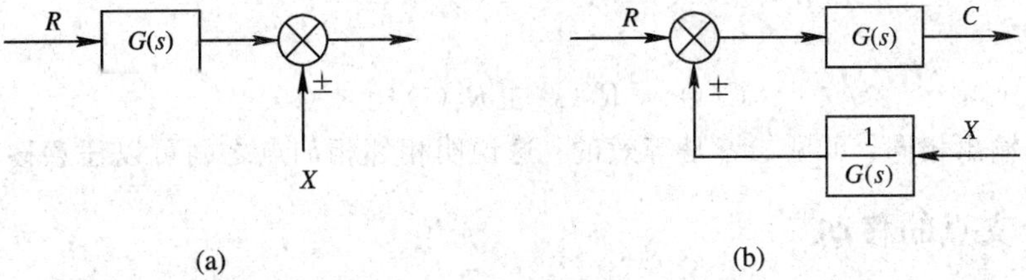

图 2-14　相加点的前移

移动前

$$C(s)=R(s)G(s)\pm X(s)$$

移动后

$$C(s)=\left[R(s)\pm\frac{X(s)}{G(s)}\right]G(s)=R(s)G(s)\pm X(s)$$

移动前后的输出相同，可见二者是等效的。

2. 相加点的后移

将图 2-15(a)中 $G(s)$方框之前的相加点移到方框之后，需要在被挪动的通道串上 $G(s)$ 方框，其等效结构如图 2-15(b)所示。

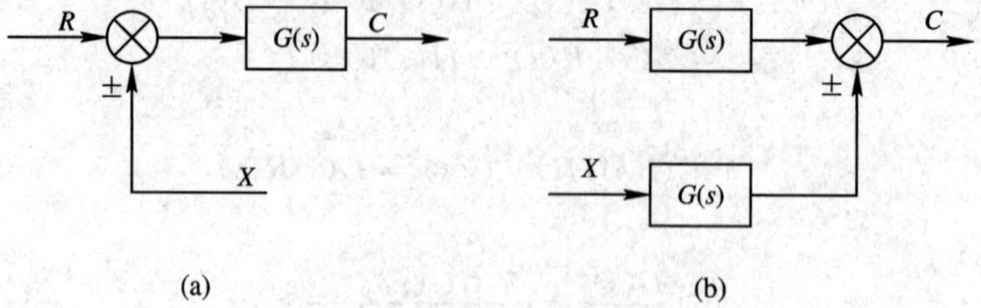

图 2-15 相加点的后移

移动前

$$C(s)=[R(s)\pm X(s)]G(s)$$

移动后

$$C(s)=R(s)G(s)\pm X(s)G(s)=[R(s)\pm X(s)]G(s)$$

移动前后的输出相同，可见二者是等效的。

3. 相邻相加点之间的移动

将图 2-16(a)中的两个相加点交换位置之后，其等效结构如图 2-16(b)所示。

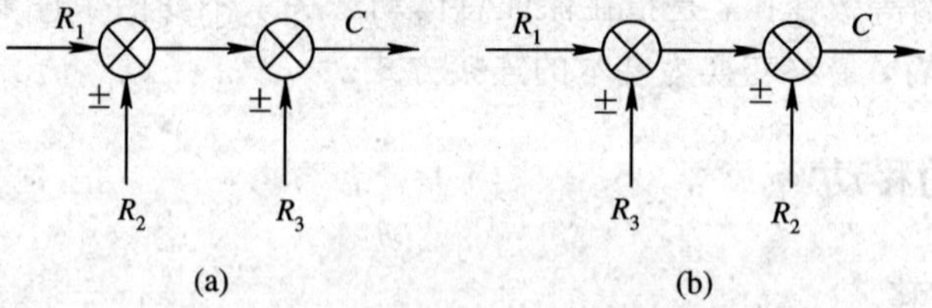

图 2-16 相加点之间的移动

移动前

$$C(s)=R_1(s)\pm R_2(s)\pm R_3(s)$$

移动后

$$C(s)=R_1(s)\pm R_3(s)\pm R_2(s)$$

移动前后的输出相同，可见二者是等效的。这说明相邻相加点之间可以任意移动。

2.4.2 分支点的移动

1. 分支点的前移

将图 2-17(a)中 $G(s)$方框之后的分支点移到方框之前，需要在被挪动的通道串上

$G(s)$ 方框，其等效结构如图 2－17(b)所示。

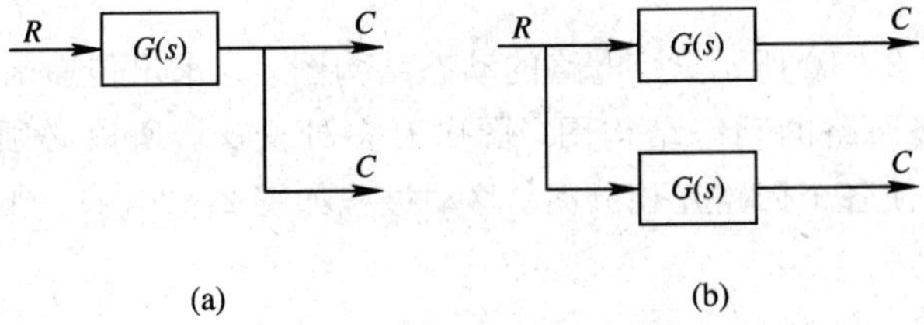

图 2－17　分支点的前移

移动前

$$C(s) = R(s)G(s)$$

移动后

$$C(s) = R(s)G(s)$$

移动前后的输出相同，可见二者是等效的。

2. 分支点的后移

将图 2－18(a)中 $G(s)$方框之前的分支点移到方框之后，需要在被移动的通道串上 $1/G(s)$方框，其等效结构如图 2－18(b)所示。

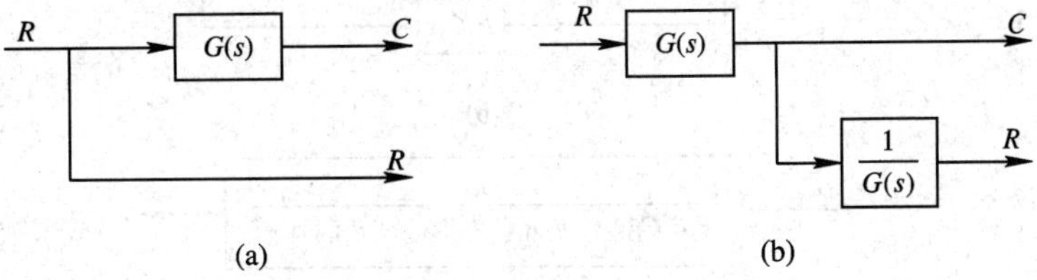

图 2－18　分支点的后移

移动前

$$C(s) = R(s)$$

移动后

$$C(s) = G(s)\frac{1}{G(s)}R(s) = R(s)$$

移动前后的输出相同，可见二者是等效的。

3. 相邻分支点之间的移动

将图 2－19(a)中的两个分支点交换位置之后，其等效结构如图 2－19(b)所示。

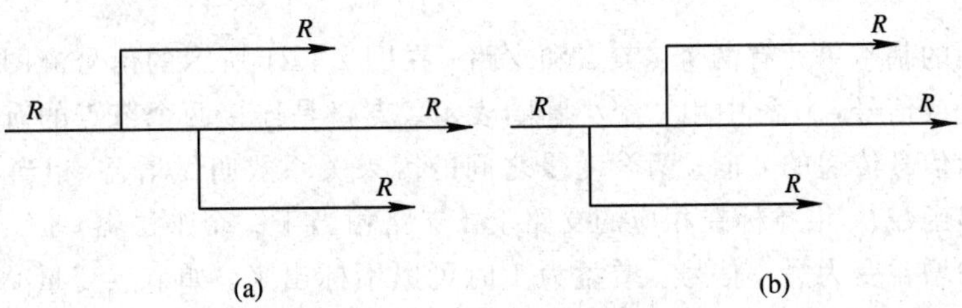

图 2－19　分支点之间的移动

移动前后相邻分支点的输出相同，可见二者是等效的。说明相邻分支点之间可以任意移动。

例 2.7 化简图 2-10 所示 RC 电路的动态结构图，并求出传递函数。

解 这是一个多回路的动态结构图，图中有多处交叉，所以必须移动相加点和分支点，消除交叉连接，使各个回路互相分离。移动过程如图 2-20(a)、(b)、(c)所示，从而求得系统的传递函数：

$$\Phi(s)=\frac{U_o(s)}{U_i(s)}=\frac{1}{R_1R_2C_1C_2s^2+(R_1C_1+R_2C_2+R_1C_2)s+1} \tag{2-39}$$

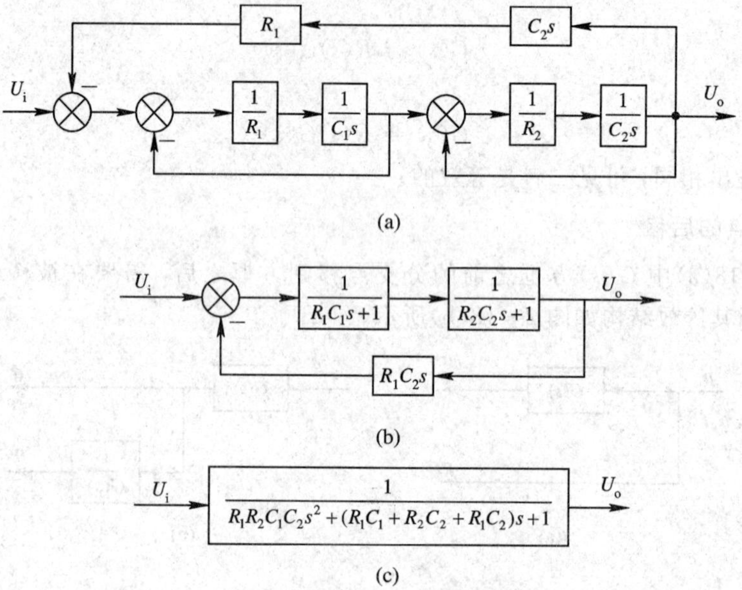

图 2-20 RC 电路动态结构图的等效变换过程

2.5 信号流图与梅逊公式

信号流图与动态结构图一样，也是一种描述控制系统信号传递关系的数学图形，它比动态结构图更简洁。利用梅逊公式可以避免复杂的动态结构图的等效变换，直接写出信号流图或动态结构图所描述的控制系统的传递函数。

2.5.1 信号流图的组成

信号流图的基本单元有两个：节点和支路。在图 2-21 所示的信号流图中，节点表示系统中的变量或信号，在图中用一个小圆圈表示。支路是连接两个节点的有向线段，支路上的箭头表示信号传递的方向；两个变量之间的因果关系式叫做增益(相当于动态结构图方框中的传递函数)，增益标在相应的支路上。支路相当于一个乘法器，信号流经支路时，乘上支路中的增益变为另一信号。增益为 1 时可以不标出来。如节点变量 X_2 与其它变量的因果关系可以表示为：

$$X_2=aX_1-dX_4 \tag{2-40}$$

节点具有两个特点：

① 节点所表示的变量等于流入该节点的信号之和。

② 从节点流出的每一支路信号都等于该节点所表示的变量。可见节点起到了动态结构图中相加点和分支点的作用(这一特点对于根据动态结构图画出信号流图而言是非常有用的)。

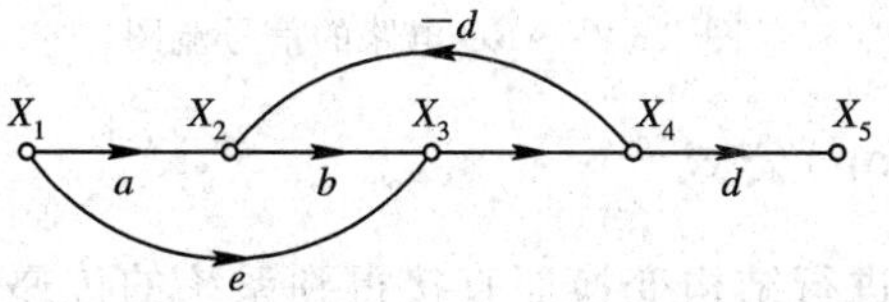

图 2-21　信号流图

节点分为三种：

(1) 输入节点。只有输出支路的节点，又称为源节点，用来表示系统的输入变量，如图 2-21 中的 X_1 节点。

(2) 输出节点。只有输入支路的节点，又称为阱节点，用来表示系统的输出变量，如图 2-21 中的 X_5 节点。

(3) 混合节点。既有输入支路，又有输出支路的节点，如图 2-21 中的 X_2、X_3、X_4 节点。

2.5.2　信号流图的绘制

信号流图可以根据系统的微分方程绘制：在列写出系统的微分方程以后，利用拉氏变换将微分方程转换为 s 域的代数方程；再根据系统中各变量的因果关系，将对应的节点从左到右顺序排列；最后绘制出有关的支路，并标出各支路的增益，就可以得到系统的信号流图。当然，在画出系统的动态结构图的基础上，也可以根据动态结构图绘制信号流图。

例 2.8　试绘制图 2-22 所示 RC 电路的动态结构图对应的信号流图。

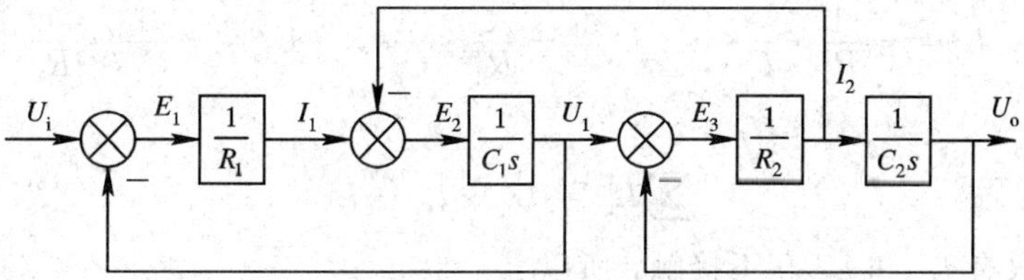

图 2-22　RC 电路的动态结构图

解　在动态结构图中的信号线上流动的信号对应于信号流图中的节点。图 2-22 中有 8 个不同的信号：U_i、E_1、I_1、E_2、U_1、E_3、I_2、U_o。

(1) 按从左到右的顺序，画出上面的 8 个信号对应的节点。

(2) 按结构图中信号的传递关系用支路将这些节点连接起来，并标出支路的信号传递方向。

(3) 将结构图中的传递函数标在对应的信号流图中的支路旁。如果动态结构图的输出信号为负，则信号流图中对应的增益也应该加一个负号，如图 2-23 所示。

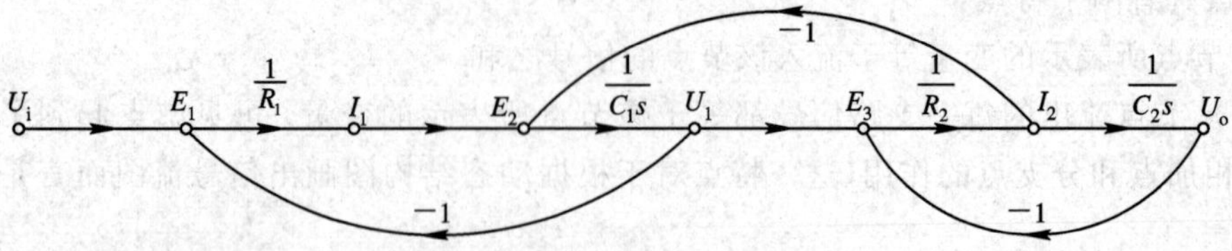

图 2-23　RC 电路的信号流图

2.5.3　梅逊(S. J. Mason)公式

应用梅逊公式可以不进行结构变换而直接得到系统的传递函数。梅逊公式为(对于动态结构图而言)

$$G(s)=\frac{1}{\Delta}\sum_{k=1}^{n}P_k\Delta_k \tag{2-41}$$

其中，Δ 为系统的主特征式，且：

$$\Delta=1-\sum L_a+\sum L_bL_c-\sum L_dL_eL_f+\cdots \tag{2-42}$$

$\sum L_a$ 为各回路的回路传递函数①之和；$\sum L_bL_c$ 为所有两两互不接触回路的传递函数乘积之和；$\sum L_dL_eL_f$ 为所有三个互不接触回路的传递函数乘积之和；n 为从输入端到输出端之间的前向通道的条数，一条前向通道自身不能有重复的路径，但几条前向通道之间允许有相同的部分；P_k 为从输入端到输出端之间的第 k 条前向通道的传递函数；Δ_k 为第 k 条前向通道的余子式，即将 Δ 中与第 k 条前向通道接触(有重合部分)回路的传递函数令为零后得到的表达式。

对于信号流图而言，梅逊公式的形式也是一样的，只不过将以上描述中的“传递函数”理解成增益即可。

例 2.9　试用梅逊公式求图 2-23 所示 RC 电路的信号流图的传递函数。

解　(1) 求 Δ。系统有三个回路：

$$L_1=-\frac{1}{R_1}\cdot\frac{1}{C_1 s},\quad L_2=-\frac{1}{R_2}\cdot\frac{1}{C_2 s},\quad L_3=-\frac{1}{C_1 s}\cdot\frac{1}{R_2}$$

故

$$\sum L_a=L_1+L_2+L_3$$

三个回路中，只有 L_1 和 L_2 互不接触，所以

$$\sum L_bL_c=L_1L_2$$

因此

$$\begin{aligned}\Delta&=1-(L_1+L_2+L_3)+L_1L_2\\&=\frac{R_1R_2C_1C_2s^2+(R_1C_1+R_2C_2+R_1C_2)s+1}{R_1R_2C_1C_2s^2}\end{aligned} \tag{2-43}$$

---

①　回路传递函数是指每一个回路前向通道和反馈通道的传递函数之乘积，并且包含表示反馈极性的正、负号。

(2) 求 P_k。在该系统中只有一条前向通道

$$P_1 = \frac{1}{R_1} \cdot \frac{1}{C_1 s} \cdot \frac{1}{R_2} \cdot \frac{1}{C_2 s} = \frac{1}{R_1 R_2 C_1 C_2 s^2} \tag{2-44}$$

(3) 求 Δ_k。因为 P_1 与三个回路都有接触，所以 L_1、L_2、L_3 都应该从 Δ 的表达式中除去。故

$$\Delta_1 = 1 \tag{2-45}$$

(4) 求 $G(s)$。将式(2-43)、(2-44)和(2-45)代入式(2-41)，得

$$G(s) = \frac{1}{R_1 R_2 C_1 C_2 s^2 + (R_1 C_1 + R_2 C_2 + R_1 C_2)s + 1} \tag{2-46}$$

该结果与采用动态结构图的等效变换求得的结果相同。

例 2.10 试用梅逊公式求图 2-24 所示动态结构图的传递函数。

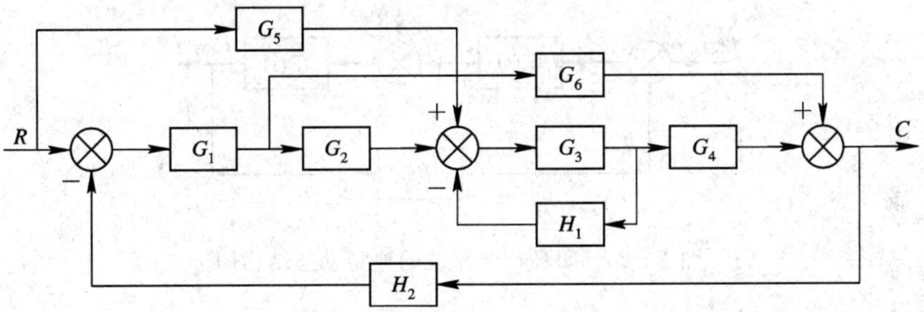

图 2-24 某系统的动态结构图

解 (1) 求 Δ。系统有三个回路：

$$L_1 = -G_1 G_2 G_3 G_4 H_2,\ L_2 = -G_1 G_6 H_2,\ L_3 = -G_3 H_1$$

故

$$\sum L_a = L_1 + L_2 + L_3$$

三个回路中，只有 L_2 和 L_3 互不接触，所以

$$\sum L_b L_c = L_2 L_3$$

因此

$$\begin{aligned}\Delta &= 1 - (L_1 + L_2 + L_3) + L_2 L_3 \\ &= 1 + G_1 G_2 G_3 G_4 H_2 + G_1 G_6 H_2 + G_3 H_1 + G_1 G_3 G_6 H_1 H_2\end{aligned} \tag{2-47}$$

(2) 求 P_k。在该系统中有三条前向通道

$$P_1 = G_1 G_2 G_3 G_4,\ P_2 = G_5 G_3 G_4,\ P_3 = G_1 G_6 \tag{2-48}$$

(3) 求 Δ_k。因为 P_1、P_2 与三个回路都有接触，所以 L_1、L_2、L_3 都应该从 Δ 的表达式中除去。故

$$\Delta_1 = 1$$

$$\Delta_2 = 1$$

P_3 回路只与 L_3 不接触，故

$$\Delta_3 = 1 - L_3 = 1 + G_3 H_1 \tag{2-49}$$

(4) 求 $G(s)$。将式(2-47)、(2-48)和(2-49)代入式(2-41)，得

$$G(s) = \frac{G_1 G_2 G_3 G_4 + G_3 G_4 G_5 + G_1 G_6 (1 + G_3 H_1)}{1 + G_1 G_2 G_3 G_4 H_2 + G_1 G_6 H_2 + G_3 H_1 + G_1 G_3 G_6 H_1 H_2} \tag{2-50}$$

2.6 系统的传递函数

控制系统一般受到两类信号的作用。一类是有用信号 $r(t)$，即输入信号、给定信号、指令信号；另一类是各种干扰信号 $n(t)$。输入信号 $r(t)$加在控制装置的输入端，即系统的输入端。干扰信号 $n(t)$一般作用在受控对象上，但也可能出现在其他元部件上，甚至夹杂在输入信号中。一个系统往往有多个干扰信号，一般只考虑其中主要的干扰信号。

闭环控制系统的典型结构如图 2-25 所示。在控制系统中，影响系统输出的因素不仅有输入信号 $r(t)$，而且还有干扰信号 $n(t)$，因此在研究系统被控量 $c(t)$的变化规律时，要同时考虑 $r(t)$和 $n(t)$的影响。下面介绍控制系统中经常使用的几个系统传递函数的概念。

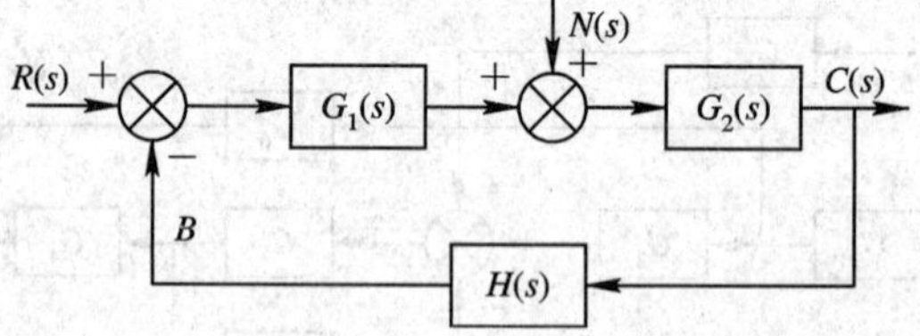

图 2-25 闭环控制系统的典型动态结构图

2.6.1 闭环控制系统的开环传递函数

在图 2-25 中，将反馈环节 $H(s)$的输出端切断，断开系统的反馈通道。则反馈信号 $B(s)$与输入信号 $R(s)$的比值，称为系统的开环传递函数：

$$\frac{B(s)}{R(s)} = G_1(s)G_2(s)H(s) \tag{2-51}$$

也就是说，闭环控制系统的开环传递函数等于前向通道的传递函数与反馈通道的传递函数的乘积，一般用 $G_k(s)$或 $G(s)H(s)$表示。

需要注意的是：① 要将闭环控制系统的开环传递函数与开环控制系统的传递函数区别开来。② 闭环控制系统的开环传递函数与梅逊公式中的回路传递函数是不同的，开环传递函数不包含反馈的极性。

2.6.2 给定输入信号 $r(t)$作用下的闭环传递函数

由于只考虑 $r(t)$的作用，因此可设 $n(t)=0$，图 2-25 简化为图 2-26。

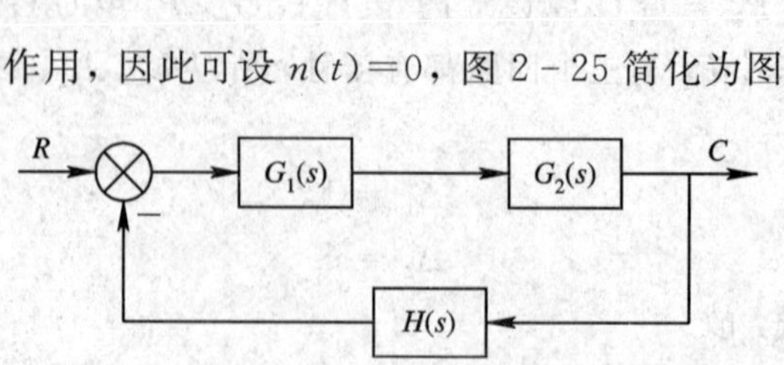

图 2-26 $r(t)$作用下的系统动态结构图

输出量 $c(t)$与输入量 $r(t)$之间的闭环传递函数为

$$\Phi_r(s) = \frac{C(s)}{R(s)} = \frac{G_1(s)G_2(s)}{1+G_1(s)G_2(s)H(s)} \tag{2-52}$$

称 $\Phi_r(s)$为 $r(t)$作用下的闭环传递函数。而输出量为

$$\begin{aligned} C(s) &= \Phi_r(s)R(s) \\ &= \frac{G_1(s)G_2(s)}{1+G_1(s)G_2(s)H(s)} \cdot R(s) \end{aligned} \tag{2-53}$$

2.6.3 扰动信号 $n(t)$作用下的闭环传递函数

由于只考虑 $n(t)$的作用，因此可设 $r(t)=0$，图 2-25 简化为图 2-27。

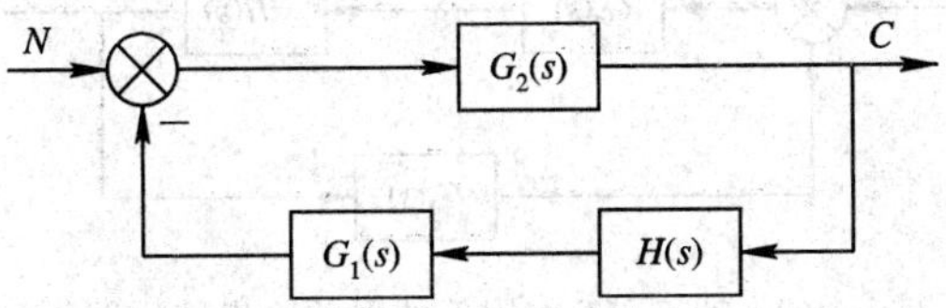

图 2-27 $n(t)$作用下的系统动态结构图

输出量 $c(t)$与扰动信号 $n(t)$之间的闭环传递函数为

$$\Phi_n(s) = \frac{C(s)}{N(s)} = \frac{G_2(s)}{1+G_1(s)G_2(s)H(s)} \tag{2-54}$$

称 $\Phi_n(s)$为 $n(t)$作用下的闭环传递函数。而输出量为

$$C(s) = \Phi_n(s)N(s) = \frac{G_2(s)}{1+G_1(s)G_2(s)H(s)} \cdot N(s) \tag{2-55}$$

2.6.4 系统的总输出

根据线性系统的叠加原理，系统的总输出为给定输入 $r(t)$和扰动输入 $n(t)$引起的输出的总和，将式(2-53)和(2-55)相加，得到系统的总输出

$$C(s) = \frac{G_1(s)G_2(s)}{1+G_1(s)G_2(s)H(s)} \cdot R(s) + \frac{G_2(s)}{1+G_1(s)G_2(s)H(s)} \cdot N(s) \tag{2-56}$$

2.6.5 闭环系统的误差传递函数

控制系统误差的大小反映了系统的控制精度，故有必要分析误差与输入信号 $r(t)$和扰动信号 $n(t)$之间的关系。闭环系统的误差 $e(t)$是指给定输入信号 $r(t)$和反馈信号 $b(t)$之差：

$$e(t) = r(t) - b(t) \tag{2-57}$$

$$E(s) = R(s) - B(s) \tag{2-58}$$

1. $r(t)$作用下闭环系统的误差传递函数

令 $n(t)=0$，以 $E(s)$为输出量，将图 2-25 转换为图 2-28。

求得

$$\Phi_{er}(s) = \frac{E(s)}{R(s)} = \frac{1}{1+G_1(s)G_2(s)H(s)} \tag{2-59}$$

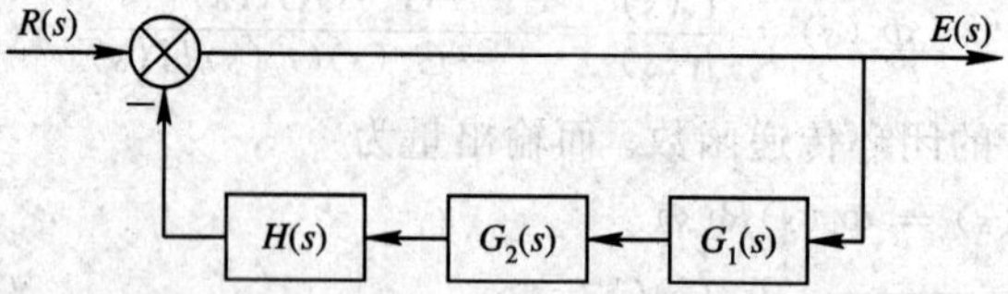

图 2-28 $r(t)$作用下的误差输出结构图

2. $n(t)$作用下闭环系统的误差传递函数

令 $r(t)=0$，以 $E(s)$为输出量，将图 2-25 转换为图 2-29。

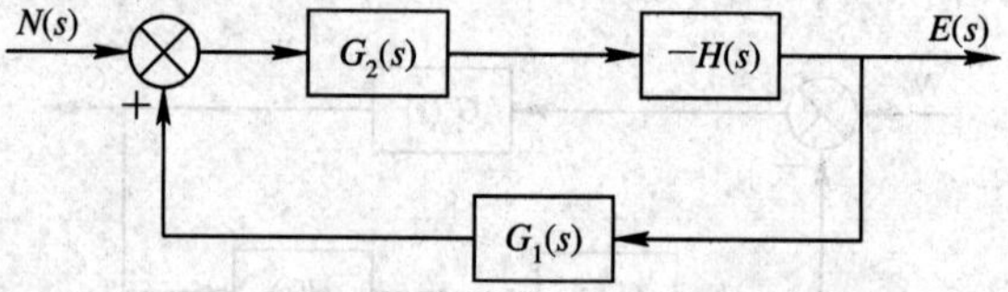

图 2-29 $n(t)$作用下的误差输出结构图

求得

$$\Phi_{en}(s)=\frac{E(s)}{N(s)}=\frac{-G_2(s)H(s)}{1+G_1(s)G_2(s)H(s)} \tag{2-60}$$

3. 系统的总误差

由叠加原理可得，系统的总误差为

$$\begin{aligned}E(s)&=\Phi_{er}(s)R(s)+\Phi_{en}(s)N(s)\\&=\frac{R(s)-G_2(s)H(s)N(s)}{1+G_1(s)G_2(s)H(s)}\end{aligned} \tag{2-61}$$

比较 $\Phi_r(s)$、$\Phi_n(s)$、$\Phi_{er}(s)$和 $\Phi_{en}(s)$可以看出，它们都具有相同的分母——$[1+G_1(s)G_2(s)H(s)]$，即它们均具有相同的特征方程

$$1+G_1(s)G_2(s)H(s)=0$$

该特征方程反映了它们共同的本质，其根就是反馈控制系统的闭环特征根。

习　　题

2.1 试列写出习题 2.1 图中各电路的动态方程。

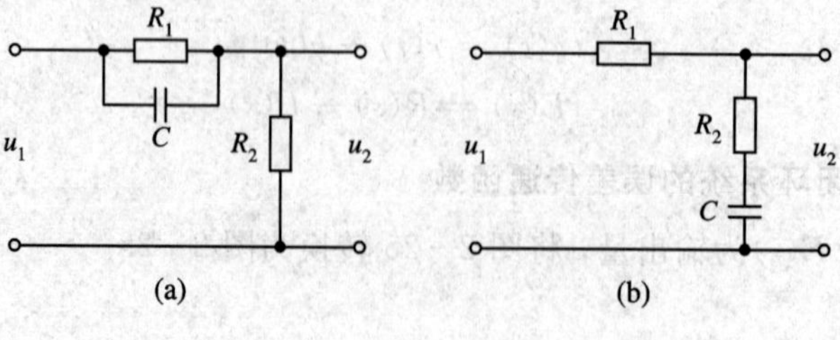

习题 2.1 图

2.2　试求习题 2.2 图所示有源网络的传递函数。

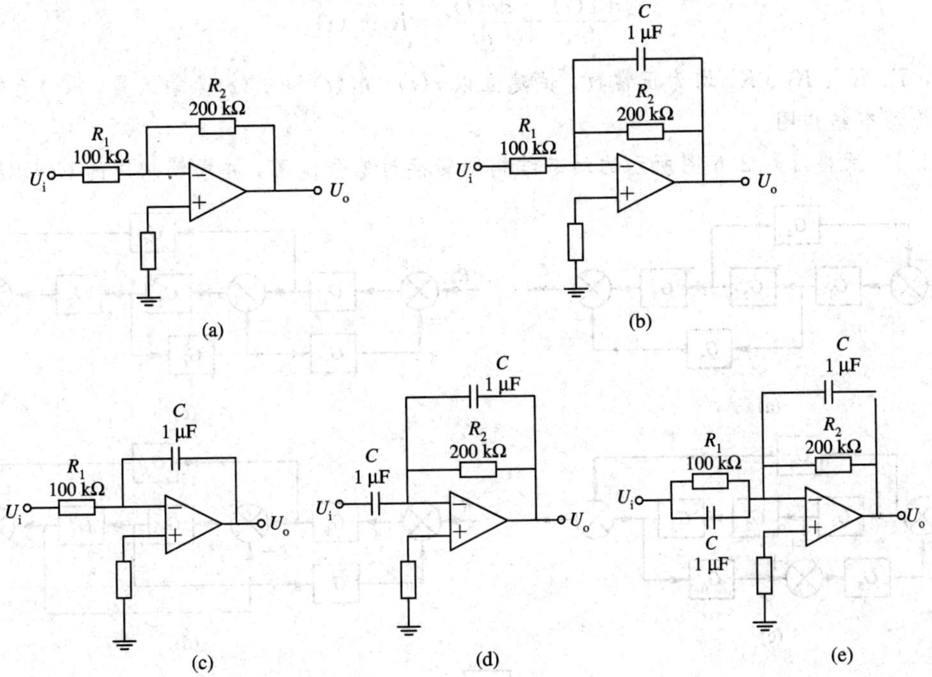

习题 2.2 图

2.3　试用拉氏变换变换下列微分方程(初始值为 0)。

(1) $\dfrac{d^2 y(t)}{dt^2}+\dfrac{dy(t)}{dt}+y(t)=x(t)$；

(2) $\dfrac{d^2 y(t)}{dt^2}+2\dfrac{dy(t)}{dt}+y(t)=x(t)$；

(3) $T\dfrac{dy(t)}{dt}+y(t)=x(t)$。

2.4　系统的微分方程如下：

$$x_1(t) = r(t) - c(t)$$

$$T_1\frac{dx_2(t)}{dt} = K_1x_1(t) - x_2(t)$$

$$x_3(t) = x_2(t) - K_3c(t)$$

$$T_2\frac{dc(t)}{dt} + c(t) = K_2x_3(t)$$

式中，T_1、T_2、K_1、K_2、K_3 均为正常数，系统的输入量为 $r(t)$，输出量为 $c(t)$，试画出动态结构图，并求传递函数 $C(s)/R(s)$。

2.5　系统微分方程如下：

$$x_1(t) = r(t) - c(t) - n_1(t)$$

$$x_2(t) = K_1x_1(t)$$

$$x_3(t) = x_2(t) - x_5(t)$$

$$T\frac{dx_4(t)}{dt} = x_3(t)$$

$$x_5(t) = x_4(t) - K_2 n_2(t)$$

$$\frac{\mathrm{d}^2 c(t)}{\mathrm{d}t^2} + \frac{\mathrm{d}c(t)}{\mathrm{d}t} = K_3 x_5(t)$$

式中，T、K_1、K_2、K_3 均为正常数。试建立以 $r(t)$、$n_1(t)$和 $n_2(t)$为输入量，$c(t)$为输出量的系统动态结构图。

2.6　试将习题 2.6 图所示的动态结构图转换为信号流图，并求解相应的 $C(s)/R(s)$。

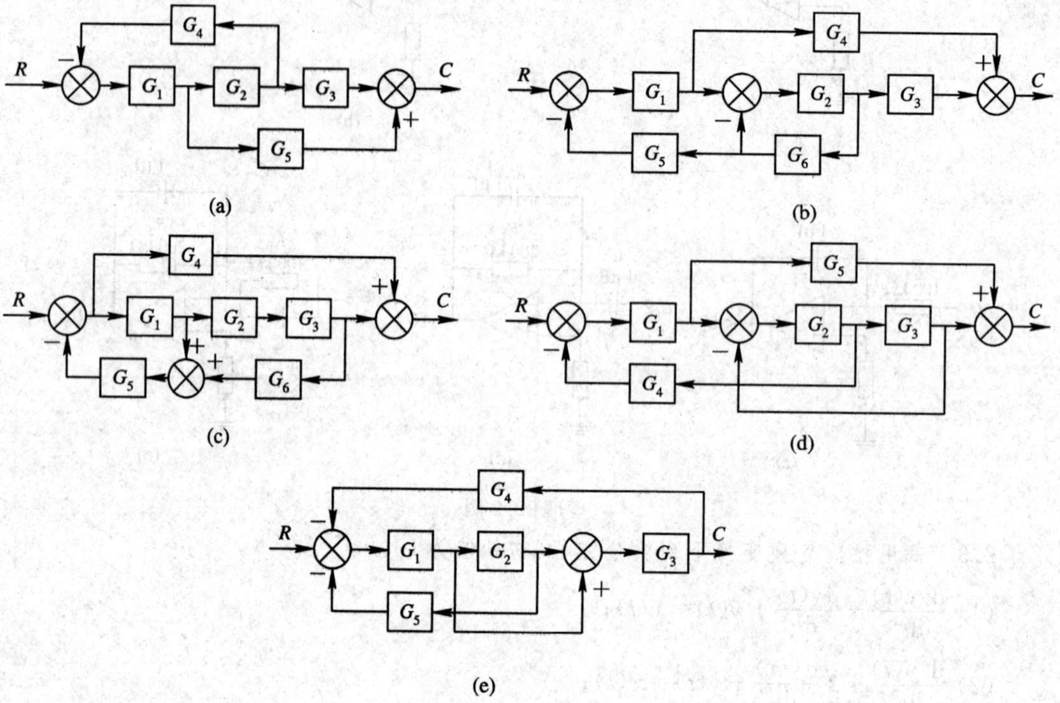

习题 2.6 图

2.7　分别用等效变换及梅逊公式求解习题 2.7 图所示各图的传递函数 $C(s)/R(s)$。

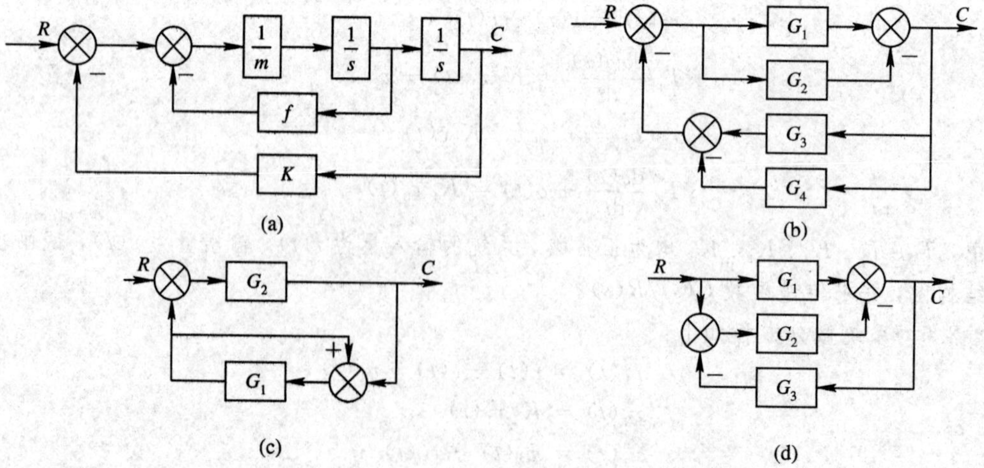

习题 2.7 图

2.8 试求习题 2.8 图所示系统分别在输入信号和扰动信号作用下的闭环传递函数，并求系统的总输出。

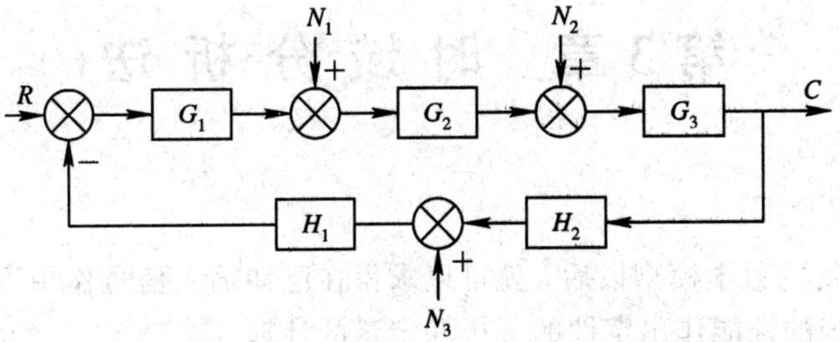

习题 2.8 图

第3章 时域分析法

建立了系统的数学模型以后，就可以求得在已知输入信号作用下系统的输出响应，进而对系统的性能作出定性的分析和定量的计算。

对线性定常系统，最常用的方法有时域分析法、根轨迹法和频率法。本章讨论的是时域分析法。

3.1 系统性能指标及动态性能分析

对于自动控制系统来说，存在着一些共性的技术要求，这就是系统应具有足够的运行稳定性、较高的稳态控制精度和较快的响应过程。为了准确地描述和评价系统在这三方面的性能，必须定义几个反映稳、准、快性能的指标。

3.1.1 典型输入信号和时域性能指标

1. 常用的输入信号

控制系统的动态性能是通过系统的动态响应过程来评价的。而系统的动态响应不仅取决于系统本身的结构参数，还与系统的初始状态及输入信号有关。为了便于在统一的条件下进行分析和设计，一方面，假定在输入信号作用于系统的瞬时($t=0$)之前系统相对静止，即为零初始状态；另一方面，也需要假定一些典型的输入信号作为系统的试验信号。典型的输入信号一般应具备以下两个条件：

(1) 典型信号应具有一定的代表性，而且其数学表达式简单，以便于数学分析、计算与处理。

(2) 典型信号应易于在实验室获得。

因此，在控制工程中常采用下述五种信号作为典型的输入信号。

1) 阶跃信号

阶跃输入信号表示输入量的瞬间突变过程，如图 3-1(a)所示。它的数学表达式为

$$r(t)=\begin{cases}0 & t<0\\ R_0 & t\geqslant 0\end{cases} \tag{3-1}$$

相应的拉氏变换为

$$R(s)=\frac{R_0}{s} \tag{3-2}$$

其中，R_0 为常量。当 $R_0=1$ 时，称为单位阶跃函数，记为 $1(t)$。

在时域分析中，阶跃信号用得最为广泛。实际中，电源的突然接通、负载的突变等均可近似看作阶跃信号。

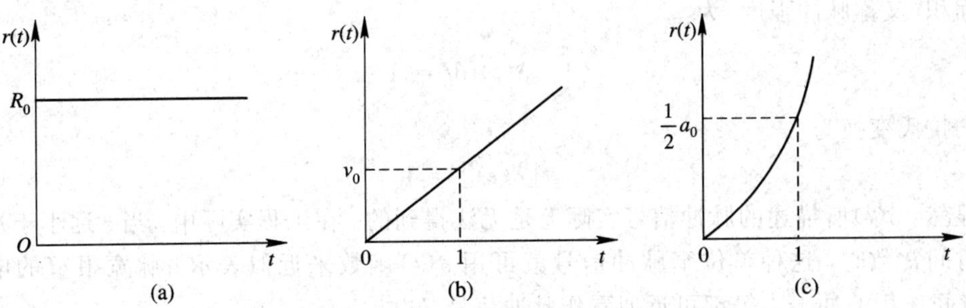

图 3-1　典型输入信号(一)

(a) 阶跃信号；(b) 斜坡信号；(c) 抛物线信号

2）斜坡信号

斜坡信号表示由零值开始随时间 t 线性增长的信号，如图 3-1(b)所示。它的数学表达式为

$$r(t)=\begin{cases}0 & t<0\\ v_0 t & t\geqslant 0\end{cases} \tag{3-3}$$

其拉氏变换为

$$R(s)=\frac{v_0}{s^2} \tag{3-4}$$

其中，v_0 为常量。当 $v_0=1$ 时，称为单位斜坡函数。

随动系统中恒速变化的位置指令信号、数控机床中直线进给时的位置信号等都是斜坡信号的实例。

3）抛物线信号

抛物线信号亦称等加速度信号，它表示随时间以等加速度增长的信号，如图 3-1(c)所示。其数学表达式为

$$r(t)=\begin{cases}0 & t<0\\ \dfrac{1}{2}a_0 t^2 & t\geqslant 0\end{cases} \tag{3-5}$$

它的拉氏变换为

$$R(s)=\frac{a_0}{s^3} \tag{3-6}$$

其中，a_0 为常量。当 $a_0=1$ 时，称为单位抛物线函数，亦称单位等加速度函数。

随动系统中作等加速度变化的位置指令信号就是抛物线信号的实例之一。

4）脉冲信号

脉冲信号可看作一个持续时间极短的信号，如图 3-2(a)所示。它的数学表达式为

$$r(t)=\begin{cases}0 & t<0,\ t>\varepsilon\\ \dfrac{H}{\varepsilon} & 0\leqslant t\leqslant\varepsilon\end{cases} \tag{3-7}$$

当 $H=1$ 时，记为 $\delta_\varepsilon(t)$。若令脉宽 $\varepsilon\to 0$，则称其为单位理想脉冲函数，见图 3-2(b)，并用 $\delta(t)$ 表示，即

$$\delta(t)=\lim_{\varepsilon\to 0}\delta_\varepsilon(t)=\begin{cases}0 & t\neq 0\\ \infty & t=0\end{cases} \tag{3-8}$$

且其面积(又称脉冲强度)为

$$\int_{-\infty}^{+\infty}\delta(t)\,\mathrm{d}t=1$$

相应的拉氏变换为

$$\mathscr{L}[\delta(t)]=1 \tag{3-9}$$

显然，$\delta(t)$所描述的脉冲信号实际上是无法得到的。在工程实际中，当 ε 远小于被控对象的时间常数时，这种单位窄脉冲信号就可用 $\delta(t)$ 函数来近似表示。脉宽很窄的电压信号、瞬间作用的冲击力等都可近似看作脉冲信号。

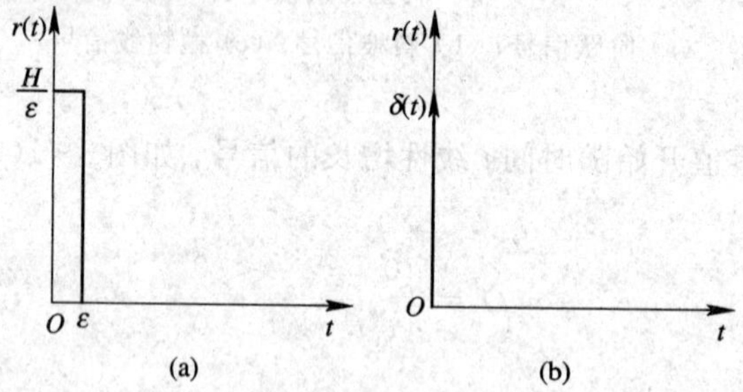

图 3-2 典型输入信号(二)

(a) 脉冲信号；(b) 单位理想脉冲函数

5) 正弦信号

正弦信号如图 3-3 所示，它的数学表达式为

$$r(t)=\begin{cases}0 & t<0\\ A\sin\omega t & t\geqslant 0\end{cases} \tag{3-10}$$

正弦信号的拉氏变换为

$$R(s)=\frac{A\omega}{s^2+\omega^2} \tag{3-11}$$

正弦信号主要用于求系统的频率响应，并据此分析和设计控制系统。

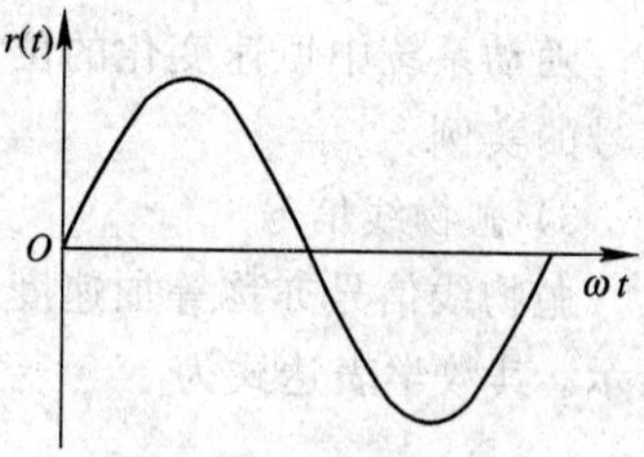

图 3-3 正弦信号

3.1.2 控制系统的性能指标

控制系统的性能指标常分为动态性能指标和稳态性能指标。动态性能指标又可分为跟随性能指标和抗扰性能指标。在自动控制原理中所讨论的系统动态性能指标，一般是指跟随性能指标。

1. 跟随性能指标

在给定信号 $r(t)$的作用下，系统输出 $c(t)$的变化情况可用跟随性能指标来描述。

设图 3-4 所示为控制系统典型的阶跃响应曲线，据此定义常用的跟随性能指标如下。

1) 上升时间 t_r

上升时间 t_r 指系统输出响应从 0 开始第一次上升到稳态值所需的时间。t_r 小，表明系统动态响应快。

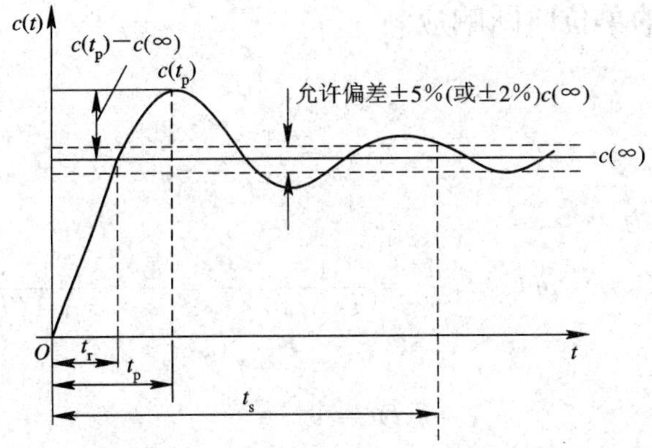

图 3-4　阶跃响应曲线与跟随性能指标

2）峰值时间 t_p

峰值时间 t_p 指系统输出响应由 0 开始，越过第一次稳态值到达峰值所需的时间。

3）超调量 $\sigma\%$

超调量 $\sigma\%$ 指系统输出响应超出稳态值的最大偏离量占稳态值的百分比。

$$\sigma\% = \frac{c(t_p) - c(\infty)}{c(\infty)} \times 100\% \tag{3-12}$$

$\sigma\%$ 小，说明系统动态响应比较平稳，相对稳定性好。

4）调节时间 t_s

调节时间 t_s 指系统的输出响应达到并保持在稳态值的±5%（或±2%）误差范围内，即输出响应进入并保持在±5%（或±2%）误差带之内所需的时间。t_s 小，表示系统动态响应过程短，快速性好。

5）振荡次数 N

振荡次数 N 指在调节时间内，系统输出量在稳态值上下摆动的次数。次数少，表明系统稳定性好。

2. 稳态性能指标

控制系统的稳态性能一般是指其稳态精度，常用稳态误差 e_{ss} 来表述。稳态误差 e_{ss} 是指系统期望值与实际输出的最终稳态值之间的差值。e_{ss} 小，说明系统稳态精度高。

3.2　一阶系统的时域分析

当控制系统的数学模型为一阶微分方程式时，称其为一阶系统。一阶系统的动态结构如图 3-5 所示，其闭环传递函数为

$$\Phi(s) = \frac{C(s)}{R(s)} = \frac{1}{Ts+1} \tag{3-13}$$

式中，T 为时间常数。式(3-13)称为一阶系统的标准式。

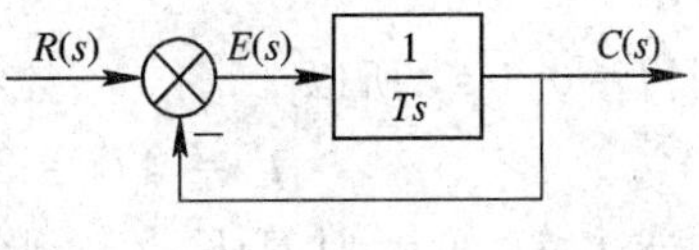

图 3-5　一阶系统的动态结构图

3.2.1 一阶系统的单位阶跃响应

设输入

$$R(s)=\frac{1}{s}$$

则输出量的拉氏变换为

$$C(s)=\Phi(s)\times\frac{1}{s}=\frac{1}{Ts+1}\cdot\frac{1}{s}=\frac{1}{s}-\frac{1}{s+1/T} \tag{3-14}$$

单位阶跃响应为

$$c(t)=1-e^{-\frac{1}{T}t} \tag{3-15}$$

其单位阶跃响应曲线如图 3-6 所示。输出响应从 0 开始按指数规律上升，最后趋于 1。当 $t=T$ 时，$c(t)=0.632$，这表明输出响应达到稳态值的 63.2%所需的时间就是一阶系统的时间常数。另外，输出响应没有振荡，也就没有超调。减小时间常数可提高响应的速度。

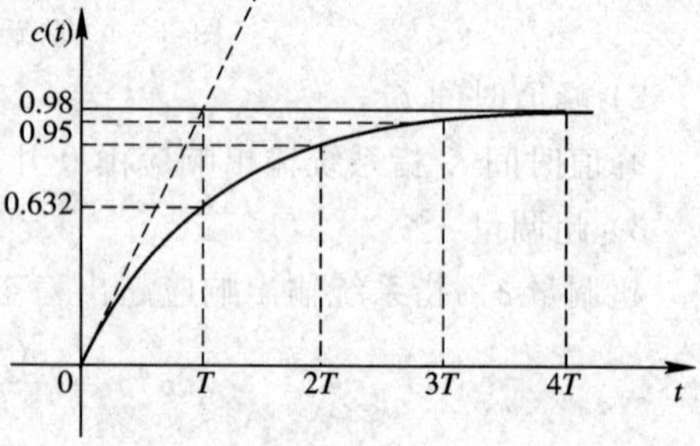

图 3-6 一阶系统的单位阶跃响应曲线

比较式(3-14)和式(3-15)可知，输入 $R(s)$的极点对应系统响应的稳态分量，而传递函数 $\Phi(s)$的极点则产生系统响应的瞬态分量。这一结论不仅适用于一阶线性定常系统，而且适用于任何阶次的线性定常系统。

因为没有超调，系统的动态性能指标主要是调节时间 t_s。从响应曲线可知：

$t=3T$ 时，$c(t)=0.95$，故 $t_s=3T$(按±5%误差带)；

$t=4T$ 时，$c(t)=0.98$，故 $t_s=4T$(按±2%误差带)。

可见，一阶系统的性能主要由时间常数 T 确定。

另外，系统的输出最终稳态值 $c(\infty)=1$，而期望值也为 1，故稳态误差 $e_{ss}=0$。

例 3.1 一阶系统的结构图如图 3-7 所示，其中 K_K 为开环放大倍数，K_H 为反馈系数。设 $K_K=100$，$K_H=0.1$，试求系统的调节时间 t_s(按±5%误差带)。如果要求 $t_s=0.1$ s，求反馈系数。

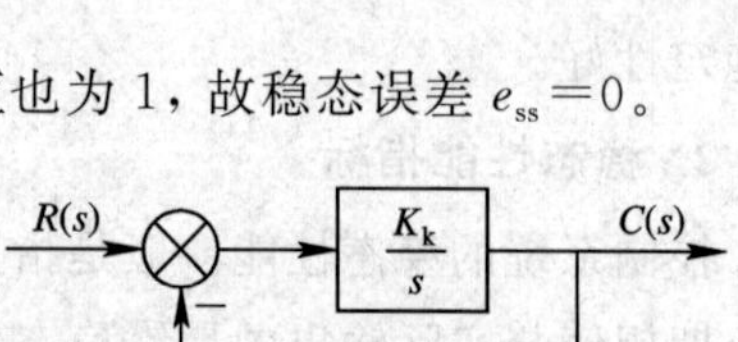

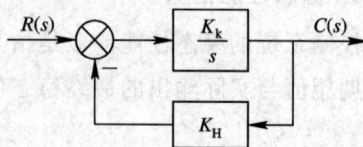

图 3-7 例 3.1 系统的结构图

解 由结构图得系统的闭环传递函数

$$\Phi(s)=\frac{C(s)}{R(s)}=\frac{\frac{100}{s}}{1+\frac{100}{s}\times 0.1}=\frac{10}{0.1s+1}$$

可见 $T=0.1$ s，所以

$$t_s=3T=3\times 0.1=0.3\ \text{s}\ (\text{按}\pm 5\%\ \text{误差带})$$

若要求 $t_s=0.1$ s，计算 K_H 值。此时，系统的闭环传递函数

$$\Phi(s)=\frac{\frac{100}{s}}{1+\frac{100}{s}K_H}=\frac{\frac{1}{K_H}}{\frac{0.01}{K_H}s+1}$$

对照一阶系统的标准式，有

$$T=\frac{0.01}{K_H}$$

由
$$t_s=3T=\frac{3\times 0.01}{K_H}=0.1\ \text{s}\quad（按\pm 5\%\ 误差带）$$

可得
$$K_H=0.3$$

3.2.2 一阶系统的单位斜坡响应

单位斜坡输入函数的拉氏变换为

$$R(s)=\frac{1}{s^2}$$

此时系统输出响应的拉氏变换为

$$C(s)=\frac{1}{Ts+1}\cdot\frac{1}{s^2}=\frac{1}{s^2}-\frac{T}{s}+\frac{T^2}{Ts+1}\tag{3-16}$$

对上式取拉氏反变换，得

$$c(t)=t-T(1-e^{-\frac{1}{T}t})\qquad t\geqslant 0\tag{3-17}$$

误差信号 $e(t)$ 为

$$e(t)=r(t)-c(t)=T(1-e^{-t/T})\tag{3-18}$$

当 t 趋近于无穷大时，$e^{-t/T}$ 趋近于 0，因而误差信号趋近于 T，即

$$c(\infty)=T$$

这表示当 t 充分大时，系统跟踪单位斜坡输入信号的误差等于 T。显然，时间常数 T 越小，系统跟踪斜坡输入信号的稳态误差也越小。

3.2.3 一阶系统的单位脉冲响应

单位脉冲输入函数的拉氏变换为

$$R(s)=\mathscr{L}[\delta(t)]=1$$

此时系统输出响应的拉氏变换为

$$C(s)=G(s)=\frac{1}{Ts+1}=\frac{1/T}{s+1/T}\tag{3-19}$$

对上式取拉氏反变换，得

$$c(t)=g(t)=\frac{1}{T}e^{-\frac{1}{T}t}\tag{3-20}$$

显然，从输入信号看，单位斜坡信号的导数为单位阶跃信号，而单位阶跃信号的导数为单位脉冲信号。相应的，从输出信号看，单位斜坡响应的导数为单位阶跃响应，而单位阶跃响应的导数为单位脉冲响应。由此，可以清楚地看出，系统对输入信号导数的响应就等于系统对输入信号响应的微分。同时也可以看出，系统对原信号积分的响应就等于系统对原响应的积分。

3.3 二阶系统的时域分析

由二阶微分方程描述的系统称为二阶系统。例如，他激直流电动机控制系统、*RLC* 电路等都是二阶系统的实例。为了使对二阶系统的研究具有普遍的意义，通常构造出其典型结构，如图 3-8 所示。

根据图 3-8，可求出二阶系统闭环传递函数的标准形式：

$$\Phi(s)=\frac{C(s)}{R(s)}=\frac{\omega_n^2}{s^2+2\xi\omega_n s+\omega_n^2} \qquad (3-21)$$

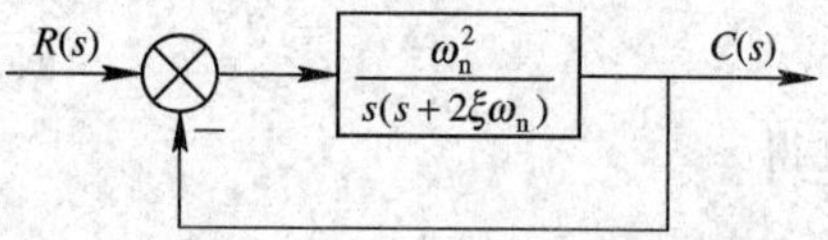

图 3-8　二阶系统的典型结构

其中，ξ 为阻尼比，ω_n 为无阻尼自然振荡频率，它们均为系统参数。

由式(3-21)可以看出，二阶系统的动态特性可以用 ξ 和 ω_n 这两个参数的形式加以描述。如果 $0<\xi<1$，则闭环极点为共轭复数，并且位于左半 s 平面，这时系统叫做欠阻尼系统，其瞬态响应是振荡的。如果 $\xi=1$，那么就叫做临界阻尼系统。而当 $\xi>1$ 时，就叫做过阻尼系统。临界阻尼系统和过阻尼系统的瞬态响应都不振荡。如果 $\xi=0$，那么瞬态响应变为等幅振荡。

例如，*RLC* 电路的传递函数为

$$G(s)=\frac{U_o(s)}{U_i(s)}=\frac{1}{LCs^2+RCs+1}=\frac{\frac{1}{LC}}{s^2+\frac{Rs}{L}+\frac{1}{LC}}$$

对照二阶系统的标准式，有

$$\omega_n^2=\frac{1}{LC}$$

即

$$\omega_n=\frac{1}{\sqrt{LC}}$$

$$2\xi\omega_n=\frac{R}{L}$$

即

$$\xi=\frac{R}{2}\sqrt{\frac{C}{L}}$$

对于一般的二阶系统来说，其系统参数与标准式(3-21)的参数 ξ、ω_n 之间有着对应的关系。这样，只要分析了二阶系统标准形式的动态性能指标与其参数 ξ、ω_n 间的关系，便可据此求得任何二阶系统的动态性能指标。

3.3.1 二阶系统的单位阶跃响应

二阶系统在单位阶跃输入信号 $1(t)$ 作用下的拉氏变换式为

$$C(s)=\Phi(s)R(s)=\frac{\omega_n^2}{s^2+2\xi\omega_n s+\omega_n^2}\cdot\frac{1}{s}$$

其中，由

$$s^2+2\xi\omega_n s+\omega_n^2=0$$

可求得两个特征根

$$s_{1,2}=-\xi\omega_n\pm\omega_n\sqrt{\xi^2-1} \tag{3-22}$$

对不同的 ξ 值，s_1、s_2 的性质是不同的，即 s_1、s_2 有可能为实数根、复数根或重根，相应的单位阶跃响应的形式也不相同，下面分几种情况讨论。

1）$\xi>1$，过阻尼

$\xi>1$ 时，$s_{1,2}=-\xi\omega_n\pm\omega_n\sqrt{\xi^2-1}$为两个不相等的负实数根，即有

$$C(s)=\frac{\omega_n^2}{s(s-s_1)(s-s_2)}=\frac{A_1}{s}+\frac{A_2}{s-s_1}+\frac{A_3}{s-s_2}$$

其中，A_1、A_2、A_3 为待定系数。据此，可求得输出响应的拉氏反变换

$$c(t)=A_1+A_2e^{s_1t}+A_3e^{s_2t}\qquad t\geqslant 0 \tag{3-23}$$

此时，系统输出随时间 t 单调上升，无振荡和超调。由于输出响应含负指数项，因而随着时间的推移，对应的分量逐渐趋于 0，输出响应最终趋于稳态值 1。

2）$\xi=1$，临界阻尼

$\xi=1$ 时，$s_{1,2}=-\omega_n$ 为一对重负实根。输出的拉氏变换

$$C(s)=\frac{\omega_n^2}{(s+\omega_n)^2\cdot s}=\frac{1}{s}-\frac{1}{s+\omega_n}-\frac{\omega_n}{(s+\omega_n)^2}$$

经拉氏反变换，得

$$c(t)=1-e^{-\omega_n t}(1+\omega_n t)\qquad t\geqslant 0 \tag{3-24}$$

响应曲线输出无振荡和超调。系统的响应速度在 $\xi=1$ 时比 $\xi>1$ 时快。

3）$0<\xi<1$，欠阻尼

$0<\xi<1$ 时，

$$s_{1,2}=-\xi\omega_n\pm\omega_n\sqrt{\xi^2-1}=-\xi\omega_n\pm j\omega_n\sqrt{1-\xi^2}$$

令阻尼振荡频率

$$\omega_d=\omega_n\sqrt{1-\xi^2}$$

则 $s_{1,2}=-\xi\omega_n\pm j\omega_d$ 为一对复数根。

输出的拉氏变换为

$$\begin{aligned}C(s)&=\frac{\omega_n^2}{s^2+2\xi\omega_n s+\omega_n^2}\cdot\frac{1}{s}=\frac{\omega_n^2}{(s+\xi\omega_n)^2+\omega_d^2}\cdot\frac{1}{s}\\&=\frac{1}{s}+\frac{-(s+2\xi\omega_n)}{(s+\xi\omega_n)^2+\omega_d^2}\\&=\frac{1}{s}-\frac{s+\xi\omega_n}{(s+\xi\omega_n)^2+\omega_d^2}-\frac{\frac{\xi\omega_n}{\omega_d}\omega_d}{(s+\xi\omega_n)^2+\omega_d^2}\end{aligned}$$

取拉氏反变换，得

$$c(t)=1-e^{-\xi\omega_n t}\cos\omega_d t-\frac{\xi\omega_n}{\omega_d}e^{-\xi\omega_n t}\sin\omega_d t$$

将上式整理为

$$c(t) = 1 - \frac{e^{-\xi\omega_n t}}{\sqrt{1-\xi^2}} \sqrt{1-\xi^2} \cos\omega_d t + \xi \sin\omega_d t$$

设欠阻尼二阶系统参数之间的关系为

$$\tan\beta = \frac{\sqrt{1-\xi^2}}{\xi},\ \cos\beta = \xi,\ \sin\beta = \sqrt{1-\xi^2}$$

如图 3 - 9 所示，则欠阻尼二阶系统的单位阶跃响应可写为

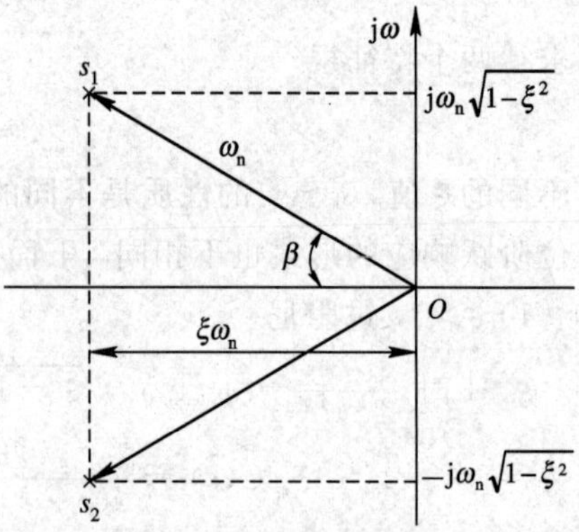

图 3 - 9　欠阻尼二阶系统参数间的关系

$$c(t) = 1 - \frac{e^{-\xi\omega_n t}}{\sqrt{1-\xi^2}} (\sin\beta \cos\omega_d t + \cos\beta \sin\omega_d t)$$

$$= 1 - \frac{e^{-\xi\omega_n t}}{\sqrt{1-\xi^2}} \sin(\omega_d t + \beta) \qquad t \geqslant 0 \tag{3-25}$$

系统的响应为衰减振荡波形，系统有超调。

4) $\xi=0$，无阻尼

$\xi=0$ 时，$s_{1,2}=\pm j\omega_n$ 为一对纯虚根。输出的拉氏变换为

$$C(s) = \frac{\omega_n^2}{s^2+\omega_n^2} \cdot \frac{1}{s} = \frac{1}{s} - \frac{s}{s^2+\omega_n^2}$$

其拉氏反变换为

$$c(t) = 1 - \cos\omega_n t \qquad t \geqslant 0 \tag{3-26}$$

系统的单位阶跃响应为等幅振荡波形。

图 3 - 10 所示为取不同 ξ 值时对应的单位阶跃响应曲线。由图可见，ξ 值越大，系统的

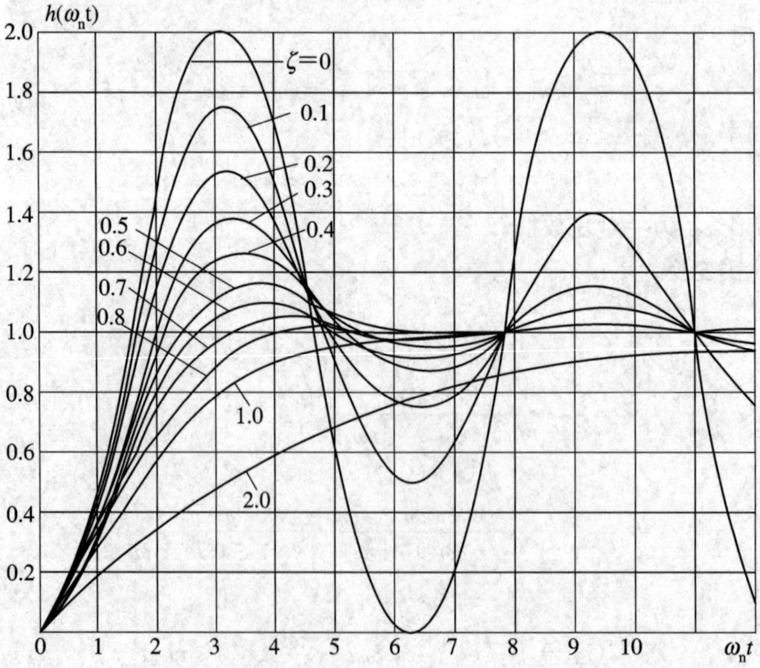

图 3 - 10　不同 ξ 值时对应的单位阶跃响应曲线

平稳性越好，超调越小；ξ 值越小，输出响应振荡越强，振荡频率越高。当 $\xi=0$ 时，系统输出为等幅振荡，不能正常工作，属不稳定。

3.3.2 二阶系统的性能指标

下面主要对欠阻尼($0<\xi<1$)二阶系统的性能指标进行讨论和计算。欠阻尼二阶系统的单位阶跃响应曲线如图 3-4 所示。

1. 上升时间 t_r

根据 t_r 的定义，有

$$c(t_r)=1-\frac{e^{-\xi\omega_n t_r}}{\sqrt{1-\xi^2}}\sin(\omega_d t_r+\beta)=1$$

即

$$\frac{e^{-\xi\omega_n t_r}}{\sqrt{1-\xi^2}}\sin(\omega_d t_r+\beta)=0$$

$$\sin(\omega_d t_r+\beta)=0$$

$$\omega_d t_r+\beta=0, \pi, 2\pi, \cdots$$

于是有

$$t_r=\frac{\pi-\beta}{\omega_d}=\frac{\pi-\beta}{\omega_n\sqrt{1-\xi^2}} \tag{3-27}$$

其中

$$\beta=\arctan\frac{\sqrt{1-\xi^2}}{\xi} \tag{3-28}$$

2. 峰值时间 t_p

根据 t_p 的定义，可采用求极值的方法来求取。即由

$$\begin{aligned}\left.\frac{dc(t)}{dt}\right|_{t=t_p}&=\frac{-1}{\sqrt{1-\xi^2}}\left[-\xi\omega_n e^{-\xi\omega_n t_p}\sin(\omega_d t_p+\beta)+\omega_d e^{-\xi\omega_n t_p}\cos(\omega_d t_p+\beta)\right]\\&=\frac{-e^{-\xi\omega_n t_p\omega_n}}{\sqrt{1-\xi^2}}\left[\sqrt{1-\xi^2}\cos(\omega_d t_p+\beta)-\xi\sin(\omega_d t_p+\beta)\right]\\&=0\end{aligned}$$

有

$$\sqrt{1-\xi^2}\cos(\omega_d t_p+\beta)-\xi\sin(\omega_d t_p+\beta)=0$$

$$\frac{\sin(\omega_d t_p+\beta)}{\cos(\omega_d t_p+\beta)}=\frac{\sqrt{1-\xi^2}}{\xi}$$

即

$$\tan(\omega_d t_p+\beta)=\tan\beta$$

$$\omega_d t_p=0, \pi, 2\pi, \cdots$$

于是得

$$t_p=\frac{\pi}{\omega_d}=\frac{\pi}{\omega_n\sqrt{1-\xi^2}}$$

3. 超调量 $\sigma\%$

将 $t_p=\pi/\omega_d$ 代入欠阻尼二阶系统单位阶跃响应表达式，求得

$$c(t)=1-\frac{e^{-\xi\omega_n t_p}}{\sqrt{1-\xi^2}}\sin(\omega_d t_p+\beta)=1-\frac{e^{-\xi\pi/\sqrt{1-\xi^2}}}{\sqrt{1-\xi^2}}\sin(\pi+\beta)$$

$$=1+\frac{e^{-\xi\pi/\sqrt{1-\xi^2}}}{\sqrt{1-\xi^2}}\sin\beta=1+e^{-\xi\pi/\sqrt{1-\xi^2}}$$

根据定义：

$$\sigma\%=\frac{c(t_p)-c(\infty)}{c(\infty)}\times 100\%$$

考虑到

$$c(\infty)=c(t)\big|_{t=\infty}=1$$

得

$$\sigma\%=\frac{c(t_p)-1}{1}\times 100\%=e^{-\xi\pi/\sqrt{1-\xi^2}}\times 100\% \tag{3-29}$$

4. 调节时间 t_s

求取调节时间可用近似公式：

$$t_s=3T=\frac{3}{\xi\omega_n}\qquad \xi<0.68，\pm 5\%\ \text{误差带} \tag{3-30}$$

$$t_s=4T=\frac{4}{\xi\omega_n}\qquad \xi<0.76，\pm 2\%\ \text{误差带} \tag{3-31}$$

其中，$T=1/\xi\omega_n$ 为系统的时间常数。

当 ξ 大于上述值时，可采用近似公式计算：

$$t_s=\frac{1}{\omega_n}(6.45\xi-1.7) \tag{3-32}$$

5. 稳态误差 e_{ss}

根据稳态误差的定义和终值定理，有

$$e_{ss}=\lim_{t\to\infty}e(t)=\lim_{s\to 0}sE(s) \tag{3-33}$$

当 $R(s)=1/s$ 时，由式(3-33)可算得 $e_{ss}=0$。

以上为欠阻尼二阶系统在单位阶跃输入作用下性能指标的求取。对于过阻尼二阶系统，其性能指标只有调节时间 t_s 和稳态误差 e_{ss}。e_{ss} 的计算同上，而调节时间 t_s 的近似计算式是根据特征根 s_1 和 s_2 中绝对值较小者来确定的。设 $|s_1|<|s_2|$，则

$$T_1=\frac{-1}{s_1}$$

$$t_s\approx 3T_1\qquad \pm 5\%\ \text{误差带} \tag{3-34}$$

$$t_s\approx 4T_1\qquad \pm 2\%\ \text{误差带} \tag{3-35}$$

或按式(3-32)作近似计算。

由于 $\xi\geqslant 1$ 时，系统的响应较慢，故二阶系统一般不设计成临界阻尼或过阻尼形式，只有在不允许出现超调的特殊要求下，才采用过阻尼形式。

另外，若输入为单位斜坡信号，即

$$R(s)=\frac{1}{s^2}$$

时，可求得

$$\begin{aligned}e_{ss}&=\lim_{t\to\infty}e(t)=\lim_{s\to 0}sE(s)\\&=\lim_{s\to 0}s\left[R(s)-\frac{\omega_n^2}{s^2+2\xi\omega_n s+\omega_n^2}\cdot R(s)\right]\\&=\frac{2\xi}{\omega_n}\end{aligned}\tag{3-36}$$

由以上的分析可归纳出二阶系统性能分析要点：

1）平稳性

主要由 ξ 决定，ξ 越大则 $\sigma\%$ 越小，平稳性越好。$\xi=0$ 时，系统等幅振荡，不能稳定工作。ξ 一定时，ω_n 越大则 ω_d 越大，系统平稳性变差。

2）快速性

ω_n 一定时，若 ξ 较小，则 ξ 越小，t_s 越大，而当 $\xi>0.7$ 之后又有 ξ 越大则 t_s 越大。即 ξ 太小或太大，快速性均变差。

在控制工程中，ξ 是由对超调量的要求来确定的。ξ 一定时，ω_n 越大则 t_s 越小。所以，要获得较好的快速性，阻尼比 ξ 不能太大，而 ω_n 可尽量选大。

综合考虑系统的平稳性和快速性，一般将 $\xi=0.707$ 称为最佳阻尼比，此时，系统不仅响应速度快，而且其超调量较小($\sigma\%=4.3\%$)。此时对应的二阶系统称为最佳二阶系统。

3）准确性

ξ 的增加和 ω_n 的减小虽然对系统的平稳性有利，但将使得系统跟踪斜坡信号的稳态误差增加。

例 3.2 已知随动系统的开环传递函数

$$G(s)=\frac{5K_a}{s(s+34.5)}$$

系统的结构如图 3-11 所示，试分别计算 $K_a=200$，1500 和 10 时，系统的动态性能指标 t_p，t_s 和 $\sigma\%$。

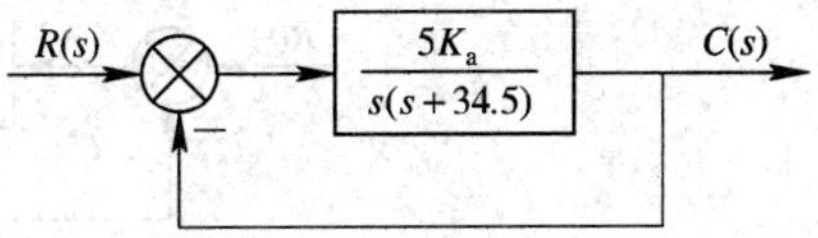

图 3-11 例 3.2 系统的结构图

解 (1) $K_a=200$。

$$\Phi(s)=\frac{5K_a}{s^2+34.5s+5K_a}=\frac{1000}{s^2+34.5s+1000}$$

对照标准式，有

$$\begin{cases}\omega_n^2=1000\\2\xi\omega_n=34.5\end{cases}$$

因而求得

$$\begin{cases}\omega_n=31.6\\\xi=0.545\end{cases}$$

据此可求得动态性能指标：

$$\begin{cases} t_p = \dfrac{\pi}{\omega_n\sqrt{1-\xi^2}} = 0.12\ \text{s} \\ t_s = \dfrac{3}{\xi\omega_n} = 0.17\ \text{s} \qquad\qquad 按 \pm 5\% 误差带 \\ \sigma\% = e^{-\xi\pi/\sqrt{1-\xi^2}} \times 100\% = 13\% \end{cases}$$

(2) $K_a = 1500$。用同样的方法计算得

$$\omega_n = 86.2, \quad \xi = 0.2$$

$$t_p = 0.037\ \text{s}, \quad t_s = 0.17\ \text{s}, \quad \sigma\% = 52.7\%$$

(3) $K_a = 10$。可算得

$$\begin{cases} \omega_n = 7.07 \\ \xi = 2.44 \end{cases}$$

系统过阻尼，无超调。动态性能指标只有

$$t_s = \frac{1}{\omega_n}(6.45\xi - 1.7) = 1.99\ \text{s}$$

3.3.3 改善二阶系统性能的措施

通过对二阶系统的分析得知，系统三方面性能对系统结构和参数的要求往往是矛盾的。工程中，通过在系统中增加一些合适的附加装置来改善二阶系统的性能。

1. 比例微分控制

图 3-12 为采用比例微分控制的二阶系统。二阶系统的开环传递函数为

$$G(s) = \frac{(\tau s + 1)\omega_n^2}{s(s + 2\xi\omega_n)}$$

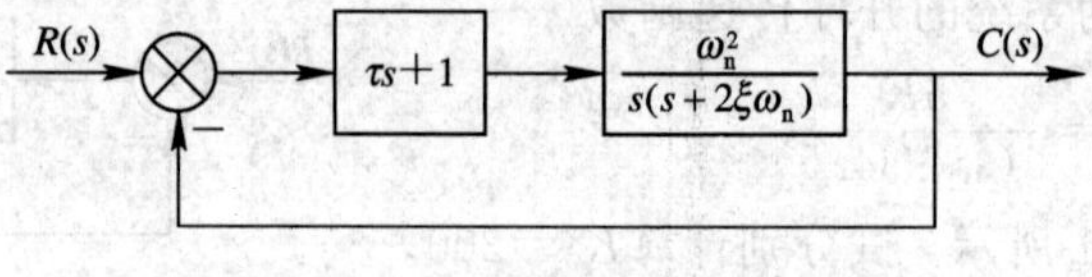

图 3-12 比例微分控制的二阶系统

闭环传递函数

$$\Phi(s) = \frac{C(s)}{R(s)} = \frac{(\tau s + 1)\omega_n^2}{s^2 + 2\xi\omega_n s + \tau\omega_n^2 s + \omega_n^2}$$

$$= \frac{(\tau s + 1)\omega_n^2}{s^2 + (2\xi\omega_n + \tau\omega_n^2)s + \omega_n^2} = \frac{(\tau s + 1)\omega_n^2}{s^2 + 2\xi'\omega_n s + \omega_n^2} \tag{3-37}$$

其中，

$$2\omega_n\xi' = 2\xi\omega_n + \tau\omega_n^2$$

即有

$$\xi' = \xi + \frac{\tau\omega_n^2}{2} \tag{3-38}$$

其中 ξ' 称为等效阻尼比。

由上式可见，采用比例微分控制后，二阶系统的阻尼比增大，超调量减少。同时，若传递函数中增加的零点合适，将使得系统的调节时间 t_s 减少。另外，在单位斜坡输入之下，即当 $R(s)=1/s^2$ 时，由式(3-33)可以算得

$$e_{ss}=\frac{2\xi}{\omega_n}$$

与没有采用比例微分控制的标准二阶系统相同。

设没有采取性能改善措施之前，系统的单位阶跃响应曲线如图 3-13 中曲线 a 所示，则采用比例微分控制后系统性能的改善如图 3-13 中曲线 b 所示。

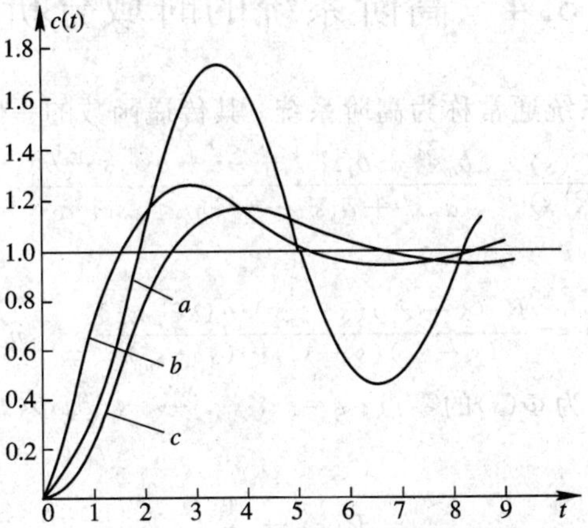

图 3-13　不同控制对二阶系统性能的改善

2. 微分负反馈控制

在二阶系统中加入微分负反馈环节，如图 3-14 所示。

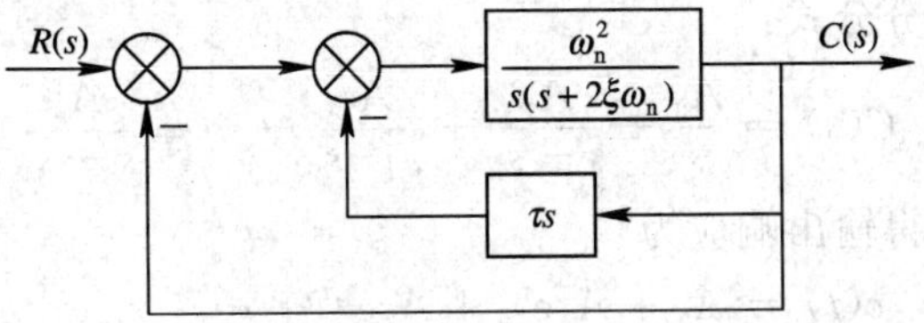

图 3-14　加微分负反馈的二阶系统

这时系统的开环传递函数

$$G(s)=\frac{\omega_n^2}{s^2+2\xi\omega_n s+\tau\omega_n^2 s}$$

闭环传递函数

$$\Phi(s)=\frac{\omega_n^2}{s^2+(2\xi\omega_n+\tau\omega_n^2)s+\omega_n^2}=\frac{\omega_n^2}{s^2+2\xi'\omega_n s+\omega_n^2} \tag{3-39}$$

其中，

$$2\omega_n\xi'=2\xi\omega_n+\tau\omega_n^2$$

即有

$$\xi'=\xi+\frac{\tau\omega_n}{2} \tag{3-40}$$

其中 ξ' 称为等效阻尼比。由上式可见，与加微分负反馈之前相比，系统的阻尼比增大，超调量减少，平稳性变好。ξ 较小时，在 ω_n 不变的前提下，阻尼比的加大将使 t_s 减少。另外，若输入为单位斜坡信号，即当 $R(s)=1/s^2$ 时，由式(3-33)可以算得

$$e_{ss}=\frac{2\xi}{\omega_n}+\tau$$

比标准形式的二阶系统增加了 τ。但只要适当地选取系统参数，就可同时满足动态和稳态性能的要求。加入微分负反馈对系统性能的影响如图 3-13 中曲线 c 所示。

3.4 高阶系统的时域分析

三阶及三阶以上的系统通常称为高阶系统。其传递函数的一般表达式为

$$\Phi(s)=\frac{C(s)}{R(s)}=\frac{b_0s^m+b_1s^{m-1}+\cdots+b_{m-1}s+b_m}{a_0s^n+a_1s^n+\cdots+a_{n-1}s+a_n}\qquad n\geqslant m$$

改写为零、极点形式：

$$\Phi(s)=\frac{K_0(s-z_1)(s-z_2)\cdots(s-z_m)}{(s-s_1)(s-s_2)\cdots(s-s_n)}\qquad n\geqslant m$$

其中，$s=z_1,\ z_2,\ \cdots,\ z_m$ 为 $\Phi(s)$ 的零点；$s=s_1,\ s_2,\ \cdots,\ s_n$ 为 $\Phi(s)$ 的极点。

设输入为

$$R(s)=\frac{1}{s}$$

则有

$$C(s)=\frac{K_0(s-z_1)(s-z_2)\cdots(s-z_m)}{(s-s_1)(s-s_2)\cdots(s-s_n)}\cdot\frac{1}{s}$$

无重极点时，可写成部分分式：

$$C(s)=\frac{A_0}{s}+\frac{A_1}{s-s_1}+\frac{A_2}{s-s_2}+\cdots+\frac{A_n}{s-s_n}$$

对上式求拉氏反变换，得输出响应为

$$c(t)=A_0+A_1e^{s_1t}+A_2e^{s_2t}+\cdots+A_ne^{s_nt}\qquad(3-41)$$

式(3-41)中的 A_0 表示由输入引起的输出稳态分量；其他各项表示输出瞬态分量。它们衰减的快慢取决于各项所对应极点的负实部值(实部为正时系统不稳定)。

据待定系数法可求得对应于负实数极点 s_i 的瞬态分量

$$A_ie^{s_it}=\frac{K_0(s_i-z_1)(s_i-z_2)\cdots(s_i-z_m)}{(s_i-s_1)\cdots(s_i-s_{i-1})(s_i-s_{i+1})\cdots(s_i-s_n)s_i}e^{s_it}\qquad(3-42)$$

可见，对应的瞬态分量按指数衰减，其系数与该极点到零点的距离成正比，与该极点到其他极点的距离以及该极点到虚轴的距离成反比。

对应于共轭复数极点 s_k、s_{k+1} 的瞬态分量为 $A_ke^{s_kt}+A_{k+1}e^{s_{k+1}t}$，考虑到

$$s_k=\sigma+j\omega,\ s_{k+1}=\sigma-j\omega\qquad\sigma<0$$

同时，考虑到系数 A_k、A_{k+1} 也是共轭复数，可表示为

$$A_k=|A_k|e^{j\angle A_k},\ A_{k+1}=|A_k|e^{-j\angle A_k}$$

因此，据尤拉公式，有

$$A_k e^{s_k t} + A_{k+1} e^{s_{k+1} t} = 2 \mid A_k \mid e^{\sigma t} \cos(\omega t + \angle A_k) \tag{3-43}$$

可见，对应的是其振幅按指数衰减的正弦振荡的瞬态分量。

由上述分析可以得出：

(1) 高阶系统的时域响应是由惯性环节和二阶振荡环节的响应函数所组成的。其中，稳态分量由输入控制信号所引起，瞬态分量的形式取决于传递函数的极点。

(2) 极点的实部越负，即在 s 左半平面上离虚轴越远，则相应的瞬态分量衰减越快；反之，在 s 左半平面上离虚轴很近的极点，其对应的瞬态分量衰减就很慢，它在总的瞬态分量中占据主导地位。

(3) 如果系统中有一个极点或一对共轭复数极点离虚轴最近，且附近没有零点离虚轴的距离比这一个或一对极点离虚轴的距离大 5 倍以上，则称这一个或一对极点为主导极点，因为主导极点所决定的瞬态分量不仅持续时间长，而且初始幅值也大，故可将系统的响应近似地看作是由主导极点所产生的。

(4) 一个实际的高阶系统，其结构参数是确定的，不一定存在主导极点，但往往可以通过加入校正装置，改变其结构参数，使数个系统具有一对合适的共轭复数极点，因为此时系统的动态性能比较理想。

3.5 控制系统的稳定性分析

稳定是系统正常工作的首要条件。由此可见，在线性控制系统中，最重要的问题是稳定性问题。换句话说，在什么条件下系统才是稳定的？如果系统不稳定，又如何使系统稳定呢？本节将对线性定常系统的稳定性进行讨论。

3.5.1 系统稳定的充分与必要条件

一个处于某平稳状态的线性定常系统，若在外部作用下偏离了原来的平衡状态，而当扰动消失后，系统仍能回到原来的平衡状态，则称该系统是稳定的，否则，系统就是不稳定的。稳定性是去除外部作用后系统本身的一种恢复能力，所以是系统的一种固有特性，它只取决于系统的结构参数，而与外作用及初始条件无关。

设系统传递函数的一般表达式为

$$\Phi(s) = \frac{C(s)}{R(s)} = \frac{b_0 s^m + b_1 s^{m-1} + \cdots + b_{m-1} s + b_m}{a_0 s^n + a_1 s^{n-1} + \cdots + a_{n-1} s + a_n} \qquad n \geqslant m$$

又设

$$R(s) = \frac{1}{s}$$

则有

$$C(s) = \Phi(s)R(s) = \frac{b_0 s^m + b_1 s^{m-1} + \cdots + b_{m-1} s + b_m}{a_0 s^n + a_1 s^{n-1} + \cdots + a_{n-1} s + a_n} \cdot \frac{1}{s}$$

$$= \frac{A_0}{s} + \frac{A_1}{s - s_1} + \cdots + \frac{A_i}{s - s_i} + \cdots + \frac{A_n}{s - s_n}$$

其中 s_i 为特征方程的根。对上式求拉氏反变换，得系统输出响应为

$$c(t) = A_0 + A_1 e^{s_1 t} + \cdots + A_i e^{s_i t} + \cdots + A_n e^{s_n t}$$

其中，第一项为由输入引起的输出稳态分量，其余各项为系统输出的瞬态分量。显然，一个稳定的系统，其输出瞬态分量应均为 0。由上式可知，要做到这一点，必须满足

$$\lim_{t\to\infty} e^{s_i t} \to 0$$

所以，系统稳定的充分与必要条件是系统所有特征根的实部小于零(或其特征方程的根都在 s 左半平面)，即

$$\mathrm{Re}[s_i] < 0 \qquad i = 1, 2, \cdots, n$$

3.5.2 劳斯(Routh)稳定判据

劳斯稳定判据能够告诉我们，在一个多项式方程中是否存在着正根，而不必实际求解这一方程。这一稳定判据，只能用在只有有限项的多项式中。当把这个判据应用到控制系统时，根据特征方程的系数，可以直接判断系统的稳定性。

根据稳定的充分与必要条件，求得特征方程的根，就可判定系统的稳定性。但对于高阶系统，求解方程的根比较困难。如果仅仅判断系统的稳定性，可根据特征方程的各项系数来确定方程的根是否具有正实部，这就是劳斯稳定判据的基本思想。劳斯稳定判据是根据闭环传递函数特征方程式的各项系数，经过代数运算来判断系统的稳定性的。

设系统的特征方程为

$$a_0 s^n + a_1 s^{n-1} + \cdots + a_{n-1} s + a_n = 0$$

根据特征方程的各项系数排列成下列劳斯表：

$$\begin{array}{lllll} s^n & a_0 & a_2 & a_4 & \cdots \\ s^{n-1} & a_1 & a_3 & a_5 & \cdots \\ s^{n-2} & b_{31} & b_{32} & b_{33} & \cdots \\ s^{n-3} & b_{41} & b_{42} & b_{43} & \cdots \\ \vdots & \vdots & \vdots & \vdots & \\ s^0 & b_{n+1} & & & \end{array}$$

可见，表中前面两行为间隔取特征方程中系数所形成的，从第三行开始，各元素的计算按下述规律推算。

$$b_{31} = \frac{a_1 a_2 - a_0 a_3}{a_1}$$

$$b_{32} = \frac{a_1 a_4 - a_0 a_5}{a_1}$$

$$\vdots$$

$$b_{41} = \frac{b_{31} a_3 - a_1 b_{32}}{b_{31}}$$

$$b_{42} = \frac{b_{31} a_5 - a_1 b_{33}}{b_{31}}$$

$$\vdots$$

以此类推，可求出各元素 b_{31}，…，b_{n+1}。

劳斯稳定判据　若特征方程式的各项系数都大于 0(必要条件)，且劳斯表中第一列元

素均为正值，则所有的特征根均位于 s 左半平面，相应的系统是稳定的。否则，系统是不稳定的，且第一列元素符号改变的次数等于特征方程正实部根的个数。

例 3.3 已知系统的特征方程

$$s^4+2s^3+3s^2+4s+5=0$$

试判断该系统的稳定性。

解 劳斯表如下：

$$\begin{array}{llll} s^4 & 1 & 3 & 5 \\ s^3 & 2 & 4 & \\ s^2 & 1 & 5 & \\ s^1 & -6 & & \\ s^0 & 5 & & \end{array}$$

$$b_{31}=\frac{2\times 3-4}{2}=1$$

$$b_{32}=\frac{2\times 5-0}{2}=5$$

$$b_{41}=\frac{1\times 4-2\times 5}{1}=-6$$

$$b_{51}=\frac{-6\times 5-1\times 0}{-6}=5$$

由劳斯表可见，第一列元素的符号改变了两次，表示有两个正实部根，相应的系统不稳定。

例 3.4 系统如图 3 - 15 所示。为使系统稳定，试确定放大倍数 K 的取值范围。

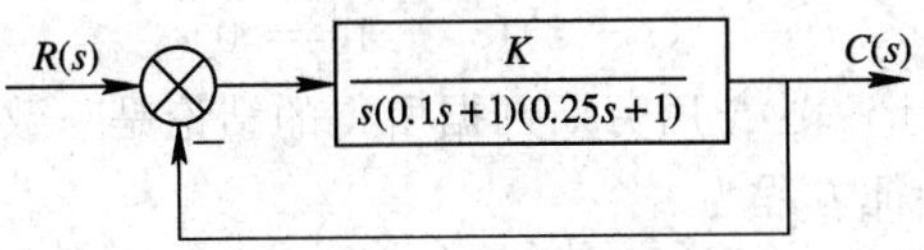

图 3 - 15 例 3.4 系统结构图

解 首先求出系统的闭环传递函数

$$\Phi(s)=\frac{C(s)}{R(s)}=\frac{K}{s(0.1s+1)(0.25s+1)+K}$$

系统的特征方程为

$$s^3+14s^2+40s+40K=0$$

列出劳斯表：

$$\begin{array}{lll} s^3 & 1 & 40 \\ s^2 & 14 & 40K \\ s^1 & \dfrac{560-40K}{14} & \\ s^0 & 40K & \end{array}$$

系统稳定的条件为

$$\begin{cases} 560-40K>0 \\ 40K>0 \end{cases}$$

即

$$\begin{cases} K<14 \\ K>0 \end{cases}$$

所以 $14>K>0$，即 K 必须小于 14，系统才稳定。

3.5.3 两种特殊情况

如果劳斯表中某行的第一个元素为0，而该行中其余各元素不等于0或没有其他元素，将使得劳斯表无法往下排列。此时，可用一个接近于零的很小的正常 ε 来代替零，完成劳斯表的排列。

例 3.5 已知系统的特征方程

$$s^3+2s^2+s+2=0$$

试判断系统的稳定性。

解 劳斯表为

$$\begin{array}{lll} s^3 & 1 & 1 \\ s^2 & 2 & 2 \\ s^1 & 0(\varepsilon) & 0 \\ s^0 & 2 & \end{array}$$

由于第一列中 ε 上方的元素与其下方的元素符号相同，表示该方程中有一对纯虚根存在，相应的系统不稳定。

把特征方程分解成因式相乘的形式，即

$$(s+2)(s^2+1)=0$$

据此求得 $s_1=-2$，$s_{2,3}=\pm \mathrm{j}$。这与用劳斯判据所得的结论是一致的。

例 3.6 设系统的特征方程为

$$s^3-3s+2=0$$

试用劳斯判据确定该方程的根在 s 平面上的分布。

解 方程中 s^2 项的系数为0，s 项的系数为负值，由系统稳定的必要条件知，该方程中至少有一个根在 s 右半平面，相应的系统为不稳定。为了确定方程式的根在 s 平面上的具体分布，现用劳斯判据进行判别。

劳斯表为

$$\begin{array}{lll} s^3 & 1 & -3 \\ s^2 & 0(\varepsilon) & 2 \\ s^0 & \dfrac{-3\varepsilon-2}{\varepsilon} & \\ s^2 & 2 & \end{array}$$

可见，表中第一列元素的符号变化了两次。由劳斯判据可知，该方程有两个根在 s 右半平面。

上述结论也可用因式分解的方法来验证。把特征方程改写为

$$s^3-3s+2=(s-1)^2(s+1)=0$$

即 $s_{1,2}=1$，$s_3=-2$。从而验证了劳斯判据所得结论的正确性。

如果劳斯表中某一行的元素全为零，表示相应方程中含有大小相等、符号相反的实根和(或)共轭根。此时，应以上一行的元素为系统，构成一辅助多项式，该多项式对 s 求导后，所得多项式的系数即可用来取代全零行。同时，由辅助方程可以求得这些根。

例 3.7 某控制系统的特征方程为

$$s^6+2s^5+8s^4+12s^3+20s^2+16s+16=0$$

试判断系统的稳定性。

解 劳斯表为

s^6	1	8	20	16
s^5	2	12	16	
s^4	2	12	16	
s^3	0	0		

由于 s^3 这一行的元素全为 0，使得劳斯表无法往下排列。可由上一行的元素作为系数组成辅助多项式

$$P(s)=2s^4+12s^2+16$$

$P(s)$对 s 求导，得 $$\frac{dP(s)}{ds}=8s^3+24s$$

用系数 8 和 24 代替全零行中的 0 元素，并将劳斯表排列完。

s^6	1	8	20	16
s^5	2	12	16	
s^4	2	12	16	
s^3	8	24		
s^2	6	16		
s^1	8/3			
s^0	16			

由上表知，第一列元素的符号没有变化，表明该特征方程在 s 右半平面上没有特征根，但 s^3 行元素全为零，表示有大小相等，符号相反的根。令 $P(s)=0$，便构成了辅助方程，解此方程可得两对根 $\pm j\sqrt{2}$ 和 $\pm j2$，显然系统临界稳定。

3.5.4 劳斯稳定判据在控制系统中的应用

劳斯稳定判据在线性控制系统分析中的应用是有一定局限性的，这主要是因为这种判据不能指出如何改善系统的相对稳定性和如何使不稳定的系统达到稳定。但是，它可以确定一个或两个系统参数的变化对系统稳定性的影响。下面我们将考虑如何确定参数值的稳定范围的问题。如图 3-16 所示的系统，其闭环传递函数为

$$\Phi(s)=\frac{C(s)}{R(s)}=\frac{K}{Ts^3+s^2+K}$$

图 3-16 结构不稳定的系统结构图

特征方程式为

$$Ts^3+s^2+K=0$$

根据劳斯判据，由于方程中 s 一次项的系数为 0，故不论 K 取何值，该方程总是有根不在 s 左半平面，即系统总是不稳定。这类系统称为结构不稳定系统。解决这个问题的办法一般有以下两种。

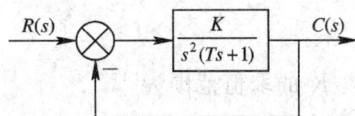

1. 改变环节的积分性质

可用比例反馈来包围有积分作用的环节。例如，在积分环节外面加单位负反馈，见图 3-17，这时，环节的传递函数变为

$$\frac{C(s)}{R(s)}=\frac{1}{s+1}$$

从而使原来的积分环节变成了惯性环节。

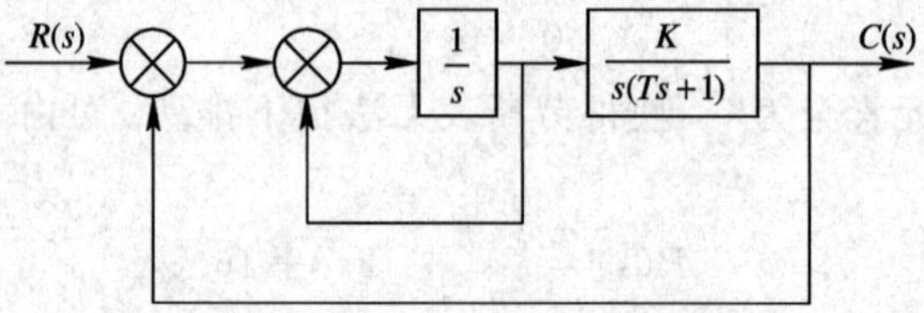

图 3-17 积分环节外加单位反馈

图 3-17 所示系统中的一个积分环节加上单位负反馈后，系统开环传递函数变成了

$$G(s)=\frac{K}{s(s+1)(Ts+1)}$$

系统的闭环传递函数为

$$\frac{C(s)}{R(s)}=\frac{K}{s(s+1)(Ts+1)+K}$$

特征方程式：

$$Ts^3+(1+T)s^2+s+K=0$$

劳斯表：

$$\begin{array}{lll} s^3 & T & 1 \\ s^2 & 1+T & K \\ s^1 & \dfrac{1+T-TK}{1+T} & \\ s^0 & K & \end{array}$$

根据劳斯判据，系统稳定的条件为

$$\begin{cases}1+T-TK>0\\ K>0\end{cases}$$

即

$$\begin{cases}K<\dfrac{1+T}{T}\\ K>0\end{cases}$$

所以，K 的取值范围为

$$\frac{1+T}{T}>K>0$$

可见，此时只要适当选取 K 值就可使系统稳定。

2. 加入比例微分环节

如图 3-18 所示，在前述结构不稳定系统的前向通道中加入比例微分环节，系统的闭环传递函数变为

$$\Phi(s) = \frac{K(\tau s + 1)}{Ts^3 + s^2 + K\tau s + K}$$

劳斯表：

$$\begin{array}{lll} s^3 & T & K\tau \\ s^2 & 1 & K \\ s^1 & K(\tau - T) & \\ s^0 & K & \end{array}$$

系统的稳定条件为

$$\begin{cases} \tau - T > 0 \\ K > 0 \end{cases}$$

即

$$\begin{cases} \tau > T \\ K > 0 \end{cases}$$

可见，此时只要适当选取系统参数，便可使系统稳定。

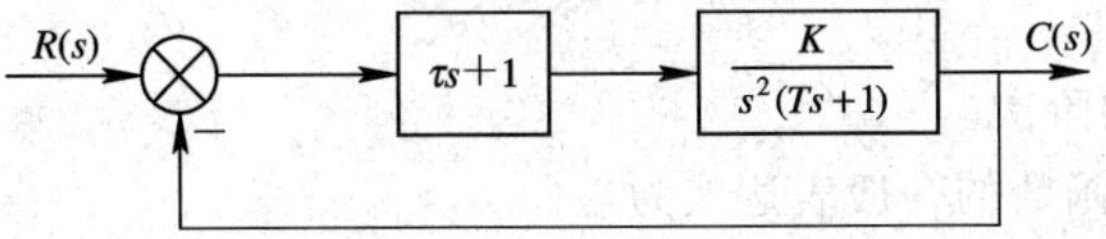

图 3-18　系统中加入比例微分环节

3.6　控制系统的稳态误差分析

系统的稳态误差是衡量系统控制精度的性能指标。系统的误差定义为期望值与实际值之差。通常系统的输入量和输出量为不同的物理量，因此系统的误差不能直接用它们的差值来表示，而是用输入量与反馈量的差值来定义，即

$$e(t) = r(t) - b(t)$$

给定信号作为期望值，反馈信号作为实际值。对于单位反馈系统来说，反馈量 $b(t)$ 就等于输出量 $c(t)$。

稳态误差是指系统进入稳态后的误差值。即

$$e_{ss} = \lim_{t\to\infty} e(t)$$

稳态误差可分为由给定信号引起的误差和由扰动信号引起的误差两种，下面分别讨论。

3.6.1　给定信号作用下的稳态误差及误差系数

考虑给定信号 $R(s)$ 的作用时，设扰动信号 $N(s)=0$。控制系统的典型结构如图 3-19 所示。

根据图 3-19 可得误差函数的拉氏变换为

$$E_r(s) = \frac{R(s)}{1 + G_1(s)G_2(s)H(s)} = \frac{R(s)}{1 + G(s)H(s)} \tag{3-44}$$

其中

$$G(s)=G_1(s)G_2(s)$$

根据终值定理得

$$e_{ssr}=\lim_{t\to\infty}e_r(t)=\lim s\cdot E_r(s)=\lim_{s\to 0}s\cdot\frac{R(s)}{1+G(s)H(s)} \tag{3-45}$$

可见，系统的稳态误差不仅与系统的输入有关，还与系统的结构有关。

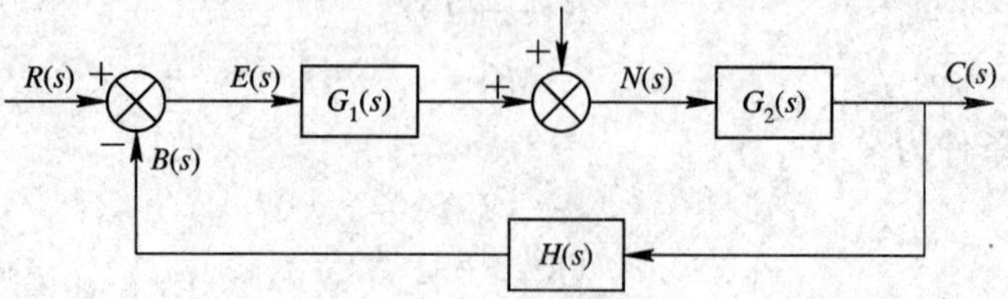

图 3-19 控制系统的典型结构

设系统输入的一般表达式为

$$R(s)=\frac{A}{s^N} \tag{3-46}$$

其中 N 为输入信号的阶次。

设系统开环传递函数的一般表达式为

$$G(s)H(s)=\frac{K\prod_{j=1}^{m}(\tau_j s+1)}{s^\nu\prod_{i=1}^{n-\nu}(T_i s+1)}\qquad n\geqslant m \tag{3-47}$$

式中，K 为系统的开环增益，即开环传递函数中各因式常数项为 1 时的总比例系数；τ_j、T_i 为时间常数；ν 为积分环节的个数，称为系统的型别，也称系统的误差度。对应于 $\nu=0,1,2$ 的系统，分别称为 0 型、Ⅰ型和Ⅱ型系统。由于Ⅱ型以上的系统实际上很难稳定，因此在控制工程中一般不会遇到。

根据式(3-45)、(3-46)和(3-47)，系统的稳态误差可表示为

$$e_{ssr}=\lim_{s\to 0}s\cdot\frac{A/s^N}{1+K/s^\nu} \tag{3-48}$$

也可根据系统的静态误差系数来计算系统在不同输入信号之下的稳态误差，下面分别介绍。

1. 静态位置误差系数 K_p

设阶跃输入信号 $r(t)=R_0 1(t)$，相应的拉氏变换式为 $R(s)=R_0/s$，由式(3-45)有

$$e_{ssr}=\lim_{s\to 0}s\cdot\frac{R_0/s}{1+G(s)H(s)}=\frac{R_0}{1+\lim\limits_{s\to 0}G(s)H(s)}$$

定义静态位置误差系数

$$K_p=\lim_{s\to 0}G(s)H(s) \tag{3-49}$$

则

$$e_{ssr}=\frac{R_0}{1+K_p} \tag{3-50}$$

另外，将式(3-47)代入式(3-49)，得

$$K_{\mathrm{p}} = \lim_{s \to 0} \frac{K}{s^{\nu}} \tag{3-51}$$

由式(3－50)和(3－51)可得以下结论：

$$\begin{cases} \nu = 0 \text{ 时}, K_{\mathrm{p}} = K, e_{\mathrm{ssr}} = \dfrac{R_0}{1+K} \\ \nu \geqslant 1 \text{ 时}, K_{\mathrm{p}} = \infty, e_{\mathrm{ssr}} = 0 \end{cases}$$

可见，在阶跃输入作用下，仅 0 型系统有稳态误差，其大小与阶跃输入的幅值成正比，与系统的开环增益 K 近似成反比。对Ⅰ型及Ⅰ型以上系统来说，其稳态误差为 0。图 3－20 给出了不同型别时系统的阶跃响应曲线。

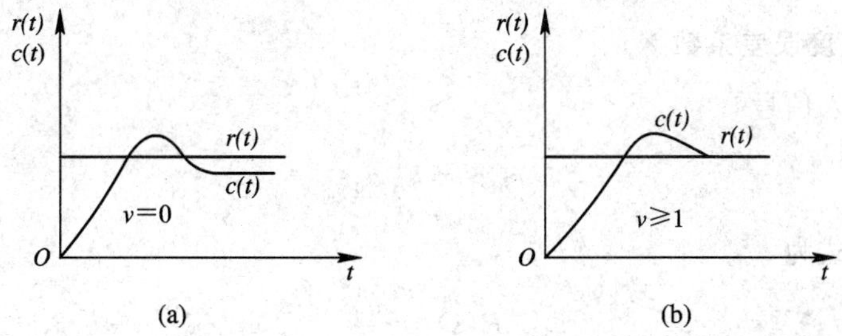

图 3－20　阶跃响应曲线

2. 静态速度误差系数 K_{v}

设斜坡输入信号为 $r(t)=v_0 t$，相应的拉氏变换式为 $R(s)=v_0/s^2$，由式(3－45)有

$$e_{\mathrm{ssr}} = \lim_{s \to 0} s \cdot \frac{v_0/s^2}{1+G(s)H(s)} = \frac{v_0}{\lim\limits_{s \to 0} sG(s)H(s)}$$

定义静态速度误差系数

$$K_{\mathrm{v}} = \lim_{s \to 0} sG(s)H(s) \tag{3-52}$$

则

$$e_{\mathrm{ssr}} = \frac{v_0}{K_{\mathrm{v}}} \tag{3-53}$$

另外，将式(3－47)代入式(3－52)，得

$$K_{\mathrm{v}} = \lim_{s \to 0} \frac{K}{s^{\nu-1}} \tag{3-54}$$

由式(3－53)和(3－54)可得以下结论：

$$\begin{cases} \nu = 0 \text{ 时}, K_{\mathrm{v}} = 0, e_{\mathrm{ssr}} = \infty \\ \nu = 1 \text{ 时}, K_{\mathrm{v}} = K, e_{\mathrm{ssr}} = \dfrac{v_0}{K} \\ \nu \geqslant 2 \text{ 时}, K_{\mathrm{v}} = \infty, e_{\mathrm{ssr}} = 0 \end{cases}$$

可见，在斜坡输入之下，0 型系统的输入量能跟踪其输入量的变化。这是因为输出量的速度小于输入量的速度，致使两者的差距不断加大，稳态误差趋于无穷大。稳态时，Ⅰ型系统的输出量与输入量虽以相同的速度变化，但前者较后者在位置上落后一个常量，这个常量就是稳态误差。稳态情况下，Ⅱ型系统的输出量与输入量不仅速度相等，而且位置相同。图 3－21 给出了不同型别时系统的斜坡响应曲线。

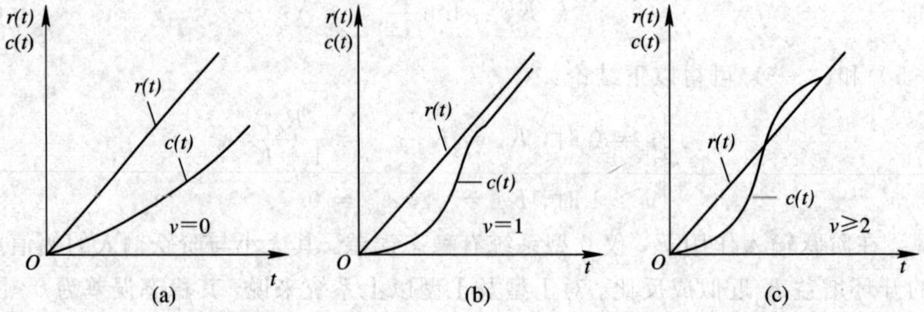

图 3-21　不同型别时系统的斜坡响应曲线

3. 静态加速度误差系数 K_a

设抛物线输入信号

$$r(t)=\frac{1}{2}a_0t^2$$

相应的拉氏变换式为

$$R(s)=\frac{a_0}{s^3}$$

由式(3-45)有

$$e_{ssr}=\lim_{s\to 0}s\cdot\frac{a_0/s^3}{1+G(s)H(s)}=\frac{a_0}{\lim_{s\to 0}s^2G(s)H(s)}$$

定义静态加速度误差系数

$$K_a=\lim_{s\to 0}s^2G(s)H(s) \tag{3-55}$$

则

$$e_{ssr}=\frac{a_0}{K_a} \tag{3-56}$$

另外，将式(3-47)代入式(3-55)，得

$$K_a=\lim_{s\to 0}\frac{K}{s^{\nu-2}} \tag{3-57}$$

由式(3-56)和(3-57)可得以下结论：

$$\begin{cases}\nu\leqslant 1\text{ 时},\ K_a=0,\ e_{ssr}=\infty\\ \nu=2\text{ 时},\ K_a=K,\ e_{ssr}=\dfrac{a_0}{K}\\ \nu\geqslant 3\text{ 时},\ K_a=\infty,\ e_{ssr}=0\end{cases}$$

上述结论表明，0 型和Ⅰ型系统都不能跟踪抛物线输入信号，只有Ⅱ型系统能跟踪，但存在稳态误差。即在稳态时，系统输出和输入信号都以相同的速度和加速度变化，但输出在位置上要落后于输入一个常量。

图 3-22 给出了不同型别的系统在抛物线输入信号作用下的响应曲线。

通过以上分析可知，增加系统开环传递函数中的积分环节个数，即提高系统的型别可改善其稳态精度。但随着积分环节数的增多系统阶次将增加，也容易引起不稳定。

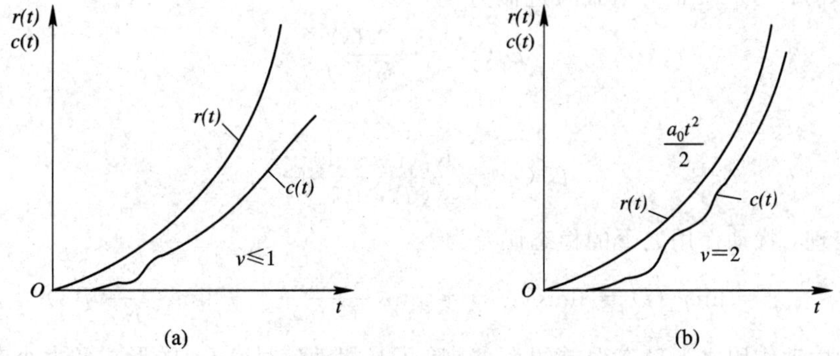

图 3-22　抛物线输入信号作用下的响应曲线

求系统的稳态误差，可根据稳态误差公式来求，也可根据误差系数来求。下面举例说明。

例 3.8　已知系统的结构如图 3-23 所示。求

$$R(s)=\frac{1}{s}+\frac{1}{s^2}$$

时系统的稳态误差。

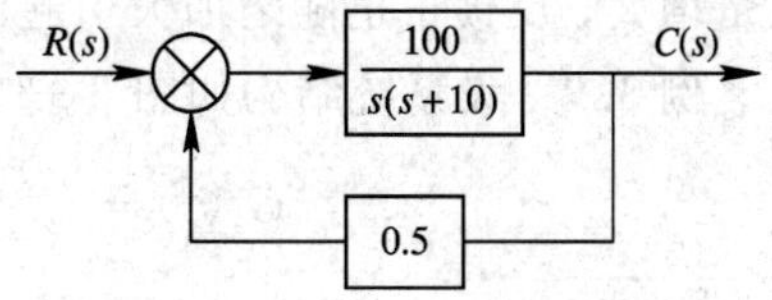

图 3-23　例 3.8 系统结构图

解　系统的开环传递函数

$$G(s)H(s)=\frac{100\times 0.5}{s(s+10)}=\frac{5}{s(0.1s+1)}$$

$R_1(s)=1/s$ 时，

$$K_p=\lim_{s\to 0}G(s)H(s)=\lim_{s\to 0}\frac{5}{s(0.1s+1)}=\infty,\ e_{ss1}=\frac{1}{1+K_p}=0$$

$R_2(s)=1/s^2$ 时，

$$K_v=\lim_{s\to 0}sG(s)H(s)=\lim_{s\to 0}s\frac{5}{s(0.1s+1)}=5,\ e_{ss2}=\frac{1}{5}$$

系统总的稳态误差

$$e_{ssr}=e_{ss1}+e_{ss2}=\frac{1}{5}$$

3.6.2　扰动信号作用下的稳态误差

考虑扰动信号 $N(s)$的作用时，设 $R(s)=0$，则图 3-19 所示系统可表示成如图 3-24 所示的形式。

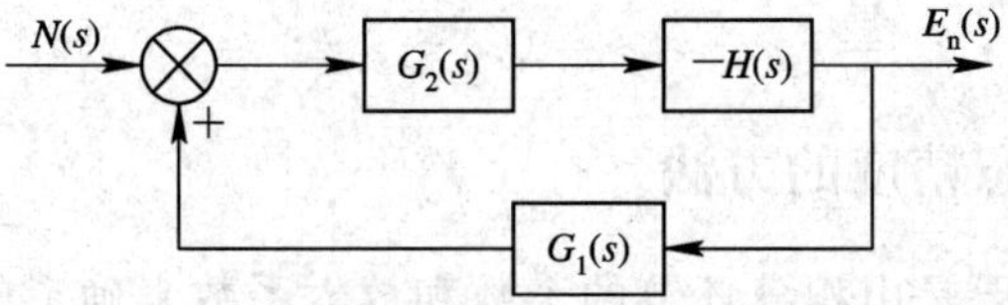

图 3-24　扰动信号作用下的系统结构图

扰动信号引起的误差用 $e_n(t)$来表示，其拉氏变换为

$$E_n(s)=\frac{-G_2(s)H(s)}{1+G_1(s)G_2(s)H(s)}\cdot N(s)$$

当 $G_1(s)G_2(s)H(s)\gg 1$ 时，上式可近似为

$$E_n(s)=-\frac{N(s)}{G_1(s)}$$

设

$$G_1(s)=\frac{K_1(\tau_1 s+1)\cdots}{s^{\nu}(T_1 s+1)\cdots} \tag{3-58}$$

根据终值定理，扰动作用之下的稳态误差为

$$e_{ssn}=\lim_{t\to\infty}e_n(t)=\lim_{s\to 0}sE_n(s)=\lim_{s\to 0}s\frac{-N(s)}{G_1(s)}=-\lim_{s\to 0}\cdot\frac{s^{\nu+1}}{K_1}N(s) \tag{3-59}$$

可见，扰动作用之下稳态误差的大小，除了与扰动信号 $N(s)$ 的形式和大小有关外，还与扰动作用点之前的传递函数 $G_1(s)$ 中积分环节的个数 v 以及放大系数 K_1 有关。需要注意的是，稳态误差 $E_n(s)$ 为负，表示反馈信号比输入信号大，这是由于 $N(s)$ 的加入使得输入量增大，反馈量也随之加大引起的。

例 3.9 设系统结构如图 3-19 所示，其中

$$G_1(s)=\frac{10}{s+5},\ G_2(s)=\frac{5}{3s+1},\ H(s)=\frac{2}{s}$$

又设

$$r(t)=2t,\ n(t)=0.5\times 1(t)$$

求系统的稳态误差。

解 系统的开环传递函数为

$$G_1(s)G_2(s)H(s)=\frac{50\times 2}{s(s+5)(3s+1)}=\frac{20}{s(0.2s+1)(3s+1)}$$

可见为Ⅰ型系统。因此，当 $R(s)=2/s^2$ 时，给定信号的误差为

$$e_{ssr}=\frac{2}{K_v}=\frac{2}{K}=\frac{2}{20}=0.1$$

另外，当 $N(s)=0.5/s$ 时，可求得扰动作用下的误差为

$$e_{ssd}=\lim_{s\to 0}s\frac{-G_2(s)H(s)D(s)}{1+G_1(s)G_2(s)H(s)}$$

$$=\lim_{s\to 0}s\cdot\frac{-\dfrac{5\times 2}{s(3s+1)}\times\dfrac{0.5}{s}}{1+\dfrac{20}{s(0.2s+1)(3s+1)}}=-0.25$$

因此，系统总的稳态误差

$$e_{ss}=e_{ssr}+e_{ssd}=0.1-0.25=-0.15$$

3.6.3 改善系统稳态精度的方法

系统的稳态误差主要是由积分环节的个数和放大系数来确定的。为了提高精度等级，可增加积分环节的数目；为了减小有限误差，可增加放大系数。但这样一来都会使系统的稳定性变差。而采用补偿的方法，则可在保证系统稳定的前提下减小稳态误差。

1. 引入输入补偿

系统如图 3-25 所示，为了减小由给定信号引起的稳态误差，从输入端引入一补偿环

节 $G_c(s)$，这时系统的稳态误差为

$$\begin{aligned}E(s) &= R(s) - C(s) = R(s)[1 - \Phi(s)] \\ &= R(s)\left[1 - \frac{G_1(s)G_2(s) + G_2(s)G_c(s)}{1 + G_1(s)G_2(s)}\right] \\ &= \frac{1 - G_c(s)G_2(s)}{1 + G_1(s)G_2(s)} \cdot R(s)\end{aligned}$$

可见，若使 $1-G_c(s)G_2(s)=0$，则 $E(s)=0$。即取

$$G_c(s) = \frac{1}{G_2(s)} \tag{3-60}$$

就能实现所谓完全补偿，使系统的输出 $c(t)$ 始终等于其输入 $r(t)$，无误差产生。由于补偿环节 $G_c(s)$ 位于系统闭环回路之外，因此它对系统闭环传递函数的分母不会产生任何影响，即系统的闭环稳定性不会因它的加入而发生变化。

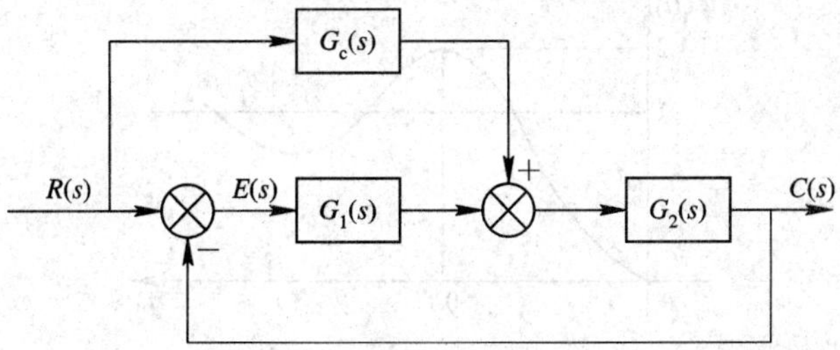

图 3-25 引入输入补偿的复合系统

2. 引入扰动补偿

系统如图 3-26 所示，为了减小扰动信号引起的误差，利用扰动信号经过 $G_c(s)$ 来进行补偿。

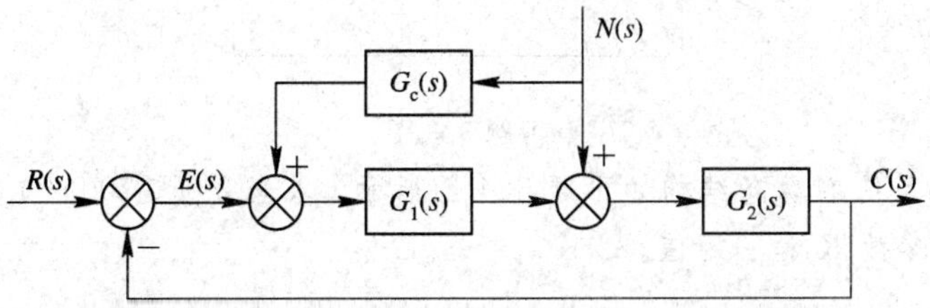

图 3-26 引入扰动补偿的复合系统

设 $R(s)=0$，

$$E(s) = -C(s) = -\frac{G_2(s)[1 + G_c(s)G_1(s)]N(s)}{1 + G_1(s)G_2(s)}$$

可见，要使 $E(s)=0$，必须满足

$$1 + G_c(s)G_1(s) = 0$$

即取

$$G_c(s) = -\frac{1}{G_1(s)} \tag{3-61}$$

就可实现完全补偿。

在工程实践中，由于 $G_c(s)$ 物理实现上的原因，上述两种完全补偿的条件一般难于全部满足，而只能近似地实现。虽然在实践中采用的补偿是近似的，但它对改善系统的稳态性能仍产生十分有效的作用。

在负反馈控制的基础上引入补偿控制的系统称为复合控制系统。

习　题

3.1　设单位反馈系统的开环传递函数 $G(s)=1/[s(s+1)]$，试求系统的单位阶跃响应及上升时间、超调量、调整时间。

3.2　已知单位负反馈二阶系统的单位阶跃响应曲线如习题 3.2 图所示。试确定系统的传递函数。

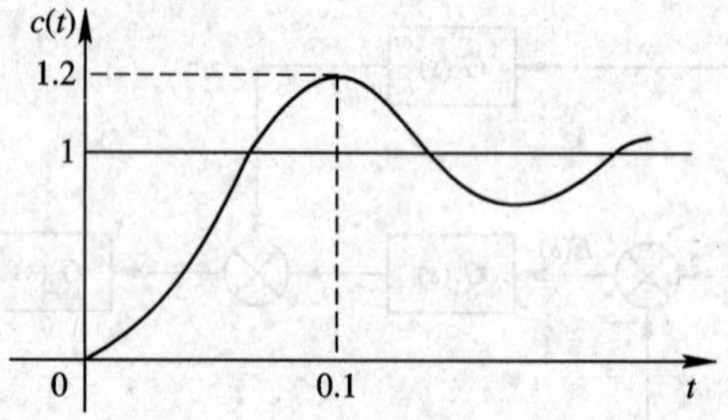

习题 3.2 图

3.3　系统的结构如习题 3.3 图所示，其中 $G_c(s)=\tau s+1$。试求满足 $\xi \geqslant 0.707$ 时的 τ 值。

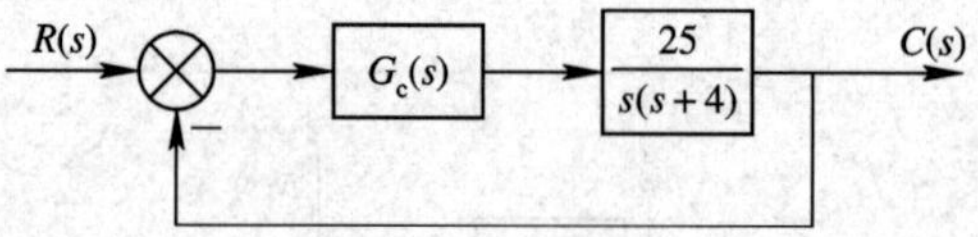

习题 3.3 图

3.4　一闭环系统的动态结构如习题 3.4 图所示。求当 $\sigma\% \leqslant 20\%$，$t_s=1.8$ s(±5%误差带)时，系统的参数 K 和 τ 的值。

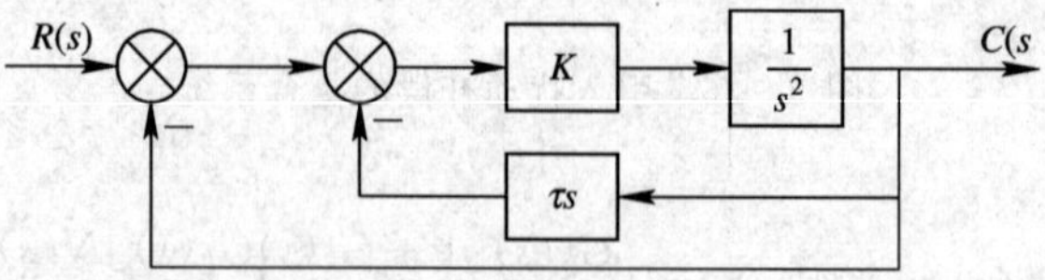

习题 3.4 图

3.5　闭环系统的特征方程如下，试用劳斯判据判断系统的稳定性。

(1) $s^3+20s^2+9s+100=0$；

(2) $s^4+2s^3+8s^2+4s+3=0$；

(3) $s^5+12s^4+44s^3+48s^2+5s+1=0$。

3.6　单位负反馈系统的开环传递函数为

$$G(s)=\frac{K(0.5s+1)}{s(s+1)(0.5s^2+s+1)}$$

试确定 K 的稳定范围。

3.7　已知系统结构如习题 3.7 图所示。问 τ 取值多少，系统才能稳定。

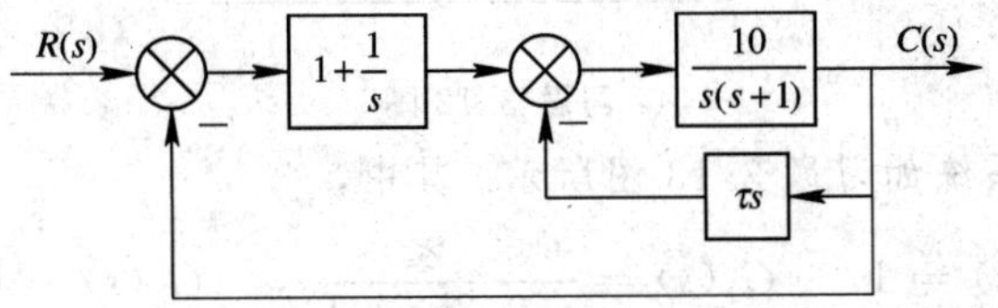

习题 3.7 图

3.8　已知系统结构如习题 3.8 图所示，确定系统稳定时 τ 的取值。

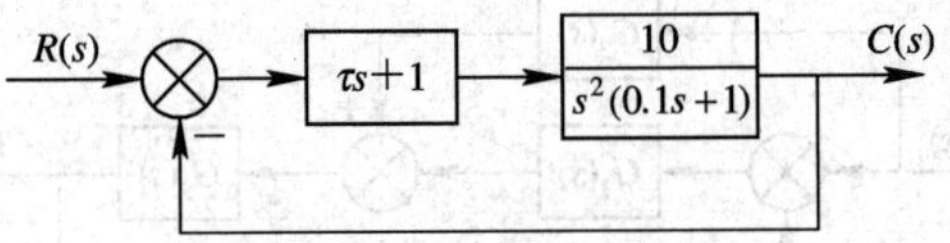

习题 3.8 图

3.9　已知单位负反馈系统的开环传递函数：

(1) $G(s)=\dfrac{50}{(0.1s+1)(2s+1)}$；

(2) $G(s)=\dfrac{7(s+1)}{s(s+4)(s^2+2s+2)}$；

(3) $G(s)=\dfrac{5(s+1)}{s^2(0.1s+1)}$。

求：$r(t)=2+4t+2t^2$ 时，系统的稳态误差。

3.10　系统如习题 3.10 图所示。为了使系统在 $r(t)=t^2$ 时的稳态误差不大于 1/10，同时系统要稳定，试确定 τ 和 K 的取值。

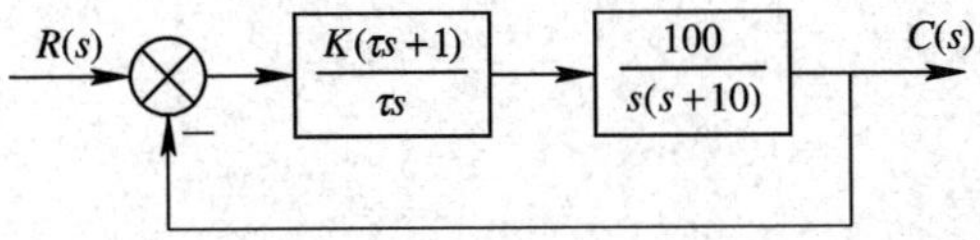

习题 3.10 图

3.11　系统的结构如习题 3.11 图所示。求 $n_1(t)=n_2(t)=1(t)$ 时，系统的稳态误差。

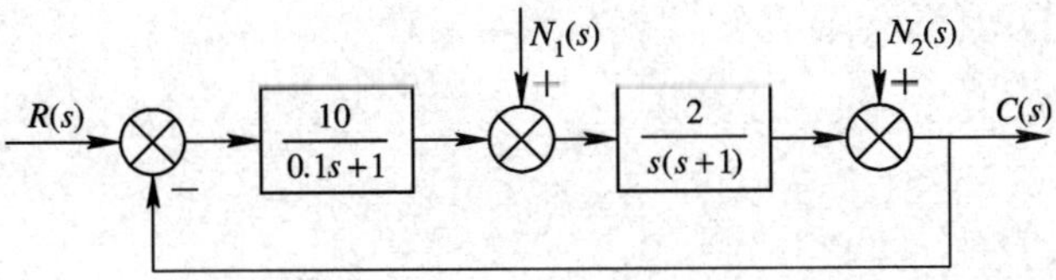

习题 3.11 图

3.12　复合控制系统如习题 3.12 图所示，问应怎样选择传递函数 $G(s)$，才能使系统的稳态误差为 0?

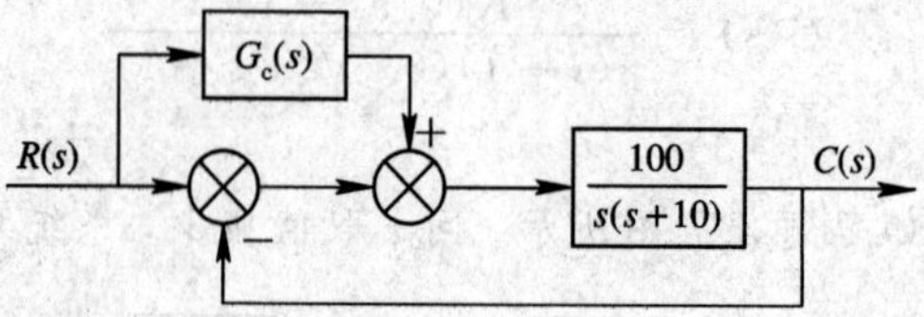

习题 3.12 图

3.13 复合控制系统如习题 3.13 图所示。其中，

$$G_1(s)=1,\quad G_2(s)=\frac{2}{s(0.25s+1)},\quad G_3(s)=0.5s$$

求：$r(t)=1+t+\frac{1}{2}t^2$ 时系统的稳态误差。

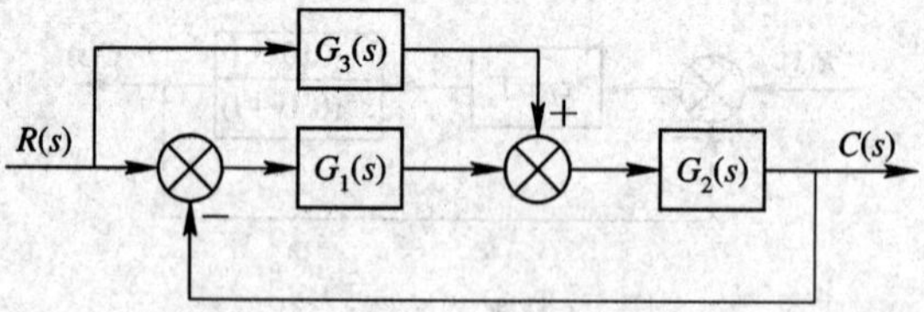

习题 3.13 图

第4章　根轨迹法

基于系统稳定的充要条件是反馈系统的稳定性由其闭环极点惟一确定。在已知反馈系统的闭环极点与零点在 s 平面分布的情况下，应用拉氏变换方法可以毫无困难地研究反馈系统对输入信号的响应特性。因此，确定反馈系统的闭环极点与零点在 s 平面上的分布，特别是从已知的开环极点与零点的分布确定相应的闭环极点的分布，是进行反馈系统性能分析首先需要解决的问题。其次是研究参数变化对反馈系统的闭环极点与零点在 s 平面分布的影响。

反馈系统的闭环极点就是该系统特征方程的根。这样，由已知反馈系统的开环传递函数确定其闭环极点分布，实际上就是解决系统特征方程的求根问题。一般来说，当特征方程的阶数较高时，求根过程是很复杂的，特别是在系统参数变化情况下求根，更需要进行大量的计算，而且还不易直观地看出参数变化对系统闭环极点分布的影响。可见，这种直接求解特征方程的方法是很不方便的。对此，1948 年，伊凡思(W. R. Evans)提出了一种求特征根的简单方法，并且在控制系统的分析与设计中得到广泛的应用。这一方法不直接求解特征方程，用作图的方法表示特征方程的根与系统某一参数的全部数值关系。当这一参数取特定值时，对应的特征根可在上述关系图中找到。这种方法叫根轨迹法。根轨迹法具有直观的特点，利用系统的根轨迹可以分析结构和参数已知的闭环系统的稳定性和瞬态响应特性，还可以分析参数变化对系统性能的影响。在设计线性控制系统时，可以根据对系统性能指标的要求，确定可调整参数以及系统开环零极点的位置，即根轨迹法可以用于系统的分析与综合。

4.1　根轨迹的基本概念

4.1.1　基本概念

所谓根轨迹，是指当系统开环传递函数某个参数由零变化到无穷大时，其对应系统闭环极点在 s 平面上移动的轨迹。在介绍图解法之前，先用直接求根的方法来说明根轨迹的含义。

设控制系统如图 4－1 所示。

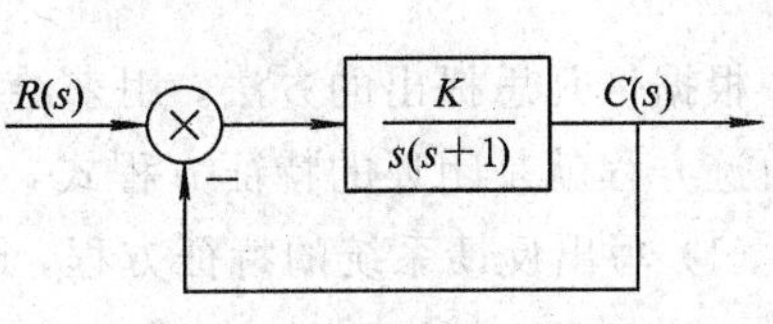

图 4－1　控制系统的结构图

系统的闭环传递函数

$$\phi(s)=\frac{K}{s^2+s+K} \qquad (4-1)$$

系统特征方程

$$s^2 + s + K = 0 \tag{4-2}$$

系统特征方程的根

$$s_{1,2} = \frac{-1 \pm \sqrt{1-4K}}{2}$$

令 K 从 $0 \to \infty$，可以用解析的方法求出闭环极点的全部数值。当

(1) $K=0$ 时，$s_1=0$，$s_2=-1$，这两点恰是开环传递函数的极点，同时也是闭环特征方程的极点。

(2) $0<K<1/4$ 时，s_1，s_2 都是负实根。随着 K 的增长，s_1 从 s 平面的原点向左移，s_2 从 -1 点向右移。此时系统处于过阻尼状态，它的阶跃响应是非周期单调过程。

(3) $K=1/4$ 时，$s_1=s_2=-1/2$，两根重合在一点，此时系统处于临界阻尼状态，它的阶跃响应是非周期单调过程。

(4) $1/4<K<\infty$，s_1，s_2 为共轭复数，它们的实部恒等于 $-1/2$，虚部随着 K 的增大而增大。此时系统处于欠阻尼状态，随着 K 的增大，阻尼变小，超调量增大。

由此可见，系统特征方程的根将随着 K 的变化而变化。当 K 由 0 到 ∞ 变化时，闭环特征根在 s 平面上移动的轨迹就是根轨迹。根轨迹不仅直观的表示了 K 变化时闭环特征根的变化，还给出了系统参数变化时闭环特征根在 s 平面上分布的影响，可判定系统的稳定性，确定系统的品质。将这些数值标注在 s 平面上，并连成光滑的粗实线，如图 4-2 所示。图上粗实线就称为系统的根轨迹。

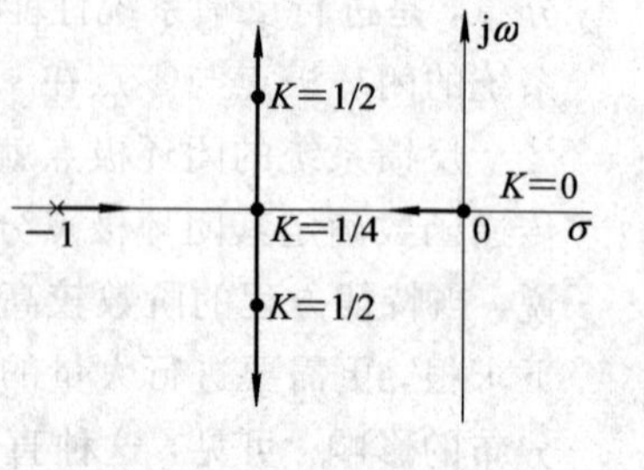

图 4-2　图 4-1 的根轨迹

4.1.2　根轨迹的特点

(1) 由于根轨迹是利用 K 为参变量画出来的，所以，利用轨迹可以直观的分析 K 的变化对系统性能指标的影响。从上例可看出：

① $K>0$，系统闭环极点全部位于 s 平面的左半部，系统是稳定的；

② $K=0$，系统传递函数有 $s_1=0$ 的极点，这个极点也是开环极点，所以是Ⅰ型系统，在阶跃输入作用下，其稳态误差 $e_{ss}=0$；

③ $0<K<1/4$ 时为过阻尼状态，$K>1/4$ 为欠阻尼状态，而且 K 越大，阻尼越小，超调量越大，而稳态误差越小，稳定性不变。

(2) 根据性能指标的要求，可以很快地确定出系统闭环特征方程的根的位置，确定出可变参数的大小，便于设计和综合系统。

4.1.3　根轨迹方程

根据伊凡思提出的方法，用来绘制根轨迹的方程式称为根轨迹方程。就其实质来说，根轨迹方程就是闭环的特征方程式，其求取步骤如下：

(1) 写出反馈系统的特征方程，即

$$1 + G(s)H(s) = 0 \tag{4-3}$$

式中，$G(s)$ 为反馈系统前向通道传递函数；$H(s)$ 为反馈系统主反馈通道传递函数；

$G(s)H(s)$为反馈系统的开环传递函数。

(2) 绘制反馈系统根轨迹的根轨迹方程，即

$$G(s)H(s) = -1 \tag{4-4}$$

绘制反馈系统根轨迹之前，需将根轨迹方程中的开环传递函数 $G(s)H(s)$化成通过极点与零点表达的标准形式，即

$$G(s)H(s) = \frac{K^*(s-z_1)(s-z_2)\cdots(s-z_m)}{(s-p_1)(s-p_2)\cdots(s-p_n)} = \frac{K^*\prod_{j=1}^{m}(s-z_j)}{\prod_{i=1}^{n}(s-p_i)} \tag{4-5}$$

式中，K^* 为开环系统根轨迹增益，$0 \leqslant K^* < \infty$；$p_i(i=1, 2, 3, \cdots, n)$为系统的开环极点；$z_j(j=1, 2, 3, \cdots, m)$为系统的开环零点。

注意：开环传递函数的标准形式必须具有下列特征。

① 参变量 K^* 必须是分子连乘因子 $G(s)H(s)$中的一个；

② $G(s)H(s)$必须通过其极点与零点来表示；

③ 构成 $G(s)H(s)$分子、分母的每个因子$(s-z_j)$及$(s-p_i)$中 s 项的系数必须是 1。

(3) 式(4-5)可进而表示幅值条件方程和相角条件方程，即

幅值条件方程

$$|G(s)H(s)| = \frac{K^*\prod_{j=1}^{m}|s-z_j|}{\prod_{i=1}^{n}|s-p_i|} = 1 \tag{4-6}$$

相角条件方程

$$\angle G(s)H(s) = \sum_{j=1}^{m}\angle(s-z_j) - \sum_{i=1}^{n}\angle(s-p_i) = (2k+1)\pi \quad k = 0, \pm 1, \pm 2, \cdots \tag{4-7}$$

综上分析可知，凡同时满足幅值条件方程与相角条件方程，就是在给定参数下反馈系统特征方程的根，或为反馈系统的闭环极点。由于根轨迹包含参变量 K^* 在 $0 \rightarrow \infty$ 范围内变化时反馈系统特征方程的全部根，所以在 s 平面上只要能满足相角条件方程的点，s_i 都将是对应一定参变量 K_i^* 的系统特征方程的根。也就是说，在 s 平面上，凡能满足相角条件方程的点所描述的图形便是系统的根轨迹图。这说明，绘制反馈系统根轨迹图所依据的仅仅是其根轨迹的相角条件方程。而根轨迹方程的幅值条件方程，只用于计算根轨迹上确定点 s_i 对应的参变量值 K_i^*。

4.1.4 根轨迹方程的应用

1. 用相角条件方程求根轨迹曲线

根据相角条件方程可判断 s 平面上的点是否在根轨迹上，这样就可以用试探法来绘制根轨迹。选择若干次试验点，检查这些点是否满足相角条件方程，用那些满足相角条件方程的点连成根轨迹，这就是绘制根轨迹的试探法。

2. 用幅值条件方程确定 K^* 的值

应用幅值条件方程，可确定根轨迹上各点所对应的 K^* 值。

用试探法绘制根轨迹是很麻烦的。实际绘制根轨迹时，是根据一些基本规则描绘出近似的根轨迹，再利用试探法在根轨迹的重要部分进行修正。

4.2 绘制根轨迹的一般规则

利用相角条件方程求根轨迹上的点，利用幅值条件方程确定根轨迹增益，这是一种绘制根轨迹的方法。这种方法虽然避免了直接求根，但是在整个 s 平面上毫无目的地选点试探，显得过于繁杂而不现实。为了简化试探过程，伊凡思总结出了一套绘制根轨迹的基本规则，从而使作图过程变得准确而快捷。

4.2.1 根轨迹的分支数

反馈系统的根轨迹是其特征方程的根随系统参数的变化而改变其在 s 平面分布格局的曲线。显然，若系统的特征方程为 n 阶而有 n 个根，则必然存在反映这 n 个根随参变量 K^* 的变化在 s 平面上描绘的 n 条轨迹线。

绘制根轨迹的基本原则一：根轨迹的分支数等于反馈系统特征方程的阶数 n，或者说根轨迹的分支数与闭环极点的数目相同。

4.2.2 根轨迹的连续性与对称性

从式(4-6)求得：

$$K^* = \frac{|s-p_1|\cdot|s-p_2|\cdots|s-p_n|}{|s-z_1|\cdot|s-z_2|\cdots|s-z_m|} \tag{4-8}$$

式(4-8)表明，参变量 K^* 无限小的增量与 s 平面上长度 $|s-p_i|(i=1, 2, 3, \cdots, n)$ 及 $|s-z_j|(j=1, 2, 3, \cdots, m)$ 的无限小增量相对应，这是复变量 s 在 n 条根轨迹上将产生一个无限小的位移。这个结论对于参变量 K^* 在 $[0, \infty)$ 上取任何值都是正确的，这说明了根轨迹线是连续的。

任何实系数系统的闭环极点只有实根和共扼复根两类，这些极点在 s 平面上的分布是对称于实轴的，因此，这些根组成的曲线也必然对称于实轴。所以一般绘制根轨迹图的一半即可。

绘制根轨迹的基本原则二：根轨迹是连续且对称于实轴的曲线。

4.2.3 根轨迹的起点与终点

根轨迹的起点是指参变量 $K^*=0$ 时，闭环极点在 s 平面上的分布位置而言，而根轨迹的终点则是 $K^*\to\infty$ 时闭环极点在 s 平面上的分布位置。

基于式(4-3)和(4-5)，系统的根轨迹方程可写成如下形式

$$\frac{\prod_{j=1}^{m}(s-z_j)}{\prod_{i=1}^{n}(s-p_i)} = -\frac{1}{K^*} \tag{4-9}$$

从式(4-9)可以看出，在 $K^*=0$ 时，根轨迹方程的解为 $s=p_i(i=1, 2, 3, \cdots, n)$。这说明，在 $K^*=0$ 时，闭环极点与开环极点相等。当 $K^*\to\infty$时，根轨迹的解为 $s=z_j(j=1, 2, 3, \cdots, m)$。这意味着参变量 K^* 趋于无穷大时，闭环极点与开环零点相重合。如果开环零点数目 m 小于开环极点数目 n，则可认为有 $n-m$ 个开环零点处于 s 平面上的无穷远处。因此，在 $m<n$ 情况下，当 $K^*\to\infty$时，将有 $n-m$ 个闭环极点分布在 s 平面上的无穷远处。在实际物理系统中 $m\leqslant n$，所以闭环极点数目与开环极点数目 n 相等。这样，起始于 n 个开环极点的 n 条根轨迹，便构成了反馈系统根轨迹的全部分支。

绘制根轨迹的基本原则三：根轨迹起始于开环极点，终止于开环零点。如果开环零点数目 m 小于开环极点数目 n，则有 $n-m$ 条根轨迹终止于 s 平面上的无穷远处。

例 4.1 某反馈系统的开环传递函数 $G(s)H(s)=\dfrac{K}{s(0.5s+1)}$，试讨论根轨迹的起点和终点。

解 由于 $m=0$，$n=2$，故该系统根轨迹分支数为 2，根轨迹连续且对称于实轴，两条根轨迹分别从开环极点 0 和 -2 开始，终于无穷远点，如图 4-3 所示。

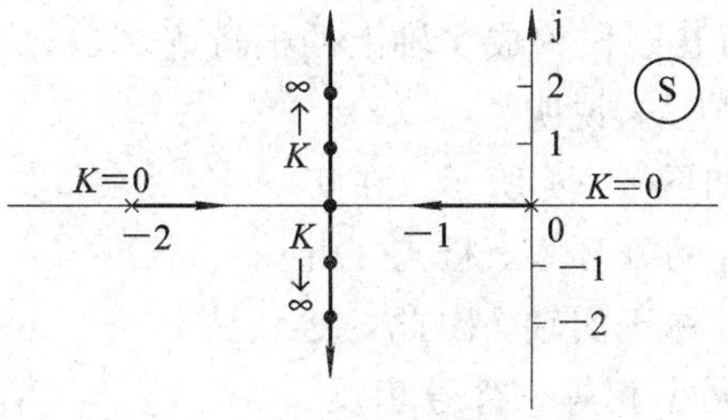

图 4-3 例 4.1 图

4.2.4 根轨迹的渐近线

如果开环零点数 m 小于开环极点数 n，则当系统的开环增益 $K^*\to\infty$，将有 $n-m$ 条根轨迹趋于 s 平面上的无穷远处。

绘制根轨迹的基本原则四：若反馈系统的开环零点数目 m 小于其开环极点数目 n，则当 $K^*\to\infty$时，趋向无穷远处的根轨迹共有$(n-m)$条，这$(n-m)$条根轨迹趋向无穷远处的方位可由渐近线确定。这些渐近线在实轴上共交于一点。

渐近线与实轴正方向的夹角

$$\varphi_a=\frac{(2l+1)\pi}{n-m},\quad l=0, 1, 2, \cdots, (n-m-1) \tag{4-10}$$

渐近线与实轴的交点

$$\sigma_a=\frac{\sum_{i=1}^{n}(p_i)-\sum_{j=1}^{m}(z_j)}{n-m} \tag{4-11}$$

例 4.2 设控制系统的开环传递函数为 $G(s)H(s)=\dfrac{3K(s+2)}{s(s+3)(s^2+2s+2)}$，求渐近线和与实轴的交点。

解 (1) 系统的开环极点为 0，-3，$-1\pm j$，它们是根轨迹上各分支的起点。共有四条根轨迹分支。有一条根轨迹分支终止在有限开环零点－2，其它三条根轨迹分支将趋向于无穷远处。

(2) 确定根轨迹的渐近线。

渐近线的倾斜角为

$$\varphi_a=\frac{(2l+1)\pi}{n-m}=\frac{(2l+1)\times180^\circ}{4-1}$$

取式中的 $l=0$，1，2，得

$$\varphi_a=\frac{\pi}{3},\ \pi,\ \frac{5\pi}{3}\quad 或\quad \pm60^\circ,\ 180^\circ$$

渐近线与实轴的交点为

$$\sigma_a=\frac{1}{n-m}\Big[\sum_{i=1}^{n}p_i-\sum_{j=1}^{m}z_j\Big]=\frac{(0-3-1+j-1-j)-(-2)}{4-1}=-1$$

4.2.5 实轴上的根轨迹

绘制根轨迹的基本原则五：在实轴上任取一点，若在其右侧的开环实极点与开环实零点的总数为奇数，则该点所在线段构成实轴上的根轨迹。

此结论可用相角条件方程来说明。

若开环零、极点分布如图 4－4 所示。在实轴上任取一点 s_1，连接所有的开环零、极点。由于复数零点、复数极点都对称于实轴，因此，复数零点、复数极点的相角大小相等，符号相反。可见，它们对于相角条件没有影响，即复数零、极点对实轴上的根轨迹没有影响。因此只要分析位于实轴上的开环零、极点情况即可。由于位于 s_1 点左侧的零、极点到 s_1 点的向量，总是指向坐标原点，故它们所引起的相角总为零。只有 s_1 右侧零、极点构成的相角才为－180°，故根据相角条件，说明只有实轴上根轨迹区段右侧的开环零、极点数目之和为奇数时，才能满足相角条件。

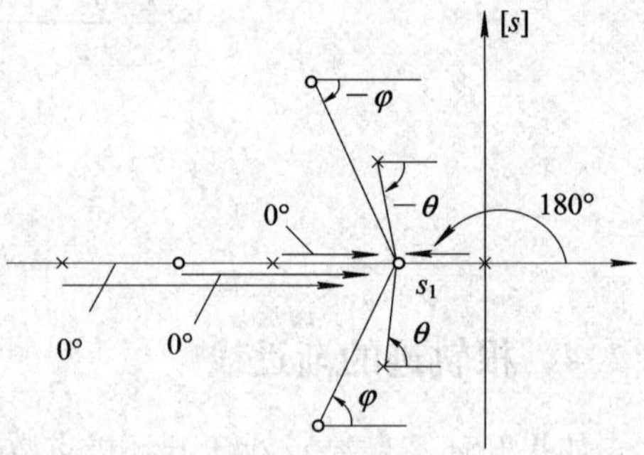

图 4－4　开环零、极点分布图

例 4.3　已知单位负反馈系统的开环传递函数 $G(s)=\dfrac{K(\tau s+1)}{s(Ts+1)}$，式中 $\tau>T$，试大致画出其根轨迹图。

解　首先将 $G(s)$ 化成标准形式

$$G(s)=\frac{K(\tau s+1)}{s(Ts+1)}=\frac{K^*\left(s+\dfrac{1}{\tau}\right)}{s\left(s+\dfrac{1}{T}\right)}$$

式中，$K^*=\dfrac{\tau K}{T}$。

由标准形式可知，开环有两个极点 $p_1=0$，$p_2=-1/T$，开环有一个零点 $z_1=-1/\tau$，亦即 $n=2$，$m=1$。故应有两条根轨迹。

当 $K=0$ 时，两条根轨迹从开环极点开始；当 $K\to\infty$ 时，由于 $n>m$，其中一条根轨迹终止于开环零点 z_1，另一条趋于无穷远处。

实轴上，(p_1, z_1)，$(p_2, -\infty)$ 为根轨迹区段。根轨迹如图 4-5 所示。

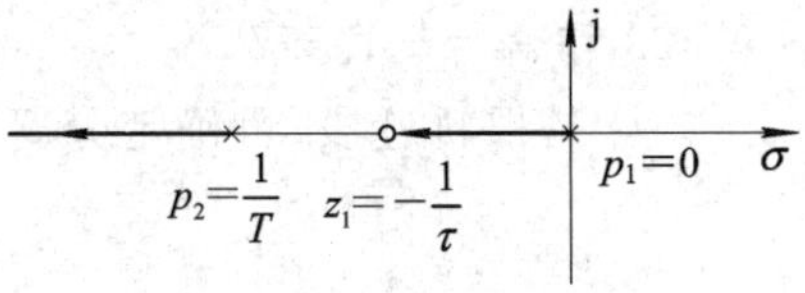

图 4-5　例 4.3 根轨迹

4.2.6　根轨迹的分离点和会合点

两条根轨迹分支在 s 平面上的某点相遇，然后又立即分开的点，叫作根轨迹的分离点（或会合点）。它对应于特征方程中的二重根。由于根轨迹具有共轭对称性，分离点与会合点必须是实数或共轭复数对。

在一般情况下，分离点与会合点位于实轴上。

可用下式确定根轨迹的分离点。

$$\left.\frac{\mathrm{d}K^*}{\mathrm{d}s}\right|_{s=\alpha}=0 \tag{4-12}$$

在一般情况下，如果根轨迹位于实轴上两相邻开环极点之间，则这两极点之间至少存在一个分离点。如果根轨迹位于两相邻开环零点之间（其中一个零点可位于无穷远处），那么，这两个零点之间至少存在一个会合点。

绘制根轨迹的基本原则六：根轨迹与实轴的交点坐标 α 是方程的根。

注意：根轨迹与实轴的交点包括根轨迹部分分支离开实轴伸向复平面时的分离点以及根轨迹部分分支由复平面进入实轴时的会合点。在会合点处，根轨迹分支与实轴像在分离点那样，也是互相垂直的。

例 4.4　已知单位负反馈系统的开环传递函数为 $G(s)H(s)=\frac{K^*}{s(s+1)(s+2)}$，确定根轨迹的分离点并大致绘出其根轨迹图。

解　(1) 开环零点：无；开环极点：0，−1，−2。

(2) 系统有 3 条根轨迹分支，起点为开环极点 0，−1，−2。

(3) 0～−1 和 −2～−∞ 是实轴上的根轨迹。

(4) 渐近线。

与实轴的夹角：

$$\varphi_a=\frac{(2l+1)\pi}{n-m}=\frac{\pi}{3},\ \pi,\ \frac{5\pi}{3},\ l=0,\ 1,\ 2$$

与实轴的交点：

$$\sigma_a=-1$$

(5) 分离点。

系统的特征方程式为

$$1+G(s)H(s)=0$$

利用$\left.\frac{dK^*}{ds}\right|_{s=\alpha}=0$，则有

$$\frac{dK^*}{ds}=-(3s^2+6s+2)=0$$

解之，可得分离点 $\alpha_1=-0.423$ 和 $\alpha_2=-1.577$。

因为实轴上 0～－1 和－2～－∞是根轨迹段，可确定分离点坐标为－0.423，舍去 α_2。如图 4-6 所示。

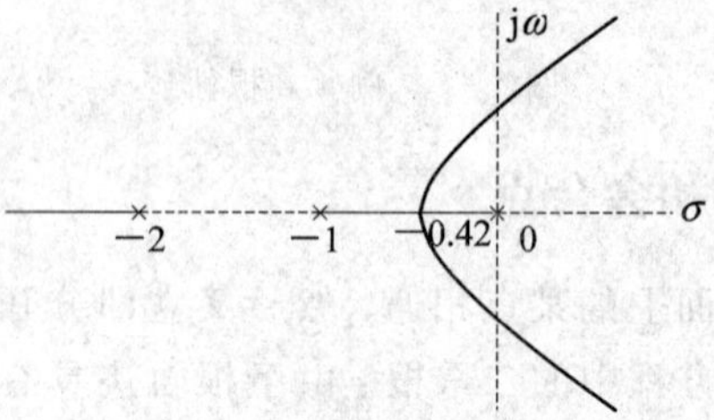

图 4-6　例 4.4 根轨迹

4.2.7　出射角与入射角

根轨迹离开开环复数极点处的切线与实轴正方向的夹角，称为出射角。

根轨迹进入开环复数零点处的切线与实轴正方向的夹角，称为入射角。

以图 4-7 所示开环极点与零点分布为例，计算开环复极点处根轨迹的出射角。为此，在无限靠近开环复极点 p_1 的根轨迹上取一点 A，对根轨迹上的点 A 可写出：

$$\angle(p_1-z_1)-\theta_{p_1}-\angle(p_1-p_2)-\angle(p_1-p_3)=180^\circ+i360^\circ$$

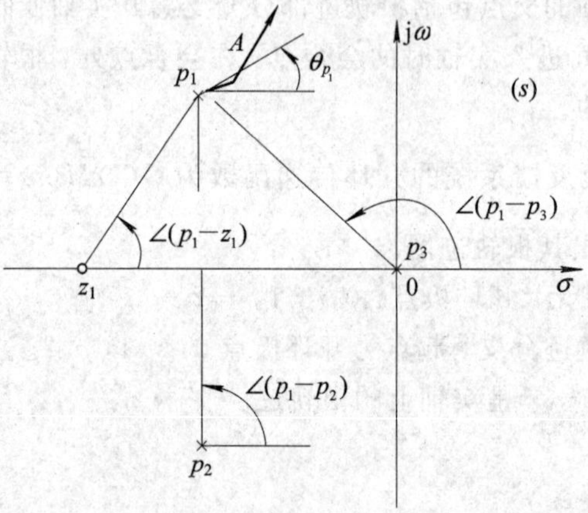

图 4-7　根轨迹出射角

由此求得出射角，仿照上式可写出计算根轨迹出射角的一般表达式为

$$\theta_{p1}=-(180^\circ+i360^\circ)+\angle(p_1-z_1)-\angle(p_1-p_2)-\angle(p_1-p_3)$$

$$\theta_{pk}=\pi+\left[\sum_{j=1}^{m}\angle(p_k-z_j)-\sum_{\substack{i=1\\i\neq k}}^{n}\angle(p_k-p_i)\right] \tag{4-13}$$

根据同样的分析法，可写出在一般情况下计算根轨迹入射角的表达式

$$\theta_{zk} = \pi - \left[\sum_{\substack{j=1 \\ j \neq k}}^{m} \angle(z_k - z_j) - \sum_{i=1}^{n} \angle(z_k - p_i) \right] \tag{4-14}$$

绘制根轨迹的基本原则七：始于开环复极点处的根轨迹的出射角按式(4-13)计算；止于开环复零点的根轨迹的入射角按式(4-14)计算。

根据上述基本原则七，在绘制根轨迹图时，可以确定那些进出开环复零点与开环复极点的根轨迹分支的方向。

例 4.5 设单位负反馈的开环传递函数

$$G(s) = \frac{K^*(s+1.5)(s+2+\mathrm{j})(s+2-\mathrm{j})}{s(s+2.5)(s+0.5+1.5\mathrm{j})(s+0.5-1.5\mathrm{j})}$$

求该系统的起始角和终止角。

解

起始角

$$\begin{aligned}\theta_{p2} &= (2k+1)\pi + \sum_{j=1}^{3} \angle(p_2 - z_j) - \sum_{\substack{i=1 \\ \neq 2}}^{4} \angle(p_2 - p_i) \\ &= (2k+1)\pi + 56.5^\circ + 19^\circ + 59^\circ - 108.5^\circ - 90^\circ - 37^\circ = 79^\circ\end{aligned}$$

又因 p_2、p_3 为共轭复数，$\theta_{p3} = -79^\circ$

$$\begin{aligned}\theta_{z2} &= (2k+1)\pi + \sum_{\substack{j=1 \\ \neq 2}}^{3} \angle(z_2 - z_j) - \sum_{j=1}^{4} \angle(z_2 - p_i) \\ &= (2k+1)\pi - 117^\circ - 90^\circ + 153^\circ + 199^\circ + 121^\circ + 63^\circ = 149.5^\circ\end{aligned}$$

而 $\theta_{z3} = -149.5^\circ$。

4.2.8 根轨迹与虚轴的交点

根轨迹与虚轴相交，意味着闭环极点中的一部分位于虚轴上，亦即反馈系统特征方程含有纯虚根 $s = \pm \mathrm{j}\omega$。因此，将 $s = \mathrm{j}\omega$ 代入系统特征方程 $1 + G(s)H(s) = 0$，得到

$$1 + G(\mathrm{j}\omega)H(\mathrm{j}\omega) = 0$$

由上式写出实部方程与虚部方程有

$$\left.\begin{aligned}\mathrm{Re}[1 + G(\mathrm{j}\omega)H(\mathrm{j}\omega)] = 0 \\ \mathrm{Im}[1 + G(\mathrm{j}\omega)H(\mathrm{j}\omega)] = 0\end{aligned}\right\} \tag{4-15}$$

由方程组(4-15)解出根轨迹与虚轴交点坐标 ω 以及与交点对应参变量 K 的临界值 K_c。

绘制根轨迹的基本原则八：反馈系统根轨迹与虚轴的交点坐标 ω 以及参变量临界值 K_c 为方程组(4-15)的实数解。

例 4.6 设控制系统的开环传递函数为 $G(s)H(s) = \dfrac{3K(s+2)}{s(s+3)(s^2+2s+2)}$，试绘制系统的根轨迹。

解 (1) 系统的开环极点为 0，−3，$-1 \pm \mathrm{j}$，它们是根轨迹上各分支的起点。共有四条根轨迹分支。有一条根轨迹分支终止在有限开环零点 −2，其它三条根轨迹分支将趋向于无穷远处。

(2) 确定根轨迹的渐近线。

渐近线的倾斜角为

$$\varphi_a=\frac{(2l+1)\pi}{n-m}=\frac{(2l+1)\times180^\circ}{4-1}$$

取式中的 $l=0$，1，2，得：$\varphi_a=\pi/3$，π，$5\pi/3$ 或 $\pm60^\circ$，180°。三条渐近线如图 4-8 中的虚线所示。

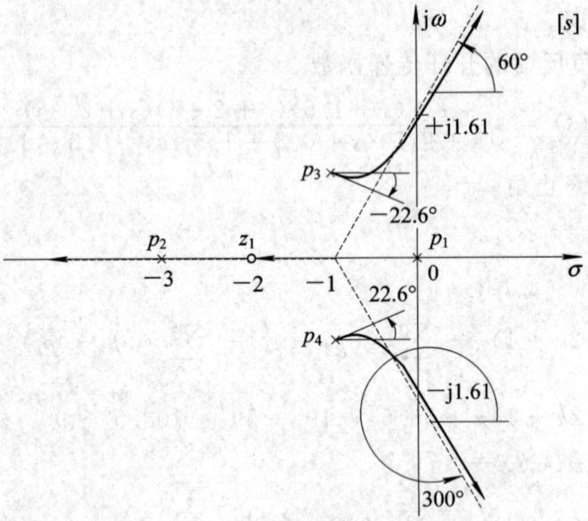

图 4-8　例 4.6 系统的根轨迹

渐近线与实轴的交点为

$$\sigma_a=\frac{1}{n-m}\left[\sum_{i=1}^{n}p_i-\sum_{j=1}^{m}z_j\right]=\frac{(0-3-1+\mathrm{j}-1-\mathrm{j})-(-2)}{4-1}=-1$$

(3) 实轴上的根轨迹位于原点与零点 -2 之间以及极点 -3 的左边。从复数极点 $-1\pm\mathrm{j}$ 出发的两条根轨迹分支沿 $\pm60^\circ$ 渐近线趋向无穷远处。

(4) 在实轴上无根轨迹的分离点。

(5) 确定根轨迹与虚轴的交点。

系统的特征方程式为

$$s(s+3)(s^2+2s+2)+3K(s+2)=0$$

即

$$s^4+5s^3+8s^2+(6+3K)s+6K=0$$

方法一：利用劳斯判据确定。

劳斯行列表

$$\begin{array}{llll}
s^4 & 1 & 8 & 6K \\
s^3 & 5 & 6+3K & \\
s^2 & \dfrac{40-(6+3K)}{5} & 6K & \\
s^1 & 6+3K-\dfrac{150K}{34-3K} & 0 & \\
s^0 & 6 & &
\end{array}$$

若阵列中的 s^1 行等于零，即 $(6+3K)-150K/(34-3K)=0$，系统临界稳定。

解之可得 $K=2.34$。相应于 $K=2.34$ 的频率由辅助方程

$$[40-(6+3\times 2.34)]s^2+30\times 2.34=0$$

确定。解之得根轨迹与虚轴的交点为 $s=\pm \mathrm{j}1.614$。根轨迹与虚轴交点处的频率为 $\omega=\pm 1.614$。

方法二：令 $s=\mathrm{j}\omega$ 代入特征方程

$$[s^4+5s^3+8s^2+(6+3K)s+6K]_{s=\mathrm{j}\omega}=0$$

得

$$\begin{cases}\omega^4-8\omega^2+6K=0\\ -5\omega^3+3K\omega+6\omega=0\end{cases}$$

解得 $\omega=\pm 1.614$，$K=2.34$。

(6) 确定根轨迹的出射角。

根据绘制根轨迹的基本法则，自复数极点 $p_3=-1+\mathrm{j}$ 出发的根轨迹的出射角为

$$\begin{aligned}\theta_{p3}&=(2k+1)\pi+\angle(p_3+z_1)-[(\angle(p_3+p_1)+\angle(p_3+p_2)+\angle(p_3+p_4)]\\&=(2k+1)\pi+45^\circ-135^\circ-26.6^\circ-90^\circ\end{aligned}$$

将图中测得的各向量相角的数值代入并取 $K=0$，则得 $\theta_{p3}=-26.6^\circ$，同理可得 $\theta_{p4}=26.6^\circ$。系统的根轨迹如图 4-8 所示。

4.2.9 闭环极点的和与积

设反馈系统的特征方程为

$$s^n+a_{n-1}s^{n-1}+\cdots+a_1s+a_0=0$$

方程的根为 s_1，s_2，…，s_n，则由

$$s^n+a_{n-1}s^{n-1}+\cdots+a_1s+a_0=(s-s_1)(s-s_2)\cdots(s-s_n)=0$$

$$\left.\begin{aligned}&\prod_{i=1}^{n}s_i=-a_{n-1}\\&\prod_{i=1}^{n}(-s_i)=-a_0\end{aligned}\right\}\tag{4-16}$$

根据代数方程根与系统间的关系，可写出对于稳定反馈系统，上式中的第二式可写成

$$\prod_{i=1}^{n}|s_i|=a_0\tag{4-17}$$

可利用此性质判别闭环极点 s_i 的分布情况

$$n-m\geqslant 2\text{ 时，}\sum_{i=1}^{n}s_i=\sum_{i=1}^{n}p_i=-a_{n-1}\tag{4-18}$$

这表明，在开环系统极点确定的情况下，系统 n 个开环极点和等于 n 个闭环极点和，其和为常值。当 K^* 由 0→∞变化时，闭环极点之和保持不变，且等于 n 个开环极点之和。这意味着一部分闭环极点增大时，另外一部分闭环极点必然变小。也即，如果一部分闭环根轨迹随着 K^* 增加而向右移动时，另外一部分根轨迹必将随着 K^* 的增加而向左移动，始终保持闭环极点的重心不变。

绘制根轨迹的基本原则九：在已知反馈系统的部分闭环极点情况下，可确定闭环极点在 s 平面上的分布位置，还可以计算出与系统闭环极点对应的参变量。

例 4.7 单位负反馈系统传递函数 $G(s)H(s)=\dfrac{K}{s(s+1)(s+2)}$，若已知根轨迹与虚轴相交的两个闭环极点 $s_{1,2}=\pm j\sqrt{2}$，试计算这种情况下的第三个闭环极点 s_3。

解 根据给定系统的开环传递函数

$$G(s)H(s)=\frac{K}{s(s+1)(s+2)}$$

求得特征方程为

$$1+G(s)H(s)=s^3+3s^2+2s+K=0$$

根据式(4-18)可写出

$$s_1+s_2+s_3=-3$$

将已知 $s_{1,2}=\pm j\sqrt{2}$代入上式，求得

$$s_3=-3-s_1-s_2=-3$$

4.2.10 开环增益 K^* 的求取

设参变量 K 是由开环增益 K^* 决定的变量。对于根轨迹分支上的某一点 s_l，其所对应的参变量 K_l 可按式(4-5)计算为

$$|K_l|=\frac{|s_l-p_1|\cdot|s_l-p_2|\cdots|s_l-p_n|}{|s_l-z_1|\cdot|s_l-z_2|\cdots|s_l-z_m|}$$

因为参变量 K 为非负变量，所以上式可改写成

$$K_l=\frac{|s_l-p_1|\cdot|s_l-p_2|\cdots|s_l-p_n|}{|s_l-z_1|\cdot|s_l-z_2|\cdots|s_l-z_m|}\tag{4-19}$$

式(4-19)说明，与根轨迹上一点 s_l 对应的参变量值 K_l 可通过该点至全部开环极点与开环零点的几何长度 $|s_l-p_i|(i=1,2,\cdots,n)$、$|s_l-p_j|(j=1,2,\cdots,m)$来计算。

假若根轨迹的参变量由系统的开环增益来决定时，则式(4-5)中的参变量 K^* 与开环位置增益 K_p、开环速度增益 K_v 及开环加速度增益 K_a 间的关系分别是

$$K_p=\lim_{s\to 0}G(s)H(s)=K^*\frac{\prod\limits_{j=1}^{m}(-z_j)}{\prod\limits_{i=1}^{n}(-p_i)}\tag{4-20}$$

$$K_v=\lim_{s\to 0}sG(s)H(s)=K^*\frac{\prod\limits_{j=1}^{m}(-z_j)}{\prod\limits_{i=2}^{n}(-p_i)}\tag{4-21}$$

$$K_a=\lim_{s\to 0}s^2G(s)H(s)=K^*\frac{\prod\limits_{j=1}^{m}(-z_j)}{\prod\limits_{i=3}^{n}(-p_i)}\tag{4-22}$$

绘制 180°根轨迹的基本原则十：根据 K_l 和反馈系统的型别及其开环极点与零点，应用式(4-20)～(4-22)可求取根轨迹分支上点 s_l 对应的开环增益 K^*。

例 4.8 设控制系统的开环传递函数为 $G(s)H(s)=\dfrac{K^*}{s(s+3)(s^2+2s+2)}$，试绘制 K^*

变化时系统的根轨迹。

解 (1) 系统的开环极点为 0，−3，−1±j，无开环零点。共有四条根轨迹分支，$K^*=0$ 时分别从四个开环极点出发，$K^*\to\infty$时将趋向于无穷远处。

(2) 确定根轨迹的渐近线。

渐近线的倾斜角为

$$\varphi_a=\frac{(2l+1)\pi}{n-m}=\frac{(2l+1)\times 180^\circ}{4}$$

取式中的 l=0，1，2，3，得

$$\varphi_a=\pm\frac{\pi}{4},\pm\frac{3\pi}{4}$$

四条渐近线如图 4-9 中的虚线所示。

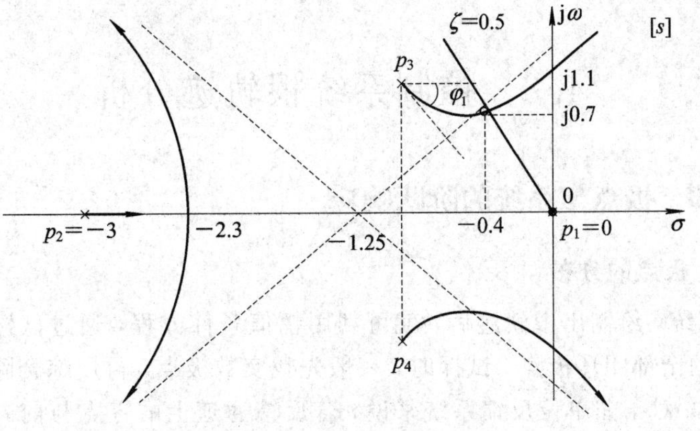

图 4-9 例 4.8 根轨迹图

渐近线与实轴的交点为

$$\sigma_a=\frac{1}{n-m}\left[\sum_{i=1}^{n}p_i-\sum_{j=1}^{m}z_j\right]=\frac{-3-1-1}{4}=-1.25$$

(3) 实轴上的根轨迹位于[0，−3]之间。

(4) 根轨迹与实轴的交点。

$$\frac{\mathrm{d}K^*}{\mathrm{d}s}=-4(s^3+3.75s^2+4s+1.5)=0$$

$$\alpha_1=-2.3,\quad \alpha_{2,3}=-0.725\pm 0.365\mathrm{j}(\text{舍去})$$

(5) 出射角，入射角。

根据相角条件，由于会合角为 0°，180°，故不难判断分离角为±90°；根轨迹在 p_3 的起始角

$$\theta_{p3}=180^\circ\times(2K+1)+(-135^\circ-90^\circ-26.6^\circ)=-71.6^\circ$$

(6) 确定根轨迹与虚轴的交点。

系统的特征方程式为

$$s(s+3)(s^2+2s+2)+K^*=0$$

即

$$s^4+5s^3+8s^2+6s+K^*=0$$

利用劳斯判据确定劳斯行列表

$$\begin{array}{llll} s^4 & 1 & 8 & K^* \\ s^3 & 5 & 6 & \\ s^2 & \dfrac{34}{5} & K^* & \\ s^1 & \dfrac{204/5-5K^*}{5/34} & 0 & \\ s^0 & K^* & & \end{array}$$

若阵列中的 s^1 行等于零，系统临界稳定。解之可得 $K^*=8.16$。根据表中 s^2 的系数写出辅助方程 $(34/5)s^2+K^*=0$。

将 $s=j\omega$，$K^*=8.16$，代入上式，求得 $\omega=\pm1.1$。K^* 变化时系统的根轨迹如图 4－9 所示。

4.3　控制系统根轨迹分析

4.3.1　闭环零、极点与系统的阶跃响应

1. 闭环零、极点的分布

一个控制系统，绘制出根轨迹后，就可利用幅值条件方程，通过试探法在根轨迹图上求出对应 K 值的全部闭环极点。试探时，一般先找实数极点，再用综合除法找出共轭复数极点。应该注意，对于非单位反馈系统来说，若反馈通道上的零点与前向通道的极点抵消时，必须将 $G(s)H(s)$ 中抵消的开环极点作为闭环极点的一部分追加到由 $G(s)H(s)$ 绘制的根轨迹图得到的闭环极点中去。

闭环零点由开环前向通道传递函数 $G(s)$ 的零点和反馈通路传递函数 $H(s)$ 的极点构成。对于单位反馈系统，闭环零点就是开环的零点。

离虚轴最近且附近又无闭环零点的闭环极点，对系统的动态过程起主导作用，称之为主导极点。

一般情况下，离虚轴最近的定义是：其它的闭环零、极点的实部比主导极点的实部大 6 倍以上。

如果闭环零、极点之间的距离比它本身的模值小一个数量极，则称这一对零、极点为偶极子。远离原点的偶极子对系统的动态性能影响可以忽略，这就是零、极点的对消作用。在系统设计中，可以加入零点，使其与对系统影响较大的不利极点形成偶极子，使系统的性能得到改善。

2. 闭环零、极点的分布与系统阶跃响应的关系

绘制出一个系统的根轨迹，如增益 K 确定，就可求出所有的闭环极点。由时域分析方法可知，如给系统输入一个单位阶跃函数，其输出的一般表达式为

$$c(t)=A_0+A_1e^{s_1t}+A_2e^{s_2t}+\cdots+A_ne^{s_nt}$$

由上式我们可以得出闭环零、极点与阶跃响应的定性关系。

(1) 要求系统稳定，则系统的全部闭环极点均应位于 s 平面左半部。

(2) 要求系统快速性好，则闭环极点均应远离虚轴，以便阶跃响应中的每个分量都衰减得快。

(3) 由二阶系统的分析可知，共轭复数极点位于±45°线上时，其对应的阻尼比

$$\xi = \cos 45^\circ \approx 0.707$$

称为最佳阻尼比，这时系统的平稳性与快速性都较理想。超过45°线，则阻尼比减小，振荡加剧。

(4) 离虚轴最近的闭环极点对系统的动态过程的性能影响最大，起着决定性的主导作用，故称它为主导极点。通常，若主导极点离虚轴的距离比其它极点离虚轴距离的六分之一还小，而且附近又没有闭环零点存在，则其它极点便可以忽略。工程上往往只用闭环主导极点去估算系统的性能，而将系统近似地看成是由共轭主导极点决定的二阶系统或实数主导极点确定的一阶系统。

(5) 闭环零点的存在，可以削弱或抵消其附近的闭环极点的作用。当某零点 z_j 与其极点 p_i 靠得很近时，它们便称为偶极子。它们靠得越近，则 z_j 对 p_i 的抵消作用就越强。这时，由 p_i 所对应的暂态分量很小，可以忽略。

单位反馈系统的开环零点与闭环零点是相同的，在设计时可以有意识地在系统中加入适当的零点，以抵消对动态过程影响较大的不利极点，使系统的动态性能获得改善。

以上几点结论，为我们利用根轨迹分析或设计系统提供了主要的依据。

4.3.2 利用主导极点估算系统的性能指标

由于主导极点在动态过程中起主要作用，因此，计算性能指标时，在一定的条件下，就可以只考虑主导极点所对应的暂态分量，忽略其余的暂态分量。将高阶系统近似看做一阶或二阶系统，直接应用第3章中计算性能指标的公式和曲线。

例 4.9 如下式为系统的闭环传递函数，应用闭环主导极点的概念估算系统性能。

$$\Phi(s) = \frac{1.58}{(s+3.53)(s+0.33+\mathrm{j}0.58)(s+0.33-\mathrm{j}0.58)}$$

解 系统存在一对共轭复数极点 $s_{1,2}=-0.33\pm \mathrm{j}0.58$，一个负实数极点 $s_3=-3.53$，因为 $|s_3|\geqslant 5|\mathrm{Re}(s_{1,2})$，且 $s_{1,2}$ 没有与其它零点构成偶极子(此例不存在闭环零点)，所以 $s_{1,2}$ 被视为闭环主导极点，忽略非主导极点后，闭环传递函数为

$$\Phi(s) = \frac{1.58}{3.53(s+0.33+\mathrm{j}0.58)(s+0.33-\mathrm{j}0.58)} = \frac{0.448}{s^2+0.66s+0.448}$$

可见原三阶系统近似为二阶系统，与典型二阶系统相比得

$$\omega_n^2 = 0.448, \quad 2\zeta\omega_n = 0.66$$

则特征参数

$$\omega_n = 0.67, \quad \zeta = 0.49$$

单位阶跃响应时的超调量和调节时间为

$$\sigma\% = \mathrm{e}^{-\pi\zeta/\sqrt{1-\zeta^2}} \times 100\% = 16.6\%$$

$$t_s = \frac{3.5}{\zeta\omega_n} = 10.66\ \mathrm{s} \quad (\Delta = 0.05)$$

4.3.3 通过改造根轨迹改善系统的品质

由前面的分析可知，系统根轨迹的形状、位置取决于系统的开环传递函数的零、极点。因此，可通过增加开环的零、极点来改造根轨迹，从而实现改善系统的品质。

1. 开环零点对根轨迹的影响

比较例 4.6 和例 4.8 的根轨迹图可知，增加一个开环零点，对系统根轨迹有以下影响：

(1) 改变了根轨迹在实轴上的分布；

(2) 改变了渐近线的条数、倾角和分离点；

(3) 若增加的开环零点和某个极点距离很近，构成开环偶极子。若两者重合则相互抵消，因此，可加入一个零点来抵消有损于系统性能的极点；

(4) 根轨迹曲线将向左移，有利于改善系统的动态性能。

2. 开环极点对根轨迹的影响

比较例 4.1 和例 4.4 的根轨迹图可知，增加一个开环极点，对系统根轨迹有以下影响：

(1) 改变了根轨迹在实轴上的分布；

(2) 改变了根轨迹的分支数；

(3) 改变了渐近线的条数、倾角和分离点；

(4) 根轨迹曲线将向右移，不利于改善系统的动态性能。

大体上看，附加极点使根轨迹的分离点和根轨迹都向右移；附加零点使分离点和根轨迹向左移。

4.4 广义根轨迹

在控制系统中，通常把负反馈系统中 K 变化时的根轨迹叫做常规根轨迹，而把其它情况下的根轨迹统称为广义根轨迹。

开环传递函数中零点个数多于极点时的根轨迹，以及零度根轨迹等均可列入广义根轨迹的范畴。

4.4.1 参数根轨迹

除根轨迹增益 K^* 外，把开环系统的其它参数从零变化到无穷或在某一范围内变化时，闭环系统特征根的轨迹叫参数根轨迹。绘制参数根轨迹的法则与绘制常规根轨迹的法则完全相同，但绘图之前，要对系统的闭环特征方程进行简单处理。

设系统的闭环特征方程为

$$1+G(s)H(s)=0 \tag{4-23}$$

对式(4-23)进行等效变换，可写成

$$1+A\frac{P(s)}{Q(s)}=0 \tag{4-24}$$

式中，A 为除 K^* 以外系统任意的变化参数；$P(s)$、$Q(s)$ 为不含参数 A 的多项式。显然式(4-23)和式(4-24)相等，即

$$1+G(s)H(s)=Q(s)+AP(s)=0 \tag{4-25}$$

根据开环传递函数的具体形式，可得等效单位反馈系统，其等效开环传递函数为

$$G_1(s)H_1(s)=A\frac{P(s)}{Q(s)} \tag{4-26}$$

根据等效开环传递函数 $G_1(s)H_1(s)$ 的零点、极点分布，可以绘出 A 变化时等效系统的根轨迹。

这里“等效”的含义仅限闭环极点相同，而闭环零点一般不同。如果通过闭环极点、零点分析系统时，可以采用参数根轨迹上的闭环极点，但闭环零点则必须采用原来的闭环系统。

例 4.10 已知某负反馈系统的开环传递函数为 $G(s)H(s)=\dfrac{\frac{1}{4}(s+a)}{s^2(s+1)}$，试绘制参数 a 由零连续变化到正无穷大时，闭环系统的根轨迹。

解 系统的闭环特征方程为

$$s^3+s^2+\frac{1}{4}s+\frac{1}{4}a=0$$

也可写成

$$\frac{a}{s(4s^2+4s+1)}=-1$$

上式和根轨迹方程具有相同的形式，其左边部分 $\dfrac{a}{s(4s^2+4s+1)}$ 相当于某一系统开环传递函数，我们称其为等效系统开环传递函数，参数 a 称为等效根轨迹增益。

利用根轨迹绘制法则，可以绘出 a 由零变化到无穷大时，等效系统的根轨迹。

(1) 起点：$s_1=0$，$s_2=s_3=-\dfrac{1}{2}$。

(2) 终点：三条根轨迹都趋向于无限零点。

(3) 实轴上的根轨迹：含坐标原点在内的整个负实轴。

(4) 分离点：分离点的计算公式为

$$\left.\frac{\mathrm{d}K}{\mathrm{d}s}\right|_{s=a}=0$$

代入上式得

$$s_1=-\frac{1}{6},\quad s_2=-\frac{1}{2}$$

(5) 根轨迹的渐近线。

渐近线的倾角

$$\Phi_a=\frac{180^\circ(2l+1)}{n-m}=+60^\circ,\ -60^\circ,\ 180^\circ$$

渐近线的交点

$$\sigma_a=-\frac{\sum_{i=1}^{n}p_i-\sum_{j=1}^{m}z_j}{n-m}=-\frac{\frac{1}{2}+\frac{1}{2}}{3}=-\frac{1}{3}$$

为根轨迹与虚轴的交点。

系统的闭环特征方程为

$$D(s)=4s^3+4s^2+s+a=0$$

劳斯阵如下：

$$\begin{array}{lll} s^3 & 4 & 1 \\ s^2 & 4 & a \\ s^1 & \dfrac{4-4a}{4} & \\ s^0 & a & \end{array}$$

当 $a=1$ 时，劳斯阵中 s^1 行为全零行，辅助方程为

$$F(s)=4s^2+a=4s^2+1=0$$

解得

$$s_{1,2}=\pm \mathrm{j}\frac{1}{2}$$

根据以上计算结果，可绘制系统根轨迹如图 4-10 所示。

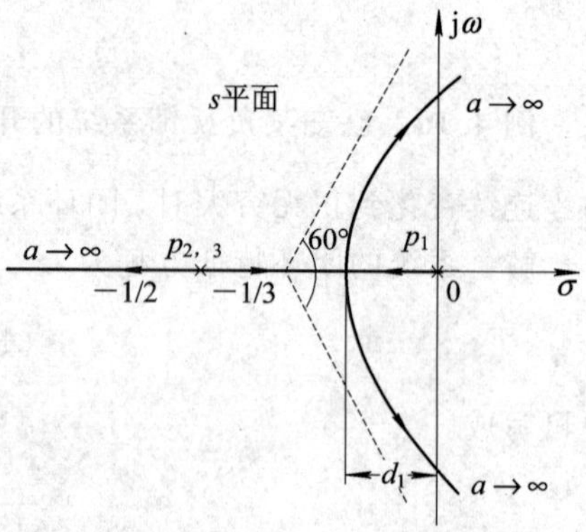

图 4-10　例 4.10 根轨迹

通过上例，可将一般绘制参数根轨迹的步骤归纳如下：

(1) 写出原系统的特征方程。

(2) 以特征方程式中不含参量的各项除特征方程，得等效系统的根轨迹方程，该方程中原系统的参量即为等效系统的根轨迹增益。

(3) 绘制等效系统的根轨迹，即为原系统的参数根轨迹。

4.4.2　零度根轨迹

如果所研究的控制系统为非最小相位系统，则有时不能采用常规根轨迹的绘制法则来绘制系统的根轨迹。因为其相角遵循 $0°+i360°$ 条件，故一般称之为零度根轨迹。

这里所谓的非最小相位系统，是指在 s 右半平面具有开环零点 j 极点的控制系统。此外，如果有必要绘制正反馈系统的根轨迹，那么也必然会产生 $0°+i360°$的相角条件。

因此，一般来说，零度根轨迹的来源有两个方面：

其一是非最小相位系统中包含 s 最高次幂的系数为负的因子；其二是控制系统中包含有正反馈内回路。

前者是由于被控对象，如飞机、导弹的本身特性所产生，或者是在系统结构图变换过程中所产生的；后者是由于某种性能指标要求，使得在复杂系统设计中，必须包含正反馈回路所致。

零度根轨迹的绘制方法与 180°根轨迹的绘制方法略有不同。以正反馈为例，设某个系统结构图如图 4-11 所示。其闭环传递函数为

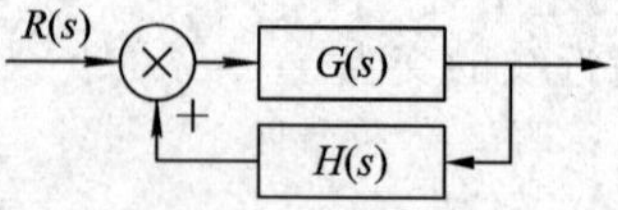

图 4-11　正反馈系统

$$\phi(s)=\frac{C(s)}{R(s)}=\frac{G(s)}{1-G(s)H(s)}$$

特征方程为

$$1-G(s)H(s)=0$$

或写成

$$|G(s)H(s)|=1 \qquad \text{幅值条件}$$

$$\angle G(s)H(s)=2k\pi \quad (k=0,\pm 1,\pm 2,\cdots) \qquad \text{相角条件}$$

与负反馈系统的幅值条件式和相角条件式比较可知，幅值条件相同，而相角条件不同。负反馈系统的相角条件是180°等相角条件，正反馈系统则是0°等相角条件。我们称根轨迹方程的相角条件是180°等相角条件的根轨迹为常规根轨迹或180°根轨迹，根轨迹方程的相角条件是0°等相角条件的根轨迹为零度根轨迹。因此负反馈系统根轨迹是常规根轨迹，正反馈系统的根轨迹是零度根轨迹。

零度根轨迹的绘制，原则上可参照常规根轨迹的绘制法则，但在与相角条件有关的一些法则中，需作适当调整。

绘制零度根轨迹时，应调整的绘制法则有：

(1) 实轴上根轨迹存在的区间应改为其右侧实轴上的开环零、极点个数之和为偶数。

(2) 渐近线的倾角应改为

$$\varphi_a=\frac{2l\pi}{n-m} \quad (l=0,\pm 1,\pm 2,\cdots)$$

(3) 根轨迹的出射角和入射角计算公式应改为

$$\text{出射角} \quad \theta_{pk}=2\pi+\sum_{j=1}^{m}\angle(p_k-z_j)-\sum_{\substack{i=1\\ i\neq k}}^{n}\angle(p_k-p_i)$$

$$\text{入射角} \quad \theta_{zk}=2\pi-\sum_{\substack{j=1\\ j\neq k}}^{m}\angle(z_k-z_j)+\sum_{i=1}^{n}\angle(z_k-p_i)$$

除了上述三个法则外，其它法则不变。

例 4.11 设单位正反馈系统的开环传递函数为 $G_k(s)=\dfrac{K}{s(s+1)(s+5)}$，试绘制根轨迹。

解 绘制步骤如下：

(1) 起点：$s_1=0$，$s_2=-1$，$s_3=-5$。

(2) 终点：三条根轨迹都趋向无穷远处。

(3) 实轴上根轨迹存在的区间为$[-5,-1]$，$[0,\infty)$。

(4) 计算分离点：$N(s)=1$，$D(s)=s(s+1)(s+5)$代入式

$$N'(s)D(s)-N(s)D'(s)=0$$

解得

$$\alpha_1=0-3.52, \quad \alpha_2=-0.48$$

由于-0.48不在根轨迹上，所以根轨迹的分离点为-3.52。

(5) 根轨迹的渐近线。

渐近线的倾角为

$$\varphi_a=\frac{180°\cdot 2l}{3}=0°,+120°,-120°$$

渐近线的交点为

$$\sigma_a = -\frac{\sum_{i=1}^{n} p_i - \sum_{j=1}^{m} z_j}{n-m} = -\frac{0+1+5-0}{3} = -2$$

根据以上几点，可绘出系统的零度根轨迹如图 4-12 所示。

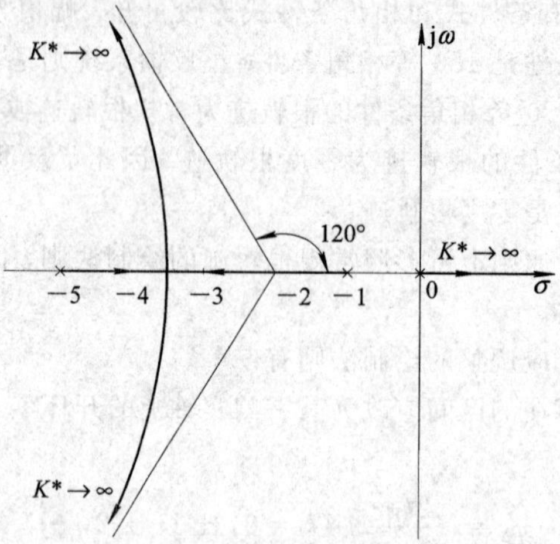

图 4-12　例 4.11 零度根轨迹

习　　题

4.1　某反馈系统的方块图如习题 4.1 图所示。试绘制 K 从 0 到 ∞ 时该系统的根轨迹图。

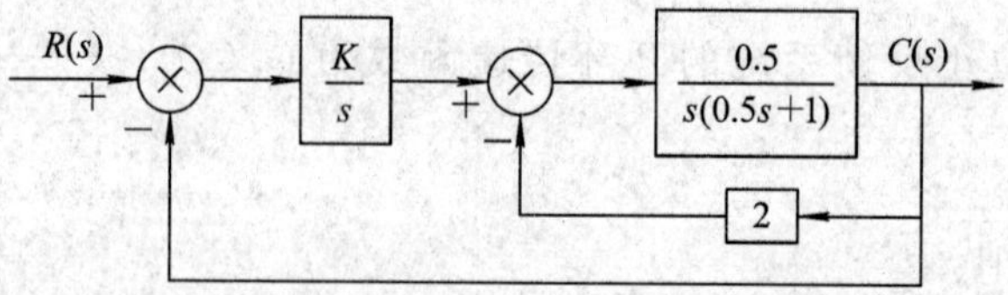

习题 4.1 图　反馈系统方框图

4.2　已知某负反馈系统的前向通道及反馈通道的传递函数分别为 $G(s)=\dfrac{K(s+0.1)}{s^2(s+0.01)}$，$H(s)=0.6s+1$。试绘制该系统的根轨迹图。

4.3　设某正反馈系统的开环传递函数为 $G(s)H(s)=\dfrac{K(s+2)}{(s+3)(s^2+2s+2)}$。试为该系统绘制以 K 为参变量的根轨迹图。

4.4　设某正反馈系统的开环传递函数为 $G(s)H(s)=\dfrac{K}{(s+1)^2(s^2+4)^2}$。试为该系统绘制以 K 为参变量的根轨迹图。

4.5　某反馈系统的方块图如习题 4.2 图所示。试绘制该系统的根轨迹图。

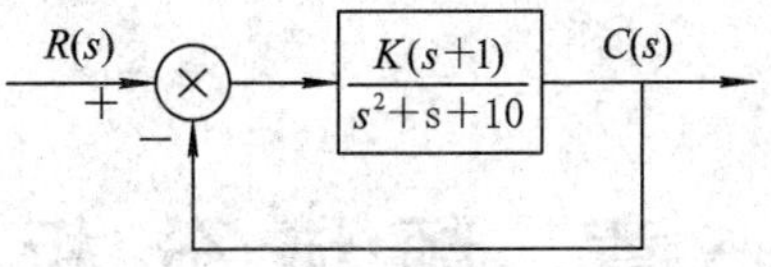

习题 4.2 图　反馈系统方框图

4.6　设某负反馈系统的开环传递函数为 $G(s)H(s)=\dfrac{K(s+1)}{s^2(0.1s+1)}$。试绘制该系统的根轨迹图。

4.7　某反馈系统的方块图如习题 4.3 图所示。试绘制以下各种情况下该系统的根轨迹图：

(1) $H(s)=1$

(2) $H(s)=s+1$

(3) $H(s)=s+2$

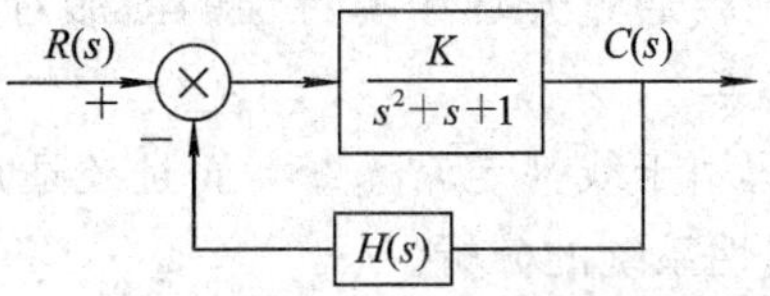

习题 4.3 图　反馈系统方框图

分析比较这些根轨迹图，说明开环零点对系统相对稳定性的影响。

4.8　设某正反馈系统的开环传递函数为 $G(s)H(s)=\dfrac{K}{(s+1)(s-1)(s^2+4)^2}$。试绘制该系统的根轨迹图。

4.9　设某负反馈系统的开环传递函数为 $G(s)H(s)=\dfrac{10}{s(s+a)}$。试为该系统绘制以 a 为参变量的根轨迹图。

4.10　设某负反馈系统的开环传递函数为 $G(s)H(s)=\dfrac{1000(Ts+1)}{s(0.1s+1)(0.001s+1)}$。试为该系统绘制以时间常数 T 为参变量的根轨迹图。

4.11　设某单位负反馈系统的开环传递函数为 $G(s)=\dfrac{K^*}{s^2(s+1)}$。试绘制以 a 为参变量的根轨迹图。

第5章　频域分析法

本章讲述频域分析法，这种模型是对系统的一种频域刻画，在系统分析中有重要作用：判断系统是否稳定。判断系统稳定程度的量称稳定裕度。控制系统的频域分析法依据系统的另一数学模型——频率特性在复频域内运用图解评价系统性能。频域分析法是工程上广为应用的基本方法，因为频域分析法具有如下优点：

① 物理意义明确，它可以用实验的方法来确定，这对于难以列写微分方程式的元部件或系统来说，具有重要的实际意义。

② 由于频率响应法主要通过开环频率特性的图形对系统进行分析，因而具有形象直观和计算量少的特点。

③ 频率响应法不仅适用于线性定常系统，而且还适用于传递函数不是有理数的纯滞后系统和部分非线性系统的分析。

本章将介绍频率特性的概念、图示方法、稳定判据及其应用以及对系统的动态过程进行定性分析和定量计算的方法。

5.1　频率特性

5.1.1　频率特性的概念

频率特性又称频率响应，它是系统(或元件)对不同频率正弦输入信号的响应特性。设线性系统 $G(s)$的输入为一正弦信号 $r(t)=A_r\sin\omega t$，在稳态时，系统的输出具有和输入同频率的正弦函数，但其振幅和相位一般均不同于输入量，且随着输入信号频率的变化而变化，即 $c_s(t)=A_c\sin(\omega t+\varphi)$，如图 5-1 所示。

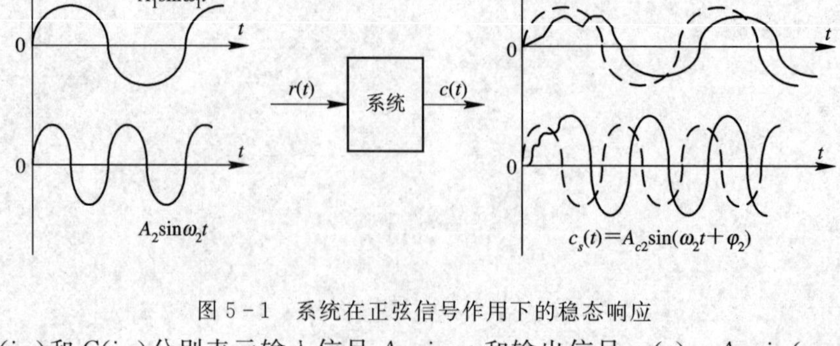

图 5-1　系统在正弦信号作用下的稳态响应

用 $R(j\omega)$和 $C(j\omega)$分别表示输入信号 $A_r\sin\omega t$ 和输出信号 $c_s(t)=A_c\sin(\omega t+\varphi)$，则输

出稳态分量与输入正弦信号的复数比称为该系统的频率特性函数，简称频率特性，记作

$$G(\mathrm{j}\omega)=\frac{C(\mathrm{j}\omega)}{R(\mathrm{j}\omega)}=\frac{A_c\sin(\omega t+\varphi)}{A_r\sin\omega t}=A(\omega)\mathrm{e}^{\mathrm{j}\varphi(\omega)} \tag{5-1}$$

其中，输出与输入的振幅比随 ω 的变化关系称为幅频特性函数 $A(\omega)$，是 $G(\mathrm{j}\omega)$的模，

$$A(\omega)=\frac{A_c}{A_r}=|G(\mathrm{j}\omega)| \tag{5-2}$$

输出与输入的相位差随 ω 的变化关系称为相频特性函数 $\varphi(\omega)$，是 $G(\mathrm{j}\omega)$的幅角，

$$\varphi(\omega)=\arg G(\mathrm{j}\omega)=\angle G(\mathrm{j}\omega) \tag{5-3}$$

幅频特性描述了系统在稳态下响应不同频率正弦输入信号时幅值衰减或放大的特性；相频特性描述了系统在稳态下响应不同频率正弦输入信号时在相位上产生滞后或超前的特性。因此，如果已知系统(环节)的微分方程或传递函数，令 $s=\mathrm{j}\omega$ 便可得到相应的幅频特性和相频特性，并依此作出频率特性曲线。

对频率特性的几点说明：

(1) 频率特性不仅仅针对系统而言，其概念对控制元件、控制装置也都适用。

(2) 由于系统(环节)动态过程中的稳态分量总是可以分离出来，而且其规律性并不依赖于系统的稳定性，因此可以将频率特性的概念推广到不稳定系统(环节)。

(3) 虽然频率特性 $G(\mathrm{j}\omega)$是在系统(环节)稳态下求得的，却与系统(环节)动态特性 $G(\omega)$的形式一致，包含了系统(环节)的全部动态结构和参数。因此，尽管频率特性是一种稳态响应，但其动态过程的规律性却必然寓于其中。和微分方程、传递函数一样，频率特性也是描述系统(环节)的动态数学模型。

(4) 根据频率特性的定义可知，这种数学模型即使在不知道系统内部结构和机理的情况下，也可以按照频率特性的物理意义通过实验来确定，这正是引入频率特性这一数学模型的主要原因之一。

例 5.1 在如图 5-2 所示的 RC 电路中，设输入电压为 $u_\mathrm{i}(t)=A\sin(\omega t)$，求频率特性函数 $G(\mathrm{j}\omega)$。

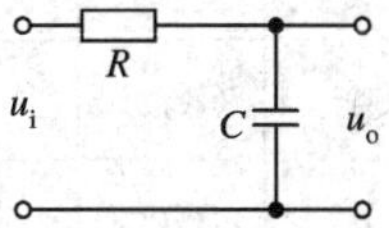

图 5-2 RC 电路

解 由复阻抗的概念求得

$$\frac{U_\mathrm{o}(\mathrm{j}\omega)}{U_\mathrm{i}(\mathrm{j}\omega)}=G(\mathrm{j}\omega)=\frac{1}{1+RC\mathrm{j}\omega}=\frac{1}{1+T\mathrm{j}\omega} \tag{5-4}$$

如上所述，$G(\mathrm{j}\omega)$可以改写为

$$G(\mathrm{j}\omega)=|G(\mathrm{j}\omega)|\mathrm{e}^{\mathrm{j}\varphi(\omega)} \tag{5-5}$$

式中

$$T=RC,\quad |G(\mathrm{j}\omega)|=\frac{1}{\sqrt{1+T^2\omega^2}},\quad \varphi(\omega)=-\arctan T\omega$$

5.1.2 频率特性的图示方法

频率特性的图形表示是描述系统的输入频率 ω 从 0 到∞变化时频率响应的幅值、相位与频率之间关系的一组曲线。虽然系统的频率特性函数有严格的数学定义，但它最大的优点是可以用图示方法简明、清晰地表示出来，这正是该方法深受广大工程技术人员欢迎的原因所在。

1. 极坐标频率特性图(奈奎斯特图)

极坐标频率特性图又称奈奎斯特(Nyquist)图或幅相频率特性图。极坐标频率特性图是当 ω 从 0 到∞变化时，以 ω 为参变量，在极坐标图上绘出 $G(\mathrm{j}\omega)$ 的模 $|G(\mathrm{j}\omega)|$ 和幅角 $\angle G(\mathrm{j}\omega)$ 随 ω 变化的曲线，即当 ω 从 0 到∞变化时，向量 $G(\mathrm{j}\omega)$ 的矢端轨迹。$G(\mathrm{j}\omega)$ 曲线上每一点所对应的向量都表示与某一输入频率 ω 相对应的系统(或环节)的频率响应，其中向量的模反映系统(或环节)的幅频特性，向量的相角反映系统(或环节)的相频特性。

频率特性函数可以表示成

$$
\begin{aligned}
G(\mathrm{j}\omega) &= R(\omega) + \mathrm{j}I(\omega) && \text{代数式}\\
&= |G(\mathrm{j}\omega)| \angle G(\mathrm{j}\omega) && \text{极坐标式}\\
&= A(\mathrm{j}\omega)\mathrm{e}^{\mathrm{j}\varphi(\omega)} && \text{指数式}
\end{aligned}
$$

如果将极坐标系与直角坐标系重合，那么极坐标系下的向量在直角坐标系下的实轴和虚轴上的投影分别为实频特性 $R(\omega)$ 和虚频特性 $I(\omega)$。

例 5.2 绘制例 5.1 中 RC 电路的极坐标频率特性图，其中 $R=1\ \mathrm{k}\Omega$，$C=500\ \mu\mathrm{F}$。

解 该电路的频率特性为

$$G(\mathrm{j}\omega) = \frac{1}{1+RC\mathrm{j}\omega} = \frac{1}{1+T\mathrm{j}\omega}$$

其中，$T=RC=0.5$。则

$$|G(\mathrm{j}\omega)| = \frac{1}{\sqrt{\omega^2T^2+1}} = \frac{1}{\sqrt{0.25\omega^2+1}} \tag{5-6}$$

$$\angle G(\mathrm{j}\omega) = -\arctan T\omega = -\arctan 0.5\omega \tag{5-7}$$

在不同 ω 下求出的 $|G(\mathrm{j}\omega)|$ 及 $\angle G(\mathrm{j}\omega)$ 如表 5-1 所示。

表 5-1 不同 ω 下的 $|G(\mathrm{j}\omega)|$ 及 $\angle G(\mathrm{j}\omega)$ 的值

ω	0	1	2	3	4	10	100	$+\infty$
$\lvert G(\mathrm{j}\omega)\rvert$	1	0.893	0.707	0.555	0.447	0.196	0.020	0
$\angle G(\mathrm{j}\omega)$	0°	−26.6°	−45.0°	−56.3°	−63.4°	−78.7°	−88.9°	−90°

根据表 5-1 作出 ω：$0^+\to+\infty$ 部分的极坐标频率特性图，如图 5-3 中的实线部分所示。根据对称性作出 ω：$0^-\to-\infty$ 部分的极坐标频率特性图，如图 5-3 中的虚线部分所示。从物理意义上看，ω 不可能为负，但在分析系统稳定性的时候，绘出 ω：$0^-\to-\infty$ 的情况是非常有帮助的(通过极坐标频率特性图分析系统的稳定性将在后续内容中介绍)。

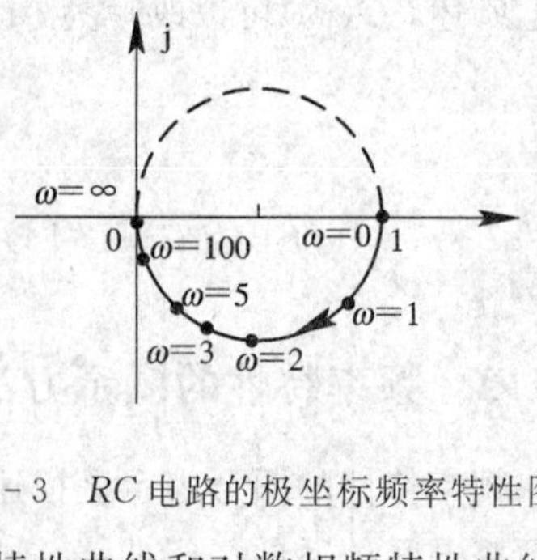

图 5-3 RC 电路的极坐标频率特性图

2. 对数坐标频率特性图(伯德图)

对数坐标频率特性图又称伯德(Bode)图，由对数幅频特性曲线和对数相频特性曲线组成。通常将二者画在一张图上，统称为对数坐标频率特性。

与极坐标图不同，在伯德图中以 ω 为横轴坐标。但 ω 的变化范围极广(0→∞)，如果采用普通坐标分度的话，很难展示出其如此之宽的频率范围。因此，在伯德图中横轴采用对数分度。

1）对数幅频特性的坐标系

对数幅频特性的坐标系如图 5-4 所示。

（1）横轴：$\mu=\lg\omega$。

① ω 轴为对数分度，即采用相等的距离代表相等的频率倍增，在伯德图中横坐标按 $\mu=\lg\omega$ 均匀分度。ω 和 $\lg\omega$ 的关系如表 5-2 所示。

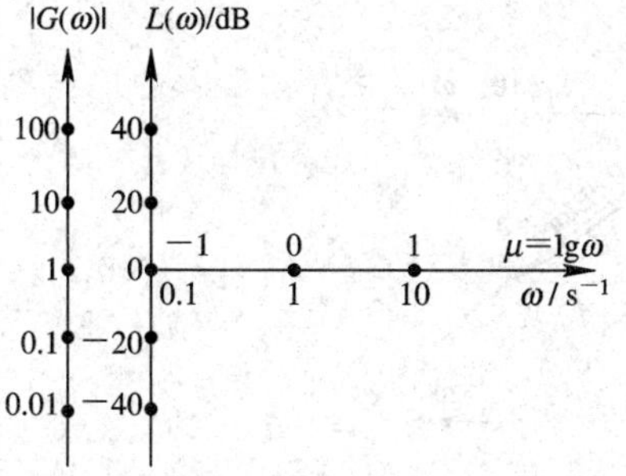

图 5-4　对数幅频特性的坐标系

表 5-2　ω 和 $\lg\omega$ 的关系

ω	$\mu=\lg\omega$
10^{-2}	-2
10^{-1}	-1
10^{0}	0
10^{1}	1
10^{2}	2
10^{3}	3

② 对 $\lg\omega$ 而言为线性分度。如表 5-2 所示。

③ $\omega=0$ 在对数分度的坐标系中的负无穷远处。

④ 从表 5-2 中可以看出，ω 的数值每变化 10 倍，在对数坐标上 $\lg\omega$ 相应变化一个单位。频率变化 10 倍的一段对数刻度称为“十倍频程”，用“dec”表示。即对 μ 而言：

$$\Delta\mu=\lg 10\omega-\lg\omega=1$$

（2）纵轴：$L=20\lg A(\omega)$，线性分度单位为分贝，记作 dB。

2）对数相频特性的坐标系

对数相频特性的坐标系如图 5-5 所示。

（1）横轴：ω 轴对数分度，即 $\mu=\lg\omega$。

（2）纵轴：$\varphi(\omega)$线性分度。

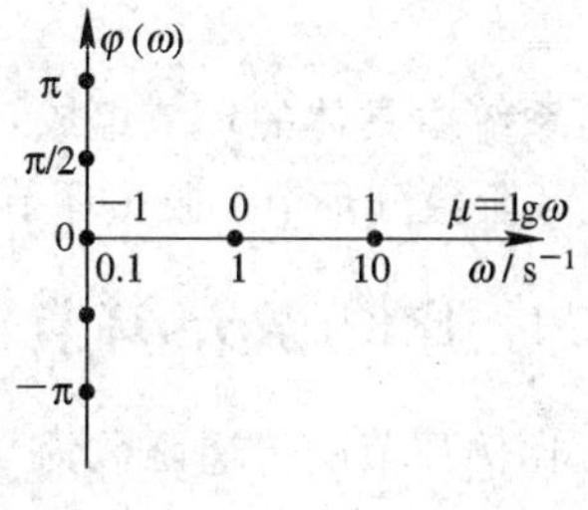

图 5-5　对数相频特性的坐标系

例 5.3　绘制例 5.1 中 RC 电路的对数坐标频率特性图（$T=1$ s）。

解　RC 电路的频率特性为

$$G(\mathrm{j}\omega)=\frac{1}{1+RC\mathrm{j}\omega}=\frac{1}{1+T\mathrm{j}\omega}$$

所以有

$$L(\omega)=20\lg|G(\mathrm{j}\omega)|=20\lg\frac{1}{\sqrt{1+\omega^2T^2}}$$

$$=-20\lg\sqrt{1+\omega^2T^2}=-20\lg\sqrt{1+\omega^2}$$

$$\varphi(\omega)=\angle G(\mathrm{j}\omega)=-\arctan(\omega T)=-\arctan(\omega)$$

对于不同的 ω 求出 $L(\omega)$值和 $\varphi(\omega)$值，见表 5-3，然后绘出该电路的对数坐标频率特性曲线，如图 5-6 所示。

表 5-3　不同 ω 下的 $L(\omega)$ 及 $\varphi(\omega)$ 值

ω	0.1	0.5	1	5	10	100	$+\infty$
$L(\omega)$	−0.04	−0.97	−3.01	−14.1	−20	−40	$-\infty$
$\varphi(\omega)$	−5.7°	−26.6°	−45.0°	−78.7°	−84.3°	−89.4°	−90°

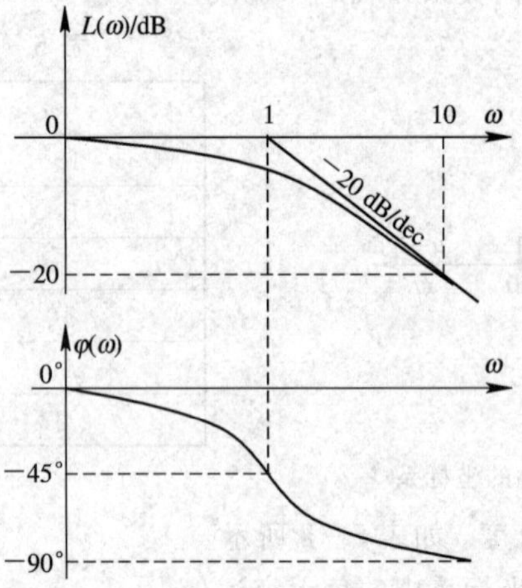

图 5-6　*RC* 电路的对数坐标频率特性

5.2　典型环节的频率特性

系统由具体的环节组成，常见的典型环节有：比例环节、积分环节、微分环节、惯性环节、一阶微分环节、振荡环节等。

5.2.1　比例(放大)环节

比例环节的传递函数为 $G(s)=K$，故其频率特性函数为

$$G(\mathrm{j}\omega)=K=K\mathrm{e}^{\mathrm{j}0^\circ} \tag{5-8}$$

1. 极坐标频率特性(幅相频率特性)

$$A(\omega)=K,\quad \varphi(\omega)=0^\circ \tag{5-9}$$

可见，比例环节的幅频特性和相频特性都是与 ω 无关的常量。在极坐标频率特性图(Nyquist 图)中其频率特性曲线为正实轴上坐标为(K，j0)的一个点，如图 5-7(a)所示。

2. 对数坐标频率特性(Bode 图)

$$L(\omega)=20\ \lg K,\quad \varphi(\omega)=0^\circ \tag{5-10}$$

可见，比例环节的对数幅频特性 $L(\omega)$和对数相频特性 $\varphi(\omega)$也都是与 ω 无关的水平直线。$L(\omega)$是一条纵坐标为 20 lg$K$ 的、平行于横轴的直线，$\varphi(\omega)$是一条与 0°线重合的直线，如图5-7(b)所示。

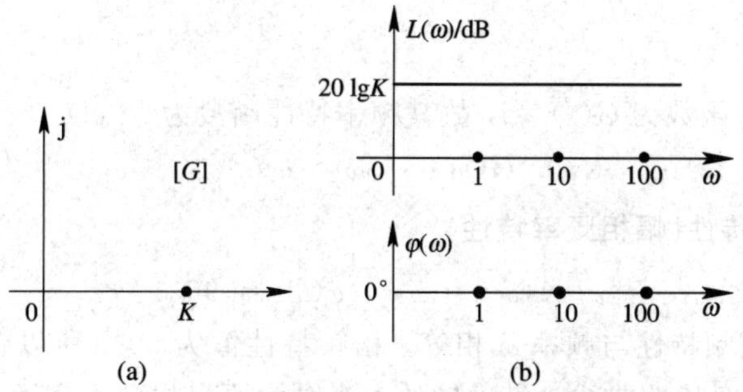

图 5-7　比例环节的幅相频率特性和对数坐标频率特性
(a) 幅相频率特性；(b) 对数坐标频率特性

5.2.2　积分环节

积分环节的传递函数为 $G(s)=1/s$，故其频率特性函数为

$$G(\mathrm{j}\omega)=\frac{1}{\mathrm{j}\omega}=\frac{1}{\omega}\mathrm{e}^{-\mathrm{j}90^\circ} \tag{5-11}$$

1. 极坐标频率特性(幅相频率特性)

$$A(\omega)=\frac{1}{\omega},\quad \varphi(\omega)=-90^\circ \tag{5-12}$$

可见，积分环节的幅频特性与频率 ω 成反比，相频特性恒为 -90°，所以在极坐标频率特性图(Nyquist 图)中其频率特性曲线为沿虚轴的下半轴由无穷远点指向原点的直线，如图 5-8(a) 所示。

2. 对数坐标频率特性(Bode 图)

$$L(\omega)=20\lg A(\omega)=20\lg\frac{1}{\omega}=-20\lg\omega=-20\mu,\quad \varphi(\omega)=-90^\circ \tag{5-13}$$

可见，积分环节的对数幅频特性 $L(\omega)$ 是 μ(即 $\lg\omega$) 的一次线性函数，其直线斜率为 -20 dB/dec，直线在 $\omega=1$ 时与横轴相交；$\varphi(\omega)$ 是一条纵坐标为 -90° 的、平行于横轴的直线，如图 5-8(b)所示。

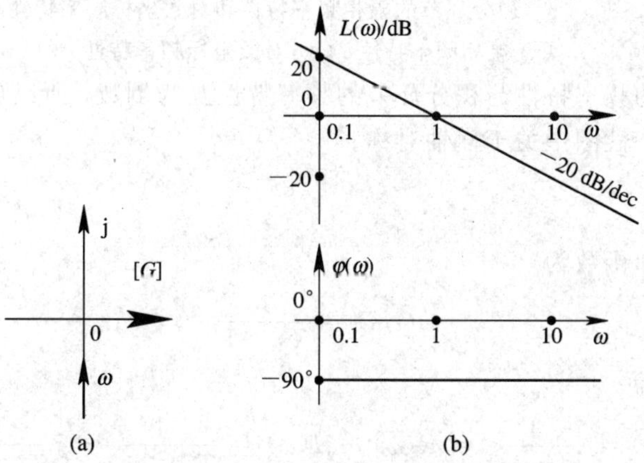

图 5-8　积分环节的幅相频率特性和对数坐标频率特性
(a) 幅相频率特性；(b) 对数坐标频率特性

5.2.3 微分环节

微分环节的传递函数为$G(s)=s$，故其频率特性函数为

$$G(j\omega)=j\omega=\omega e^{j90^\circ} \tag{5-14}$$

1. 极坐标频率特性(幅相频率特性)

$$A(\omega)=\omega,\quad \varphi(\omega)=90^\circ \tag{5-15}$$

可见，微分环节的幅频特性与频率ω相等，相频特性恒为90°，所以在极坐标频率特性图(Nyquist 图)中其频率特性曲线为沿虚轴的上半轴由原点指向无穷远点的直线，如图 5-9(a)所示。

2. 对数坐标频率特性(Bode 图)

$$L(\omega)=20\lg A(\omega)=20\lg\omega=20\mu,\quad \varphi(\omega)=90^\circ \tag{5-16}$$

可见，微分环节的对数幅频特性$L(\omega)$是μ(即$\lg\omega$)的一次线性函数，其直线斜率为20 dB/dec，直线在$\omega=1$时与横轴相交，$\varphi(\omega)$是一条纵坐标为90°的平行于横轴的直线，如图 5-9(b)所示。

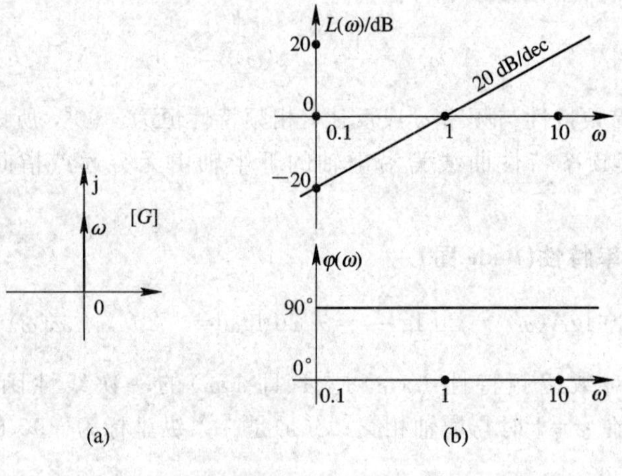

图 5-9 微分环节的幅相频率特性和对数坐标频率特性

(a) 幅相频率特性；(b) 对数坐标频率特性

由于微分环节的频率特性与积分环节的频率特性互为倒数，所以可看出它们的频率特性在对数坐标频率特性图中关于横轴对称。

5.2.4 惯性环节

惯性环节的传递函数为

$$G(s)=\frac{1}{Ts+1}$$

故其频率特性函数为

$$G(j\omega)=\frac{1}{jT\omega+1}=R(\omega)+jI(\omega)=\frac{1}{T^2\omega^2+1}-j\frac{T\omega}{T^2\omega^2+1}$$

$$=\frac{1}{\sqrt{T^2\omega^2+1}}e^{j(-\arctan T\omega)} \tag{5-17}$$

1. 极坐标频率特性(幅相频率特性)

$$A(\omega)=\frac{1}{\sqrt{T^2\omega^2+1}},\quad \varphi(\omega)=-\arctan T\omega \tag{5-18}$$

可见，当 ω 由 $0\to\infty$ 时，惯性环节的幅频特性 $A(\omega)$ 从 1 衰减至 0，在 $\omega=1/T$ 处，$A(\omega)=1/\sqrt{2}$；相频特性 $\varphi(\omega)$ 由 $0°\to-90°$，在 $\omega=1/T$ 处，$\varphi(\omega)=-45°$。可以证明，在极坐标频率特性图(Nyquist 图)中其频率特性曲线为以(0.5，0)为圆心，以 0.5 为半径，位于第四象限的半圆，因为

$$[R(\omega)-0.5]^2+[I(\omega)]^2=0.5^2$$

如图 5-10(a)所示。

2. 对数坐标频率特性(Bode 图)

$$\begin{cases}L(\omega)=20\lg A(\omega)=20\lg\dfrac{1}{\sqrt{T^2\omega^2+1}}=-20\lg\sqrt{T^2\omega^2+1}\\ \varphi(\omega)=-\arctan T\omega\end{cases} \tag{5-19}$$

由此可以绘出惯性环节的 Bode 图，但在工程上常用简便的渐近线来代替实际的曲线，如图 5-10(b)所示。

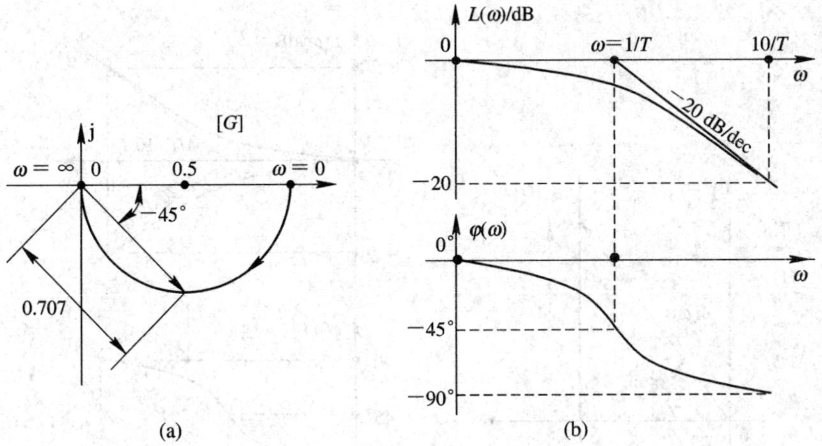

图 5-10 惯性环节的幅相频率特性和对数坐标频率特性

(a) 幅相频率特性；(b) 对数坐标频率特性

1) 低频渐近线

当 $T\omega\ll1$，即 $\omega\ll1/T$ 时，在 $L(\omega)$ 中可忽略 $T\omega$，则

$$L(\omega)=-20\lg1=0\text{ dB}$$

说明在低频段，惯性环节幅频特性曲线近似与横轴重合。

2) 高频渐近线

当 $T\omega\gg1$，即 $\omega\gg1/T$ 时，在 $L(\omega)$ 中可忽略 1，则

$$L(\omega)=-20\lg T\omega=-20\left(\lg\omega-\lg\frac{1}{T}\right) \tag{5-20}$$

令 $\mu=\lg\omega$，$\mu_c=\lg(1/T)$，则

$$L(\omega)=-20(\mu-\mu_c) \tag{5-21}$$

说明在高频段，惯性环节的幅频特性曲线类似于斜率为 -20 dB/dec 的一条通过 $\mu_c=\lg(1/T)$ 的直线。

3）转折频率

低频渐近线与高频渐近线的交点在 $\omega_c=1/T$ 处，因为当 $\omega_c=1/T$ 时，$-20\lg T\omega=-20\lg 1=0$。故称 $\omega_c=1/T$ 为惯性环节的转折频率。而转折频率处的实际对数幅频为

$$L(\omega)=-20\lg\sqrt{1+1}=-3.01\ \text{dB}$$

5.2.5　一阶微分环节

一阶微分环节的传递函数为 $G(s)=Ts+1$，故其频率特性函数为

$$G(j\omega)=j\omega T+1=\sqrt{T^2\omega^2+1}\,e^{j\arctan T\omega} \tag{5-22}$$

1. 极坐标频率特性(幅相频率特性)

$$A(\omega)=\sqrt{T^2\omega^2+1},\quad \varphi(\omega)=\arctan T\omega \tag{5-23}$$

可见，当 ω 由 $0\to\infty$ 时，惯性环节的幅频特性 $A(\omega)$ 从 $1\to\infty$，相频特性 $\varphi(\omega)$ 由 $0°\to90°$。因此，一阶微分环节的极坐标频率特性曲线是一条平行于虚轴的射线，其顶点在(1, j0)，如图 5-11(a)所示。

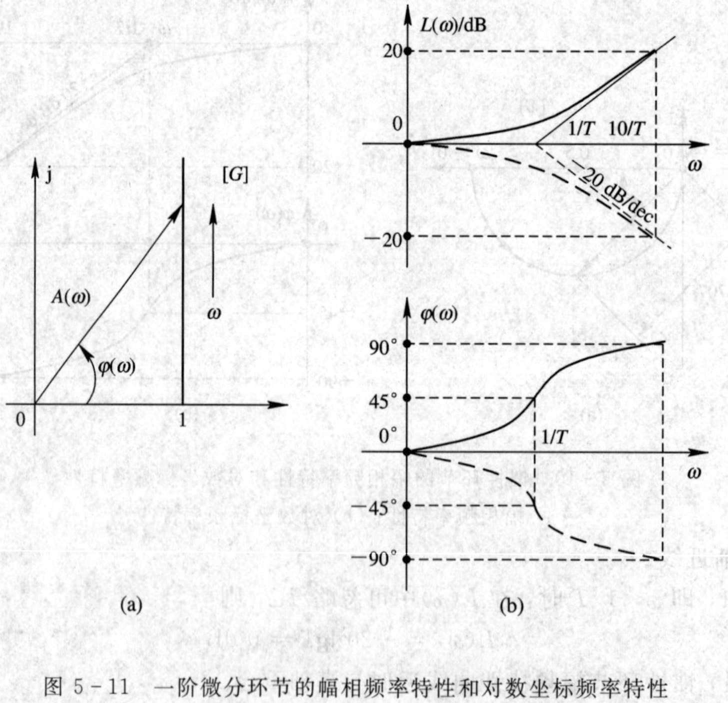

图 5-11　一阶微分环节的幅相频率特性和对数坐标频率特性

(a) 幅相频率特性；(b) 对数坐标频率特性

2. 对数坐标频率特性(Bode 图)

$$\begin{cases}L(\omega)=20\lg A(\omega)=20\lg\sqrt{T^2\omega^2+1}\\ \varphi(\omega)=\arctan T\omega\end{cases} \tag{5-24}$$

因为一阶微分环节的传递函数与惯性环节的传递函数互为倒数，故在 Bode 图中，一阶微分环节与惯性环节的对数幅频特性曲线和对数相频特性曲线分别关于 0 dB 和 0°线对称，如图 5-11(b)所示。

5.2.6 振荡环节

振荡环节的传递函数为

$$G(s)=\frac{\omega_n^2}{s^2+2\zeta\omega_n s+\omega_n^2}=\frac{1}{\left(\frac{1}{\omega_n}\right)^2 s^2+2\zeta\frac{s}{\omega_n}+1}$$

$$=\frac{1}{T^2s^2+2\zeta Ts+1} \tag{5-25}$$

其中，T 为振荡环节的时间常数，$\omega_n=1/T$ 为振荡环节的无阻尼自然振荡频率，ζ 为振荡环节的阻尼比。其频率特性函数为

$$G(j\omega)=\frac{1}{\left(j\frac{\omega}{\omega_n}\right)^2+j2\zeta\frac{\omega}{\omega_n}+1}=\frac{1}{1-\left(\frac{\omega}{\omega_n}\right)^2+j2\zeta\frac{\omega}{\omega_n}} \tag{5-26}$$

1. 极坐标频率特性(幅相频率特性)

$$\begin{cases}A(\omega)=\dfrac{1}{\sqrt{\left[1-\left(\dfrac{\omega}{\omega_n}\right)^2\right]^2+4\zeta^2\left(\dfrac{\omega}{\omega_n}\right)^2}}\\[2em] \varphi(\omega)=-\arctan\dfrac{2\zeta\dfrac{\omega}{\omega_n}}{1-\left(\dfrac{\omega}{\omega_n}\right)^2}\end{cases} \tag{5-27}$$

采用描点法作出振荡环节的幅相频率特性曲线如图 5-12 所示。可见，当 ω 由 $0\to\infty$ 时，振荡环节的幅频特性 $A(\omega)$从 $1\to0$，相频特性 $\varphi(\omega)$由 $0°\to-180°$。另外，当 $\omega=\omega_n$ 时，$A(\omega)=\frac{1}{2\zeta}$，$\varphi(\omega)=-90°$。说明当 $\omega=\omega_n$ 时，曲线与负虚轴相交，且阻尼比 ζ 越大，交点越靠近原点。

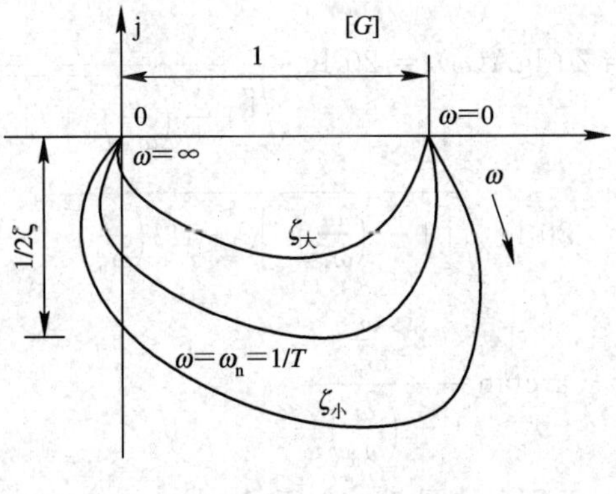

图 5-12 振荡环节的幅相频率特性

由于阻尼比 ζ 的取值范围不同，$A(\omega)$ 将会表现出不同的特点，如图 5-13 所示。

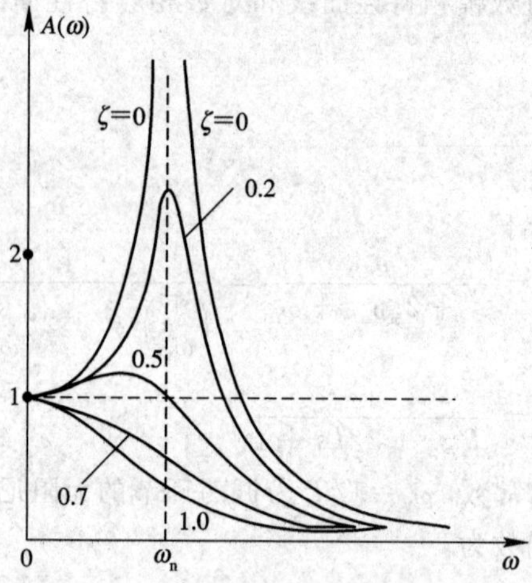

图 5-13 振荡环节的幅频特性

(1) 在 ζ 某些取值范围内，$A(\omega)$将会随着 ω 的增大出现峰值。$A(\omega)$在某一频率下达到峰值的现象称为“谐振”，该频率称为谐振频率 ω_r，该峰值称为谐振峰值 M_r。

(2) 在 ζ 某些取值范围内，$A(\omega)$不会出现“谐振”现象，而是随 ω 的增大而递减。

令$(dA(\omega))/(d\omega)=0$，得 $\omega_r=\omega_n\sqrt{1-2\zeta^2}$，则

$$M_r = A(\omega_r) = \frac{1}{2\zeta\sqrt{1-\zeta^2}} \tag{5-28}$$

$$\varphi(\omega_r) = -\arctan\frac{\sqrt{1-2\zeta^2}}{\zeta} \tag{5-29}$$

由 $\omega_r=\omega_n\sqrt{1-2\zeta^2}$ 可知：当 $\zeta=1/\sqrt{2}=0.707$ 时，$\omega_r=0$，$A(\omega_r)=1$，$\varphi(\omega_r)=0°$；当 $0<\zeta<0.707$ 时，ω_r 才有实数值，$A(\omega)$出现峰值，且 ζ 越小，$A(\omega_r)$越大；当 $\zeta=0$ 时，谐振最严重，$\omega_r=\omega_n$，$A(\omega_r)\to\infty$；当 $\zeta>0.707$ 时，ω_r 为虚数，$A(\omega)$没有峰值。通常，称 $\zeta=0.707$ 为最佳阻尼比。当 $\zeta=0.707$ 时，系统的阶跃响应既快又稳，比较理想。

2. 对数坐标频率特性(Bode 图)

$$\begin{cases} L(\omega) = 20\lg A(\omega) = 20\lg\dfrac{1}{\sqrt{\left[1-\left(\dfrac{\omega}{\omega_n}\right)^2\right]^2+4\zeta^2\left(\dfrac{\omega}{\omega_n}\right)^2}} \\ \qquad = -20\lg\sqrt{\left[1-\left(\dfrac{\omega}{\omega_n}\right)^2\right]^2+4\zeta^2\left(\dfrac{\omega}{\omega_n}\right)^2} \\ \varphi(\omega) = -\arctan\dfrac{2\zeta\dfrac{\omega}{\omega_n}}{1-\left(\dfrac{\omega}{\omega_n}\right)^2} \end{cases} \tag{5-30}$$

由此可绘出振荡环节的 Bode 图，如图 5-14 所示。

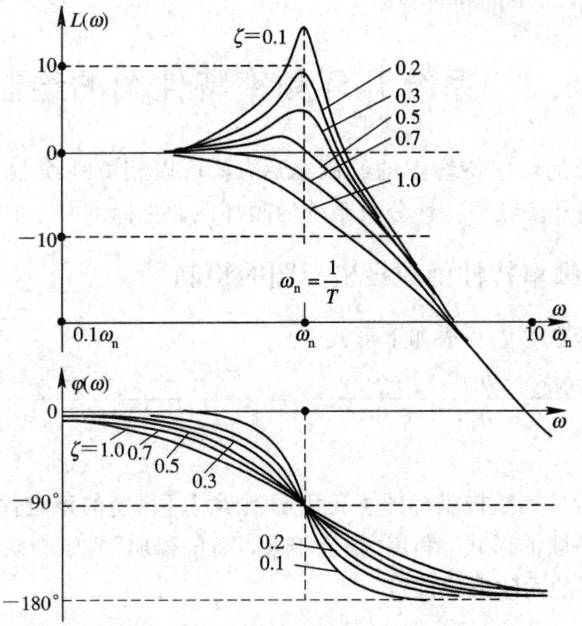

图 5 - 14　振荡环节的对数坐标频率特性

工程上常用简便的渐近线来代替实际的曲线，如图 5 - 15 所示。

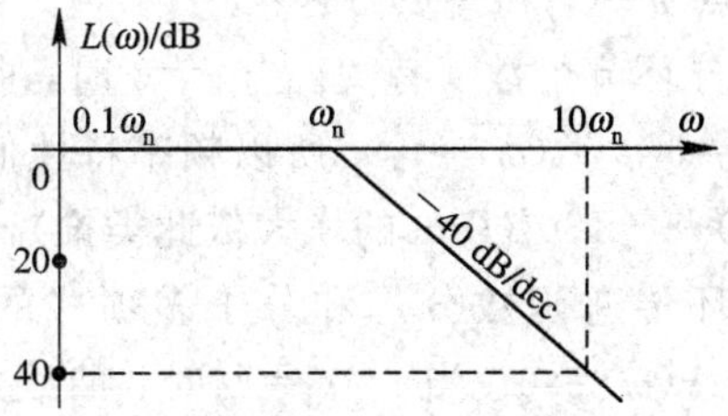

图 5 - 15　振荡环节的渐近对数幅频特性

1）低频段

当 $\omega/\omega_n \ll 1$，即 $\omega \ll \omega_n$ 时，$L(\omega) \approx -20\ \lg 1 = 0$ dB。说明在低频段，振荡环节的对数幅频特性曲线近似与横轴重合。

2）高频段

当 $\omega/\omega_n \gg 1$，即 $\omega \gg \omega_n$ 时，

$$L(\omega) \approx -20\ \lg\left(\frac{\omega}{\omega_n}\right)^2 = -40\ \lg T\omega = -40\left(\lg\omega - \lg\frac{1}{T}\right)$$

令 $\mu = \lg\omega$，$\mu_c = \lg(1/T)$，则

$$L(\omega) = -40(\mu - \mu_c) \tag{5-31}$$

说明在高频段，惯性环节的幅频特性曲线类似于斜率为 −40 dB/dec 的一条通过 $\mu_c = \lg(1/T)$ 的直线。

3）转折频率

低频渐近线与高频渐近线的交点在 $\omega = \omega_n$ 处，因为当 $\omega = \omega_n$ 时，$-40\ \lg T\omega = -40\ \lg 1 =$

0，故称 $\omega=\omega_n$ 为惯性环节的转折频率。

5.3 系统开环频率特性图的绘制

掌握了典型环节的频率特性图的绘制之后，就可以相应地绘制出系统开环频率特性图，从而根据系统的开环频率特性分析系统的闭环性能指标。

5.3.1 系统开环频率特性函数极坐标图的绘制

系统开环传递函数可以写成如下形式：

$$G(s)H(s)=\frac{b_0s^m+b_1s^{m-1}+\cdots+b_m}{a_0s^n+a_1s^{n-1}+\cdots+a_n}=\frac{K(\tau_1s+1)\cdots(\tau_ms+1)}{s^\nu(T_1s+1)\cdots(T_{n-\nu}s+1)}\qquad n\geqslant m \tag{5-32}$$

系统开环频率特性函数极坐标图主要用于判断闭环系统的稳定性。通常将系统开环传递函数写成各环节串联的形式，利用"幅值相乘、幅角相加"的原则确定几个关键点的准确位置，然后绘出图形的大致形状即可。

绘制步骤如下：

(1) 将系统的开环频率特性函数 $G(j\omega)H(j\omega)$ 写成指数式 $A(j\omega)e^{j\varphi(\omega)}$ 或代数式 $R(\omega)+jI(\omega)$。

(2) 确定极坐标图的起点 $\omega=0^+$ 和终点 $\omega\to\infty$。

起点与系统所包含的积分环节个数 ν 有关。当 $\nu=0$ 时，曲线始于实轴上坐标为 K 的点；当 $\nu\geqslant1$ 时，在起点处 $\omega=0^+$，$A(\omega)\to\infty$，所以频率特性低频段存在渐近线。$\nu=1$ 时，$\varphi(\omega)\to-90°$，$\nu=2$ 时，$\varphi(\omega)\to-180°$(随 ν 的增大依此类推)，如图 5-16 所示。

终点的 $A(\omega)$ 与系统开环传递函数分母和分子多项式的阶次差有关。当 $n=m$ 时，$A(\omega)=b_0/a_0$；当 $n>m$ 时，$A(\omega)=0$。当 $n-m=1$ 时，曲线沿负虚轴方向趋向原点，当 $n-m=2$ 时，曲线沿负实轴方向趋向原点(依此类推)，如图 5-17 所示。

(3) 确定极坐标图与坐标轴的交点。

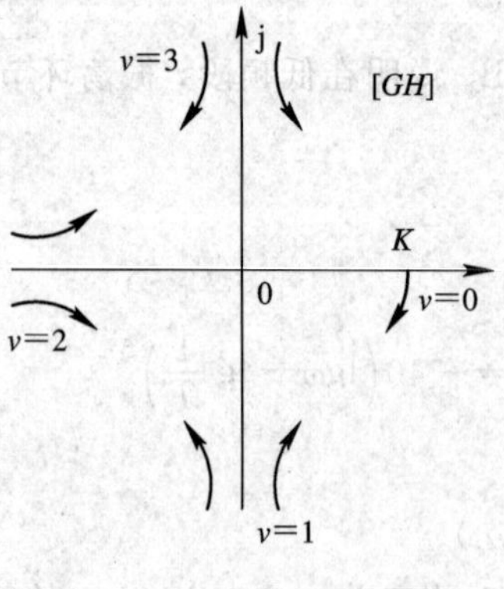

图 5-16 极坐标图的起点

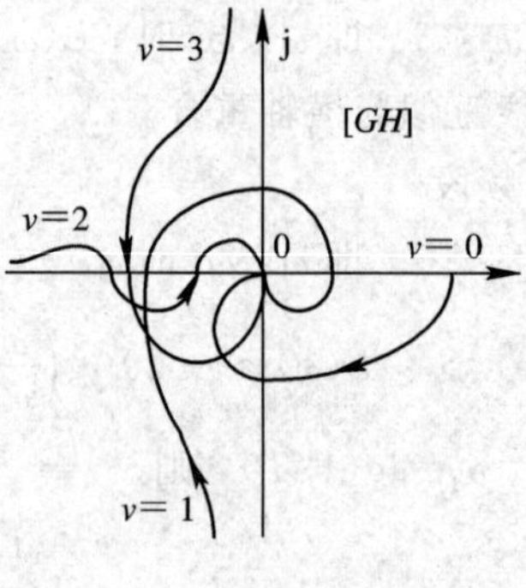

图 5-17 极坐标图的终点

例 5.4 系统的开环传递函数为

$$G(s)H(s)=\frac{1}{s(Ts+1)} \tag{5-33}$$

试绘制该系统的开环频率特性函数极坐标图。

解 (1) 系统开环频率特性为

$$G(\mathrm{j}\omega)H(\mathrm{j}\omega)=\frac{1}{\mathrm{j}\omega(\mathrm{j}\omega T+1)}=\frac{1}{-\omega^2 T+\mathrm{j}\omega}$$

$$=\frac{1}{\omega\sqrt{T^2\omega^2+1}}\mathrm{e}^{\mathrm{j}(-90^\circ-\arctan T\omega)} \tag{5-34}$$

(2) 由于系统 $\nu=1$，所以，当 $\omega\to 0$ 时

$$\lim_{\omega\to 0}G(\mathrm{j}\omega)=\infty\angle-90^\circ$$

当 $\omega\to\infty$时，

$$\lim_{\omega\to\infty}G(\mathrm{j}\omega)=0\angle-180^\circ$$

(3) 确定极坐标图与实轴、虚轴的交点。将开环频率特性函数用代数式表示为

$$G(\mathrm{j}\omega)H(\mathrm{j}\omega)=R(\omega)+\mathrm{j}I(\omega)$$

$$=\frac{-T}{T^2\omega^2+1}-\mathrm{j}\frac{1}{\omega(T^2\omega^2+1)} \tag{5-35}$$

与实轴的交点：$I(\omega)=0$，即

$$\frac{1}{\omega(T^2\omega^2+1)}=0$$

则 $\omega\to\infty$，交点在原点。

与虚轴的交点：$R(\omega)=0$，即

$$\frac{-T}{T^2\omega^2+1}=0$$

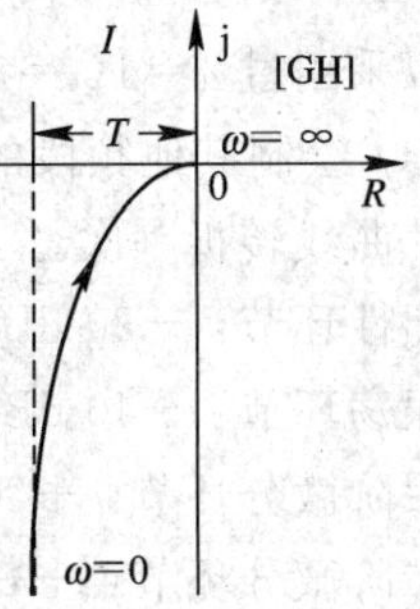

图 5-18 例 5.4 的极坐标图

则 $\omega\to\infty$，交点在原点，如图 5-18 所示。

5.3.2 系统开环对数频率特性图的绘制

系统的开环传递函数通常可以写成典型环节串联的形式，即

$$G(s)H(s)=G_1(s)G_2(s)\cdots G_n(s) \tag{5-36}$$

系统的开环频率特性为

$$G(\mathrm{j}\omega)H(s)=G_1(\mathrm{j}\omega)G_2(\mathrm{j}\omega)\cdots G_n(\mathrm{j}\omega)=\prod_{i=1}^{n}A_i(\omega)\mathrm{e}^{\mathrm{j}\sum_{i=1}^{n}\varphi_i(\omega)}=A(\omega)\mathrm{e}^{\mathrm{j}\varphi(\omega)} \tag{5-37}$$

则系统的开环对数幅频特性和相频特性分别为

$$\begin{aligned}L(\omega)&=20\lg A(\omega)\\&=20\lg|G_1(\mathrm{j}\omega)G_2(\mathrm{j}\omega)\cdots G_n(\mathrm{j}\omega)|\\&=20\lg|G_1(\mathrm{j}\omega)|+20\lg|G_2(\mathrm{j}\omega)|+\cdots+20\lg|G_n(\mathrm{j}\omega)|\\&=L_1(\omega)+L_2(\omega)+\cdots+L_n(\omega)\\&=\sum_{i=1}^{n}L_i(\omega)\end{aligned} \tag{5-38}$$

$$\varphi(\omega)=\angle G_1(\mathrm{j}\omega)+\angle G_2(\mathrm{j}\omega)+\cdots+\angle G_n(\mathrm{j}\omega)=\sum_{i=1}^{n}\varphi(\omega) \tag{5-39}$$

即系统的开环对数幅频特性与相频特性分别为各典型环节的对数幅频特性与相频特性之

和。因此先将开环传递函数写成典型环节相乘的形式，然后画出各典型环节的对数幅频特性图和对数相频特性图，并将它们叠加便可得到系统的开环对数幅频特性图和相频特性图。

绘制步骤如下：

(1) 将开环频率特性写成典型环节相乘的形式，并求出各典型环节的时间常数。

(2) 从小到大按顺序计算各环节的转折频率 $1/T_i$，若 $T_1>T_2>T_3>\cdots$，则有 $\omega_1<\omega_2<\omega_3<\cdots$。

(3) 绘制起始段 $0<\omega<\omega_1$ 的开环对数幅频特性。

在 $\omega\to 0$ 时，$G(s)H(s)\to K/s^{\nu}$，则

$$L(\omega)=20\ \lg\frac{K}{\omega^{\nu}}=20\ \lg K-\nu 20\ \lg\omega$$

令 $\mu=\lg\omega$，则 $L(\omega)=-\nu 20\mu+20\ \lg K$，也就是说 $L(\omega)$起始段的斜率为 $-\nu 20$ dB/dec。其位置可以采用过 $\omega=1(\mu=0)$、高度为 $20\ \lg K$ 的点作一条斜率为 $-\nu 20$ dB/dec 的直线确定。

(4) 绘制其他频段的开环对数幅频特性，从低频段画起，每遇到一个转折频率对数幅频特性曲线转折一次。

惯性环节：−20 dB/dec；

振荡环节：−40 dB/dec；

一阶微分环节：+20 dB/dec；

二阶微分环节：+40 dB/dec。

(5) 绘制对数相频特性曲线。

逐个作出各典型环节的对数相频特性曲线并进行叠加就可以得到系统开环对数相频特性曲线。当然，也可以直接计算 $\varphi(\omega)$。通常采取求出几个特定值的办法，如 $\varphi(0)$，$\varphi(1)$，$\varphi(10)$，$\varphi(\infty)$等，从而得到相频特性曲线的概图。

另外，在对数幅频特性曲线中，$L(\omega)$与横轴的交点频率称为开环截止频率，用 ω_c 表示。

例 5.5 已知单位反馈系统的开环传递函数

$$G(s)=\frac{10(s+100)}{s(s+10)(0.001s+1)} \tag{5-40}$$

试绘制该系统开环对数频率特性曲线。

解 (1) 将 $G(s)$写为典型环节串联的形式：

$$G(s)=\frac{10(s+100)}{s(s+10)(0.001s+1)}=\frac{100(0.01s+1)}{s(0.1s+1)(0.001s+1)} \tag{5-41}$$

(2) 从小到大按顺序计算各环节的转折频率。

惯性环节：$\omega_1=\dfrac{1}{0.1}=10$；

一阶微分环节：$\omega_2=\dfrac{1}{0.01}=100$；

惯性环节：$\omega_3=\dfrac{1}{0.001}=1000$。

(3) 绘制起始段 $0<\omega<\omega_1$ 的开环对数幅频特性。

在 $\omega \to 0$ 时，

$$G(s) \to 100/s,\ 则\ L(\omega) = 20\ \lg(100/\omega) = 20\ \lg 100 - 20\ \lg\omega$$

令 $\mu = \lg\omega$，则

$$L(\omega) = -20\mu + 20\ \lg 100 = -20\ \mu + 40\ \text{dB}$$

也就是说，$L(\omega)$起始段的斜率为-20 dB/dec。其位置可以采用过 $\omega=1(\mu=0)$、高度为 40 dB 的点作一条斜率为-20 dB/dec 的直线确定。

(4) 绘制其他频段的开环对数幅频特性，从低频段画起，每遇到一个转折频率对数幅频特性曲线转折一次。

在 $\omega_1=10$ 处，$L(\omega)$的斜率增加-20 dB/dec，由-20 dB/dec 变成-40 dB/dec。

在 $\omega_2=100$ 处，$L(\omega)$的斜率增加$+20$ dB/dec，由-40 dB/dec 变成-20 dB/dec。

在 $\omega_3=1000$ 处，$L(\omega)$的斜率增加-20 dB/dec，由-20 dB/dec 变成-40 dB/dec。

(5) 绘制对数相频特性曲线。逐个作出各典型环节的对数相频特性曲线并进行叠加就可以得到系统开环对数相频特性曲线。$\omega=0\to\infty$时，$\varphi(\omega)$由$-90°\to-180°$，如图 5-19 所示。

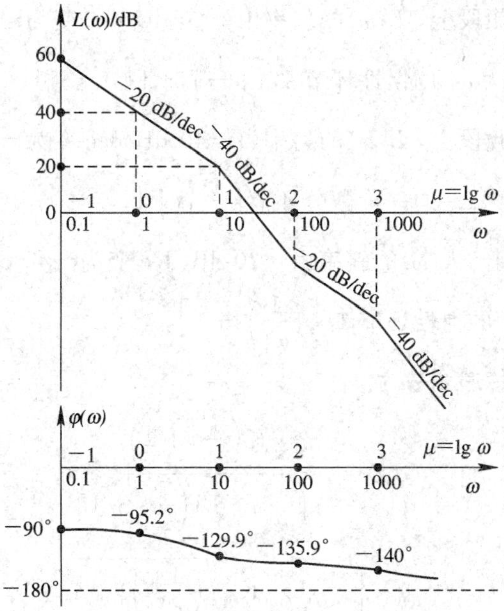

图 5-19　例 5.5 的对数坐标频率特性图

5.3.3　根据频率特性确定传递函数

由于系统频率特性是线性系统(环节)在正弦输入信号下的响应特性，因此由传递函数可以得到系统(环节)的频率特性。反之，由频率特性也可以求得相应的传递函数。对于最小相位系统(环节)而言[①]，一条对数幅频特性曲线只能有一条对数相频特性曲线与之对应，

① 最小相位系统(环节)是指传递函数中没有右极点、右零点的系统(环节)，而传递函数中有右极点、右零点的系统(环节)称为非最小相位系统(环节)。

因此只需要对数幅频特性曲线就可以求出系统(环节)的传递函数。

例 5.6 已知最小相位系统的开环对数幅频特性曲线如图 5-20 所示，试求出系统的开环传递函数。

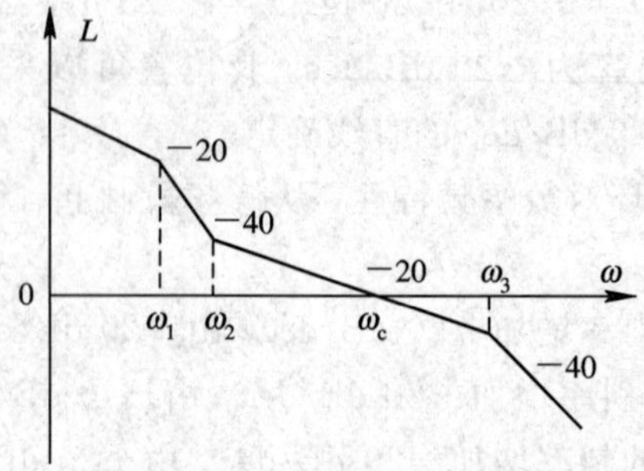

图 5-20 例 5.6 的开环对数幅频特性曲线

解 (1) $L(\omega)$在 $0<\omega<\omega_1$ 的低频段上的斜率为 -20 dB/dec，说明传递函数中含有一个积分环节，故低频段的传递函数为 K/s。

(2) 在 $\omega_1<\omega<\omega_2$ 频段上，$L(\omega)$的斜率由 -20 dB/dec 变为 -40 dB/dec，说明开环传递函数中含有转折频率为 ω_1 的惯性环节 $1/\left[\left(\dfrac{1}{\omega_1}\right)s+1\right]$。

(3) 在 $\omega_2<\omega<\omega_3$ 频段上，$L(\omega)$的斜率由 -40 dB/dec 变为 -20 dB/dec，说明开环传递函数中含有转折频率为 ω_2 的一阶微分环节 $\left(\dfrac{1}{\omega_2}\right)s+1$。

(4) 在 $\omega_3<\omega$ 频段上，$L(\omega)$的斜率由 -20 dB/dec 变为 -40 dB/dec，说明开环传递函数中含有转折频率为 ω_3 的惯性环节 $1/\left[\left(\dfrac{1}{\omega_3}\right)s+1\right]$。

因此，系统的开环传递函数为

$$G(s)=\frac{K\left(\dfrac{1}{\omega_2}s+1\right)}{s\left(\dfrac{1}{\omega_1}s+1\right)\left(\dfrac{1}{\omega_3}s+1\right)} \tag{5-42}$$

则

$$L(\omega)=20\lg\left[\frac{K\sqrt{\left(\dfrac{1}{\omega_2}\omega\right)^2+1}}{\omega\sqrt{\left(\dfrac{1}{\omega_1}\omega\right)^2+1}\cdot\sqrt{\left(\dfrac{1}{\omega_3}\omega\right)^2+1}}\right] \tag{5-43}$$

当 $\omega=\omega_c$ 时，$L(\omega)=0$。且 $\omega_c/\omega_1\gg1$，$\omega_c/\omega_2\gg1$ 及 $\omega_c/\omega_3\ll1$，采用近似的计算方法：

$$L(\omega)=20\lg\left[\frac{K\sqrt{\left(\dfrac{1}{\omega_2}\omega\right)^2+0}}{\omega\sqrt{\left(\dfrac{1}{\omega_1}\omega\right)^2+0}\cdot\sqrt{0+1}}\right]=0 \tag{5-44}$$

解得

$$K=\frac{\omega_2\omega_c}{\omega_1} \tag{5-45}$$

所以，系统的开环传递函数为

$$G(s)=\frac{\frac{\omega_2\omega_c}{\omega_1}\left(\frac{1}{\omega_2}s+1\right)}{s\left(\frac{1}{\omega_1}s+1\right)\left(\frac{1}{\omega_3}s+1\right)} \tag{5-46}$$

5.4 稳定判据

因为系统开环模型中包含了闭环模型的所有元部件以及所有环节的动态结构和参数，所以可以运用系统的开环特性来判别闭环系统的稳定性。

5.4.1 系统开环特征式和闭环特征式的关系

闭环系统的稳定性取决于闭环特征根在 s 平面的分布。要由开环频率特性研究闭环的稳定性，首先应该明确开环特性和闭环特征式的关系。以单位负反馈系统来讨论，如果系统开环传递函数为 $G(s)$，那么该系统的闭环传递函数为

$$\Phi(s)=\frac{G(s)}{1+G(s)} \tag{5-47}$$

设

$$G(s)=\frac{M(s)}{N(s)} \tag{5-48}$$

则

$$\Phi(s)=\frac{M(s)/N(s)}{1+M(s)/N(s)}=\frac{M(s)}{N(s)+M(s)} \tag{5-49}$$

其中，$N(s)$及$[N(s)+M(s)]$分别为开环和闭环的特征式。以二者之比构造辅助函数：

$$F(s)=\frac{N(s)+M(s)}{N(s)}=1+G(s) \tag{5-50}$$

显然，$F(s)$的零点为闭环特征方程的根(闭环极点)，$F(s)$的极点为开环特征方程的根(开环极点)。由于实际物理系统的传递函数分母多项式的阶次 n 大于或等于分子多项式的阶次 m，所以辅助函数的零点数等于极点数。如果系统是稳定的，则 $F(s)$的零点必须全部位于 s 平面的左半部。

5.4.2 奈奎斯特稳定判据

由于 $F(s)$与开环传递函数 $G(s)$只相差常量 1，因此 $F(\mathrm{j}\omega)=1+G(\mathrm{j}\omega)$的几何意义为：$[F(\mathrm{j}\omega)]$平面的坐标原点就是$[G(\mathrm{j}\omega)]$平面的$(-1,\mathrm{j}0)$点，如图 5-21 所示。

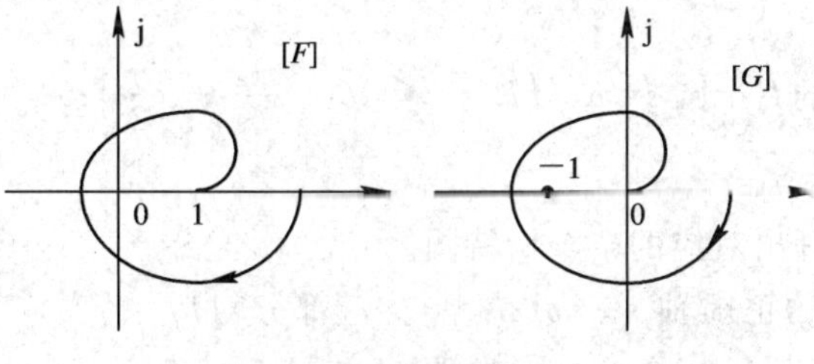

图 5-21 $F(\mathrm{j}\omega)$平面和 $G(\mathrm{j}\omega)$平面

$F(\mathrm{j}\omega)$向量对其原点的转角相当于 $G(\mathrm{j}\omega)$曲线对$(-1,\mathrm{j}0)$的转角。因此，奈奎斯特稳定判据可表述为：

若系统开环传递函数有 p 个右极点，则闭环系统稳定的充要条件为：当 ω 由 $-\infty \to \infty$ 时，开环幅相特性曲线 $G(\mathrm{j}\omega)$ 逆时针包围 $(-1, \mathrm{j}0)$ 点 p 次；否则，闭环系统不稳定。若 $p=0$，则仅当 $G(\mathrm{j}\omega)$ 曲线不包围 $(-1, \mathrm{j}0)$ 点时闭环系统稳定。

如果当 ω 由 $-\infty \to +\infty$ 时，开环幅相特性曲线 $G(\mathrm{j}\omega)$ 包围 $(-1, \mathrm{j}0)$ 点 N 次（顺时针包围时，$N>0$；逆时针包围时，$N<0$），则系统闭环传递函数在右半 s 平面的极点数为

$$Z = p + N \tag{5-51}$$

要使系统闭环稳定，即 $F(s)$ 的零点必须全部位于 s 平面的左半部，也就是说 $Z=0$。

如果开环传递函数 $G(s)$ 中含有 ν 个积分环节，则应从绘制的开环幅相特性曲线上 $\omega=0^+$ 对应点处逆时针方向作 $\nu 90°$、无穷大半径圆弧的辅助线，找到 $\omega=0$ 时曲线 $G(\mathrm{j}\omega)$ 的起点（见图 5-22），才能正确确定开环幅相特性曲线 $G(\mathrm{j}\omega)$ 包围 $(-1, \mathrm{j}0)$ 点的角度。

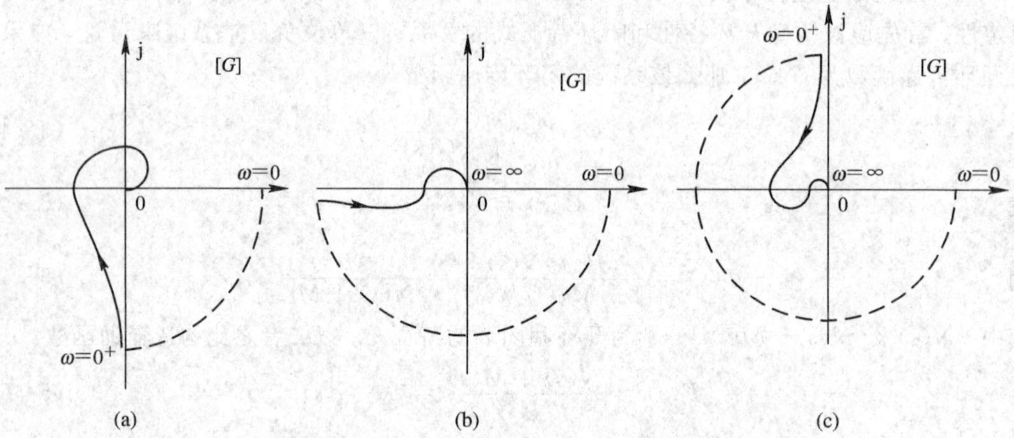

图 5-22　有积分环节时的开环幅相特性曲线

(a) $\nu=1$；(b) $\nu=2$；(c) $\nu=3$

采用奈奎斯特稳定判据判断系统闭环是否稳定的步骤如下：

(1) 构造奈奎斯特路径。

构造一个包围 s 平面的右半平面的封闭曲线 Γ，如图5-23所示。它按顺时针方向包围 s 平面的右半平面，环绕了 $F(s)$ 在 s 平面的右半平面中的所有零点和极点。它由 3 部分组成：

① 正虚轴 $s=\mathrm{j}\omega(\omega: 0\to\infty)$；

② 半径为无限大的右半圆 $s=Re^{\mathrm{j}\theta}\left(R\to+\infty; \theta: +\frac{\pi}{2}\to-\frac{\pi}{2}\right)$；

③ 负虚轴 $s=-\mathrm{j}\omega(\omega: -\infty\to 0)$。

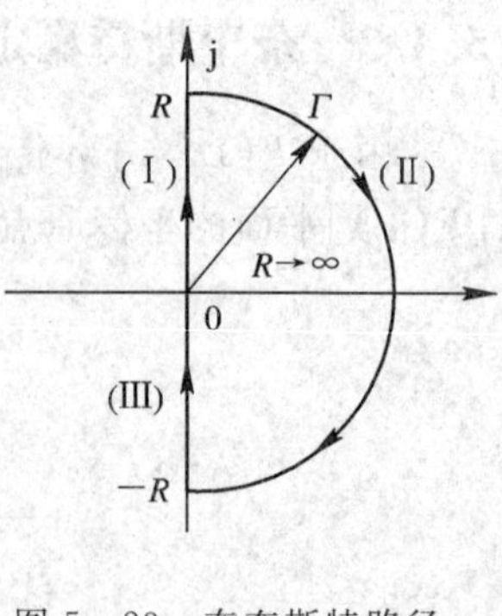

图 5-23　奈奎斯特路径

(2) 在 $G(s)$ 平面画出对应的奈奎斯特图。

① 奈奎斯特路径的正虚轴 $s=\mathrm{j}\omega(\omega: 0\to\infty)$ 部分对应系统开环幅相特性曲线 $G(\mathrm{j}\omega)$ 在 $\omega: 0\to\infty$ 段的部分。

② 奈奎斯特路径的负虚轴 $s=-\mathrm{j}\omega(\omega: -\infty\to 0)$ 部分对应系统开环幅相特性曲线 $G(\mathrm{j}\omega)$ 在 $\omega: -\infty\to 0$ 段的部分，也就是 $\omega: 0\to\infty$ 时 $G(\mathrm{j}\omega)$ 曲线关于水平轴线的镜像。

③ 奈奎斯特路径沿半径 $R=\infty$ 的半圆部分，映射为 $G(\mathrm{j}\omega)$ 曲线上 $\omega=\infty$ 的点(通常是 $G(s)$ 平面的原点)。

(3) 由奈奎斯特稳定判据判断系统的闭环稳定性。

例 5.7 4 个单位负反馈系统的开环幅相特性曲线如图 5-24 所示。已知各系统开环右极点数 p，试判断各闭环系统的稳定性。

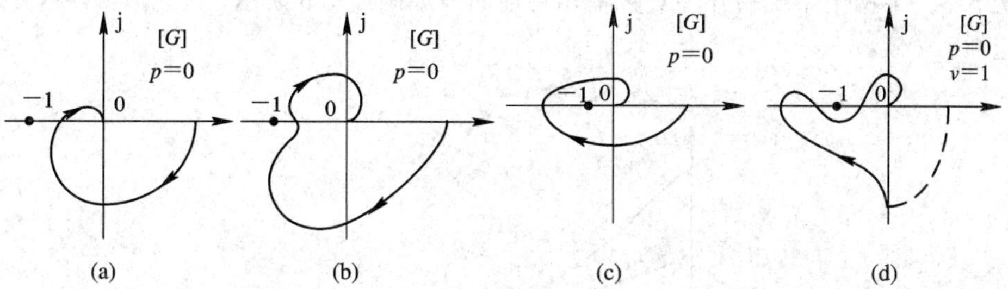

图 5-24 4 个单位负反馈系统的 $G(\mathrm{j}\omega)$ 曲线

解 作出各系统当 $\omega:-\infty\to+\infty$ 时的开环幅相特性曲线，如图 5-25 所示。

(1) (a)、(b)、(d) 3 个系统的开环幅相曲线包围(-1, j0)点的次数为 0 次，而且 $p=0$，所以系统闭环稳定。

(2) (c)系统的开环幅相曲线绕(-1, j0)点顺时针方向包围 2 次，而 $p=0$，故系统闭环不稳定。

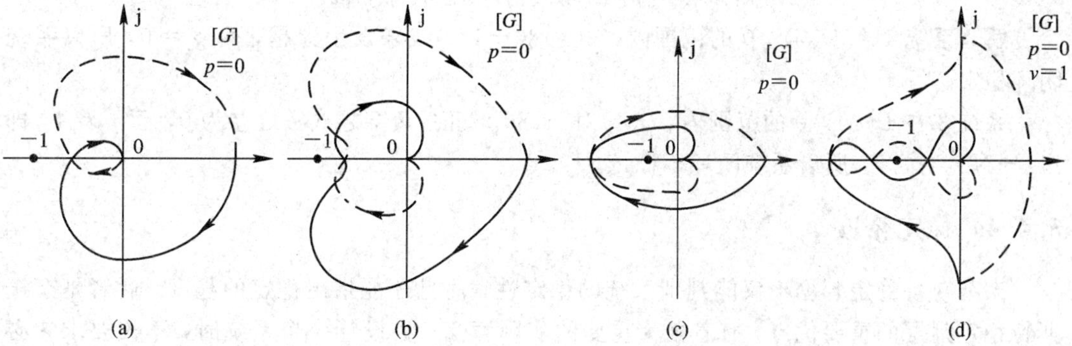

图 5-25 各系统当 $\omega:-\infty\to+\infty$ 时的开环幅相特性曲线

5.4.3 对数频率稳定判据

由于绘制开环系统的奈奎斯特图比较麻烦，而且用奈奎斯特图分析稳定性时，系统中某个环节或某些参数的改变对系统稳定性的影响不容易看出来，因此在工程上通常将奈奎斯特判据应用到开环对数频率特性曲线中，以判断闭环系统的稳定性。

若系统开环传递函数有 p 个右极点，则闭环系统稳定的充要条件为：当 ω 由 $0\to\infty$ 时，在开环对数幅频特性曲线 $L(\omega)=20\lg|G(\mathrm{j}\omega)|>0$ 的范围内，对数相频特性曲线 $\varphi(\omega)$ 对 $-180°$ 线的正穿越(由下向上)和负穿越(由上向下)次数之差为 $p/2$，即 $N_+-N_-=p/2$；否则，闭环系统不稳定。若 $p=0$，则仅当正、负穿越次数相等时闭环系统稳定。

随 ω 的增加，如果开环对数幅相特性曲线 $\varphi(\omega)$ 由下向上穿过 $-180°$ 线（幅角的增量为正），称为正穿越一次；如果开环对数幅相特性曲线 $\varphi(\omega)$ 由上向下穿过 $-180°$ 线（幅角的增量为正），称为负穿越一次。

如果开环传递函数中有 ν 个积分环节，则在 $\varphi(\omega)$ 曲线最左端视为 $\omega=0^+$ 处，补作 $\nu 90°$ 虚线段的辅助线。

例 5.8 某两个系统的开环对数幅相特性曲线如图 5-26 所示，$p_1=0$，$p_2=1$，试判断其稳定性。

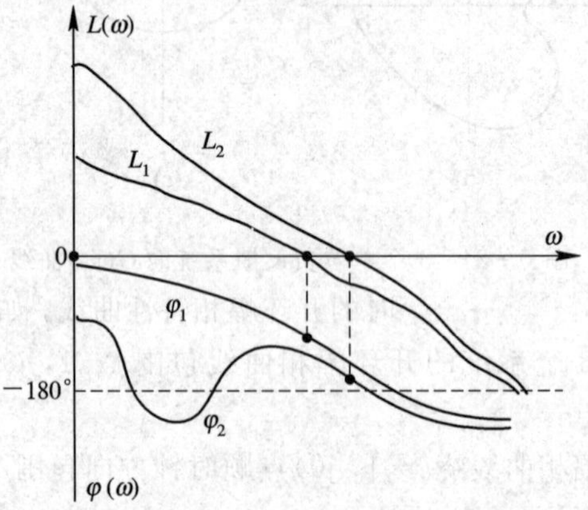

图 5-26 例 5.8 系统的对数幅相特性曲线

解 系统 1 在 $L(\omega)>0$ 的范围内，$\varphi(\omega)$ 对 $-180°$ 线未发生穿越，而 $p_1=0$，所以系统闭环稳定。

系统 2 在 $L(\omega)>0$ 的范围内，$\varphi(\omega)$ 对 $-180°$ 的正、负穿越次数之差为 0，而 $p_2=1$，即 $N_+-N_-\neq p_2/2$，所以系统闭环不稳定。

5.4.4 稳定裕度

奈奎斯特稳定判据不仅能判别系统的稳定性，而且还能指出稳定的程度。后者是奈奎斯特稳定判据的重要优点，有着极为重要的实际意义。在设计一个系统时，不仅要求它必须是稳定的，而且还应该使系统具有一定的稳定度。

系统离开稳定边界的程度说明了系统的相对稳定性。开环幅相曲线越靠近 $(-1, \mathrm{j}0)$ 点，系统的相对稳定性就越差。通常以稳定裕度作为衡量闭环系统相对稳定性的定量指标，包括相位稳定裕度 γ 和幅值稳定裕度 h（简称相位裕度和幅值裕度）。

1. 相位裕度的定义和计算方法

相位裕度 γ 是指 $G(\mathrm{j}\omega)$ 曲线上模值等于 1（ω 为开环截止频率 ω_c）的矢量与负实轴的夹角（见图 5-27）。在对数曲线上，相当于 $20\lg|G(\mathrm{j}\omega)|=0$ 处的相频 $\angle G$ 与 $-180°$ 的角差，即

$$\gamma = 180° + \angle G \tag{5-52}$$

相位裕度表明在开环截止 ω_c 上使系统达到临界稳定状态所需的相移滞后量。

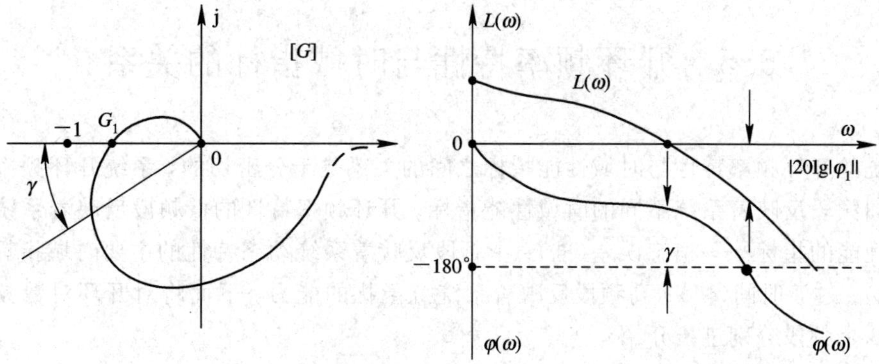

图 5-27　稳定裕度 γ 及 h

2. 幅值裕度的定义和计算方法

幅值裕度 h 是指 $G(j\omega)$ 曲线与负实轴相交点模值 $|G(j\omega_1)|$ 的倒数 $\frac{1}{|G(j\omega_1)|}$。在对数曲线上，相当于 $\angle G$ 为 $-180°$ 时幅频 $20\lg|G(j\omega_1)|$ 的负值，即

$$L_h = -20\lg|G(j\omega_1)| \tag{5-53}$$

相位裕度和幅值裕度愈大，系统的稳定性就越高。一般来说，为了使系统既有适当的稳定裕度，又有较好的动态性能，通常要求

$$\gamma \geqslant 40° \tag{5-54}$$

$$h \geqslant 2 \quad 或 \quad L_h \geqslant 6\ \text{dB} \tag{5-55}$$

例 5.9　某系统如图 5-28 所示。试分析该系统的稳定性并指出相位裕度和幅值裕度。

解　该系统的开环放大倍数为 10，转折频率分别为 $\omega_1=1$，$\omega_2=100$。绘制出开环系统的对数幅相特性曲线如图 5-29 所示。因为系统开环传递函数中有两个积分环节，所以在 $\varphi(\omega)$ 曲线最左端视为 $\omega=0^+$ 处，补作两个 $-90°$ 的角度(如虚线段所示)。

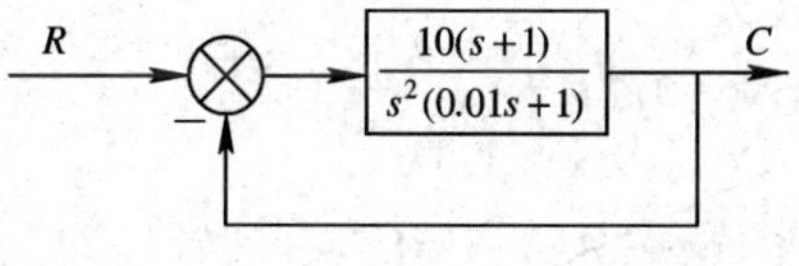

图 5-28　例 5.9 的系统结构图

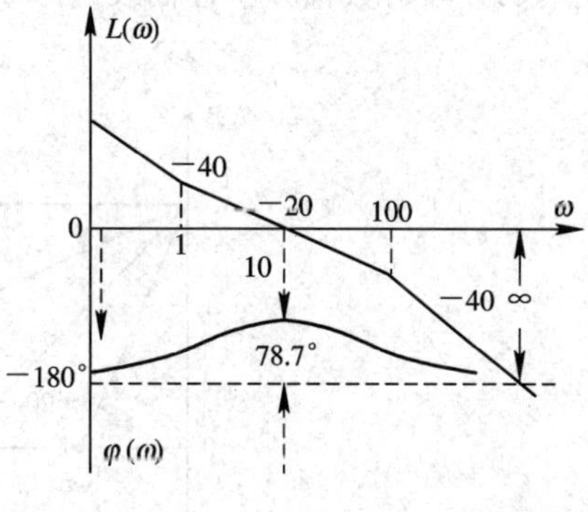

图 5-29　开环系统的对数幅相特性曲线

由图可知，在 $L(\omega)=20\lg|G(j\omega)|>0$ 的范围内，$\angle G$ 曲线没有穿越 $-180°$ 线，且 $p=0$，所以闭环系统稳定。

$$\gamma = 180° + \angle G(j10) = 180° + \arctan 10 - 180° - \arctan 0.1 = 78.7°$$

$$h \to \infty$$

5.5 开环频率特性与时域指标的关系

系统的开环频率特性与时域性能指标之间的关系是十分密切的，系统开环频率特性曲线的不同频段反映着系统不同的时域性能指标。开环频率特性的低频段反映着系统阶跃响应稳态性能的指标——稳态误差(准)；中频段反映着系统动态特性的主要时域指标——超调量(稳)、过渡时间(快)；高频段反映着系统抗干扰的能力。下面将对开环对数频率特性曲线的 3 个频段分别进行介绍。

1. 低频段

低频段通常是指开环对数频率特性曲线 $L(\omega)$在第一个转折频率 ω_1 以前的区段。它反映了频率特性与稳态误差的关系。这一段特性完全由系统开环传递函数中的积分环节的个数 ν 和开环增益 K 决定。

其中，积分环节的个数 ν 决定了这一段的斜率为 $-\nu 20$ dB/dec；开环增益 K 决定了它的位置。当 $\omega \to 0$ 时，

$$G(j\omega)=\frac{K}{(j\omega)^{\nu}} \tag{5-56}$$

则

$$L(\omega)=20\lg K-\nu 20\lg\omega \tag{5-57}$$

当 $L(\omega)=0$ 时，

$$20\lg K-\nu 20\lg\omega=0$$

所以

$$\omega=\sqrt[\nu]{K} \tag{5-58}$$

这表明低频段对数幅频特性曲线的延长线及 0 dB 线的交点频率与 K 和 ν 有关。当 ν 为不同值时，低频段对数幅频特性曲线的形状分别如图 5-30 所示。

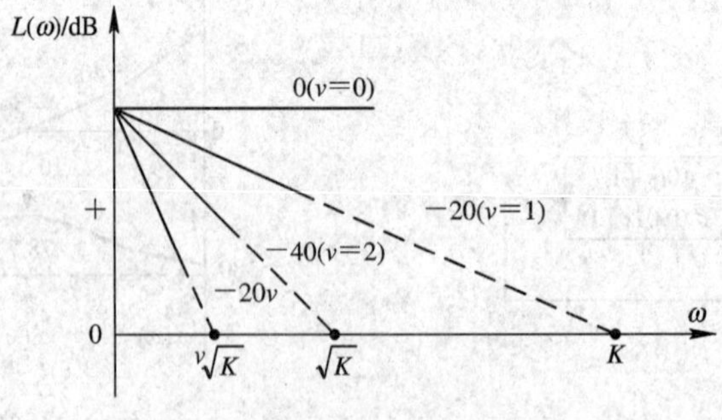

图 5-30　低频段对数幅频特性曲线

可见，低频段的斜率越小、位置越高，相应的系统传递函数的积分环节就越多、开环增益就越大，则系统的稳态误差就越小。

2. 中频段

中频段通常是指开环对数频率特性曲线 $L(\omega)$在截止频率 ω_c 附近的区段。它反映了系统动态响应的稳定性和快速性。

下面的讨论以最小相位系统为例。对于这类系统，由于其幅频特性和相频特性有明确的对应关系，因此仅通过幅频特性即可分析系统的性能。中频段的幅频特性曲线斜率对系统的稳定性和快速性有很大的影响。我们将从两种极端的情况加以说明。

(1) 中频段幅频特性曲线斜率为−20 dB/dec，而且所占的频率区间较宽，如图 5-31(a)所示。在这种情况下，可近似地把整个系统的开环对数频率特性曲线看作斜率为−20 dB/dec 的一条直线。那么系统的开环传递函数可看成

$$G(s)=\frac{K}{s}=\frac{\omega_c}{s} \tag{5-59}$$

则闭环传递函数为

$$\Phi(s)=\frac{G(s)}{1+G(s)}=\frac{\omega_c/s}{1+\omega_c/s}=\frac{1}{\dfrac{1}{\omega_c}s+1} \tag{5-60}$$

这是一个惯性环节，系统的稳定性很好，其阶跃响应没有超调，调节时间为 $t_s\approx3/\omega_c$。截止频率越高，t_s 越小，系统的快速性越好。

(2) 中频段幅频特性曲线斜率为−40 dB/dec，而且所占的频率区间较宽，如图 5-31(b)所示。在这种情况下，可近似地把整个系统的开环对数频率特性曲线看作斜率为−40 dB/dec 的一条直线。那么系统的开环传递函数可看成

$$G(s)=\frac{K}{s^2}=\frac{\omega_c^2}{s^2} \tag{5-61}$$

则系统闭环传递函数为

$$\Phi(s)=\frac{G(s)}{1+G(s)}=\frac{\omega_c^2/s^2}{1+\omega_c^2/s^2}=\frac{\omega_c^2}{s^2+\omega_c^2} \tag{5-62}$$

系统相当于零阻尼($\zeta=0$)振荡系统(临界稳定)，系统动态过程将持续振荡。

可见系统开环频率特性的中频段的斜率应该取−20 dB/dec 为好，且应该占一定的宽度，以提高系统的稳定性；同时通过提高 ω_c 来提高系统的快速性。

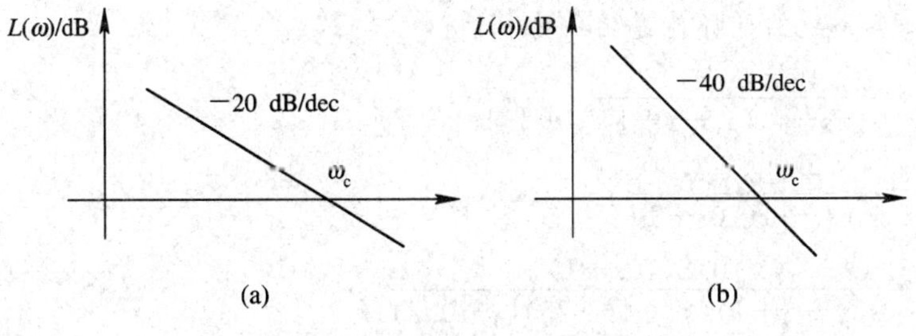

图 5-31 中频段幅频特性

3. 高频段

高频段通常是指开环对数频率特性曲线 $L(\omega)$ 离截止频率 ω_c 较远的区段。它反映了系统抗干扰的能力。这部分的频率特性是由小时间常数的环节决定的。由于远离 ω_c，分贝值又低，对系统的动态响应影响不大。

由于高频段的开环幅频一般比较低——$L(\omega)\ll 0$，即 $|G(j\omega)|\ll 1$，因此闭环频率特性为

$$|\Phi(j\omega)|=\frac{|G(j\omega)|}{|1+G(j\omega)|}\approx|G(j\omega)| \tag{5-63}$$

故闭环频率特性近似等于开环频率特性。

所以，系统开环对数幅频高频段的幅值大小直接反映了系统对输入端高频干扰信号的抑制能力的高低。其分贝值越低，抗高频干扰的能力越强。

习　题

5.1　试求下列各系统的实频特性、虚频特性、幅频特性和相频特性。

(1) $G(s)=\dfrac{2}{(s+1)(2s+1)}$

(2) $G(s)=\dfrac{2}{s(s+1)(2s+1)}$

(3) $G(s)=\dfrac{2}{s^2(s+1)(2s+1)}$

5.2　已知各系统的开环传递函数为

(1) $G(s)=\dfrac{4}{(2s+1)(8s+1)}$

(2) $G(s)=\dfrac{50}{s^2(s^2+s+1)(6s+1)}$

(3) $G(s)=\dfrac{20(3s+1)}{s^2(6s+1)(s^2+4s+25)(10s+1)}$

试绘制各系统的开环极坐标图。

5.3　已知各系统的开环传递函数为

(1) $G(s)=\dfrac{100(2s+1)}{s(5s+1)(s^2+s+1)}$

(2) $G(s)=\dfrac{200}{s^2(s+1)(10s+1)}$

(3) $G(s)=\dfrac{0.8(10s+1)}{s(s^2+s+1)(s^2+4s+25)(s+0.2)}$

试绘制各系统的开环对数幅相特性曲线。

5.4　已知环节的对数幅频特性曲线如习题 5.4 图所示，试写出它们的传递函数。

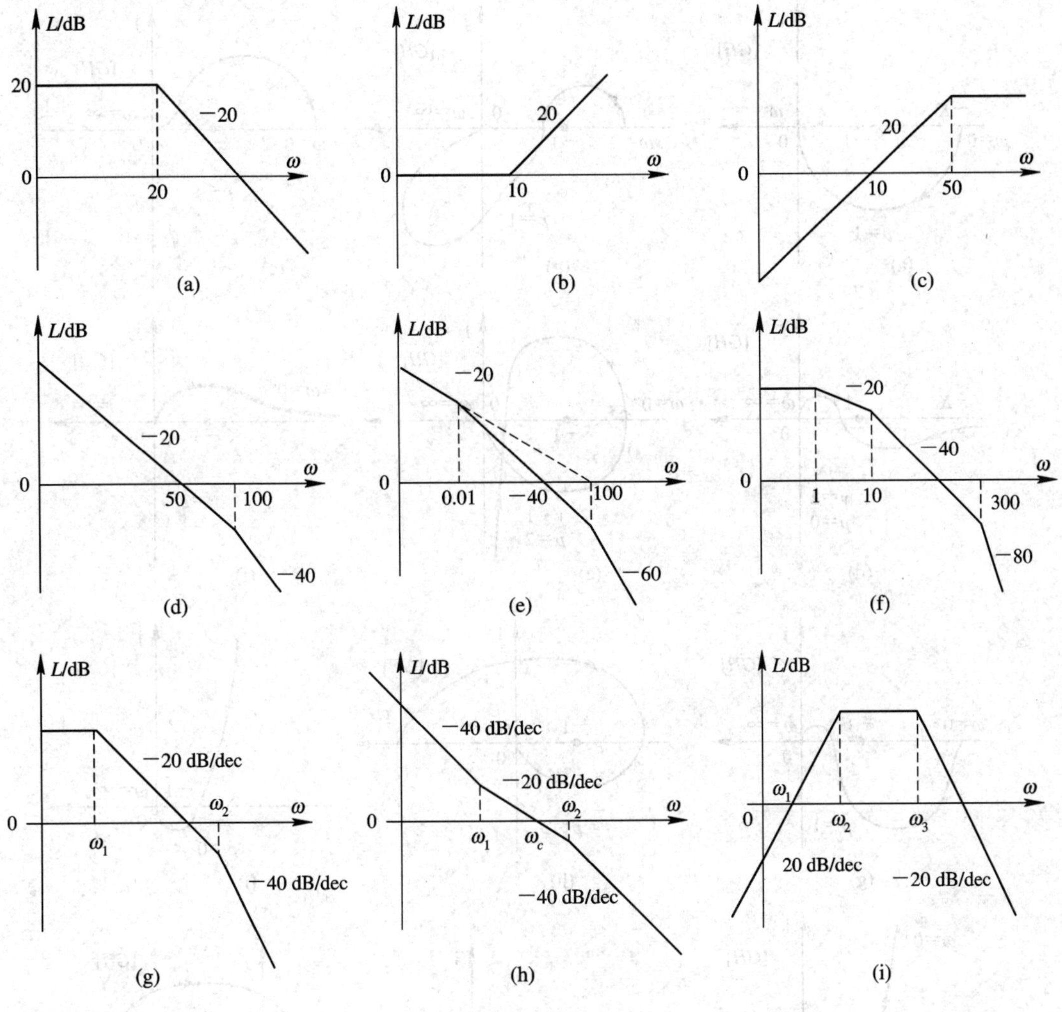

习题 5.4 图

5.5　设系统开环幅相特性曲线如习题 5.5 图所示，试判别系统稳定性。其中 p 为开环传递函数的右极点数，ν 为开环的积分环节数。

5.6　已知系统开环传递函数，试绘制系统开环极坐标图，并判断其稳定性。

(1) $G(s)=\dfrac{100}{(s+1)(2s+1)}$；

(2) $G(s)=\dfrac{250}{s(s+5)(s+15)}$；

(3) $G(s)=\dfrac{250(s+1)}{s(s+5)(s+15)}$；

(4) $G(s)=\dfrac{0.5}{s(2s-1)}$。

5.7　已知系统开环传递函数，试绘制系统开环对数幅相图，并判断其稳定性。

(1) $G(s)=\dfrac{100}{s(0.2s+1)}$；

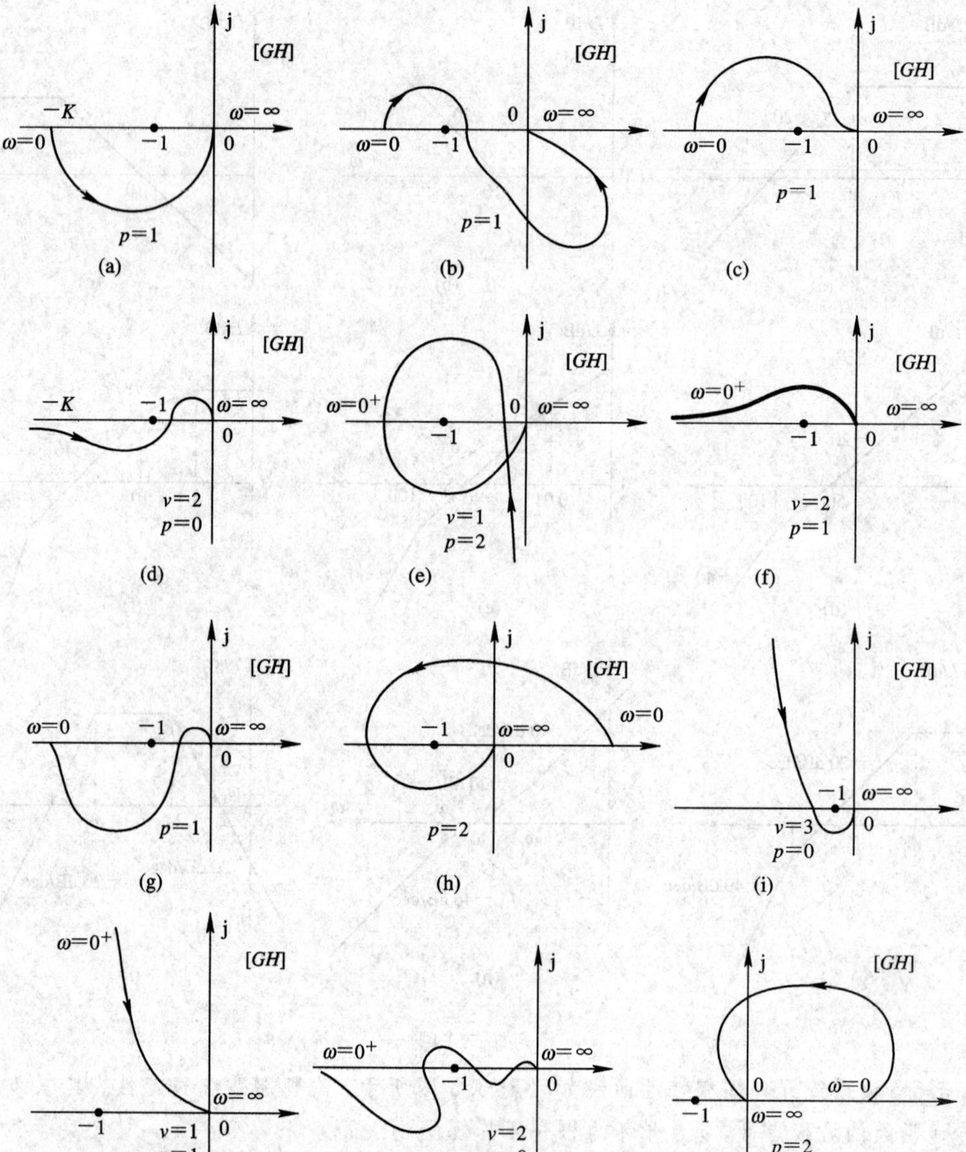

习题 5.5 图

(2) $G(s)=\dfrac{100}{(0.2s+1)(s+2)(2s+1)}$;

(3) $G(s)=\dfrac{100(s+1)}{s(0.1s+1)(0.5s+1)}$;

(4) $G(s)=\dfrac{5(0.5s-1)}{s(0.1s+1)(0.2s-1)}$。

5.8 系统的开环传递函数为

$$G(s)=\frac{K}{s(s+1)(0.2s+1)}$$

(1) $K=1$ 时，求系统的相角裕度；

(2) $K=10$ 时，求系统的相角裕度；

(3) 讨论开环增益的大小对系统相对稳定性的影响。

5.9 设单位反馈控制系统的开环传递函数分别为

$$G(s)=\frac{\tau s+1}{s^2}$$

及

$$G(s)=\frac{K}{(0.01s+1)^3}$$

试确定使系统相角裕度 γ 等于 45°的 τ 值及 K 值。

5.10 设单位反馈控制系统的开环传递函数为

$$G(s)=\frac{K}{s(s^2+s+100)}$$

试确定使系统幅值裕度等于 20 dB 的 K 值。

5.11 设最小相位系统开环对数幅频渐近线如习题 5.11 图所示。

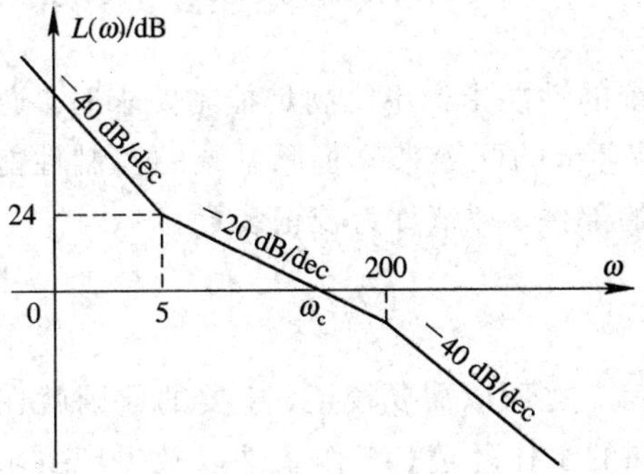

习题 5.11 图

(1) 写出系统开环传递函数；

(2) 计算开环截止频率 ω_c；

(3) 判别闭环系统的稳定性；

(4) 将幅频曲线向右平移 10 倍频程，试讨论系统阶跃响应性能指标 $\sigma\%$、t_s 及 e_{ss} 的变化。

5.12 闭环控制系统如习题 5.12 图所示，试判别其稳定性。

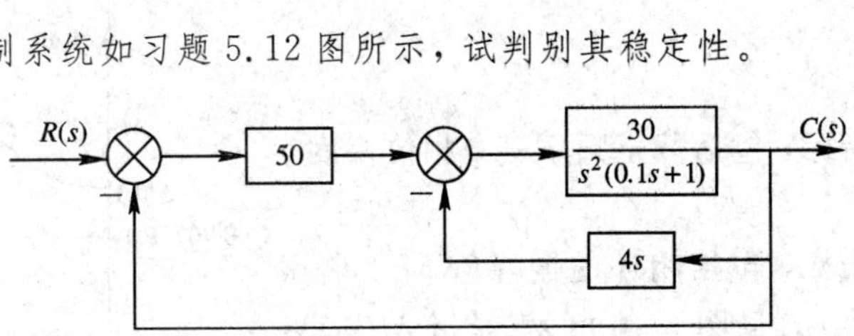

习题 5.12 图

5.13 某控制系统开环传递函数为

$$G(s)=\frac{48(s+1)}{s(8s+1)(0.05s+1)}$$

试求系统开环截止频率 ω_c 及相角裕度 γ。

第 6 章　系统的校正方法

前面几章主要是在已知系统的结构和参数的情况下讨论系统的性能指标及其与系统参数的关系。根据分析结果我们可以知道系统是否稳定，系统的响应速度是否够快，系统的稳态精度是否够高。如果系统的性能指标不符合控制要求，那么就需要采取相应的措施来改进系统的性能。本章要讲述的问题就是如何采取恰当的措施对原系统进行改进使其满足控制要求，即对系统进行“校正”。

6.1　校正的基本概念

所谓校正，是指当系统的性能指标不能满足控制要求时，通过给系统附加某些新的部件、环节，依靠这些部件、环节的配置来改善原系统的控制性能，从而使系统性能达到控制要求的过程。这些附加的部件、环节称为校正装置。

6.1.1　性能指标

对于一些控制系统而言，之所以需要校正，主要的原因就在于系统的性能指标不符合要求。在工程上，根据不同的工作环境、工作条件以及生产要求，对控制系统的性能要求也相应地有所不同。一般来说，评价控制系统优劣的性能指标有两种体系。

1. 时域指标

时域指标有超调量 $\sigma\%$，调节时间 t_s，在跟踪典型输入(单位阶跃输入、单位斜坡输入和等加速度输入)时的静态误差 e_{ss} 以及静态位置误差系数 K_p、静态速度误差系数 K_v 和静态加速度误差系数 K_a。

2. 频域指标

频域指标有：

(1) 开环频域指标，包括截止频率 ω_c、相位裕度 γ 和幅值裕度 h。

(2) 闭环频域指标，包括闭环谐振峰值 M_r、谐振频率 ω_r[①]和带宽频率 ω_b(见图 6-1)。ω_b 是指 $M(\omega)$ 衰减至零频幅值 $M(0)$ 的 0.707 倍时的频率。ω_b 越高，则 $M(\omega)$ 曲线从 $M(0)$ 到 $0.707M(0)$ 所占的频率区间就越宽，表明系统跟踪快速变化的信号的能力越强。

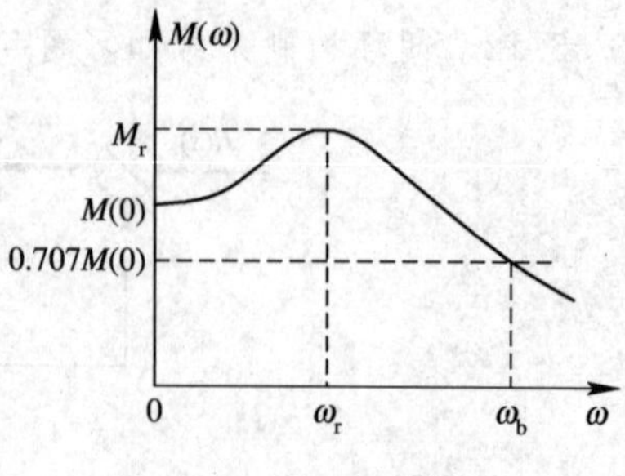

图 6-1　闭环频域指标

① M_r 和 ω_r 的定义在第 5 章已介绍过，见 5.2.6 节。

对于相同频率的输入信号，ω_b 高的系统其响应的失真度越低。但是 ω_b 不能太高，否则会引入过强的噪声干扰。

6.1.2 校正系统的结构

按照校正装置在系统中的连接方式，控制系统的校正方式可以分为串联校正、反馈校正、前馈校正和复合校正。本章将主要介绍串联校正。

1. 串联校正

串联校正是指校正装置串联在系统前向通道中的校正方式。串联校正的结构如图 6-2 所示，其中 $G_p(s)$ 为控制对象，$G_c(s)$ 为串联校正装置。该校正方式的特点是设计和计算比较简单。比较常用的串联校正装置有超前校正装置、滞后校正装置、滞后—超前校正装置等。

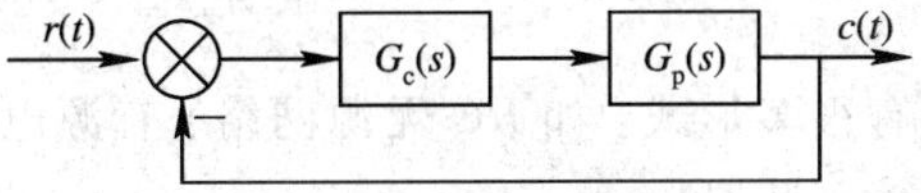

图 6-2 串联校正结构图

2. 反馈校正

反馈校正是指校正装置接在系统局部反馈通道中的校正方式。反馈校正的结构如图 6-3 所示。其中，$G_1(s)$ 和 $G_2(s)$ 是原系统前向通道传递函数，$H(s)$ 是原系统反馈通道传递函数，$G_c(s)$ 为反馈校正装置。反馈校正的设计和计算比串联校正复杂，但是可以获得较特殊的校正效果。

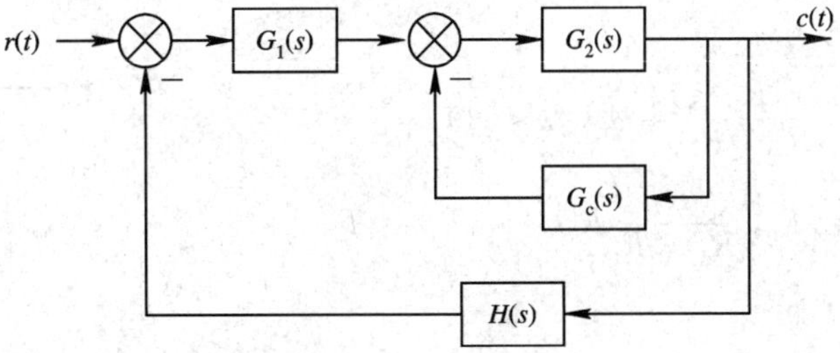

图 6-3 反馈校正结构图

3. 前馈校正

前馈校正是指校正装置处于系统主反馈回路之外采用的校正方式。前馈校正的结构图如图 6-4 所示。其中，$G_1(s)$ 和 $G_2(s)$ 是原系统前向通道传递函数，$G_{c1}(s)$ 和 $G_{c2}(s)$ 是前馈校正装置。前馈校正的作用通常有两种。一种是对参考输入信号进行整理和滤波。在这种情况下，校正装置接在系统参考输入信号之后、主反馈作用点之前的前向通道上，如 $G_{c1}(s)$。另一种作用是对扰动信号进行测量、转换后接入系统，形成一条附加的对扰动影响进行补偿的通道，如 $G_{c2}(s)$。

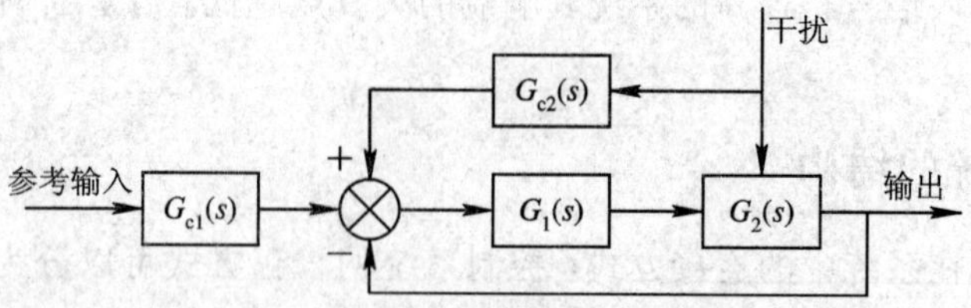

图 6-4　前馈校正结构图

4. 复合校正

复合校正是在系统中同时采用串联校正、反馈校正和前馈校正中两种或三种的一种校正方式。

6.2　串联校正装置的结构、特性和功能

串联校正装置的构成有很多形式，如 *RC* 无源网络、有源电子网络等，在工程中通常采用由运算放大器组成的校正装置。

6.2.1　超前校正装置

1. 超前校正装置的结构

图 6-5 所示为一个 *RC* 无源超前校正装置的电路图。

其传递函数为

$$G_c(s)=\frac{U_o(s)}{U_i(s)}=\frac{R_2}{R_1+R_2}\cdot\frac{R_1Cs+1}{\dfrac{R_2}{R_1+R_2}R_1Cs+1}\qquad(6-1)$$

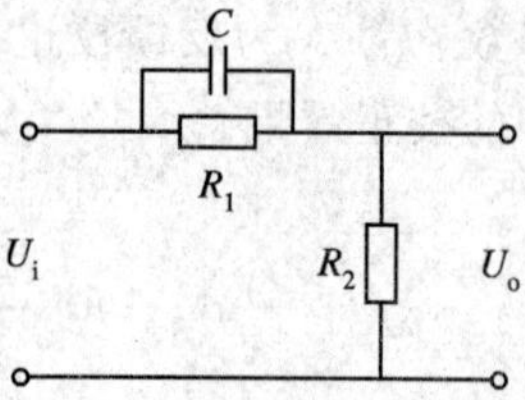

图6-5　*RC* 无源超前校正装置的电路图

令

$$\frac{R_2}{R_1+R_2}=\alpha\quad(\alpha<1)$$

$$R_1C=T_1,\ \frac{R_2}{R_1+R_2}R_1C=\alpha T_1=T_2$$

那么

$$G_c(s)=\alpha\frac{T_1s+1}{\alpha T_1s+1}=\alpha\frac{T_1s+1}{T_2s+1}\qquad(6-2)$$

另外，也可以采用由运算放大器组成的超前校正装置，如图 6-6 所示。

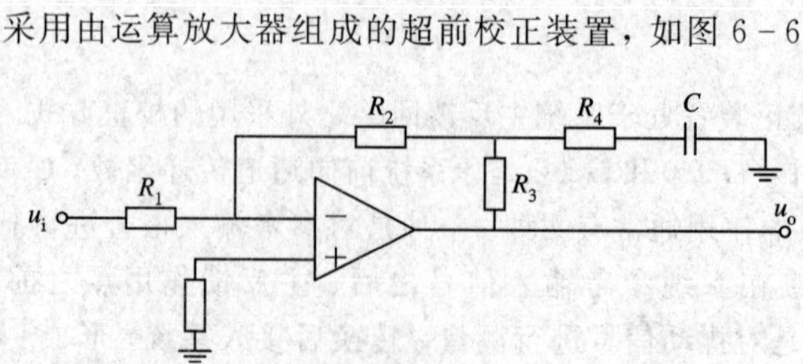

图 6-6　由运算放大器组成的超前校正装置的电路图

其传递函数为

$$G_c(s)=\frac{R_2+R_3}{R_1}\cdot\frac{\left(\dfrac{R_2R_3+R_2R_4+R_3R_4}{R_2+R_3}\right)Cs+1}{R_4Cs+1} \tag{6-3}$$

令

$$\frac{R_2+R_3}{R_1}=G_{c0},\ \left(\frac{R_2R_3+R_2R_4+R_3R_4}{R_2+R_3}\right)C=T_1,\ R_4C=T_2$$

则

$$G_c(s)=G_{c0}\frac{T_1s+1}{T_2s+1} \tag{6-4}$$

2. 超前校正装置的特性

对于式(6-2)中的传递函数

$$G_c(s)=\alpha\frac{T_1s+1}{\alpha T_1s+1}=\alpha\frac{T_1s+1}{T_2s+1}$$

来说，其对数频率特性曲线如图6-7所示。其对数幅频特性曲线具有正的斜率段，相频曲线具有正相移。正的相移说明校正装置在正弦信号作用下的稳态响应在相位上超前于输入信号，因此称具有这种特性的校正装置为超前校正装置。

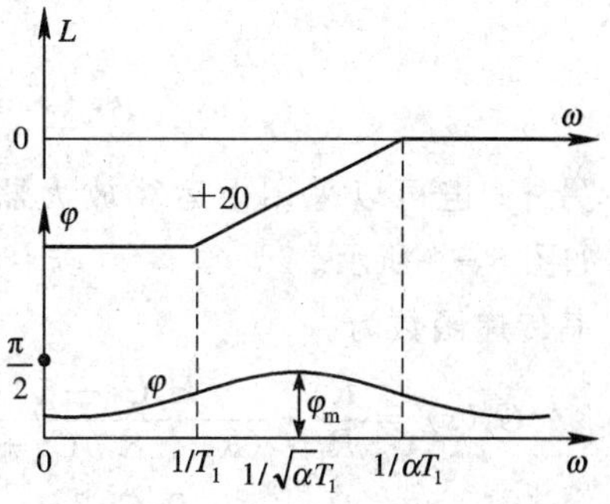

图6-7 超前校正装置的对数频率特性曲线

其对数幅频特性和相频特性分别为

$$A(\omega)=\alpha\sqrt{\frac{(\omega T_1)^2+1}{(\alpha\omega T_1)^2+1}} \tag{6-5}$$

$$\varphi(\omega)=\arctan(\omega T_1)-\arctan(\alpha\omega T_1) \tag{6-6}$$

令 $d\varphi(\omega)/d\omega=0$，则可得超前校正装置的最大超前角为

$$\varphi_m(\omega)=\arcsin\frac{1-\alpha}{1+\alpha} \tag{6-7}$$

且位于两个转折频率的几何中心，即

$$\omega_m=\frac{1}{\sqrt{\alpha}T_1} \tag{6-8}$$

3. 超前校正装置的功能

超前校正装置一般用在响应慢、相对稳定性差、增益不太低的系统中，但通常不用于0型系统。由于超前校正装置具有正相移和正幅值斜率，因此通过超前校正装置可以改善原系统中频段的斜率，提供超前角以增加相位裕度，从而提高系统的快速性，并改善系统的稳定性。

从超前校正装置的对数频率特性曲线可以看出，超前校正装置相当于一个高通滤波器(低频部分衰减、高频部分通过)，它很难改善原系统的低频段特性，且会削弱系统抗高频干扰的能力。如果采用增大开环增益的办法，使低频段上移，则会使原系统的平稳性下降；同时，如果幅频过分上移，还会进一步降低系统抗高频干扰的能力。因此超前校正装置的缺点就是抗高频干扰的能力下降、对提高系统稳态精度的作用不大。

6.2.2 滞后校正装置

1. 滞后校正装置的结构

图 6-8 所示为一个 RC 无源滞后校正装置的电路图。

其传递函数为

$$G_c(s)=\frac{U_o(s)}{U_i(s)}=\frac{R_2Cs+1}{\frac{R_1+R_2}{R_2}R_2Cs+1} \tag{6-9}$$

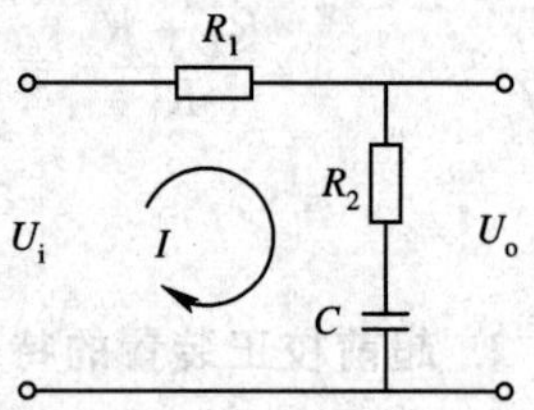

图 6-8 RC 无源滞后校正装置的电路图

令

$$\frac{R_1+R_2}{R_2}=\beta \quad (\beta>1)$$

$$R_2C=T_1,\ \frac{R_1+R_2}{R_2}R_2C=\beta T_1=T_2$$

那么

$$G_c(s)=\frac{T_1s+1}{\beta T_1s+1}=\frac{T_1s+1}{T_2s+1} \tag{6-10}$$

另外，也可以采用由运算放大器组成的滞后校正装置，如图 6-9 所示。

其传递函数为

$$G_c(s)=\frac{R_3}{R_1}\cdot\frac{R_2Cs+1}{(R_2+R_3)Cs+1}$$

$$=\frac{R_3}{R_1}\cdot\frac{R_2Cs+1}{\frac{R_2+R_3}{R_2}R_2Cs+1} \tag{6-11}$$

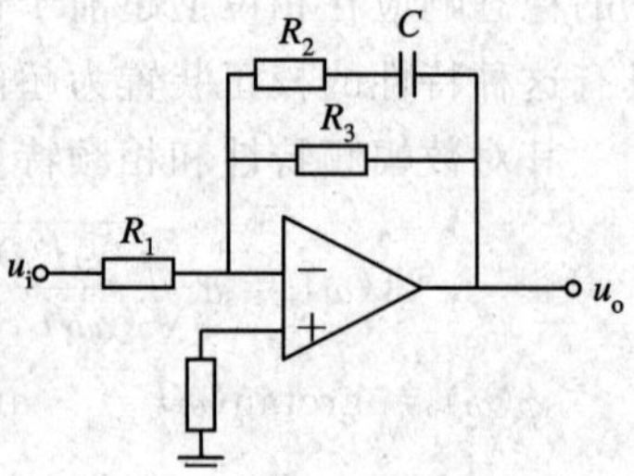

图 6-9 由运算放大器组成的滞后校正装置的电路图

令

$$\frac{R_3}{R_1}=G_{c0},\ \frac{R_2+R_3}{R_2}=\beta \quad (\beta>1)$$

$$R_2C=T_1,\ \frac{R_2+R_3}{R_2}R_2C=\beta T_1=T_2$$

那么

$$G_c(s)=G_{c0}\frac{T_1s+1}{\beta T_1s+1}=G_{c0}\frac{T_1s+1}{T_2s+1} \tag{6-12}$$

2. 滞后校正装置的特性

对于式(6-10)中的传递函数

$$G_c(s)=\frac{T_1s+1}{\beta T_1s+1}=\frac{T_1s+1}{T_2s+1}$$

来说，其对数频率特性曲线如图 6-10 所示。其对数幅频特性曲线具有负的斜率段，相频曲线具有负相移。负的相移说明校正装置在正弦信号作用下的稳态响应在相位上落后于输入信号，因此称具有这种特性的校正装置为滞后校正装置。

其对数幅频特性和相频特性分别为

$$A(\omega) = \sqrt{\frac{(\omega T_1)^2 + 1}{(\beta\omega T_1)^2 + 1}} \qquad (6-13)$$

$$\varphi(\omega) = \arctan(\omega T_1) - \arctan(\beta\omega T_1) \qquad (6-14)$$

令 $d\varphi(\omega)/d\omega = 0$，则可得超前校正装置的最大超前角为

$$\varphi_m(\omega) = \arcsin\frac{1-\beta}{1+\beta} \qquad (6-15)$$

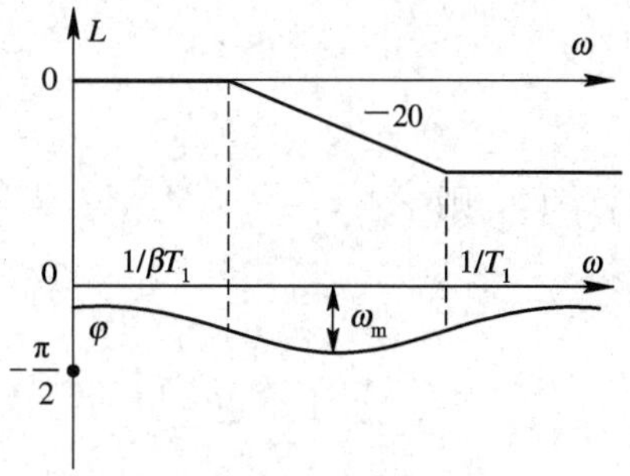

图 6 - 10　滞后校正装置的对数频率特性曲线

且位于两个转折频率的几何中心，即

$$\omega_m = \frac{1}{\sqrt{\beta}T_1} \qquad (6-16)$$

3. 滞后校正装置的功能

滞后校正装置一般用在稳态误差大但响应不太慢的系统中。由于滞后校正装置具有负相移和负幅值斜率，因此通过滞后校正装置可以使原系统的幅值得以压缩。从而使得可以通过增大开环增益的办法来提高原系统的稳态精度，同时也能提高系统的稳定裕度。

从滞后校正装置的对数频率特性曲线可以看出，滞后校正装置相当于一个低通滤波器(低频部分通过、高频部分衰减)。滞后校正装置的主要作用是造成高频衰减，因此在原系统中串入滞后校正装置后，系统幅频特性在中高频段会降低，减小了系统的频宽。同时，系统的截止频率也会减小，所以滞后校正装置的缺点是降低了系统的快速性。

6.2.3　滞后—超前校正装置

1. 滞后—超前校正装置的结构

图 6 - 11 所示为一个 *RC* 无源滞后—超前校正装置的电路图。

其传递函数为

$$G_c(s) = \frac{U_o(s)}{U_i(s)} = \frac{(R_1C_1s+1)(R_2C_2s+1)}{(R_1C_1s+1)(R_2C_2s+1)+R_1C_2s} \qquad (6-17)$$

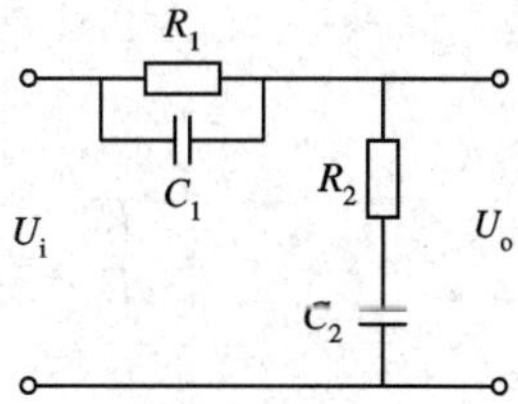

图 6 - 11　*RC* 无源滞后—超前校正装置的电路图

令 $R_1C_1 = T_1$，$R_2C_2 = T_2$，设式(6 - 17)的分母多项式具有两个不等的负实根，则可将式(6 - 17)写成

$$G_c(s) = \frac{(T_1s+1)(T_2s+1)}{(T_1's+1)(T_2's+1)} \qquad (6-18)$$

将式(6 - 18)的分母展开，并与式(6 - 17)进行比较，有

$$T_1T_2 = T_1'T_2'$$

或

$$\frac{T_1'}{T_1} = \frac{T_2}{T_2'} \qquad (6-19)$$

设

$$\frac{T_1'}{T_1}=\frac{T_2}{T_2'}=\beta>1 \tag{6-20}$$

且 $T_1>T_2$，则

$$T_1'=\beta T_1>T_1>T_2$$

$$T_2'=\frac{T_2}{\beta}<T_2$$

即

$$T_1'>T_1>T_2>T_2' \tag{6-21}$$

那么，式(6－18)可改写为

$$G_c(s)=\frac{T_1s+1}{T_1's+1}\cdot\frac{T_2s+1}{T_2's+1} \tag{6-22}$$

与超前校正装置和滞后校正装置比较可知，式(6－22)中前一部分为滞后校正，后一部分为超前校正。

另外，也可以采用由运算放大器组成的滞后—超前校正装置，如图 6－12 所示。

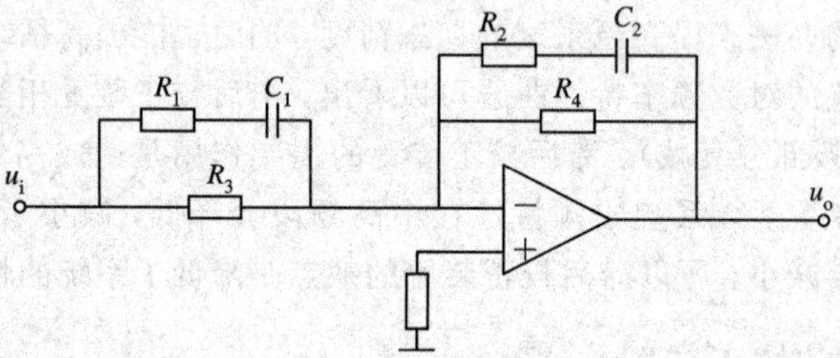

图 6－12　由运算放大器组成的滞后—超前校正装置的电路图

其传递函数为

$$G_c(s)=\frac{R_4}{R_3}\left[\frac{(R_1+R_3)C_1s+1}{R_1C_1s+1}\right]\left[\frac{R_2C_2s+1}{(R_2+R_4)C_2s+1}\right] \tag{6-23}$$

令

$$\frac{R_4}{R_3}=G_{c0},\ T_1=(R_1+R_3)C_1,\ \alpha=\frac{R_1+R_3}{R_1}>1$$

$$T_2=R_2C_2,\ \beta=\frac{R_2+R_4}{R_2}>1$$

且 $T_2>T_1$，则

$$G_c(s)=G_{c0}\ \frac{T_1s+1}{\frac{1}{\alpha}T_1s+1}\cdot\frac{T_2s+1}{\beta T_2s+1} \tag{6-24}$$

2. 滞后—超前校正装置的特性

对于式(6－22)中的传递函数

$$G_c(s)=\frac{T_1s+1}{T_1's+1}\cdot\frac{T_2s+1}{T_2's+1}$$

来说，其对数频率特性曲线如图 6－13 所示。对数幅频特性曲线的低频部位具有负斜率、负相移，起滞后校正作用；高频部位具有正斜率、正相移，起超前校正作用。

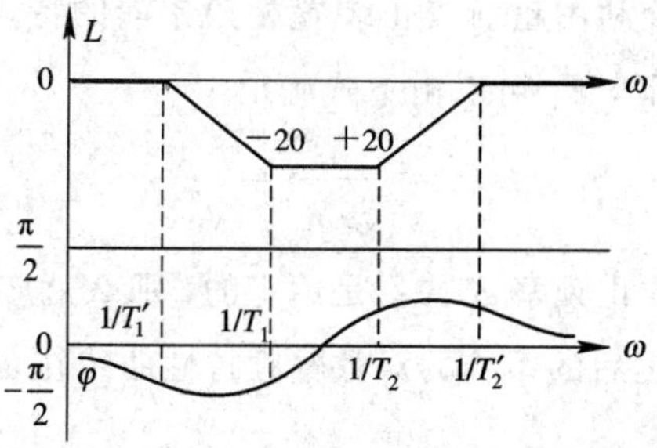

图 6－13　滞后—超前校正装置的对数频率特性曲线

3. 滞后—超前校正装置的功能

滞后—超前校正装置一般用在响应慢且稳态精度低的系统中。对于滞后—超前校正装置而言，要将滞后效应设置在低频段，超前效应设置在中频段，以发挥滞后校正和超前校正的优势，从而全面提高系统的动态和稳态精度。

6.3　串联校正的频率响应设计法

由前述内容我们知道，频率响应的低频段反映系统的稳态精度，中频段反映系统的稳定性和快速性，高频段反映系统抗高频干扰的能力。超前校正可以改善系统的稳定性和快速性，所以加在频率特性的中频段；滞后校正可以改善系统的稳态精度，所以加在频率特性的低频段。下面将介绍串联校正的频率响应设计法。

6.3.1　串联超前校正

串联超前校正的基本原理是利用超前校正装置相角超前的特性改善系统中频段的幅频斜率，从而改善系统的稳定性和快速性。只要正确地选择超前校正装置的参数 α 及 T_1，就可以使被校正系统的截止频率和相角裕度满足性能要求，从而改善系统的相对稳定性和快速性。

利用频率响应法设计超前校正装置的步骤如下：

(1) 根据系统的稳态误差要求，确定系统的开环增益 K。

(2) 在步骤(1)的基础上计算未校正系统的相角裕度 γ。结合性能指标要求的相角裕度 γ' 判断是否需要采用超前校正。如果 $\gamma'<\gamma$，则不适合采用超前校正。

(3) 根据性能指标要求的截止频率 ω_c'，计算超前校正装置的参数 α、T_1，计算方法如下：

① 根据性能指标要求的相角裕度 γ' 和未校正系统的相角裕度 γ，确定超前校正装置的最大超前角 φ_m：

$$\varphi_m = \gamma' - \gamma + (5^\circ \sim 12^\circ) \tag{6-25}$$

② 根据 φ_m 求 α：

$$\alpha = \frac{1-\sin\varphi_m}{1+\sin\varphi_m} \tag{6-26}$$

③ 根据 α 求 T_1。

超前校正的关键在于使串联超前校正装置的最大超前角频率 ω_m 等于性能指标要求的截止频率 ω_c'，从而可以充分利用超前校正装置相角超前的特点，进而保证系统的快速性。所以在 ω_c' 已经给定的情况下，T_1 可以由下式确定：

$$T_1 = \frac{1}{\sqrt{\alpha}\omega_m} = \frac{1}{\sqrt{\alpha}\omega_c'} \tag{6-27}$$

如果性能指标要求的截止频率 ω_c' 并不是给定的，那么就应该首先确定 ω_c' 的大小。因为要使 $\omega_c' = \omega_m$，就意味着校正后的系统的对数幅频特性曲线在 ω_m 处穿过横轴，即

$$L(\omega_m) + L_c(\omega_m) = L(\omega_m) + 20\lg\left(\frac{1}{\sqrt{\alpha}}\right) = 0 \tag{6-28}$$

由式(6-28)解出 ω_m，然后代入式(6-27)，即可得出 T_1。

(4) 验算校正后的系统的相角裕度 γ^*。

例 6.1 已知一单位负反馈系统的开环传递函数为

$$G(s) = \frac{200}{s(0.1s+1)}$$

试设计一无源校正装置，使校正后系统的相角裕度 $\gamma' \geqslant 45°$，$\omega_c' \geqslant 50$ rad/s。

解 (1) 求 γ。

由于

$$A(\omega) = \frac{200}{\omega\sqrt{(0.1\omega)^2+1}}$$

令 $A(\omega)=1$，则可得

$$\omega_c = 44.7$$

因此

$$\gamma = 180° - 90° - \arctan(0.1\omega_c) = 12.6°$$

因为 $\gamma < \gamma'$，所以可以采用超前校正来改善系统性能。

(2) 求 φ_m。

$$\varphi_m = \gamma' - \gamma + (5° \sim 12°)$$

取

$$\varphi_m = \gamma' - \gamma + 10°$$

则

$$\varphi_m = 45° - 12.6° + 10° = 42.4°$$

(3) 求 α、T_1。

$$\alpha = \frac{1-\sin\varphi_m}{1+\sin\varphi_m} = \frac{1-\sin 42.4°}{1+\sin 42.4°} = 0.2$$

$$T_1 = \frac{1}{\sqrt{\alpha}\omega_m} = \frac{1}{\sqrt{\alpha}\omega_c'} = \frac{1}{50\sqrt{0.2}} = 0.045$$

所以，超前校正装置为

$$G_c(s) = \frac{0.045s+1}{0.009s+1}$$

(4) 验算 γ^*。

$$\gamma^* = 180° - 90° - \arctan(0.1\omega_c') + \varphi_m = 53.5° > 45°$$

满足性能要求。

故校正后的系统开环传递函数为

$$G'(s)=\frac{200(0.045s+1)}{s(0.1s+1)(0.009s+1)}$$

例 6.2 已知一单位负反馈系统的开环传递函数为

$$G(s)=\frac{K}{s(s+1)}$$

试设计校正环节，使校正后的系统在单位斜坡输入下 $e_{ss}\leqslant 0.1$，$\gamma'\geqslant 45°$。

解 (1) 求 K。因为系统是Ⅰ型系统，所以

$$e_{ss}=\frac{1}{K}\leqslant 0.1$$

故 K 取 10 即可满足稳态指标要求。所以原系统开环传递函数为

$$G(s)=\frac{10}{s(s+1)}$$

(2) 求未校正系统的相角裕度 γ。

原系统的幅频特性和相频特性分别为

$$A(\omega)=\frac{10}{\omega\sqrt{\omega^2+1}}$$

$$\varphi(\omega)=-90°-\arctan(\omega)$$

令 $A(\omega)=1$，即

$$\frac{10}{\omega\sqrt{\omega^2+1}}=1$$

得

$$\omega_c\approx\sqrt{10}\approx 3.1$$

所以

$$\gamma=180°-90°-\arctan 3.1=17.9°$$

由于 $\gamma<\gamma'$，因此采用超前校正来改善系统性能。

(3) 求 φ_m。

$$\varphi_m=\gamma'-\gamma+(5°\sim 12°)$$

取

$$\varphi_m=\gamma'-\gamma+10°$$

则

$$\varphi_m=45°-17.9°+10°=37.1°$$

(4) 求 α。

$$\alpha=\frac{1-\sin\varphi_m}{1+\sin\varphi_m}=\frac{1-\sin 37.1°}{1+\sin 37.1°}=0.25$$

(5) 求 ω_m。

$$L(\omega_m)+20\lg\left(\frac{1}{\sqrt{\alpha}}\right)=0$$

即

$$\frac{10}{\omega_m\sqrt{\omega_m^2+1}}=\sqrt{0.25}$$

可得

$$\omega_m=4.5$$

(6) 求 T_1。

$$T_1 = \frac{1}{\sqrt{\alpha}\omega_m} = \frac{1}{4.5\sqrt{0.25}} = 0.44$$

所以，超前校正装置为

$$G_c(s) = \frac{0.44s+1}{0.11s+1}$$

(7) 验算 γ^*。

$$\gamma^* = 180° - 90° - \arctan(\omega_c') + \varphi_m = 49.6° > 45°$$

满足性能要求。

故校正后系统的开环传递函数为

$$G'(s) = \frac{10(0.44s+1)}{s(s+1)(0.11s+1)}$$

6.3.2 串联滞后校正

串联滞后校正的基本原理是由于滞后校正装置具有负相移和负幅值斜率，因此通过滞后校正装置可以使原系统的幅值得以压缩，从而使得可以通过增大开环增益的办法来提高原系统的稳态精度，同时也能提高系统的稳定裕度。利用频率响应法设计滞后校正装置的步骤如下：

(1) 根据系统的稳态误差要求，确定系统的开环增益 K。

(2) 在步骤(1)的基础上计算未校正系统的相角裕度 γ、幅值裕度 L_h。

(3) 结合性能指标要求的相角裕度 γ'，选择校正后的截止频率 ω_c'，使其满足

$$180° + \varphi(\omega_c') = \gamma' + (5° \sim 12°) \tag{6-29}$$

(4) 根据 ω_c' 确定 β，使其满足

$$L(\omega_c') + L_c(\omega_c') = L(\omega_c') - 20\lg\beta = 0 \tag{6-30}$$

(5) 计算 T_1。由于采用滞后校正装置，为避免相位滞后造成的不利影响，因此滞后校正装置的两个转折频率都应该远小于系统校正后的截止频率，通常取 $1/T_1 = 0.1\omega_c'$。

(6) 验算系统校正后的相角裕度和幅值裕度。

例 6.3 已知一单位负反馈系统的开环传递函数为

$$G(s) = \frac{K}{s(s+1)(0.5s+1)}$$

试设计一串联校正装置，使校正后系统在单位斜坡输入下 $e_{ss} \leqslant 0.1$，$\gamma' \geqslant 40°$，$L_h \geqslant 10$ dB。

解 (1) 求 K。因为系统是 Ⅰ 型系统，所以

$$e_{ss} = \frac{1}{K} \leqslant 0.2$$

故 K 取 5 即可满足稳态指标要求，所以原系统开环传递函数为

$$G(s) = \frac{5}{s(s+1)(0.5s+1)}$$

(2) 求未校正系统的相角裕度 γ、L_h。

原系统的幅频特性和相频特性分别为

$$A(\omega) = \frac{5}{\omega\sqrt{\omega^2+1} \cdot \sqrt{0.25\omega^2+1}}$$

$$\varphi(\omega) = -90° - \arctan(\omega) - \arctan(0.5\omega)$$

① 令 $A(\omega)=1$，即

$$\frac{5}{\omega\sqrt{\omega^2+1}\cdot\sqrt{0.25\omega^2+1}} = 1$$

得
$$\omega_c \approx 2.15$$

所以
$$\gamma = 180° - 90° - \arctan 2.15 - \arctan 1.1 = -22.8°$$

② 令 $\varphi(\omega)=-180°$，即

$$\varphi(\omega) = -90° - \arctan(\omega) - \arctan(0.5\omega) = -180°$$

得
$$\omega \approx 1.4$$

则
$$L_h = -20\lg|G(1.4)| = -4.6\ \text{dB}$$

由于相角裕度和幅值裕度都小于0，说明系统不稳定，因此采用滞后校正。

(3) 求 ω_c'。

令
$$180° + \varphi(\omega_c') = \gamma' + 10° = 50°$$

解得
$$\omega_c' = 0.5$$

(4) 根据 ω_c' 确定 β，使其满足

$$L(\omega_c') + L_c(\omega_c') = L(\omega_c') - 20\lg\beta = 0$$

解得
$$\beta = 10$$

(5) 计算 T_1。取：

$$\frac{1}{T_1} = 0.2\omega_c'$$

解得
$$T_1 = 10$$

故滞后校正装置的传递函数为

$$G_c(s) = \frac{10s+1}{100s+1}$$

(6) 验算系统校正后的相角裕度和幅值裕度。经计算得校正后系统的相角裕度为40°，幅值裕度为11 dB，所以校正后系统的开环传递函数为

$$G'(s) = \frac{5(10s+1)}{s(s+1)(0.5s+1)(100s+1)}$$

6.3.3 串联滞后—超前校正

串联滞后—超前校正具有滞后、超前两种校正的优点。它利用超前校正部分提高相位裕度，利用滞后部分调整系统的稳态性能。其设计步骤如下：

(1) 根据系统的稳态误差要求，确定系统的开环增益 K。

(2) 在步骤(1)的基础上计算未校正系统的相角裕度 γ' 和幅值裕度 L_h。

(3) 选择未校正系统的对数幅频特性曲线的斜率从 -20 dB/dec 变为 -40 dB/dec 的转折频率作为校正网络超前部分的转折频率。

(4) 根据响应速度的要求，计算出校正后系统的截止频率 ω_c' 和校正网络的衰减因子 α。

(5) 根据对校正后系统相角裕度的要求，估算校正网络滞后部分的转折频率。

(6) 验算各性能指标。

6.4 几种基本的控制规律

在工业控制过程中，经常采用的校正装置大多由比例、微分、积分单元组成，包括比例控制(P 控制)、比例＋微分控制(PD 控制)、比例＋积分控制(PI 控制)、比例＋积分＋微分控制(PID 控制)等几种。

6.4.1 比例控制(P 控制)

具有比例控制规律的控制器称为比例控制器(P 控制器)，其传递函数为

$$G_c(s) = K_P \tag{6-31}$$

如图 6-14 所示，比例控制器实际上相当于一个放大器，其作用是调整系统的开环比例系数，减小系统的稳态误差，提高系统的快速性，但是它会影响系统的稳定性，有时会导致系统的稳定性下降。因此，在实际的工业控制过程中通常并不单独使用比例控制器来校正系统的性能。

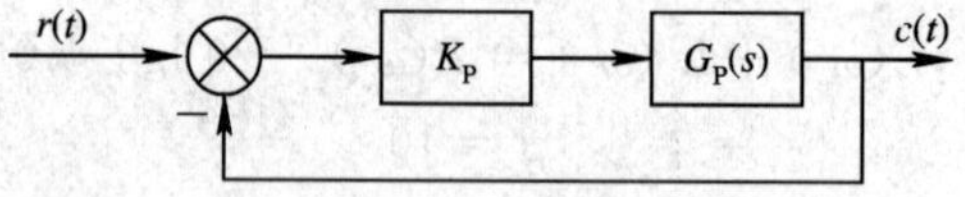

图 6-14　具有比例控制器的控制系统

6.4.2 比例＋微分控制(PD 控制)

具有比例加微分控制规律的控制器称为比例加微分控制器(PD 控制器)，其传递函数为

$$G_c(s) = K_P(1 + T_D s) \tag{6-32}$$

具有比例加微分控制器的控制系统如图 6-15 所示。从式(6-32)可知，比例加微分控制器的输出信号同比例地反映输入误差信号及其微分。其中，微分控制部分只在动态过程中起作用，所以通常微分控制总是和其他控制单元配合使用。

由于存在微分控制，所以比例加微分控制器的作用实际上相当于超前校正，可以提高系统的稳定性，加快系统的响应速度。因为

$$L_c(\omega) = 20\lg K_P + 20\lg\sqrt{(T_D\omega)^2 + 1} \tag{6-33}$$

$$\varphi_c(\omega) = \arctan(T_D\omega) \tag{6-34}$$

从式(6-33)和(6-34)可以看出，比例加微分控制器的对数幅频特性具有正的斜率，其相频特性具有正的相移，所以比例加微分控制器本质上相当于超前校正装置。

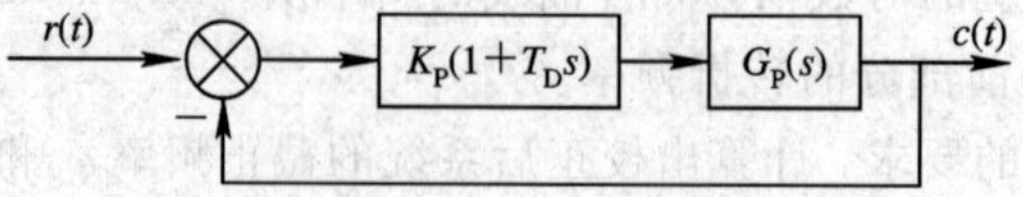

图 6-15　具有比例加微分控制器的控制系统

6.4.3 比例＋积分控制(PI 控制)

具有比例加积分控制规律的控制器称为比例加积分控制器(PI 控制器)，其传递函数为

$$G_c(s)=K_P\left(1+\frac{1}{T_I s}\right)=K_P\frac{T_I s+1}{T_I s} \tag{6-35}$$

具有比例加积分控制器的控制系统如图 6-16 所示。从式(6-35)可知，比例加积分控制器的输出信号同比例地反映输入误差信号及其积分。比例加积分控制器不仅引进了一个积分环节，同时引进了一个开环零点。引进积分环节可以提高系统的型别，改善系统的稳态性能，但同时会降低系统的稳定性；而引进的开环零点恰好可以弥补引进的积分环节的缺点，改善系统的稳定性。可见比例加积分控制器不仅可以改善系统的稳态性能，而且对系统的稳定性影响很小。

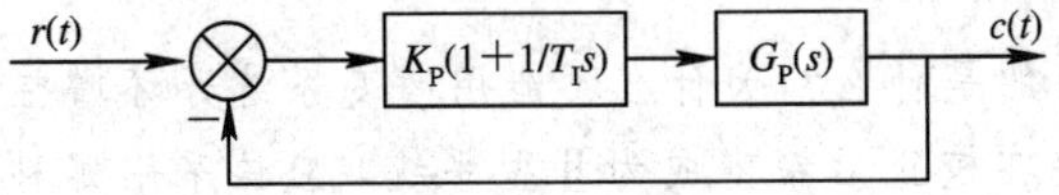

图 6-16 具有比例加积分控制器的控制系统

由于存在积分控制，所以比例加积分控制器的作用实际上相当于滞后校正。因为

$$L_c(\omega)=20\lg K_P+20\lg\sqrt{(T_I\omega)^2+1}-20\lg T_I\omega \tag{6-36}$$

$$\varphi_c(\omega)=\arctan(T_I\omega)-90^\circ \tag{6-37}$$

从式(6-36)和(6-37)可以看出，比例加积分控制器的对数幅频特性引进了负的斜率，其相频特性具有负的相移，所以比例加积分控制器本质上相当于滞后校正装置。

6.4.4 比例＋积分＋微分控制(PID 控制)

具有比例加积分加微分控制规律的控制器称为比例加积分加微分控制器(PID 控制器)，其传递函数为

$$G_c(s)=K_P\left(1+T_D s+\frac{1}{T_I s}\right)=K_P\frac{T_D T_I s^2+T_I s+1}{T_I s}=K_P\frac{(T_1 s+1)(T_2 s+1)}{T_I s} \tag{6-38}$$

当$\frac{4T_D}{T_I}<1$时，

$$T_1=\frac{T_I}{2}\left(1+\sqrt{1-\frac{4T_D}{T_I}}\right),\ T_2=\frac{T_I}{2}\left(1-\sqrt{1-\frac{4T_D}{T_I}}\right)$$

具有比例加积分控制器的控制系统如图 6-17 所示。从式(6-38)可知，比例加积分加微分控制器不仅引进了一个积分环节，同时引进了两个负开环零点。引进积分环节可以提高系统的型别，改善系统的稳态性能，但同时会降低系统的稳定性；而引进的两个负开环零点不仅可以弥补引进的积分环节的缺点，改善系统的稳定性，而且相对于比例加积分控制而言，还可以进一步提高系统的动态性能。因此 PID 控制器在控制系统中应用十分广泛。

由于既存在积分控制又存在微分控制，因此比例加积分加微分控制器的作用实际上相当于滞后—超前校正。

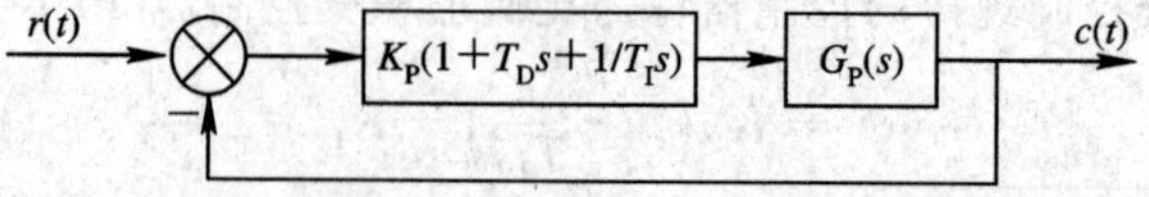

图 6-17　具有比例加积分加微分控制器的控制系统

习　题

6.1　试回答下列问题：

(1) 有源校正装置和无源校正装置有何不同特点？在实现校正规律时，它们的作用是否相同？

(2) 进行校正的目的是什么？为什么不能用改变系统开环增益的办法来实现？

(3) 如果Ⅰ型系统在校正后希望成为Ⅱ型系统，应该采用哪种校正规律才能保证系统稳定？

(4) 串联超前校正为什么可以改善系统的暂态性能？

(5) 在什么情况下进行串联滞后校正可以改善系统的相对稳定性？

(6) 为了抑制噪声对系统的影响，应该采用哪种校正装置？

6.2　试求习题 6.2 图所示无源网络的传递函数，并绘制伯德图。

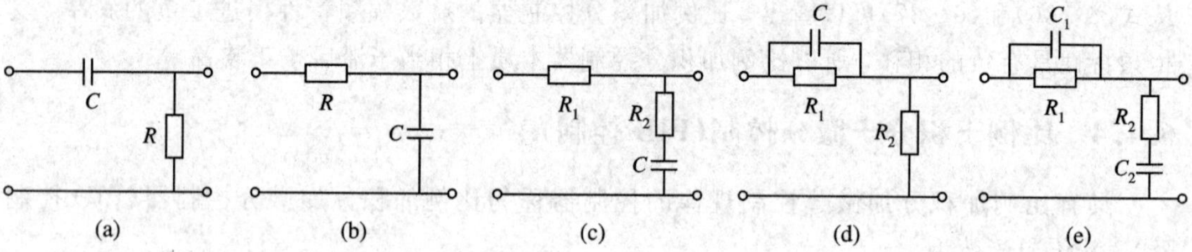

习题 6.2 图

6.3　超前校正装置的传递函数分别为

(1) $G_1(s)=0.2\left(\dfrac{s+1}{0.2s+1}\right)$；

(2) $G_2(s)=0.3\left(\dfrac{s+1}{0.3s+1}\right)$。

绘制它们的伯德图，并进行比较。

6.4　滞后校正装置的传递函数分别为

(1) $G_1(s)=\dfrac{s+1}{4s+1}$；

(2) $G_2(s)=\dfrac{s+1}{10s+1}$。

绘制它们的伯德图，并进行比较。

6.5　单位反馈控制系统原有的开环传递函数 $G_0(s)$ 和两种串联校正装置 $G_c(s)$ 的对数

幅频特性曲线如习题 6.5 图所示。

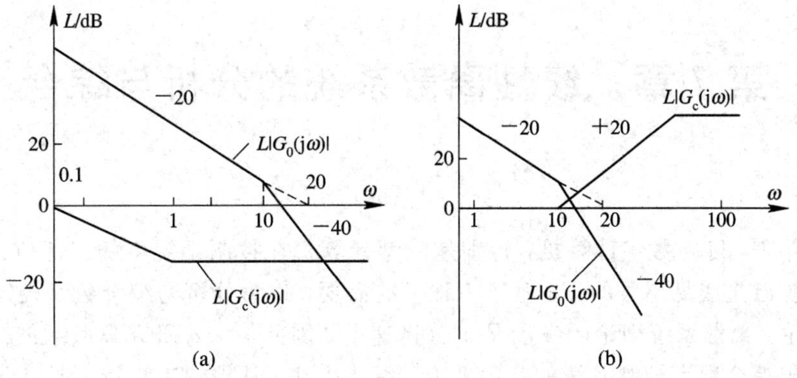

习题 6.5 图

(1) 试写出每种方案校正后的系统开环传递函数表达式;

(2) 比较两种校正效果的优缺点。

6.6 控制系统的开环传递函数为

$$G(s)=\frac{10}{s(0.5s+1)(0.1s+1)}$$

(1) 绘制系统的对数频率特性曲线,并求相角裕度。

(2) 如采用传递函数为

$$G_c(s)=\frac{0.37s+1}{0.049s+1}$$

的串联超前校正装置,绘制校正后系统的对数频率特性曲线,求出校正后的相角裕度,并讨论校正后系统的性能有何改进。

6.7 已知单位反馈系统的开环传递函数为

$$G(s)=\frac{K}{s(s+1)(0.01s+1)}$$

设计校正装置,使系统在单位斜坡输入 $R(t)=t$ 作用下,稳态误差 $e_{ss}\leqslant 0.0625$,校正后的相位裕度 $\gamma'\geqslant 45°$,截止频率 $\omega_c'\geqslant 2$ rad/s。

6.8 已知单位反馈系统的开环传递函数为

$$G(s)=\frac{4K}{s(s+2)}$$

试设计串联校正装置,使系统满足:

(1) 在单位斜坡输入 $R(t)=t$ 的作用下,稳态误差 $e_{ss}\leqslant 0.05$。

(2) 相位裕度 $\gamma'\geqslant 45°$,截止频率 $\omega_c'\geqslant 10$ rad/s。

6.9 已知单位反馈系统的开环传递函数为

$$G(s)=\frac{4}{s(2s+1)}$$

设计一串联滞后校正装置,使系统的相角裕度 $\gamma'\geqslant 40°$,并保持原有的开环增益。

第7章　线性离散系统的分析与综合

近年来，随着数字计算机，特别是微型计算机在控制系统中的广泛应用，数字控制系统已是屡见不鲜的了。基于工程上的需要，作为分析与综合数字控制系统的基础理论，离散系统理论的发展是十分迅速的，因此，深入研究离散系统理论，掌握分析与综合数字控制系统的基础理论与基本方法，从控制工程特别是从计算机控制工程角度来看，是迫切需要的。因此，本章基于离散系统理论，扼要介绍应用Z变换方法分析与综合线性离散系统的基本理论、基本概念与基本方法。

7.1　采样过程

目前，离散系统最广泛的应用形式是以计算机，特别是以微型数字计算机为控制器的所谓数字控制系统。也就是说，数字控制系统是一种以数字计算机为控制器去控制具有连续工作状态的被控对象的闭环控制系统。因此，数字控制系统包括工作于离散状态下的数字计算机和工作于连续状态下的被控对象两大部分。数字控制系统的方框图如图7-1所示。从图7-1(a)看到，首先，数字控制系统对连续的偏差信号$\varepsilon(t)$进行采样；其次，通过模数(A/D)转换器把采样脉冲变成数字信号送给数字计算机；再次，数字计算机根据这些数字信号按预定的控制规律进行运算；最后，通过数模(D/A)转换器及保持器把运算结果转换成模拟量$m(t)$去控制具有连续工作状态的被控对象，以使被控对象$c(t)$满足指标要求。图7-1(b)是图7-1(a)的简化，其中数字控制器在一般情况下由A/D转换器、数字计算机及D/A转换器构成。

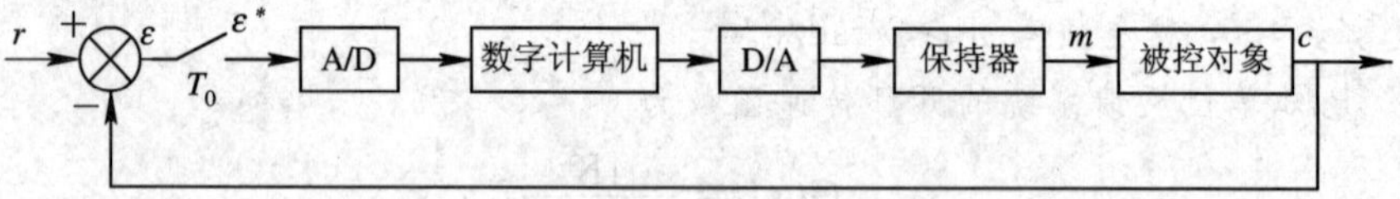

(a)

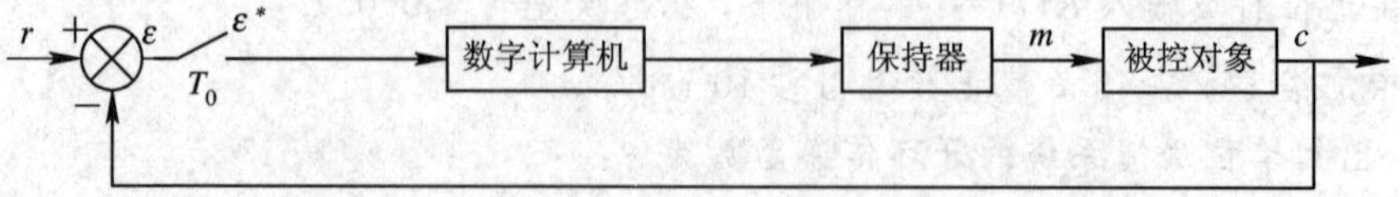

(b)

图7-1　数字控制系统方框图

采样开关经一定时间T_0重复闭合，每次闭合时间为h，且有$h<T_0$，其中T_0称为采样周期。采样周期的倒数

$$f_s = \frac{1}{T_0} \tag{7-1}$$

称为采样频率，而

$$\omega_s = \frac{2\pi}{T_0} \tag{7-2}$$

称为采样角频率，量纲为 rad/s。连续时间函数经采样开关采样后变成重复周期等于采样周期 T_0 的时间序列，如图 7-2(a)所示。采样时间序列也称采样脉冲序列。这种脉冲序列是在时间上离散，而在幅值上连续的信号，属于离散模拟信号，用在相应连续时间函数上打 * 号来表示，如图 7-2(a)中的 $\varepsilon_h^*(t)$。将连续时间函数通过采样开关的采样而变成脉冲序列的过程，称为采样过程。

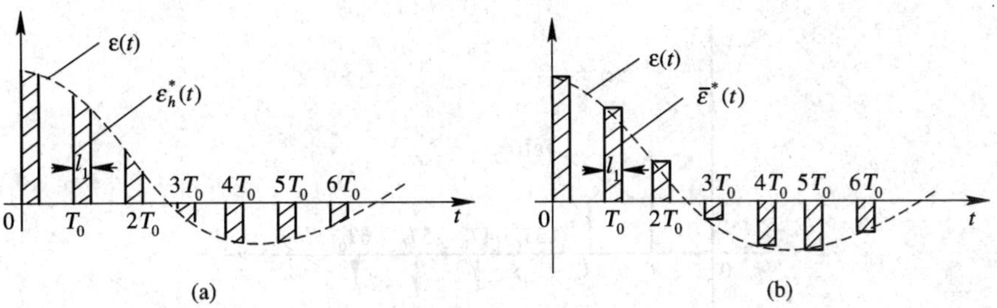

图 7-2 采样时间序列

为了对数据控制系统进行定量分析，需要导出描述采样过程的数学表达式。图 7-2(a)所示的实际脉冲序列 $\varepsilon_h^*(t)$可通过下列数学表达式来描述，即

$$\varepsilon_h^* = \sum_{n=0}^{\infty}\varepsilon(nT_0 + \Delta t) \qquad 0 < \Delta t \leqslant h \tag{7-3}$$

在实际应用中，图 7-2(a)所示实际脉冲的持续时间 h 通常远远小于采样周期 T_0。因此，图 7-2(a)所示的实际脉冲序列可近似用图 7-2(b)所示平顶脉冲序列 $\bar{\varepsilon}^*(t)$来描述，可表达为

$$\bar{\varepsilon}^* = \sum_{n=0}^{\infty}\varepsilon(nT_0)\cdot\frac{1}{h}\cdot[1(t-nT_0) - 1(t-nT_0-h)] \tag{7-4}$$

其中，$\frac{1}{h}\cdot[1(t-nT_0)-1(t-nT_0-h)]$表示发生在 nT_0 时刻的单位强度脉冲(即面积等于 1 的脉冲)，而 $\varepsilon(nT_0)\cdot\frac{1}{h}\cdot[1(t-nT_0)-1(t-nT_0-h)]$则表示发生在 nT_0 时刻上强度为 $\varepsilon(nT_0)$的脉冲。当脉冲持续时间 h 远远小于采样周期 T_0，同时也远远小于用以描述数字控制系统中具有连续工作状态部分惯性的时间常数时，在实际分析中，可近似认为脉冲持续时间 h 趋于零，从而式(7-4)所描述的脉冲序列便可看成是强度为 $\varepsilon(nT_0)$($n=0$, 1, 2, …)，宽度为无限小的窄脉冲序列。这种窄脉冲序列可借助于数学上的 δ 函数来描述，即

$$\varepsilon_h^* = \sum_{n=0}^{\infty}\varepsilon(nT_0)\delta(t-nT_0) \tag{7-5}$$

式中，$\delta(t-nT_0)$表示发生在 $t=nT_0$ 时刻的具有单位强度的理想脉冲，即

$$
\begin{cases}\delta(t-nT_0)=\begin{cases}\infty & t=nT_0\\ 0 & t\neq nT_0\end{cases}\\ \int_{-\infty}^{+\infty}\delta(t-nT_0)\ \mathrm{d}t=1\end{cases} \tag{7-6}
$$

它的作用在于指出脉冲存在的时刻 nT_0（$n=0, 1, 2, \cdots$），而脉冲强度则由 nT_0 时刻的连续函数值 $\varepsilon(nT_0)$来确定。

式(7-5)表示的便是通过理想脉冲序列描述的采样过程的数学表达式。理想脉冲序列如图 7-3 所示。从物理意义来看，式(7-5)描述的采样过程可以理解为脉冲调制过程。在这里，采样开关起着理想脉冲发生器的作用，通过它将连续函数调制成如图 7-3 所示的理想脉冲序列。

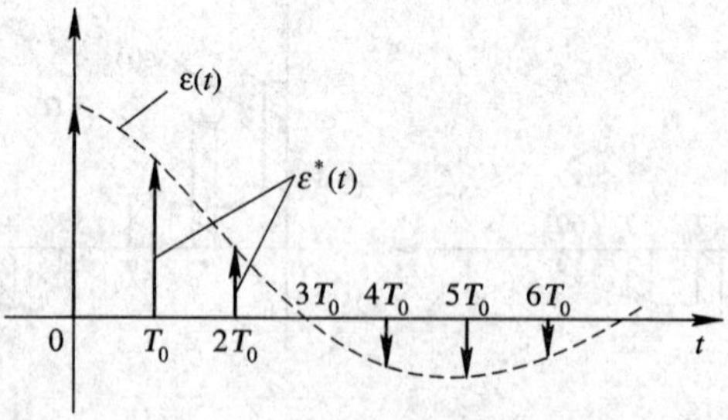

图 7-3　理想脉冲序列

需指出，将采样开关视为理想脉冲发生器是近似的，有条件的，就是说采样持续时间 h 应远远小于描述系统连续部分惯性的时间常数。上述条件在实际控制系统中通常总可得到满足。

7.2　采样周期的选择

7.2.1　采样定理

采样定理也称香农(Shannon)定理，其结论如下：

如果采样角频率 ω_s（或频率 f_s）大于或等于 $2\omega_m$（或 $2f_m$），即

$$
\omega_s \geqslant 2\omega_m \tag{7-7}
$$

式中，ω_m（或 f_m）是连续信号频谱的上限频率，见图7-4，则经采样得到的脉冲序列能无失真地恢复为原来的连续信号。

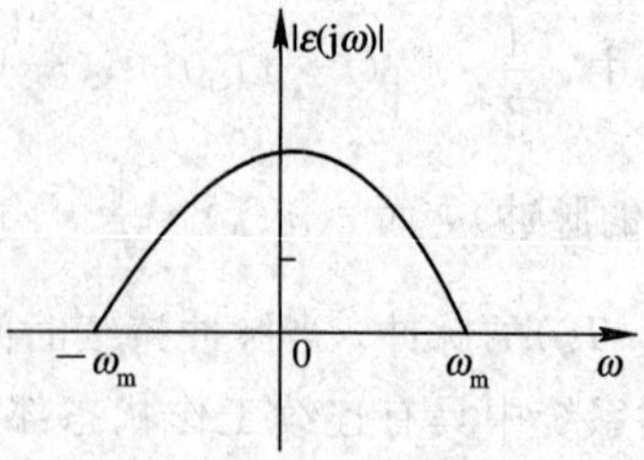

图 7-4　连续信号频谱

从物理意义上来理解采样定理，那就是如果选择这样一个采样频率，使得对连续信号所含的最高频率来说，能做到在某一个周期内采样两次以上，则在经采样获得的脉冲序列中将包含连续信号的全部信息。反之，如果采样次数太少，即采样周期太长，那就做不到无失真地再现原连续信号。

应当指出，采样定理只是给出了一个选择采样周期 T_0 或采样频率 $f_s(\omega_m)$ 的指导原则。它给出的是由采样脉冲序列无失真地再现原连续信号所允许的最大采样周期，或最低

采样频率(即采样频率的下限)。在控制工程实践中，一般总是取 $\omega_s > 2\omega_m$，而不取恰好等于 $2\omega_m$ 的情形。

7.2.2 采样周期的选取

采样周期 T_0 是数值控制设计的一个关键因素，必须给以充分注意。

采样定理只给出选取采样周期的基本原则，而并未给出解决实际问题的条件公式。显然，采样周期 T_0 选得越小，也就是采样频率 ω_s 选得越高，对系统控制过程的信息了解便越多，控制效果越好。但需注意，采样周期 T_0 选得太短，将增加不必要的计算负担，而 T_0 选得过长又会给控制过程带来较大的误差，降低系统的动态性能，甚至有可能导致整个控制系统的不稳定。那么，究竟应该如何选取采样周期 T_0 呢?

在多数的过程控制中，一般微型数字计算机所能提供的运算速度，对于采样周期的选择来说，回旋余地较大。工程实践证明，采样周期 T_0 根据表 7-1 给出的参数数据选取时，可以取得满意的控制效果。

表 7-1 采样周期 T_0 的参考数据

控制过程	采样周期
流量	1
压力	5
液面	5
温度	20
成分	20

对于随动控制系统，采样周期的选择在很大程度上取决于系统的性能指标。在一般情况下，控制系统的闭环频率相应具有低通滤波特性，当随动系统输入信号的频率高于其闭环幅频特性的谐振频率 ω_r 时，信号通过系统将会很快地衰减，而在随动系统中，一般可近似认为开环频率响应幅频特性的剪切频率 ω_c 与闭环频率响应幅频特性的谐振频率 ω_r 相当接近，即 $\omega_r \approx \omega_c$。也就是说，通过随动系统的控制信号的最高频率分量为 ω_c，超过 ω_c 的分量通过系统时将被大幅度地衰减掉。根据工程实践经验，随动系统的采样频率 ω_s 可选为

$$\omega_s \approx 10\omega_c \tag{7-8}$$

考虑到 $T_0 = 2\pi/\omega_s$，则按式(7-8)选取的采样周期 T_0 与系统剪切频率 ω_c 的关系为

$$T_0 = \frac{\pi}{5} \cdot \frac{1}{\omega_c} \tag{7-9}$$

从时域性能指标来看，采样周期 T_0 通过单位阶跃响应的上升时间 t_r 及调整时间 t_s 可按下列经验关系选取，即

$$T_0 = \frac{1}{10} t_r \tag{7-10}$$

$$T_0 = \frac{1}{40} t_s \tag{7-11}$$

7.3 信 号 保 持

信号保持是指将离散信号——脉冲序列转换为(或恢复到)连续信号的转换过程。用于这种转换过程的元件称为保持器。从数学意义来说，保持器的任务是解决各采样时刻之间的插值问题。我们知道，在采样时刻上，连续信号的函数值与脉冲序列的脉冲强度相等。以 nT_0 时刻的信号为例，那就是

$$\varepsilon(t)\big|_{t=nT_0} = \varepsilon(nT_0) = \varepsilon^*(nT_0) \qquad n = 0, 1, 2, \cdots$$

以及对于采样时刻$(n+1)T_0$来说，则有

$$\varepsilon(t)\big|_{t=(n+1)T_0} = \varepsilon[(n+1)T_0] = \varepsilon^*[(n+1)T_0]$$

然而在由脉冲序列$\varepsilon^*(t)$向连续信号$\varepsilon(t)$的转换过程中，处在nT_0与$(n+1)T_0$相邻采样时刻之间的任意时刻$nT_0+\tau(0<\tau<T_0)$上的连续信号$\varepsilon(nT_0+\tau)$的值究竟有多大？它和$\varepsilon(nT_0)$的关系将是怎样的？这些就是保持器要回答的问题。

7.3.1 零阶保持器

实际上，保持器是具有外推功能的元件。也就是说，保持器再现时刻(如$nT_0+\tau$ $(0<\tau<T_0)$)的输出信号取决于过去时刻(如nT_0)离散信号的外推。在数值控制系统中，应用最广泛的是具有常值外推功能的保持器，或称为零阶保持器，用符号H_0来表示。也就是说，对于零阶保持器有下式成立：

$$\varepsilon(nT_0+\tau) = \alpha_0 \tag{7-12}$$

式中，α_0为常值，τ的变化范围是$0\leqslant\tau<T_0$。显然，在$\tau=0$时，式(7-12)也成立，这时有

$$\varepsilon(nT_0) = \alpha_0 \tag{7-13}$$

由式(7-12)及(7-13)求得

$$\varepsilon(nT_0+\tau) = \varepsilon(nT_0) \qquad 0\leqslant\tau<T_0 \tag{7-14}$$

式(7-14)说明，零阶保持器是一种按常值规律外推的保持器。它把前一个采样时刻nT_0的采样值$\varepsilon(nT_0)$不增不减地保持到下一个采样时刻$(n+1)T_0$到来之前的一瞬间。当下一个采样时刻$(n+1)T_0$到来时，应以$\varepsilon[(n+1)T_0]$为常值继续外推。也就是说，任何一个采样时刻的采样值只能作为常值保持到下一个相邻的采样时刻到来之前，其保持时间显然是一个采样周期T_0。零阶保持器的输出信号$\varepsilon_H(t)$如图7-5所示。

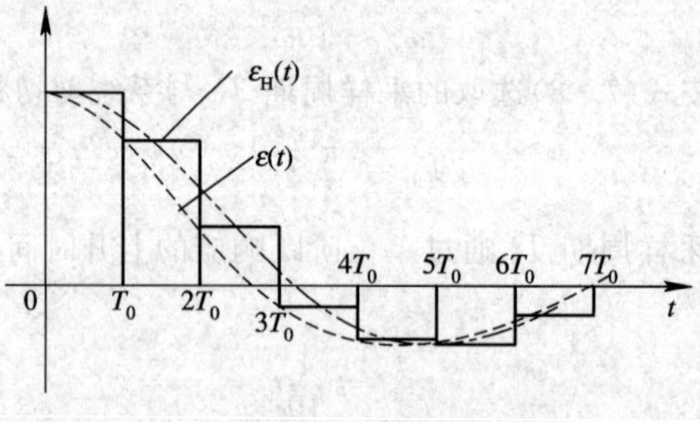

图7-5 零阶保持器的输出曲线

零阶保持器的时域特性$g_H(t)$如图7-6(a)所示。它是高度为1，宽度为T_0的方脉冲。高度等于1，说明采样值经过保持器既不放大，也不衰减；宽度等于T_0，说明零阶保持器对采样值只能不增不减地保持一个采样周期。由图7-6(b)求得零阶保持器的传递函数$G_H(s)$为

$$G_H(s) = \frac{1-e^{-T_0 s}}{s} \tag{7-15}$$

由式(7-15)求得零阶保持器的频率响应为

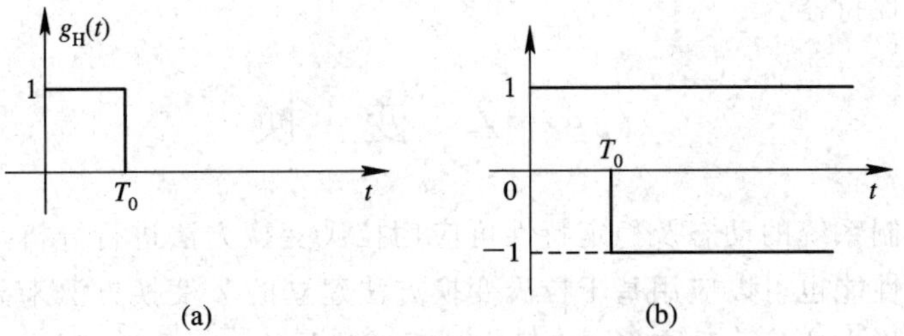

图 7-6　零阶保持器的时域特性和传递函数

(a) 时域特性；(b) 传递函数

$$G_H(j\omega) = T_0 \frac{\sin(\omega T_0/2)}{(\omega T_0/2)} \cdot e^{-j\frac{\omega T_0}{2}} \tag{7-16}$$

从图 7-5 看到，经由零阶保持器得到的连续信号具有阶梯形状，它并不等于采样前的连续信号 $\varepsilon(t)$。平均地看，由零阶保持器转换得到的连续信号(图 7-5 中的点划线)在时间上要滞后于采样前的连续信号。式(7-16)表明，这个迟后时间等于采样周期的一半，即 $T_0/2$。

零阶保持器相对其它类型的保持器具有实现容易及迟后时间小等优点，是在数值控制系统中应用最广泛的一种保持器。

7.3.2　一阶保持器

一阶保持器是一种基于两个采样值 $\varepsilon(nT_0)$ 与 $\varepsilon[(n+1)T_0]$ 按线性外推规律保持脉冲序列 $\varepsilon^*(t)$ 的保持器。线性外推函数的斜律为 $\{\varepsilon(nT_0)-\varepsilon[(n+1)T_0]\}/T_0$，而外推函数值为

$$\varepsilon(nT_0+\tau) = \varepsilon(nT_0) + \frac{\varepsilon(nT_0) - \varepsilon[(n+1)T_0]}{T_0} \cdot \tau \tag{7-17}$$

式中，$\tau = t - nT_0$，$nT_0 \leqslant t \leqslant (n+1)T_0$。

基于线性外推规律的一阶保持器的输出信号 $\varepsilon_H(t)$ 如图 7-7 所示。根据输出信号 $\varepsilon_H(t)$ 可求得一阶保持器的时域特性 $g_H(t)$，并由时域特性 $g_H(t)$ 求得相应的频率响应为

$$G(j\omega) = T_0 \sqrt{1+(T_0\omega)^2} \left(\frac{\sin\frac{\omega T_0}{2}}{\frac{\omega T_0}{2}} \right)^2 \cdot e^{-j(\omega T_0 - \arctan\omega T_0)} \tag{7-18}$$

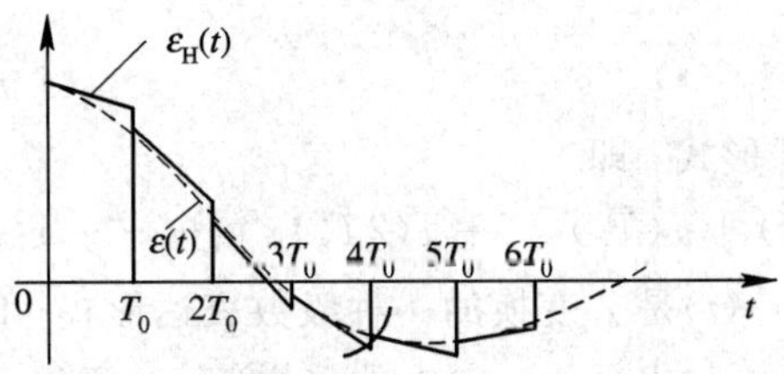

图 7-7　一阶保持器的输出曲线

从式(7-18)可见，一阶保持器的迟后相移较零阶保持器的迟后相移为大，其平均相移等于零阶保持器平均相移的 2 倍。由于这个原因，数字控制系统一般很少采用一阶保持器，

而普遍采用零阶保持器。

7.4 Z 变 换

线性连续控制系统的动态及稳定特性可应用拉氏变换方法进行分析。与此相似，线性数字控制系统的性能也可以应用基于拉氏变换方法建立的Z变换方法来分析。Z变换方法可看成是拉氏变换方法的一种变形，它可由拉氏变换导出。

7.4.1 Z变换

设连续时间函数 $x(t)$可进行拉氏变换，其象函数为 $X(s)$。考虑到 $t<0$ 时 $x(t)=0$，连续时间函数 $x(t)$经采样周期为 T_0 的采样开关后，得到脉冲序列为

$$x^*(t)=\sum_{n=0}^{\infty}x(nT_0)\delta(t-nT_0)$$

对上式进行拉氏变换，得到

$$X^*(S)=\sum_{n=0}^{\infty}x(nT_0)e^{-nT_0s} \qquad (7-19)$$

因复变量 s 含在指数函数 e^{-nT_0s}中不便计算，故引入一个新变量

$$Z=e^{T_0s} \qquad (7-20)$$

将式(7-20)代入式(7-19)，便求得以 z 为变量的函数 $X(z)$，即

$$X(z)=\sum_{n=0}^{\infty}x(nT_0)z^{-n} \qquad (7-21)$$

式(7-21)所示 $X(z)$称为离散时间函数——脉冲序列 $x^*(t)$的 Z 变换，记为 $X(z)=\mathscr{Z}[x^*(t)]$。

需指出，在Z变换过程中，由于考虑的仅是连续时间函数经采样开关采样后的离散时间函数——脉冲序列，也就是说，考虑的仅是连续时间函数在采样时刻上的采样值，因此式(7-21)表达的仅是连续时间函数在采样时刻的信息，而不反映采样时刻之间的信息。从这种意义上来说，连续时间函数 $x(t)$与相应的采样脉冲序列 $x^*(t)$具有相同的Z变换，即

$$X(z)=\mathscr{Z}[x^*(t)]=\mathscr{Z}[x(t)] \qquad (7-22)$$

求取离散时间函数——脉冲序列的Z变换有多种方法，下面只介绍其中三种主要方法。

1) 级数求和法

将式(7-21)写成展开形式，即

$$X(z)=x(0)+x(T_0)z^{-1}+x(2T_0)z^{-2}+\cdots+x(nT_0)z^{-n}+\cdots \qquad (7-23)$$

式(7-23)离散时间函数 $x^*(t)$是Z变换的一种级数表达形式。显然，只要知道连续时间函数 $x(t)$在采样时刻 $nT_0(n=1, 2, \cdots, \infty)$上的采样值 $x(nT_0)$，便可通过式(7-23)求取其Z变换的级数展开形式。但级数具有无穷多项，是开式，如不能写成闭式，是很难应用的。幸好，常用函数的级数形式都可写成闭式。

例 7.1 试求取单位阶跃函数 1(t)的Z变换。

解 单位阶跃函数 1(t)在所有采样时刻上的采样值均为 1，即

$$1(nT_0) = 1 \qquad n = 1, 2, \cdots, \infty$$

根据式(7-23)，求得

$$l(z) = 1 + z^{-1} + z^{-2} + z^{-3} + \cdots + z^{-n} + \cdots$$

在上式中，若$|z|>1$，则上式可写成下列闭式，即

$$l(z) = \frac{1}{1-z^{-1}} = \frac{z}{z-1} \tag{7-24}$$

因为

$$|z| = |e^{T_0 s}| = e^{\sigma T_0}$$

其中，$\sigma=\mathrm{Re}[s]$，所以条件$|z|>1$意味着$\sigma>0$。这也就是单位阶跃函数能进行拉氏变换的条件。

例 7.2 试求取衰减的指数函数$e^{-at}(a>0)$的Z变换。

解 将衰减的指数函数$e^{-at}(a>0)$在各采样时刻上的采样值e^{-at}，e^{-2at}，…，e^{-nat}，…代入式(7-23)，得到

$$\mathscr{Z}[e^{-at}] = 1 + e^{-at}z^{-1} + e^{-2at}z^{-2} + \cdots + e^{-nat}z^{-n} + \cdots$$

在上式中，若条件

$$|e^{at}z| > 1 \tag{7-25}$$

成立，则可将$\mathscr{Z}[e^{-at}]$写成如下闭式，即

$$\mathscr{Z}[e^{-at}] = \frac{1}{1-e^{-aT_0}z^{-1}} = \frac{z}{z-e^{-aT_0}} \tag{7-26}$$

显然，当$a>0$时，满足式(7-25)的条件为$\sigma>-a$，其中$\sigma=\mathrm{Re}[s]$。

2）部分分式法

设连续时间函数$x(t)$的拉氏变换$X(s)$为复变量s的有理函数，并具有如下形式：

$$X(s) = \frac{M(s)}{N(s)}$$

其中，$M(s)$及$N(s)$分别为复变量s的多项式，并且有$\deg M(s) \leqslant \deg N(s)$，以及$\deg N(s)=n$。

将$X(s)$展开成部分分式和的形式，即

$$X(s) = \sum_{i=1}^{n} \frac{A_i}{s+s_i}$$

式中，s_i为$N(s)$的零点，即$X(s)$的极点；$A_i=\dfrac{M(s_i)}{N(s_i)}$为常系数；

$$N(s_i) = \frac{\mathrm{d}}{\mathrm{d}s}N(s)\Big|_{s=s_i}$$

由拉氏变换知，与$A_i/(s+s_i)$项对应的原函数为$A_i e^{-s_i t}$，又根据式(7-26)，便可求得$\mathscr{Z}[A_i/(s+s_i)]$为$A_i z/(z-e^{-s_i T_0})$。因此，函数$x(t)$的Z变换由象函数$X(s)$求得为

$$X(z) = \sum_{i=1}^{n} \frac{A_i z}{z-e^{-s_i T_0}} \tag{7-27}$$

例 7.3 试求取具有拉氏变换为$a/[s(s+a)]$的连续时间函数$x(t)$的Z变换。

解 首先写出$x(t)$的拉氏变换$X(s)$的部分分式展开式，即

$$X(s)=\frac{a}{s(s+a)}=\frac{1}{s}-\frac{1}{s+a}$$

其次对上式逐项求取拉氏反变换，得到

$$x(t)=l(t)-e^{-at}$$

最后根据上列时间函数逐项写出相应的 Z 变换，即得连续时间函数 $x(t)$的 Z 变换，即

$$X(z)=\frac{z}{z-1}-\frac{z}{z-e^{-aT_0}}=\frac{z(1-e^{-aT_0})}{z^2-(1+e^{-aT_0})z+e^{-aT_0}} \tag{7-28}$$

3）留数计算法

已知连续时间函数 $x(t)$的拉氏变换象函数 $X(s)$及其全部极点 $s_i(i=1, 2, 3, \cdots, n)$，则 $x(t)$的 Z 变换可通过下列留数计算式求得，即

$$\begin{aligned}X(z)&=\sum_{i=1}^{n}\operatorname{res}\left[X(s_i)\frac{z}{z-e^{s_iT_0}}\right]\\&=\sum_{i=1}^{n}\left\{\frac{1}{(r_i-1)!}\cdot\frac{d^{r_i-1}}{ds^{r_i-1}}\left[(s-s_i)^{r_i}X(s)\frac{z}{z-e^{sT_0}}\right]\right\}_{s=s_i}\end{aligned} \tag{7-29}$$

式中，r_i 为重极点 s_i 的个数；n 为彼此不等的极点个数。

例 7.4 试求取连续时间函数

$$x(t)=\begin{cases}0 & t<0\\1 & t\geqslant 0\end{cases}$$

的 Z 变换。

解 首先写出 $x(t)$的拉氏变换，即

$$X(s)=\frac{1}{s^2}$$

由上式求得 $X(s)$的重极点 $s_i=0$，其个数 $r_i=2$，以及 $n=1$。其次根据式(7-29)求得 $X(s)$的 Z 变换，即

$$X(z)=\frac{1}{(2-1)!}\frac{d}{ds}\left[(s-2)^2\cdot\frac{1}{s^2}\cdot\frac{z}{z-e^{sT_0}}\right]\Bigg|_{s=0}=\frac{T_0z}{(z-1)^2} \tag{7-30}$$

例 7.5 试求取 $X(s)=k/s^2(s+a)$的 Z 变换。

解 由 $X(s)$求得

$$s_1=0,\ r_1=2$$
$$s_2=-a,\ r_2=1,\ n=2$$

根据式(7-29)，求得 $X(z)$为

$$\begin{aligned}X(z)&=\frac{1}{(2-1)!}\frac{d}{ds}\left[(s-0)^2\frac{k}{s^2(s+a)}\cdot\frac{z}{z-e^{sT_0}}\right]\Bigg|_{s=0}\\&\quad+(s+a)\frac{k}{s^2(s+a)}\cdot\frac{z}{z-e^{sT_0}}\Bigg|_{s=-a}\\&=\frac{kz[(aT_0-1+e^{-aT_0})z+(1-e^{-aT_0}-aT_0e^{-aT_0})]}{a^2(z-1)^2(z-e^{-aT_0})}\end{aligned} \tag{7-31}$$

常用时间函数的 Z 变换及其相应的拉氏变换列入表 7-2，以备求取这些时间函数的 Z 变换时查用。

表 7-2 Z 变换表

$X(t)$或$x(nT_0)$	$X(s)$	$X(z)$
$\delta(t)$	1	z^{-0}
$\delta(t-nT_0)$	$e^{-nT_0 s}$	z^{-n}
$l(t)$	$\frac{1}{s}$	$\frac{z}{z-1}$
t	$\frac{1}{s^2}$	$\frac{T_0 z}{(z-1)^2}$
$\frac{t^2}{2}$	$\frac{1}{s^3}$	$\frac{T_0}{2}\cdot\frac{z(z+1)}{(z-1)^3}$
e^{-at}	$\frac{1}{s+a}$	$\frac{z}{z-e^{-aT_0}}$
$t\cdot e^{-at}$	$\frac{1}{(s+a)^2}$	$\frac{T_0 z e^{-aT_0}}{(z-e^{-aT_0})^2}$
$\sin\omega t$	$\frac{\omega}{s^2+\omega^2}$	$\frac{z\sin\omega T_0}{z^2-2z\cos\omega T_0+1}$
$\cos\omega t$	$\frac{s}{s^2+\omega^2}$	$\frac{z(z-\cos\omega T_0)}{z^2-2z\cos\omega T_0+1}$

7.4.2 Z 变换的基本定理

这里介绍 Z 变换的一些基本定理，它们与拉氏变换的基本定理有许多相似之处。

1) 线性定理

设连续时间函数 $x(t)$、$x_1(t)$**及** $x_2(t)$**的 Z 变换分别为** $X(z)$、$X_1(z)$**及** $X_2(z)$**，并设** a **为常数或与时间** t **及复变量** z **无关的变量，则有**

$$\mathscr{Z}[ax(t)]=aX(z) \tag{7-32}$$

$$\mathscr{Z}[x_1(t)\pm x_2(t)]=X_1(z)\pm X_2(z) \tag{7-33}$$

式(7-32)及(7-33)所表达的便是 Z 变换的线性定理。该定理通过式(7-21)很容易得到证明。线性定理说明 Z 变换具有线性性质。

2) 迟后定理

设连续时间函数 $x(t)$**当** $t<0$ **时恒为 0，且具有 Z 变换，则有**

$$\mathscr{Z}[x(t-kT_0)]=z^{-k}\cdot X(z) \tag{7-34}$$

式(7-34)所示为 Z 变换的迟后定理，它说明当原函数 $x(t)$在时间上产生 k 个采样周期 kT_0 的迟后时，其相应的 Z 变换具有通过 z^{-k}表示的 k 步负偏移或 k 步迟后。

证明 根据式(7-21)所示 Z 变换定义，求得

$$\mathscr{Z}[x(t-kT_0)]=\sum_{n=0}^{\infty}x(nT_0-kT_0)z^{-n}$$

将上式展开，并考虑到

$$x(-T_0)=x(-2T_0)=\cdots=x(-kT_0)=0$$

得到

$$\mathscr{Z}[x(t-kT_0)]=x(0)z^{-k}+x(T_0)z^{-(k+1)}+\cdots+x(nT_0)z^{-(k+n)}+\cdots=z^{-k}X(z)$$

定理得证。

注意，迟后算子 z^{-k} 表示在时间上具有 kT_0s 迟后的时滞环节特性，见图 7－8。

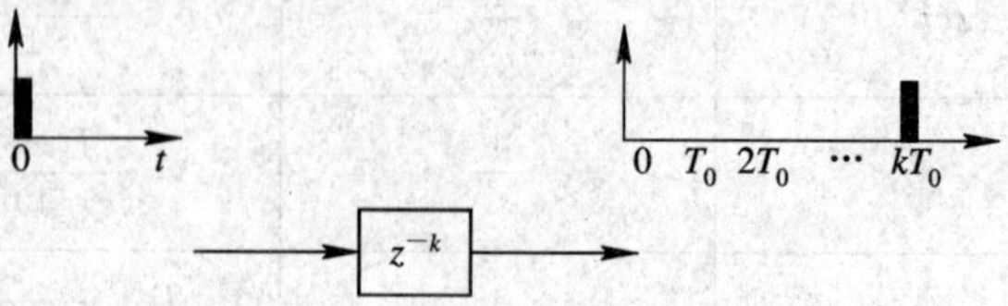

图 7－8　z^{-k} 表示的时滞

3）终值定理

设连续时间函数 $x(t)$ 的 Z 变换为 $X(z)$，并设 $X(z)$ 不含 $z=1$ 的二重以上极点，以及在 z 平面单位圆外无极点，则 $x(t)$ 的终值通过其 Z 变换 $X(z)$ 求得，为

$$\lim_{t\to\infty}x(t)=\lim_{z\to 1}[(z-1)X(z)] \tag{7-35}$$

式(7－35)所表达的便是 Z 变换的终值定理。

证明　根据式(7－21)，已知离散时间函数 $x(nT_0)(n=0, 1, 2, \cdots)$ 的 Z 变换为

$$\mathscr{Z}[x(nT_0)]=\sum_{n=0}^{\infty}x(nT_0)z^{-n}=X(z)$$

仿上式还可以写出

$$\mathscr{Z}\{x[(n+1)T_0]\}=\sum_{n=0}^{\infty}x[(n+1)T_0]z^{-n}$$

其中，

$$\begin{aligned}\sum_{n=0}^{\infty}x[(n+1)T_0]z^{-n}&=x(T_0)+x(2T_0)z^{-1}+x(3T_0)z^{-2}+\cdots+x(nT_0)z^{-(n-1)}+\cdots\\&=zX(z)-zx(0)\end{aligned}$$

由此求得

$$\sum_{n=0}^{\infty}x[(n+1)T_0]z^{-n}-\sum_{n=0}^{\infty}x(nT_0)z^{-n}=zX(z)-zx(0)-X(z)$$

或写成

$$\sum_{n=0}^{\infty}x[(n+1)T_0]z^{-n}-\sum_{n=0}^{\infty}x(nT_0)z^{-n}+zx(0)=(z-1)X(z)$$

对上式等号两边同取 $z\to 1$ 的极限，可得

$$x(\infty)=\lim_{z\to 1}(z-1)X(z)$$

即

$$\lim_{t\to\infty}x(t)=\lim_{z\to 1}(z-1)X(z)$$

定理得证。

式(7－35)所示终值定理可用于计算数字控制系统的稳定误差。

7.4.3 Z反变换

Z反变换是Z正变换(简称Z变换)的逆运算。通过Z反变换，可由象函数$X(z)$求取相应的原函数——采样脉冲序列。也就是说，通过Z反变换得到的仅是各采样时刻上连续时间函数的函数值。下面介绍与Z正变换对应的三种求取Z反变换的方法。

1) 长除法

将连续时间函数$x(t)$的Z变换$X(z)$展开成z^{-1}的无穷级数，即

$$X(z)=x(0)+x(T_0)z^{-1}+x(2T_0)z^{-2}+\cdots+x(nT_0)z^{-n}+\cdots \tag{7-36}$$

设象函数$X(z)$为复变量z的有理函数，即

$$X(z)=\frac{M(z)}{N(z)}$$

式中，

$$M(z)=b_0+b_1z^{-1}+b_2z^{-2}+\cdots+b_mz^{-m}$$
$$N(z)=a_0+a_1z^{-1}+a_2z^{-2}+\cdots+a_kz^{-k},\quad k\geqslant m$$

通过分子多项式$M(z)$除以分母多项式$N(z)$的长除法，可得到具有式(7-36)所示形式的无穷级数，级数中z^{-n}项系数$x(nT_0)(n=0, 1, 2, \cdots, \infty)$将是采样脉冲序列$x^*(t)$的脉冲强度。因此，根据$x(nT_0)(n=0, 1, 2, \cdots, \infty)$便可写成原函数$x^*(t)$，即

$$x^*(t)=\sum_{n=0}^{\infty}x(nT_0)\delta(t-nT_0)$$

注意，应用长除法求取式(7-36)所示的无穷级数时，多项式$M(z)$及$N(z)$均需写成z^{-1}的升幂形式。

例 7.6 试求取$X(z)=10z/(z-1)(z-2)$的Z反变换$x^*(t)$。

解 由

$$X(z)=\frac{10z}{(z-1)(z-2)}=\frac{10z^{-1}}{1-3z^{-1}+2z^{-2}}$$

应用长除法求得

$$X(z)=10z^{-1}+30z^{-2}+70z^{-3}+150z^{-4}+\cdots$$

对照式(7-36)，由上得到

$$\begin{aligned}x(0)&=0\\x(T_0)&=10\\x(2T_0)&=30\\x(3T_0)&=70\\x(4T_0)&=150\\&\vdots\end{aligned}$$

因此，脉冲序列$x^*(t)$可写为

$$x^*(t)=10\delta(t-T_0)+30\delta(t-2T_0)+70\delta(t-3T_0)+150\delta(t-4T_0)+\cdots$$

需要指出，虽然应用长除法由象函数$X(z)$易于求得连续时间函数$x(t)$在各采样时刻上的函数值$x(nT_0)(n=0, 1, 2, \cdots, \infty)$，但要写出函数值的一般表达式往往是比较困难的。

2）部分分式法

由已知的象函数 $X(z)$ 求出极点 z_1，z_2，…，z_n，再将 $X(z)/z$ 展开成部分分式和的形式，即

$$\frac{X(z)}{z}=\sum_{i=1}^{n}\frac{A_i}{z-z_i}$$

由 $X(z)/z$ 求取 $X(z)$ 的表达式，即

$$X(z)=\sum_{i=1}^{n}\frac{A_i z}{z-z_i}$$

最后，逐项地通过查 Z 变换表求取 $A_i z/(z-z_i)$ 对应的 Z 反变换，并根据这些反变换写出与象函数 $X(z)$ 对应的原函数 $x^*(t)$，即

$$x^*(t)=\sum_{n=0}^{\infty}\mathscr{Z}^{-1}\left[\frac{A_i z}{z-z_i}\right]\cdot\delta(t-nT_0) \tag{7-37}$$

式中 $\mathscr{Z}^{-1}[\cdot]$ 是对括号内的象函数求 Z 反变换的符号。

例 7.7 应用部分分式法求取 $X(z)=10z/(z-1)(z-2)$ 的 Z 反变换。

解 将 $X(z)=10z/(z-1)(z-2)$ 展开成部分分式和的形式，即

$$\frac{X(z)}{z}=-\frac{10}{z-1}+\frac{10}{z+2}$$

由上式求得 $X(z)$，即

$$X(z)=-10\frac{z}{z-1}+10\frac{z}{z+2}$$

通过查 Z 变换表 7-2，求得

$$\mathscr{Z}^{-1}\left[\frac{z}{z-1}\right]=1,\quad \mathscr{Z}^{-1}\left[\frac{z}{z-2}\right]=2^n$$

最后，写出 $X(z)$ 对应的原函数 $x^*(t)$ 为

$$x^*(t)=10\sum_{n=0}^{\infty}(-1+2^n)\cdot\delta(t-nT_0)$$

其中

$$x(nT_0)=10(-1+2^n)\qquad n=0,1,2,3,\cdots,\infty$$

即由此求得

$$\begin{aligned}x(0)&=0\\x(T_0)&=10\\x(2T_0)&=30\\x(3T_0)&=70\\x(4T_0)&=150\\&\vdots\end{aligned}$$

显然，上述结果与例 7.6 求得的 $x(0)$，$x(T_0)$，$x(2T_0)$，…相同。不难看出，应用部分分式法可以很容易地求得 $z^{-n}(n=0,1,2,\cdots,\infty)$ 项系数的一般表达式 $x(nT_0)(n=0,1,2,\cdots,\infty)$。

3）留数计算法

应用留数计算法求取已知 $X(z)$ 的 Z 反变换，首先求取 $x(nT_0)(n=0,1,2,\cdots,\infty)$，即

$$x(nT_0) = \sum \mathrm{res}[X(z) \cdot z^{n-1}]$$

其中留数和 $\sum \mathrm{res}[X(z) \cdot z^{n-1}]$ 可写为

$$\sum \mathrm{res}[X(z) \cdot z^{n-1}] = \sum_{i=1}^{l} \frac{1}{(r_i - 1)!} \cdot \frac{\mathrm{d}^{r_i - 1}}{\mathrm{d}z^{r_i - 1}}[(z - z_i)^{r_i} X(z) \cdot z^{n-1}]\bigg|_{z=z_i} \tag{7-38}$$

式中，$z_i(i=1, 2, \cdots, l)$为 $X(z)$彼此不相等的极点，这些极点的总数为 l；r 为重极点 z_i 的重复个数。

其次由求得的 $x(nT_0)$，仿照式(7-5)可写出与已知象函数 $X(z)$对应的原函数——脉冲序列

$$x^*(t) = \sum_{n=0}^{\infty} x(nT_0)\delta(t - nT_0)$$

例 7.8 试求取 $X(z)=z/(z-\gamma)(z-1)^2$ 的 Z 反变换。

解 应用留数计算法求取 $X(z)$的 Z 反变换。首先根据已知的 $X(z)$，通过式(7-38)计算 $x(nT_0)$。为此，由 $X(z)$求得其极点为 $z_1=\gamma$ 及 $z_2=1$，其中 z_1 为单极点，即 $r_1=1$，z_2 为二重极点，即 $r_2=2$。由式(7-38)计算出

$$\begin{aligned} x(nT_0) &= (z-\gamma) \cdot \frac{z}{(z-\gamma)(z-1)^2} \cdot z^{n-1}\bigg|_{z=\gamma} \\ &\quad + \frac{1}{(2-1)!} \cdot \frac{\mathrm{d}}{\mathrm{d}z}\left[(z-1)^2 \frac{z}{(z-\gamma)(z-1)^2} \cdot z^{n-1}\right]\bigg|_{z=1} \\ &= \frac{\gamma^n}{(\gamma-1)^2} + \frac{n}{1-\gamma} - \frac{1}{(1-\gamma)^2} \qquad n = 1, 2, \cdots \end{aligned}$$

最后，求得已知 $X(z)$的 Z 反变换为

$$x^*(t) = \sum_{n=0}^{\infty}\left[\frac{\gamma^n}{(\gamma-1)^2} + \frac{n}{1-\gamma} - \frac{1}{(1-\gamma)^2}\right] \cdot \delta(t - nT_0)$$

上面列举了求取 Z 反变换的三种常用方法。其中长除法最简单，但由长除法得到的 Z 反变换为开式而非闭式，通过其余两种方法得到的均为闭式。

7.5 脉冲传递函数

分析线性数字控制系统时，脉冲传递函数是个很重要的概念。正如线性连续控制系统的特性可由传递函数来描述一样，线性数字控制系统的特性可通过脉冲传递函数来描述。图 7-9 所示为典型开环线性数字控制系统的方框图，其中 $G(s)$为该系统连续部分的传递函数。连续部分的输入为采样周期等于 T_0 的脉冲序列 $\varepsilon^*(t)$，其输出为经虚拟同步采样开关的脉冲序列 $c^*(t)$。$c^*(t)$反映连续输出 $c(t)$在采样时刻上的离散值。

脉冲传递函数的定义是输出脉冲序列的 Z 变换与输入脉冲序列的 Z 变换之比。如图 7-9 所示开环线性数字控制系统的连续部分的脉冲传递函数 $G(s)$为

$$G(z) = \frac{\mathscr{Z}[c^*(t)]}{\mathscr{Z}[\varepsilon^*(t)]} = \frac{C(z)}{\varepsilon(z)} \tag{7-39}$$

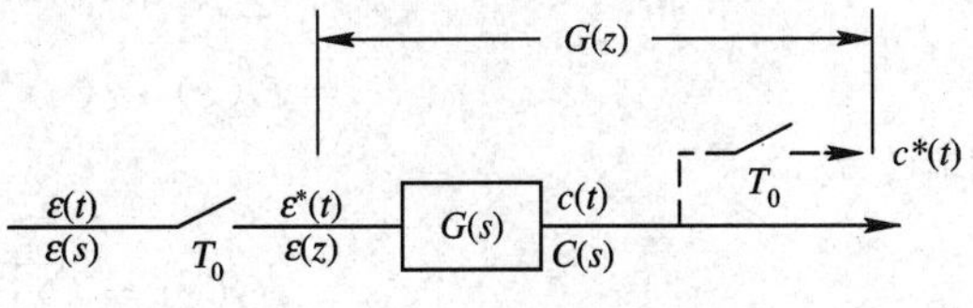

图 7-9 开环线性数字控制系统方框图

脉冲传递函数 $G(z)$ 可通过连续部分的传递函数 $G(s)$ 来求取。例如，设

$$G(s)=\frac{1}{s(0.1s+1)}$$

则可通过部分分式法求取相应的 Z 变换 $G(z)$，该 $G(z)$ 便是对应 $G(s)$ 的脉冲传递函数，即由

$$G(s)=\frac{10}{s(s+10)}=\frac{1}{s}-\frac{1}{s+10}$$

求得

$$G(z)=\frac{z}{z-1}-\frac{z}{z-\mathrm{e}^{-10T_0}}=\frac{z(z-\mathrm{e}^{-10T_0})}{(z-1)(z-\mathrm{e}^{-10T_0})}$$

下面从线性连续系统响应理想单位脉冲 $\delta(t)$ 的脉冲响应 $g(t)$ 角度说明脉冲传递函数的物理意义。

基于脉冲响应概念，当线性数字控制系统连续部分的输入信号为脉冲序列

$$\varepsilon_h^*=\sum_{n=0}^{\infty}\varepsilon(nT_0)\delta(t-nT_0)$$

时，其输出为一系列脉冲响应之和，即

$$c(t)=\varepsilon(0)g(t)+\varepsilon(T_0)g(t-T_0)+\cdots+\varepsilon(nT_0)g(t-nT_0)+\cdots$$

在 $t=mT_0$ 时刻，输出响应 $c(t)$ 的脉冲强度为

$$\begin{aligned}c(mT_0)&=\varepsilon(0)g(mT_0)+\varepsilon(T_0)g[(m-1)T_0]+\cdots+\varepsilon(nT_0)g[(m-n)T_0]+\cdots\\&=\sum_{n=0}^{\infty}\varepsilon(nT_0)g[(m-n)T_0]\end{aligned}$$

由于 $c(mT_0)$ 只表示发生在 mT_0 时刻的脉冲强度，故输出的脉冲响应序列为

$$c^*(t)=\sum_{m=0}^{\infty}c(mT_0)\delta(t-mT_0)$$

对上式取 Z 变换，得到

$$C(z)=\sum_{m=0}^{\infty}c(mT_0)z^{-m}=\sum_{m=0}^{\infty}\sum_{n=0}^{\infty}\varepsilon(nT_0)g[(m-n)T_0]\cdot z^{-m}$$

记 $m-n=h$，上式可改写为

$$C(z)=\sum_{h=-n}^{\infty}\sum_{n=0}^{\infty}\varepsilon(nT_0)g(hT_0)\cdot z^{-n}\cdot z^{-h}$$

由于 $h<0$，即 $m-n<0$，$g[(m-n)T_0]=0$，故有

$$\begin{aligned}C(z)&=\sum_{h=-n}^{\infty}\sum_{n=0}^{\infty}\varepsilon(nT_0)g(hT_0)\cdot z^{-n}\cdot z^{-h}\\&=\sum_{h=0}^{\infty}g(hT_0)z^{-h}\cdot\sum_{n=0}^{\infty}\varepsilon(nT_0)z^{-n}\\&=G(z)\cdot\varepsilon(z)\end{aligned}$$

其中，

$$G(z)=\sum_{h=0}^{\infty}g(hT_0)z^{-h}$$

于是求得

$$G(z) = \frac{C(z)}{\varepsilon(z)}$$

这便是上面定义的脉冲传递函数。从以Z变换形式表达的$G(z)$定义看到，系统的响应速度越高，其脉冲响应$g(t)$衰减越快，因此，相应的脉冲传递函数$G(z)$展开式中包含的项数便越少。

7.5.1 线性数字控制系统的开环脉冲传递函数

线性数字控制系统开环脉冲传递函数的定义是主反馈信号与偏差信号Z变换之比。

$$G(z) = \frac{Y(z)}{\varepsilon(z)} \tag{7-40}$$

式中，$G(z)$为开环脉冲传递函数；$\varepsilon(z)$为偏差信号的Z变换；$Y(z)$为主反馈信号的Z变换。

图7-10所示为线性数字控制系统开环方框图的三种形式，其中$G_0(z)$为前向通道传递函数，$H(z)$为主反馈通道传递函数；图(a)为单位反馈系统方框图，图(b)和(c)为非单位反馈系统方框图。

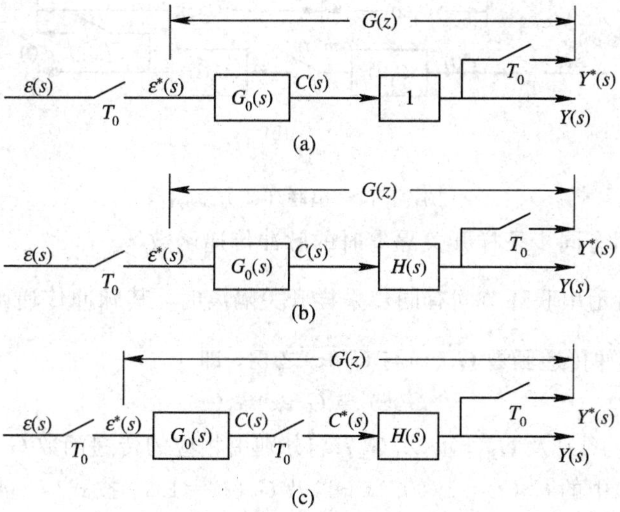

图7-10　线性数字控制系统开环方框图

下面分三种情况分析线性数字控制系统的开环脉冲传递函数。

1）串联环节间无同步采样开关隔离时的脉冲传递函数

图7-11(a)所示串联环节无同步采样开关隔离时，其脉冲传递函数$G(z)=C(z)/\varepsilon(z)$由描述连续工作状态的传递函数$G_1(s)$与$G_2(s)$乘积$G_1(s)G_2(s)$来求取，记为

$$G(z) = \mathscr{Z}[G_1(s)G_2(s)] = G_1G_2(z) \tag{7-41}$$

设两串联环节的传递函数分别为$G_1(s)=1/(0.1s+1)$及$G_2(s)=1/s$，求取它们之间无同步采样开关隔离时的脉冲传递函数。按式(7-41)要求，首先计算

$$G_1(s)G_2(s) = \frac{1}{s(0.1s+1)} = \frac{1}{s} - \frac{1}{s-10}$$

然后由$G(z)=\mathscr{Z}[G_1(s)G_2(s)]$求取脉冲传递函数

$$G(z)=\frac{z}{z-1}-\frac{z}{z-\mathrm{e}^{-10T_0}}=\frac{z(z-\mathrm{e}^{-10T_0})}{(z-1)(z-\mathrm{e}^{-10T_0})}$$

对于图 7-10(a)所示的单位反馈线性数字控制系统，其开环脉冲传递函数

$$G(z)=\mathscr{Z}[G_0(s)]=G_0(z)$$

其中 $G_0(s)$可以是若干(如 m 个)无同步采样开关隔离的串联环节的等效传递函数。在这种情况下，开环脉冲传递函数 $G(z)$为

$$G(z)=\mathscr{Z}[G_1(s)G_2(s)\cdots G_n(s)]=G_1G_2\cdots G_n(z) \tag{7-42}$$

对于图 7-10(b)所示的非单位线性数字控制系统，其开环脉冲传递函数

$$G(z)=\mathscr{Z}[G_0(s)H(s)]=G_0H(z)$$

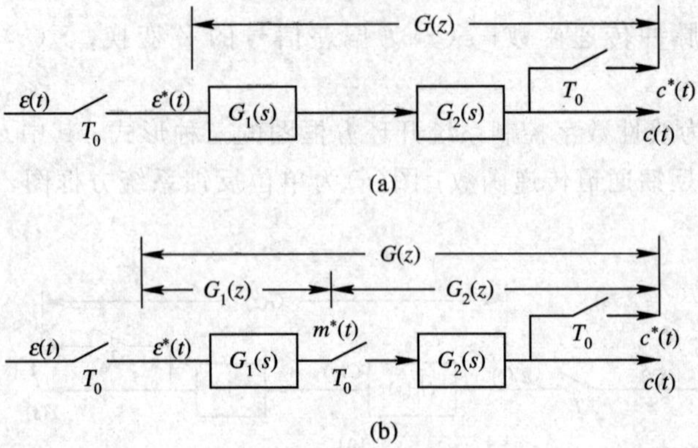

图 7-11　串联环节方框图

2) 串联环节间有同步采样开关隔离时的脉冲传递函数

图 7-11(b)所示串联环节间有同步采样开关隔离时，其脉冲传递函数 $G(z)=\dfrac{C(z)}{\varepsilon(z)}$等于各串联环节的脉冲传递函数 $G_1(z)$与 $G_2(z)$之积，即

$$G(z)=G_1(z)G_2(z) \tag{7-43}$$

其中，$G_1(z)=Z[G_1(s)]$及 $G_2(z)=Z[G_2(s)]$分别由相应的传递函数 $G_1(s)$及 $G_2(s)$求取。

设图 7-11(b)中的 $G_1(s)=1/(0.1s+1)$及 $G_2(s)=1/s$。按式(7-43)求取它们之间有同步采样开关隔离时的脉冲传递函数时，首先需计算

$$G_1(z)=\mathscr{Z}[G_1(s)]=\frac{10z}{z-\mathrm{e}^{-10T_0}}$$

$$G_2(z)=\mathscr{Z}[G_2(s)]=\frac{z}{z-1}$$

然后由式(7-43)求得脉冲传递函数为

$$G(z)=G_1(z)G_2(z)=\frac{10z^2}{(z-1)(z-\mathrm{e}^{10T_0})}$$

对于如图 7-10(c)所示的非单位反馈线性数字控制系统，由式(7-43)求得其开环脉冲传递函数为

$$G(z)=\mathscr{Z}[G_0(s)]\cdot\mathscr{Z}[H(s)]=G_0(z)H(z)$$

其中若 $G_0(s)$为若干个环节无同步采样开关隔离时的脉冲传递函数，则相应的 $G_0(z)$需按

式(7-42)求取。

综上分析，在串联环节间有无同步采样开关隔离，其总的脉冲传递函数是不相同的。这时，需注意：

$$G_1G_2(z) \neq G_1(z) \cdot G_2(z)$$

在串联环节间有同步采样开关隔离时，总的脉冲传递函数的极点与零点和串联环节的极点与零点相同；在串联环节间无同步采样开关隔离时，前者与后者的极点仍相同，但它们的零点却不完全一样。

显然，针对两个环节串联时得到的关于求取其总的脉冲传递函数的结论完全可以推广到多个环节串联时的情况，如式(7-42)所示。

3）环节与零阶保持器串联时的脉冲传递函数

设零阶保持器的传递函数 $G_1'(s)=(1-\mathrm{e}^{-T_0 s})/s$ 以及另一串联环节的传递函数为 $G_2'(s)$，它是复变量 s 的有理分式。显然，在这种情况下，两个串联环节之间无同步采样开关隔离。为求取总的脉冲传递函数，首先需要计算

$$G_1'(s)G_2'(s) = \frac{1-\mathrm{e}^{-T_0 s}}{s} \cdot G_2'(s) = (1-\mathrm{e}^{-T_0 s})\frac{G_2'(s)}{s} = G_1(s)G_2(s)$$

其中

$$G_1(s) = 1-\mathrm{e}^{-T_0 s}, \quad G_2(s) = \frac{G_2'(s)}{s}$$

由于 $G_1(s)=1-\mathrm{e}^{-T_0 s}$ 不是复变量 s 的有理分式，故不能直接按式(7-41)来计算 $G_1G_2(z)$。但由

$$G_1(s)G_2(s) = (1-\mathrm{e}^{-T_0 s})G_2(s) = G_2(s) - G_2(s)\mathrm{e}^{-T_0 s}$$

看出，$G_1(s)G_2(s)$ 代表两个时域特性的组合，其中 $G_2(s)\mathrm{e}^{-T_0 s}$ 是时域特性 $\mathscr{L}^{-1}[G_2(s)]$ 在具有时滞等于一个采样周期 T_0 情况下的迟后特性。因此，基于 Z 变换的迟后定理，求得环节 $G_2'(s)$ 与零阶保持器串联时总的脉冲传递函数为

$$\begin{aligned} G(z) &= \mathscr{Z}[G_1(s)G_2(s)] = \mathscr{Z}[G_2(s) - G_2(s)\mathrm{e}^{-T_0 s}] \\ &= \mathscr{Z}[G_2(s)] - \mathscr{Z}[G_2(s)] \cdot z^{-1} \\ &= (1-z^{-1})\mathscr{Z}[G_2(s)] \end{aligned} \tag{7-44}$$

式中

$$G_2(s) = \frac{G_2'(s)}{s}$$

设与零阶保持器串联的环节的传递函数为

$$G_2'(s) = \frac{k}{s(s+a)}$$

其中 k 与 a 为常量，按式(7-44)求得环节 $G_2'(s)$ 与零阶保持器串联的脉冲传递函数为

$$\begin{aligned} G(z) &= (1-z^{-1}) \cdot \mathscr{Z}\left[\frac{1}{s} \cdot \frac{k}{s(s+a)}\right] \\ &= (1-z^{-1})\mathscr{Z}\left[k\left(\frac{1}{as^2} - \frac{1}{a^2 s} + \frac{1}{a^2(s+a)}\right)\right] \\ &= \frac{k[(aT_0 - 1 + \mathrm{e}^{-aT_0})z + (1-\mathrm{e}^{-aT_0} - aT_0\mathrm{e}^{-aT_0})]}{a^2(z-1)(z-\mathrm{e}^{-aT_0})} \end{aligned} \tag{7-45}$$

7.5.2 线性数字控制系统的闭环脉冲传递函数

典型线性数字控制系统的方框图如图 7－12 所示。

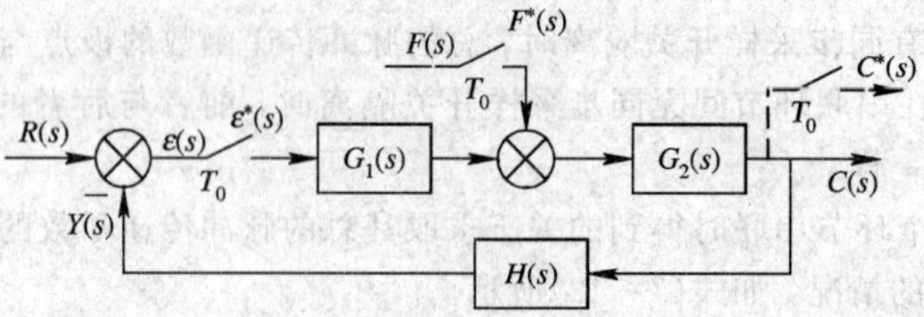

图 7－12 线性数字控制系统方框图

首先求得在控制信号 $r(t)$ 作用下线性数字控制系统的闭环脉冲传递函数。从图 7－12 可写出下列关系式：

$$C(s)=G_1(s)G_2(s)\varepsilon^*(s)$$

$$Y(s)=H(s)C(s)$$

$$\varepsilon(s)=R(s)-Y(s)$$

由上列各式求得

$$\varepsilon(s)=R(s)-G_1(s)G_2(s)H(s)\varepsilon^*(s) \tag{7-46}$$

其中，$\varepsilon^*(s)$ 代表对偏差信号 $\varepsilon(t)$ 进行采样所得脉冲序列的拉氏变换，也就是离散偏差的 Z 变换，即有

$$\varepsilon^*(s)=\varepsilon(z) \tag{7-47}$$

将式(7－47)代入式(7－46)，并将式(7－46)等号两边各项取 Z 变换，可得

$$\varepsilon(z)=R(s)-G_1G_2H(z)\cdot\varepsilon(z)$$

由上式求得偏差信号对于控制信号的闭环脉冲传递函数为

$$\frac{\varepsilon(z)}{R(z)}=\frac{1}{1+G_1G_2H(s)} \tag{7-48}$$

考虑到 $C(z)=G_1G_2(z)\cdot\varepsilon(z)$

由式(7－48)求得被控制信号对于控制信号的闭环脉冲传递函数为

$$\frac{C(z)}{R(z)}=\frac{G_1G_2(z)}{1+G_1G_2H(s)} \tag{7-49}$$

其次求取在扰动信号 $f(t)$ 单独作用下线性数字控制系统的闭环脉冲传递函数。从图 7－12 可写出

$$C(z)=G_2(z)F(z)+G_1G_2(z)\varepsilon(z)$$

$$\varepsilon(z)=-H(z)\cdot C(z)$$

由上列两式最终求得被控制信号对于扰动信号的闭环脉冲传递函数为

$$\frac{C(z)}{F(z)}=\frac{G_2(z)}{1+G_1G_2H(s)} \tag{7-50}$$

对于单位反馈线性控制系统，由于 $H(s)=1$，因此式(7－48)～(7－50)分别变成

$$\frac{\varepsilon(z)}{R(z)}=\frac{1}{1+G_1G_2(s)} \tag{7-51}$$

$$\frac{C(z)}{R(z)}=\frac{G_1G_2(z)}{1+G_1G_2(s)} \tag{7-52}$$

$$\frac{C(z)}{F(z)}=\frac{G_2(z)}{1+G_1G_2(s)} \tag{7-53}$$

表 7-3 所列为常见线性数字控制系统的方框图及其被控制信号的 Z 变换 $C(z)$。

表 7-3　常见线性数字控制系统的方框图及 $C(z)$

序号	系统方框图	$C(z)$计算式
1	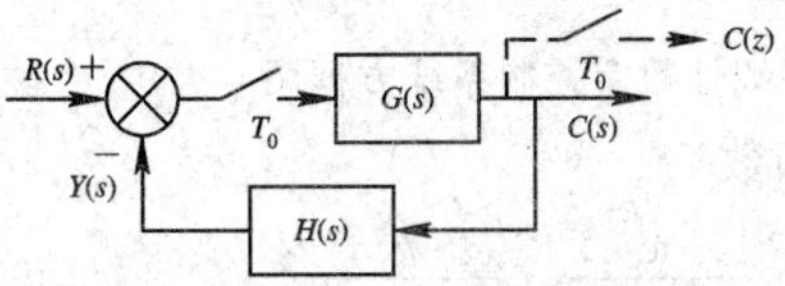	$\frac{G(z)\cdot R(z)}{1+GH(z)}$
2	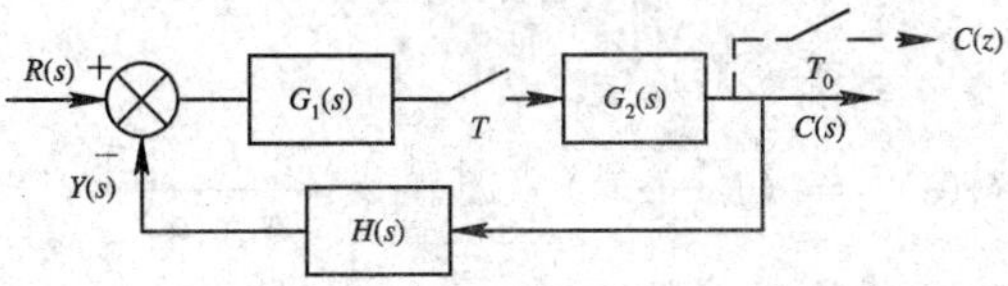	$\frac{RG_1(z)\cdot G_2(z)}{1+G_2HG_1(z)}$
3	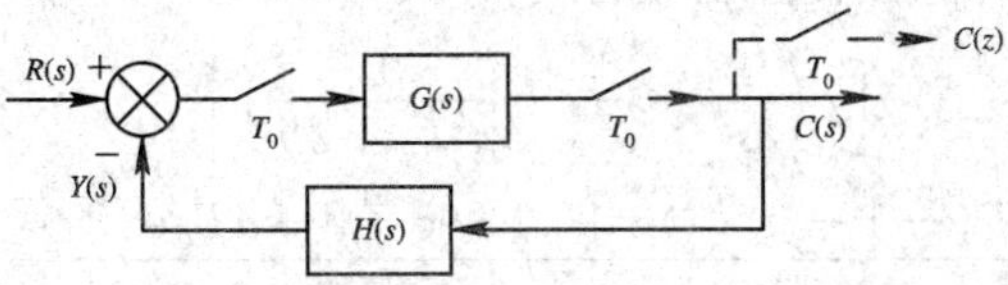	$\frac{G(z)\cdot R(z)}{1+G(z)H(z)}$
4	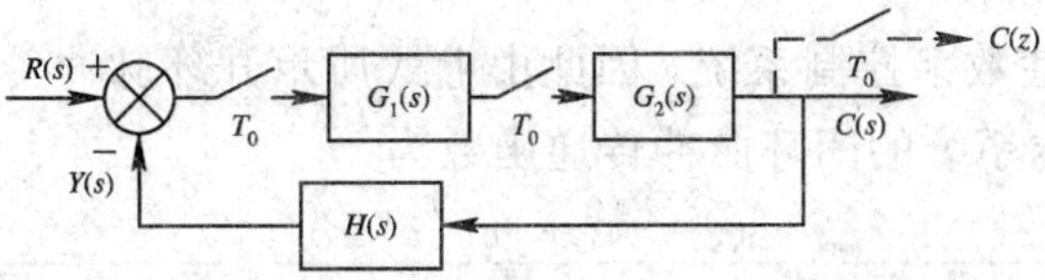	$\frac{G_1(z)\cdot G_2(z)\cdot R(s)}{1+G_1(z)G_2H(z)}$
5	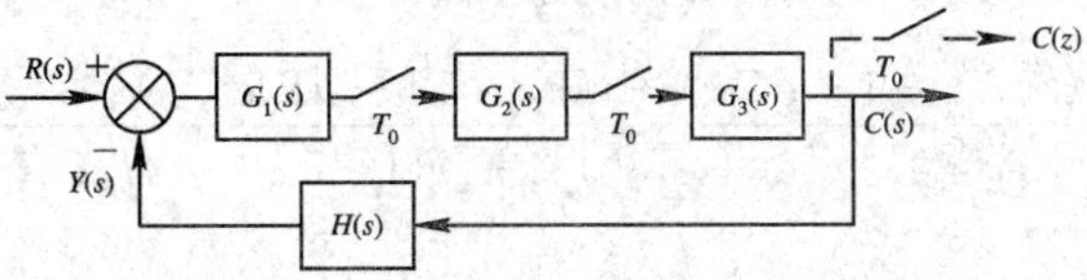	$\frac{RG_1(z)\cdot G_2(z)\cdot G_3(s)}{1+G_2(z)G_1G_3H(z)}$
6	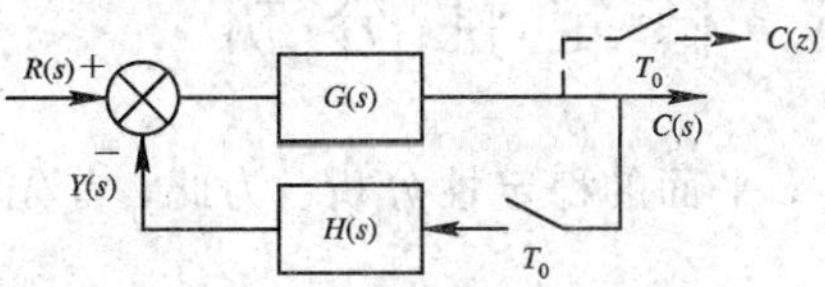	$\frac{RG(z)}{1+GH(z)}$
7	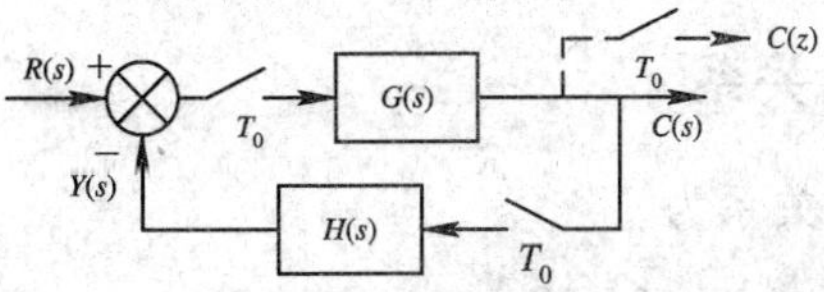	$\frac{G(z)R(z)}{1+G(z)H(z)}$
8	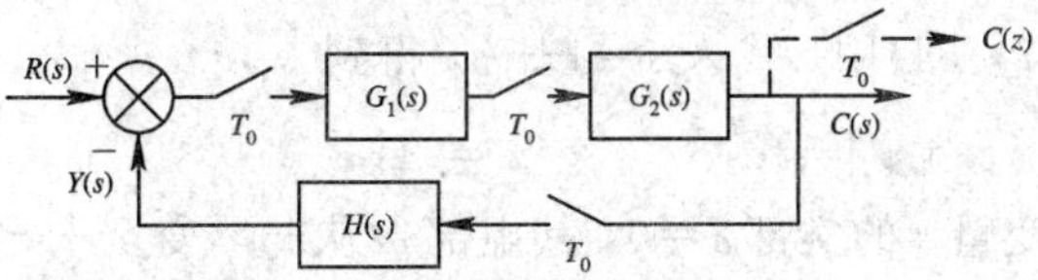	$\frac{G_1(z)\cdot G_2(z)\cdot R(s)}{1+G_1(z)G_2H(z)}$

例 7.9 试求取图 7-13 所示线性数字控制系统的闭环脉冲传递函数，图中$((1-e^{-T_0 s})/s)$为零阶保持器的传递函数，$k/s(s+a)$为连续部分的传递函数，k 与 a 均为常数。

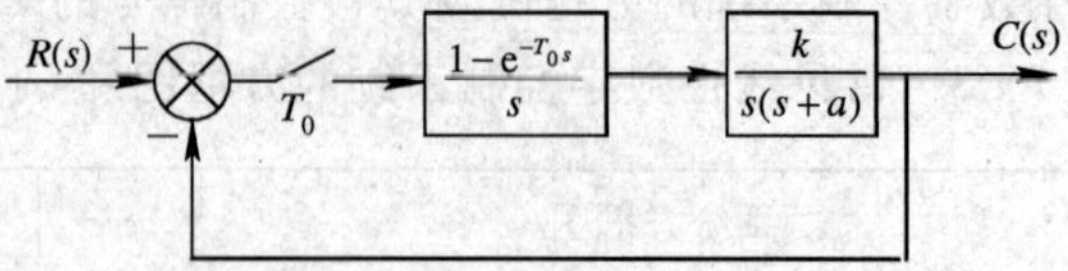

图 7-13 线性数字控制系统方框图

解 通过 Z 变换，根据开环传递函数

$$G(s) = \frac{1-e^{-T_0 s}}{s} \cdot \frac{k}{s(s+a)}$$

求取开环脉冲传递函数

$$G(z) = \mathscr{Z}[G(s)] = (1-z^{-1}) \cdot \mathscr{Z}\left[\frac{1}{s} \cdot \frac{k}{s(s+a)}\right]$$

由式(7-45)求得给定系统的开环脉冲传递函数为

$$\begin{aligned} G(z) &= (1-z^{-1})\mathscr{Z}\left[k\left(\frac{1}{as^2} - \frac{1}{a^2 s} + \frac{1}{a^2(s+a)}\right)\right] \\ &= \frac{k[(aT_0 - 1 + e^{-aT_0})z + (1 - e^{-aT_0} - aT_0 e^{-aT_0})]}{a^2(z-1)(z-e^{-aT_0})} \end{aligned}$$

由于给定系统是单位反馈线性数字控制系统，因此由上式所示开环脉冲传递函数，根据式(7-51)及(7-52)可求得给定系统的闭环脉冲传递函数为

$$\frac{\varepsilon(z)}{R(z)} = \frac{a^2(z-1)(z-e^{-aT_0})}{a^2 z^2 + [k(aT_0 - 1 + e^{-aT_0}) - a^2(1+e^{-aT_0})]z + [k(1-e^{-aT_0} - a_0 T_0 e^{-aT_0}) + a^2 e^{-aT_0}]}$$

$$\frac{C(z)}{R(z)} = \frac{k[(aT_0 - 1 + e^{-aT_0})z + (1-e^{-aT_0} - aT_0 e^{-aT_0})]}{a^2 z^2 + [k(aT_0 - 1 + e^{-aT_0}) - a^2(1+e^{-aT_0})]z + [k(1-e^{-aT_0} - aT_0 e^{-aT_0}) + a^2 e^{-aT_0}]}$$

7.6 稳定性分析

本节介绍线性数字控制系统在 z 平面的稳定性分析。为此，首先说明 s 平面与 z 平面的映射关系。

7.6.1 s 平面与 z 平面的映射关系

复变量 s 与复变量 z 间的转换关系为

$$z = e^{T_0 s} \tag{7-54}$$

式中 T_0 为采样周期。在式(7-54)中，代入 $s=\sigma+j\omega$，得到

$$|z| = e^{T_0 \sigma} \qquad \angle z = T_0 \omega \tag{7-55}$$

对于 s 平面的虚轴，复变量 s 的实部 $\sigma=0$，其虚部 ω 从 $-\infty$ 变至 $+\infty$。从式(7-55)可见，$\sigma=0$ 对应 $|z|=1$，ω 从 $-\infty$ 变至 $+\infty$ 对应复变量 z 的幅角 $\angle z$ 也从 $-\infty$ 变到 $+\infty$。当 ω

从$-\omega_s/2$变到$+\omega_s/2$时，$\angle z$由$-\pi$变到$+\pi$。因此，s平面虚轴由$-j\omega_s/2\sim+j\omega_s/2$区段，见图7-14(a)，映射到$z$平面为一单位圆，如图7-14(b)所示。不难看出，虚轴上$-3j\omega_s/2\sim-j\omega_s/2$以及$+j\omega_s/2$到$+3j\omega_s/2$等区段在$z$平面上的映射同样是一单位圆。这样，当复变量$s$从$s$平面虚轴的$-j\infty$变到$+j\infty$时，复变量$z$在$z$平面将按逆时针方向沿单位圆重复转过无穷多圈，也就是说，s平面的虚轴在z平面的映像为单位圆。

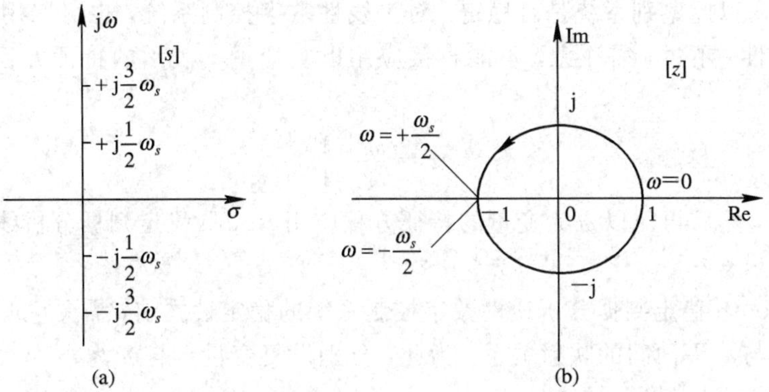

图 7-14　s平面虚轴在z平面上的映射

在s平面的左半部，复变量s的实部$\sigma<0$，因此$|z|<1$。这样，s平面的左半部映射到z平面的单位圆内部，同理，s平面右半部($\sigma>0$)在z平面的映像为单位圆外部区域。

从对s平面与z平面映射关系的分析可见，s平面上的稳定区域(左半部)在z平面上的映像为单位圆内部区域。这说明，在z平面中，单位圆之内是z平面的稳定区域，其外部是z平面的不稳定区域；而单位圆的周线则是临界稳定的标志。

7.6.2　线性数字控制系统稳定的充要条件

图7-12所示线性数字控制系统的闭环脉冲传递函数为

$$\frac{C(z)}{R(z)}=\frac{G_1G_2(z)}{1+G_1G_2H(z)}$$

由上式求得闭环系统的特征方程为

$$1+G_1G_2H(z)=0 \tag{7-56}$$

设闭环系统的特征根或闭环脉冲传递函数的极点为z_1，z_2，…，z_n，则线性数字控制系统稳定的充要条件是：

线性数字控制系统的全部特征根$z_i(i=1, 2, \cdots, n)$均须分布在z平面的单位圆内，或全部特征根的模必须小于1，即$|z_i|<1(i=1, 2, \cdots, n)$，如果在上述特征根中，有位于单位圆之外者时，则闭环系统将是不稳定的。

例7.10　试分析例7.9所示线性数字控制系统当参数$\alpha=1$，$k=1$及$T_0=1$ s时的稳定性。

解　例7.9所示线性数字控制系统的闭环特征方程为

$$z^2-z+0.632=0$$

解出两个特征根，分别是$z_1=0.5+j0.618$，$z_2=0.5-j0.618$，其模

$$|z_1| = |z_2| = 0.795 < 1$$

由于两个特征根均分布在 z 平面的单位圆内，因此该线性控制系统在给定参数下是稳定的。

7.6.3 劳斯(Routh)稳定判据

分析线性连续控制系统时，曾应用 Routh 稳定性判据判断系统的特征根中位于 s 平面右半部的个数，以此鉴别系统是否稳定。对于线性数字控制系统，也可以用 Routh 稳定判据分析其稳定性。不过，需注意，不能直接应用以复变量 z 表示的特征方程，而必须首先进行

$$z = \frac{\omega + 1}{\omega - 1} \tag{7-57}$$

的所谓 ω 变换，然后再对以 ω 为变量的特征方程应用 Routh 稳定判据分析线性数字控制系统的稳定性。

在应用 Routh 稳定判据分析线性数字控制系统的稳定性之前，需要说明由 ω 变换联系起来的 z 平面与 ω 平面间的映射关系。为此，分别设复变量 z 与 ω 为

$$z = x + \mathrm{j}y$$

$$\omega = u + \mathrm{j}v$$

将式(7-57)改写成

$$\omega = \frac{z + 1}{z - 1} \tag{7-58}$$

将复变量 z 及 ω 通过它们的实部、虚部表示代入式(7-58)，可得

$$\omega = u + \mathrm{j}v = \frac{(x^2 + y^2) - 1}{(x-1)^2 + y^2} - \mathrm{j}\frac{2y}{(x-1)^2 + y^2} \tag{7-59}$$

其中 $x^2 + y^2 = |z|^2$。从式(7-59)看到，当复变量 z 的模 $|z| = 1$ 时，复变量 ω 的实部等于 0，而其虚部不为 0，这说明，z 平面单位圆在 ω 平面上的映像为 ω 平面的虚轴。对所有模大于 1 的复变量 z 来说，因为复变量 ω 的实部为正，故 z 平面单位圆外部区域在 ω 平面上的影响将是其整个右半部。同理，对于所有模小于 1 的复变量 z，由于对应的复变量 ω 的实部为负，故 z 平面单位圆内部区域在 ω 平面上的影响将是其整个左半部。z 平面与 ω 平面间的映射关系见图 7-15。

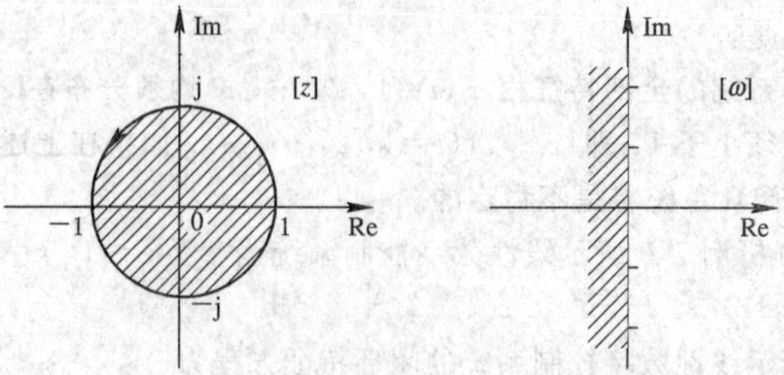

图 7-15　s 平面到 ω 平面上的映射

基于上述 z 平面与 ω 平面间的映射关系结论，闭环系统特征方程通过 ω 变换后，由于完全符合 Routh 稳定判据的应用条件，故可根据以复变量 ω 表示的闭环系统特征方程应用 Routh 稳定判据分析线性数字控制系统的稳定性。

例 7.11 试用 Routh 稳定判据分析例 7.9 所示线性数字控制系统当参数 $\alpha=1$，$k=1$ 及 $T_0=1$ s 时的稳定性。

解 在给定的参数条件下，例 7.9 所示线性数字控制系统的闭环特征方程为

$$z^2 - z + 0.632 = 0$$

根据式(7-57)，对上列特征方程进行 ω 变换，得到以复变量 ω 表示的特征方程为

$$0.632\omega^2 + 0.736\omega + 2.632 = 0$$

根据上述特征方程写出如下 Routh 计算表：

$$\begin{array}{lll} \omega^2 & 0.632 & 2.632 \\ \omega^1 & 0.736 & 0 \\ \omega^0 & 2.632 & \end{array}$$

从上述 Routh 计算表看出，例 7.9 所示线性数字控制系统在给定的参数条件下是稳定的，这个结论与例 7.10 中的结论相同。

最后还需指出，在图 7-13 所示的线性数字控制系统中，若无采样开关及零阶保持器，则变成一般的二阶线性控制系统，而这类系统的稳定性是与开环增益无关的。但二阶线性数字控制系统的稳定性却与开环增益的取值有很大关系。事实上，当开环增益较小时，系统可以稳定工作，如例 7.11 所示 $k=1$ 的情况；但在开环增益超过一定值(临界值)时，系统就会变成不稳定。开环增益 k 的临界值可用 Routh 稳定判据求取。例如，如图 7-13 所示的系统，在参数 $\alpha=1$，$T_0=1$ s 时，其闭环特征方程为

$$z^2 - (0.368k - 1.368)z + (0.264k + 0.368) = 0$$

经过 ω 变换，求得以复变量 ω 表示的特征方程为

$$0.632k\omega^2 + (1.264 - 0.528k)\omega + (2.736 - 0.104k) = 0$$

写出 Routh 计算表，即

$$\begin{array}{lll} \omega^2 & 0.632k & 2.736 - 0.104k \\ \omega^1 & 1.264 - 0.528k & 0 \\ \omega^0 & 2.736 - 0.104k & \end{array}$$

根据 Routh 稳定性要求，可得到下列不等式

$$k > 0$$

$$1.264 - 0.528k > 0$$

$$2.736 - 0.104k > 0$$

求得满足二阶线性数字控制系统稳定要求的开环增益 k 的取值范围为

$$0 < k < 2.39$$

因此，求得开环增益临界值 $k_c=2.39$。

还有一个值得注意的问题是，在一般情况下，缩短采样周期可使线性数字控制系统的稳定性提高。这是因为缩短采样周期将导致采样频率的提高，从而增加数字控制系统获取的信息量，使其在特征上更加接近相应的连续控制系统。例如，当图 7-13 所示的系统取参数 $\alpha=1$，$T_0=0.5$ s 时，其闭环特征方程为

$$z^2-(0.107k-1.607)z+(0.09k+0.607)=0$$

经 ω 变换，可得

$$0.197k\omega^2+(0.786-0.18k)\omega+(3.214-0.017k)=0$$

应用 Routh 稳定判据求得 $T_0=0.5$ s 时开环增益的临界值 $k_c=4.37$。可见，对同一个数字控制系统来说，缩短采样周期可提高其稳定性。

7.7 线性数字控制系统的时域分析

7.7.1 线性数字控制系统的响应过程

应用 Z 变换方法分析线性数字控制系统，需根据其闭环脉冲函数 $C(z)/R(z)$，通过给定输入信号的 Z 变换 $R(z)$，求取被控制信号的 Z 变换 $C(z)$，最后经 Z 反变换求取被控制信号的脉冲序列 $c^*(t)$。$c^*(t)$代表线性数字控制系统对给定输入信号的响应过程。

基于超调量 σ_p、调整时间 $t_s=\lambda T_0$（λ 为大于 0 的整数，T_0 为采样周期）及稳态误差等性能指标，根据线性数字控制系统的响应过程 $c^*(t)$，便可分析系统的动态特性与稳定性能。

例 7.12 试应用 Z 变换方法分析图 7-13 所示的线性数字控制系统。已知 $r(t)=l(t)$ 以及参数 $\alpha=1$，$k=1$ 及周期采样 $T_0=1$ s。

解 将已知参数 $\alpha=1$，$k=1$ 及周期采样 $T_0=1$ s 代入在例 7.9 中得到的关于闭环脉冲传递函数 $\varepsilon(z)/R(z)$和 $C(z)/R(z)$的表达式，求得给定系统的闭环脉冲传递函数为

$$\frac{\varepsilon(z)}{R(z)}=\frac{z^2-1.368z+0.368}{z^2-z+0.632}$$

$$\frac{C(z)}{R(z)}=\frac{0.368z+0.264}{z^2-z+0.632}$$

求取给定系统在 $r(t)=l(t)$作用下的单位阶跃响应。为此，将 $R(z)=z/(z-1)$代入上述闭环脉冲传递函数 $C(z)/R(z)$，求得被控制信号的 Z 变换

$$C(z)=\frac{0.368z^2+0.264z}{z^3-2z^2+1.632z-0.632}$$

通过长除法，将 $C(z)$展开成无穷级数形式，即

$$\begin{aligned}C(z)=&0.368z^1+z^{-2}+1.4z^{-3}+1.4z^{-4}+1.147z^{-5}\\&+0.895z^{-6}+0.802z^{-7}+0.868z^{-8}+0.993z^{-9}\\&+1.077z^{-10}+1.081z^{-11}+1.032z^{-12}+0.981z^{-13}\\&+0.961z^{-14}+0.973z^{-15}+0.997z^{-16}+1.015z^{-17}\\&+1.017z^{-18}+1.0072z^{-19}+0.996z^{-20}+\cdots\end{aligned}$$

基于 Z 变换定义，由上式求得被控制信号 $c(t)$在各采样时刻上的函数值 $C(nT_0)$（$n=0$，1，2，…）为

$$c(0)=0,\quad c(T_0)=0.3680,\quad c(2T_0)=1,\quad c(3T_0)=1.400$$

$$c(4T_0)=1.400,\quad c(5T_0)=1.147,\quad c(6T_0)=0.895,\quad c(7T_0)=0.802$$

$$c(8T_0)=0.868,\quad c(9T_0)=0.993,\quad c(10T_0)=1.077,\quad c(11T_0)=1.081$$

$c(12T_0)=1.032$, $c(13T_0)=0.981$, $c(14T_0)=0.961$, $c(15T_0)=0.973$

$c(16T_0)=0.997$, $c(17T_0)=1.015$, $c(18T_0)=1.017$, $c(19T_0)=1.0072$

$c(20T_0)=0.996$, …

根据上列 $c(nT_0)(n=0, 1, 2, \cdots)$ 数值绘制的给定线性数字控制系统的单位阶跃响应 $c^*(t)$如图 7-16 所示，从图求得给定系统的单位阶跃响应的超调量 $\sigma_p \approx 40\%$，调整时间 $t_s \approx 12$ s(以误差小于 5%计算)。

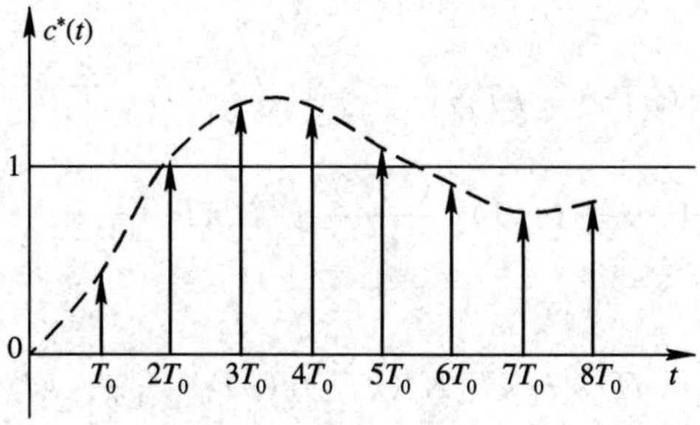

图 7-16　系统输出脉冲序列

7.7.2　线性数字控制系统的稳定误差

根据线性数字控制系统响应输入信号的输出响应过程曲线 $c^*(t)$或响应误差曲线 $e^*(t)$，通过查图可求得系统响应给定输入信号的稳定误差 $e_{ss}^*(t)$。应用该法求取线性数字控制系统的稳态误差时，需要先根据系统的闭环脉冲传递函数 $C(z)/R(z)$或 $E(z)/R(z)$以及给定输入信号的 Z 变换 $R(z)$求出系统的输出响应过程 $c^*(t)$或响应误差 $e^*(t)$。然后在 $t \geqslant t_s$ 情况下，由 $r^*(t)$与 $c^*(t)$的差值或直接由响应误差 $e^*(t)$求取系统的稳定误差$e_{ss}^*(t)$。这里，t_s 为系统响应过程的调整时间。注意，$e_{ss}^*(t)$是从 $t=t_s$ 开始计时时误差变量对于时间 t 的函数，它代表在 $t \geqslant t_s$ 的稳定情况下响应误差 $e^*(t)$的变化过程，其中包括不随时间变化的恒值过程。

线性数字控制系统的稳定误差还可通过误差系数和输入信号及其各阶导数在采样时刻上的数值来求取。

设线性数字控制系统响应理想单位脉冲 $\delta(t)$的响应误差为 $K_e^*(t)$，则该系统响应输入脉冲序列

$$r^*(t)=\sum_{n=0}^{\infty} r(nT_0)\delta(t-nT_0)$$

的响应误差为

$$e^*(t)=r(0)K_e^*(t)+r(T_0)K_e^*(t-T_0)+r(2T_0)K_e^*(t-2T_0)$$
$$+\cdots+r(nT_0)K_e^*(t-nT_0)+\cdots$$

响应误差 $e^*(t)$在采样时刻 nT_0 的数值为

$$e(nT_0)=r(0)K_e^*(nT_0)+r(T_0)K_e[(n-1)T_0]+r(2T_0)K_e[(n-2)T_0)]$$
$$+\cdots+r(nT_0)K_e(0)+\cdots$$

考虑到 $t<0$ 时 $r(t)=0$，上式可写成

$$e(nT_0)=\sum_{k=0}^{\infty}r[(n-k)T_0]K_e(kT_0) \tag{7-60}$$

若系统的输入信号 $r(t)$对于所有的 t 前 m 阶导数均存在，则可将 $r(t-\tau)$展开成泰勒级数，即

$$r(t-\tau)=r(t)-\tau\dot{r}(t)+\frac{\tau^2}{2!}\ddot{r}(t)-\frac{\tau^3}{3!}r^{(3)}(t)+\cdots+(-1)^m\frac{\tau^m}{m!}r^{(m)}(t)+\cdots \tag{7-61}$$

在式(7-61)中，令 $t=nT_0$ 及 $\tau=kT_0$，可得

$$r[(n-k)T_0]=r(nT_0)-kT_0\dot{r}(nT_0)+\frac{(kT_0)^2}{2!}\ddot{r}(nT_0)-\frac{(kT_0)^3}{3!}r^{(3)}(nT_0)+\cdots+(-1)^m\frac{(kT_0)^m}{m!}r^{(m)}(nT_0)+\cdots \tag{7-62}$$

将式(7-62)代入式(7-60)，可得

$$\begin{aligned}e(nT_0)&=\sum_{k=0}^{\infty}\Big[k_e(kT_0)r(nT_0)-kT_0K_e(kT_0)\dot{r}(nT_0)+\frac{1}{2!}(kT_0)^2K_e(kT_0)\ddot{r}(nT_0)-\cdots\\&\quad+(-1)^m\frac{(kT_0)^m}{m!}K_e(kT_0)r^{(m)}(nT_0)+\cdots\Big]\\&=\Big[\sum_{k=0}^{\infty}K_e(nT_0)\Big]r(nT_0)+\Big[\sum_{k=0}^{\infty}-kT_0K_e(kT_0)\Big]\dot{r}(nT_0)\\&\quad+\frac{1}{2!}\Big[\sum_{k=0}^{\infty}(kT_0)^2K_e(kT_0)\Big]\ddot{r}(nT_0)\\&\quad+\frac{1}{m!}\Big[\sum_{k=0}^{\infty}(-1)^m(kT_0)^mK_e(kT_0)\Big]r^{(m)}(nT_0)+\cdots\\&=c_0r(nT_0)+c_1\dot{r}(nT_0)+\frac{1}{2!}\ddot{r}(nT_0)+\cdots+\frac{1}{m!}c_mr^{(m)}(nT_0)+\cdots\end{aligned} \tag{7-63}$$

式中：

$$\begin{aligned}c_0&=\sum_{k=0}^{\infty}K_e(nT_0)\\c_1&=\sum_{k=0}^{\infty}-kT_0K_e(kT_0)\\c_2&=\sum_{k=0}^{\infty}(kT_0)^2K_e(kT_0)\\&\vdots\\c_m&=\sum_{k=0}^{\infty}(-1)^m(kT_0)^mK_e(kT_0)\\&\vdots\end{aligned} \tag{7-64}$$

系数 c_0，c_1，c_2，…，c_m，…定义线性数字控制系统的误差系数。从式(7-63)可见，在已知误差系数和输入信号及其各阶导数的情况下，便可求得在采样时刻 nT_0 上系统响应输入信号 $r(t)$的稳定误差 $e_{ss}^*(t)$的数值 $e_{ss}^*(nT_0)$，如果把 $n=0$，1，2，…时各采样时刻的值$e_{ss}(0)$，$e_{ss}(T_0)$，$e_{ss}(2T_0)$，…都按式(7-63)计算出来，则可写出线性数字控制系统响应输入信号

$r(t)$的稳定误差 $e_{ss}^*(t)$：

$$e_{ss}^*(t) = \sum_{n=0}^{\infty} e_{ss}(nT_0)\delta(t - nT_0)$$

一般来说，按式(7-64)通过脉冲响应 $K_e^*(t)$计算误差系数是比较困难的。下面介绍通过线性数字控制系统的闭环误差脉冲函数 $\Phi_e(z)$计算误差系数的方法。设

$$\Phi_e(z) = a_0 + a_1 z^{-1} + a_2 z^{-2} + \cdots + a_k z^{-k} + \cdots \tag{7-65}$$

由于 $\mathscr{Z}^{-1}[\Phi_e(z)] = K_e^*(t)$，故对上式取 Z 反变换，得到

$$K_e^*(t) = a_0\delta(t) + a_1\delta(t - T_0) + a_2\delta(t - 2T_0) + \cdots + a_k\delta(t - kT_0) + \cdots$$

式中，

$$a_k = K_e(kT_0) \qquad k = 0, 1, 2, \cdots \tag{7-66}$$

将 $z = e^{T_0 s}$代入式(7-65)，可得

$$\Phi_e(z)\big|_{z=e^{T_0 s}} = \Phi_e^*(s) = a_0 + a_1 e^{-T_0 s} + a_2 e^{-2T_0 s} + \cdots + a_k e^{-kT_0 s} + \cdots$$

取上式对 s 的各阶导数，得到

$$\frac{d\Phi_e^*(s)}{ds} = -T_0[a_1 e^{-T_0 s} + 2a_2 e^{-2T_0 s} + \cdots + ka_k e^{-kT_0 s} + \cdots]$$

$$\frac{d^2\Phi_e^*(s)}{ds^2} = T_0^2[a_1 e^{-T_0 s} + 2^2 a_2 e^{-2T_0 s} + \cdots + k^2 a_k e^{-kT_0 s} + \cdots]$$

$$\vdots$$

$$\frac{d^m\Phi_e^*(s)}{ds^m} = (-1)^m T_0^m[a_1 e^{-T_0 s} + 2^m a_2 e^{-2T_0 s} + \cdots + k^m a_k e^{-kT_0 s} + \cdots]$$

在上列各式中，令 $s=0$，可得

$$\Phi_e^*(z) = a_0 + a_1 + a_2 + \cdots + a_k + \cdots = \sum_{k=0}^{\infty} K_e(kT_0)$$

同理可得

$$\left.\frac{d\Phi_e^*(z)}{ds}\right|_{s=0} = -\sum_{k=0}^{\infty} kT_0 K_e(kT_0)$$

$$\left.\frac{d^2\Phi_e^*(z)}{ds^2}\right|_{s=0} = \sum_{k=0}^{\infty} (kT_0)^2 K_e(kT_0)$$

$$\vdots$$

$$\left.\frac{d^m\Phi_e^*(z)}{ds^m}\right|_{s=0} = \sum_{k=0}^{\infty} (-1)^m (kT_0)^m K_e(kT_0) \tag{7-67}$$

对比式(7-67)与式(7-64)，求得

$$c_m = \left.\frac{d^m\Phi_e^*(s)}{ds^m}\right|_{s=0} \tag{7-68}$$

式(7-68)便是计算线性数字控制系统误差系数的比较实用的关系式。

例 7.13 试应用误差系数法求取图 7-13 所示单位反馈线性数字控制系统在参数 $\alpha=1$，$k=1$ 及周期采样 $T_0=1$ s 情况下响应输入信号 $r(t)=t^2/2$ 的稳定误差。

解 从例 7.12 求得图 7-13 所示单位反馈线性数字控制系统在给定参数下的闭环误差脉冲函数为

$$\Phi_e(z) = \frac{E(z)}{R(z)} = \frac{z^2 - 1.368z + 0.368}{z^2 - z + 0.632}$$

将 $z=e^{T_0 s}$ 及 $T_0=1$ 代入上式，求得

$$\Phi_e(e)=\frac{e^{2s}-1.368e^s+0.368}{e^{2s}-e^s+0.632}$$

根据 $\Phi_e^*(s)$ 及其导数 $d\Phi_e^*(s)/ds$，$d^2\Phi_e^*(s)/ds^2$，由式(7-68)分别求得误差系数 c_0，c_1 及 c_2 为

$$c_0=0$$
$$c_1=1$$
$$c_2=1$$

最后根据式(7-63)求得稳定误差 $e_{ss}^*(t)$ 在各采样时刻上的数值

$$e(nT_0)=n+0.5 \qquad n=0, 1, 2, \cdots, \infty$$

从上式可见，给定系统响应 $r(t)=t^2/2$ 的稳态误差

$$e_{ss}^*(t)=\sum_{n=0}^{\infty}(n+0.5)\delta(t-n) \qquad n=0, 1, 2, \cdots, \infty$$

为离散时间 nT_0($T_0=1$ s)的函数，它说明稳态误差随时间的推移在增大，当 $t\to\infty$ 时，稳态误差值 $e_{ss}^*(\infty)\to\infty$。

注意，应用误差系数法计算稳态误差，对单位反馈系统和非单位反馈系统都适用。误差系数法还可用来计算抑制扰动信号的稳态误差。

线性数字控制系统响应给定输入信号的稳定误差 $e_{ss}^*(t)$ 在 $t\to\infty$ 时的量值 $e_{ss}(\infty)$ 可应用 Z 变换的终值定理来计算，即根据响应误差 $e^*(t)$ 的 Z 变换 $E(z)$ 由

$$e_{ss}(\infty)=\lim_{z\to 1}(z-1)E(z)$$

计算在 $t\to\infty$ 时的稳态误差值 $e_{ss}(\infty)$。注意，$e_{ss}(\infty)$ 仅代表由极限 $\lim\limits_{t\to\infty}e_{ss}^*(t)$ 决定的一个数值，而不是时间函数。

例如，图 7-13 所示的线性数字控制系统在参数 $\alpha=1$，$k=1$ 及周期采样 $T_0=1$ s 时的稳态误差在 $t\to\infty$ 时的数值由

$$E(z)=\frac{z^2-1.368z+0.368}{z^2-z+0.632}\cdot\frac{z}{z-1}$$

按式

$$e_{ss}(\infty)=\lim_{z\to 1}(z-1)E(z)$$

计算得

$$e_{ss}(\infty)=0$$

该系统响应 $r(t)=t^2/2$ 的稳态误差在 $t\to\infty$ 时的数值由

$$e_{ss}(\infty)=\lim_{z\to 1}(z-1)E(z)=\lim_{z\to 1}\frac{z^2-1.368z+0.368}{z^2-z+0.632}\cdot\frac{z(z+1)}{2(z-1)^2}$$

求得，为

$$e_{ss}(\infty)=\infty$$

这个结论与在例 7.13 中所得有关结果相同。

习　　题

7.1　试求取 $X(s)=(1-e^{-s})/s^2(s+1)$ 的 Z 变换。

7.2 试求取 $X(z)=10z/(z-1)(z-2)$ 的 Z 反变换 $x(nT_0)(n=0, 1, 2, \cdots)$。

7.3 试求取习题 7.3 图所示线性离散系统的闭环脉冲传递函数 $C(z)/R(z)$。

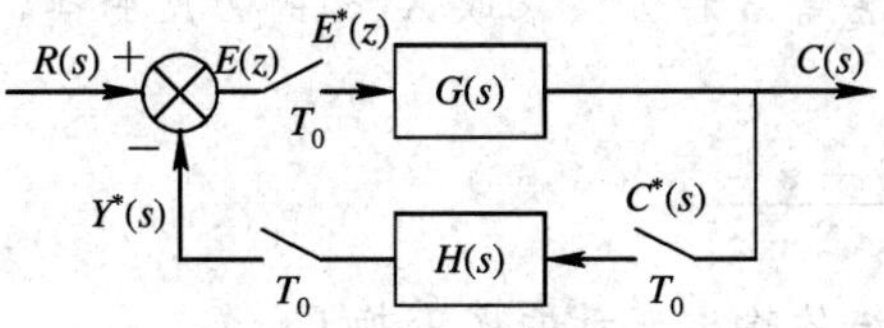

习题 7.3 图

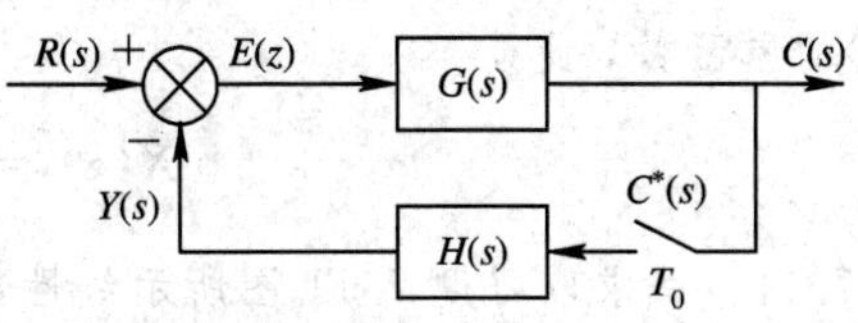

习题 7.4 图

7.4 试求取习题 7.4 图所示线性离散系统输出变量的 Z 变换 $C(z)$。

7.5 设某线性离散系统的方框图如习题 7.5 图所示，试求取该系统的单位阶跃响应。已知采样周期 $T_0=1$ s。

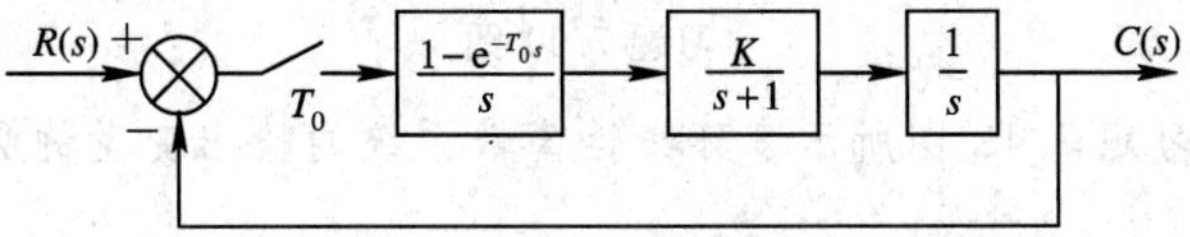

习题 7.5 图

7.6 设某线性离散系统的方框图如习题 7.6 图所示，试分析该系统的稳定性，并确定使系统稳定的参数 K 的取值范围。

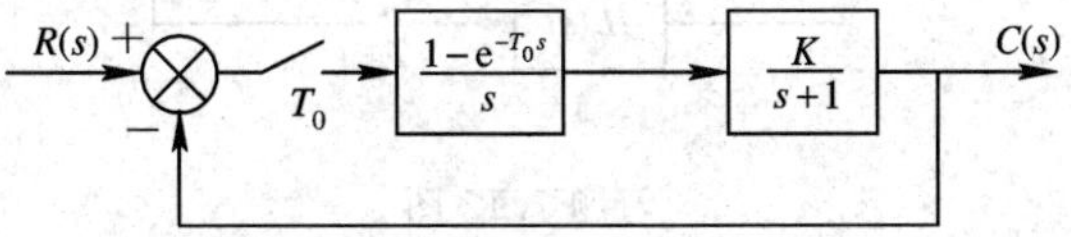

习题 7.6 图

7.7 试分析习题 7.7 图所示线性离散系统的稳定性。设采样周期 $T_0=0.2$ s。

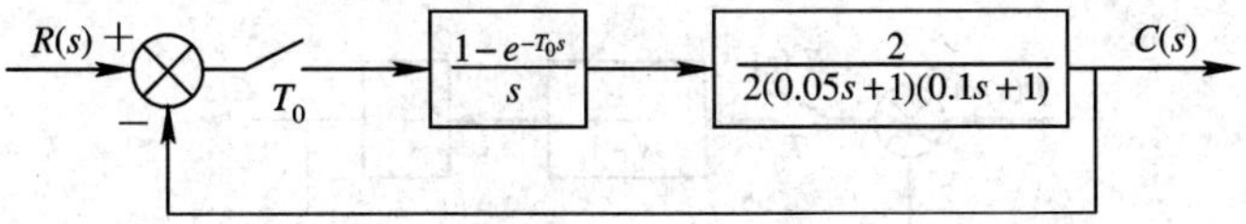

习题 7.7 图

7.8 试计算习题 7.8 图所示线性离散系统在下列输入信号

(1) $r(t)=1(t)$；

(2) $r(t)=t$；

(3) $r(t)=t^2$

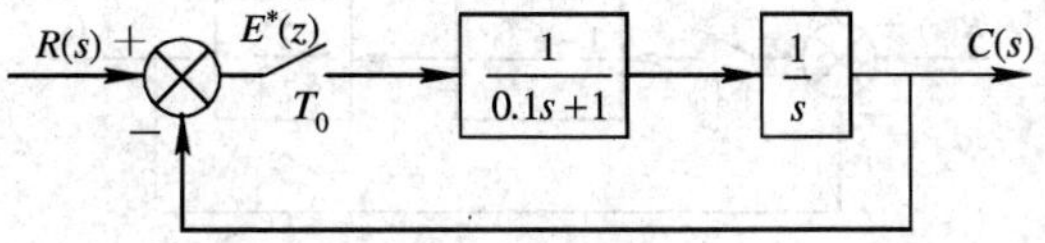

习题 7.8 图

作用下的稳态误差。已知采样周期 $T_0=0.1$ s。

7.9　试求取 $X(s)=(s+3)/(s+2)(s+1)$ 的 Z 变换。

7.10　试应用幂级数法、部分分式法、留数法等 3 种方法求取 $X(z)$ 的 Z 反变换，即求 $X(z)$ 的原函数，此处

$$X(z)=\frac{-3+z^{-1}}{1-2z^{-1}+z^{-2}}$$

7.11　试求取习题 7.11 图所示线性离散系统的输出变量的 Z 变换 $C(z)$。

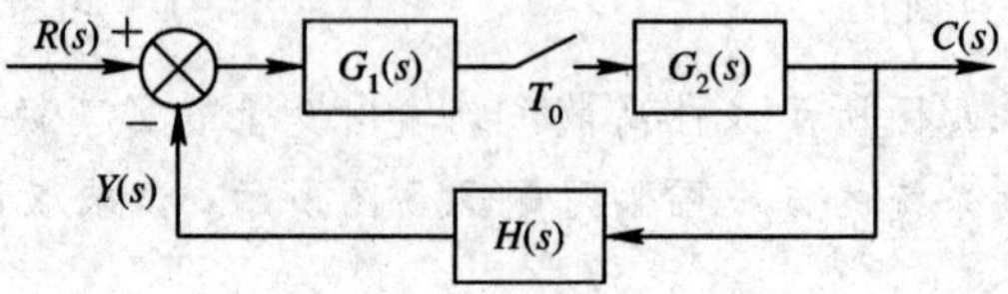

习题 7.11 图

7.12　试求取习题 7.12 图所示多环线性离散系统的输出变量的 Z 变换 $C(z)$。

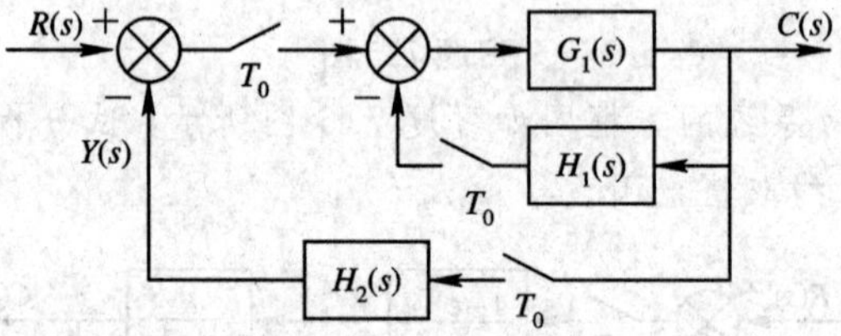

习题 7.12 图

7.13　设某线性离散系统方框图如习题 7.13 图所示，试求取该系统的单位阶跃响应，并计算其超调量、上升时间与峰值时间。已知采样周期 $T_0=1$ s。

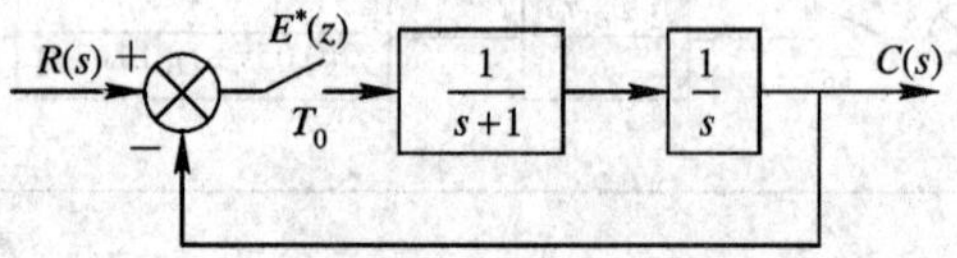

习题 7.13 图

7.14　设某线性离散系统方框图如习题 7.14 图所示，试求取该系统的单位阶跃响应，已知采样周期 $T_0=1$ s。

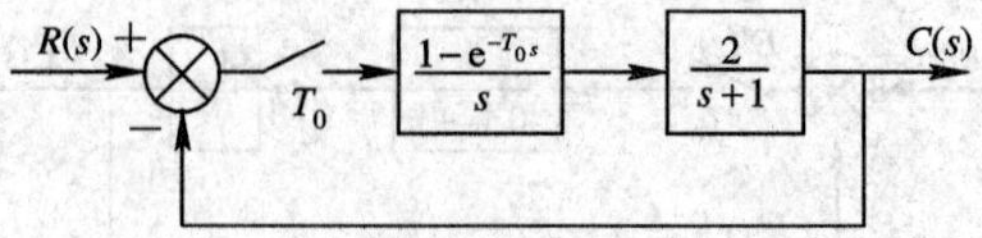

习题 7.14 图

7.15　设某线性离散系统方框图如习题 7.15 图所示，其中参数 $T>0$，$K>0$。试确定给定系统稳定时参数 K 的取值范围。

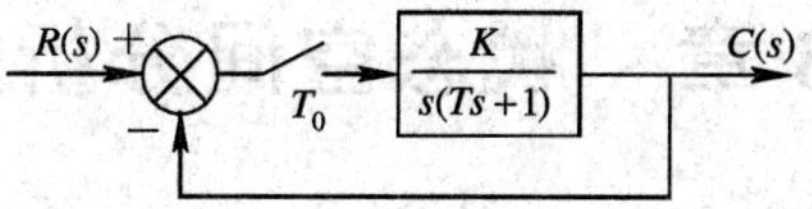

习题 7.15 图

7.16　试计算习题 7.16 图所示线性离散系统响应 $r(t)=1(t)$ 在 t，t^2 时的稳态误差。设采样周期 $T_0=1$ s。

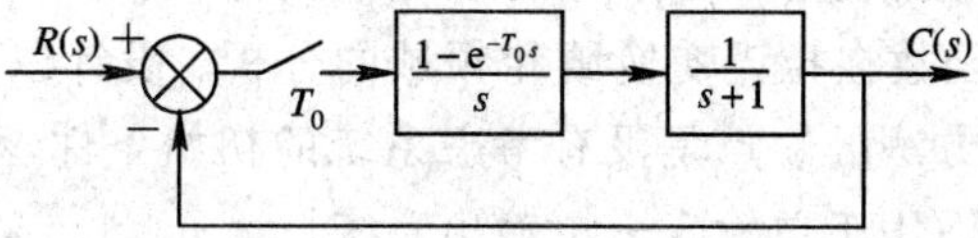

习题 7.16 图

第 8 章　状态空间分析方法

经典控制理论是建立在传递函数基础之上的研究方法，其特点是以系统的输入—输出关系来表征系统的动态特性。传递函数的最大优点是表示形式紧凑，而且从传递函数的零点、极点分布可以直接分析系统的品质，从传递函数求取频率也十分容易，因此，传递函数在拉氏变换域和频域的分析、设计以及稳定性研究上是很有好处的。但是这些方法的缺点是没有考虑系统的初始条件，即系统的初始条件都假设为零，而且它只适用于单输入—单输出系统。

随着现代工业的迅速发展，多输入—多输出、非线性、时变系统的出现，对自动控制提出越来越高的要求。经典控制方法难以实现对以上系统的有效控制，它的局限性就显现出来了。随着计算机的广泛应用，促进了控制理论的迅速发展，以状态空间分析方法为基础的现代控制理论得以建立并发展。状态空间分析法是描述系统的另一种方法，它采用一阶微分方程组来描述动态系统的特性，不仅从系统的外部特征而且更主要是从系统的内部状态来描述系统的动态特性，又由于它的运算采用矩阵形式，所以特别适宜于计算机求解。状态空间表达式不仅能够描述单输入—单输出线性定常系统，而且也适合于多变量系统、非线性系统、时变系统以及随机控制系统。

另外，状态空间分析方法是在时间域上进行研究的，它直接显示了系统状态变量在时间域的情况，因此，现代控制理论可直接按质量指标来分析和设计最优控制系统。

8.1　状态空间的基本概念

8.1.1　状态、状态变量、状态向量和状态空间

在介绍有关基本概念之前，先研究下面的一个简单的例子。

如图 8 - 1 所示为一个简单的 RL 电路网络，若已知网络的初始条件 $t=0$ 时为 $i(0)$，输入电压在 $t=0$ 时突然由 0 增加到 E_1 且一直保持常量 E_1，试分析电流的变化过程。

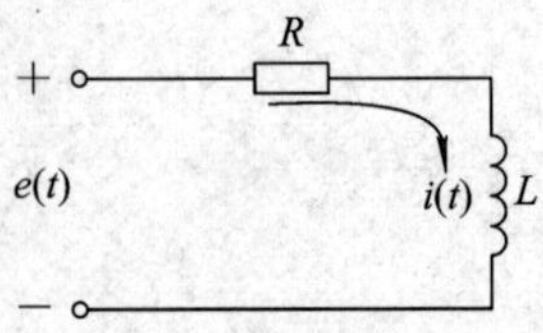

图 8 - 1　RL 网络

$t\geqslant 0$ 时网络回路方程为

$$e(t) = Ri(t) + L\frac{\mathrm{d}i(t)}{\mathrm{d}t} \tag{8-1}$$

上式两边取拉氏变换，得

$$E(s) = (R + Ls)I(s) - Li(0)$$

若 $e(t)$作幅值为 E_1 的阶跃变化，即 $E(s)=E_1/s$ 代入上式移项后可得

$$I(s)=\frac{E_1}{s(R+Ls)}+\frac{Li(0)}{R+Ls}$$

将上式进行拉氏反变换，得

$$i(t)=\frac{E_1}{R}(1-\mathrm{e}^{-\frac{R}{L}t})+i(0)\mathrm{e}^{-\frac{R}{L}t}$$

由此可知，一旦 $t\geqslant 0$ 时的电流 $i(t)$确定，则在同样时间区域内，网络的全部行为也就确定了。描述此电路系统状况的变量——电流 $i(t)$称为状态变量。由上式还可知，当状态变量的初始值 $i(0)$已知，且在 $t\geqslant 0$ 时输入值 E_1 也已知的情况下，$t>0$ 时的状态变量 $i(t)$就被唯一地确定了，而且与 $t=0$ 以前的输入和状态变量值无关。

1. 状态

动力学系统的状态是表示系统的最少一组变量(叫做状态变量)，只要知道在 $t=t_0$ 时的这组变量和 $t\geqslant t_0$ 时的输入，就完全能确定系统在 $t\geqslant t_0$ 后的行为。一个动力学系统的状态可用位置、速度和加速度来描述。动力学系统在时间 t 的状态是由 t_0 时的状态和 $t\geqslant t_0$ 时的输入唯一确定的，与 t_0 前的状态和输入无关。

注意：在处理定常系统时，为了研究方便，通常取参考时间 t_0 为零。

2. 状态变量

动力学系统的状态变量是确定动力学系统状态的最少一组变量。如果以最少的几个变量 $x_1(t)$，$x_2(t)$，$\cdots$，$x_n(t)$就能完全描述动力学系统的行为(即当 $t\geqslant t_0$ 时输入和在 $t=t_0$ 时的初始状态给定后，给定系统的状态就完全可以确定)，那么这样的 n 个变量 $x_1(t)$，$x_2(t)$，$\cdots$，$x_n(t)$就是一组状态变量。

注意：状态变量并不一定是在物理上可测量的或可观察的量值。但是，在实际的工程应用中，总是选择容易测量的一些量为状态变量，这是因为最佳控制规律需要把所有这些带有适当的权函数的状态变量作为反馈。

3. 状态向量

如果完全描述一个给定系统的动态行为需要 n 个状态变量，那么可将这些状态变量看做是向量 $\boldsymbol{X}(t)$的各个分量，$\boldsymbol{X}(t)$就叫做状态向量。一旦给定了 $t\geqslant t_0$ 时的输入 $u(t)$，那么状态向量就唯一地确定了在 $t\geqslant t_0$ 时系统的状态 $\boldsymbol{X}(t)$，记作

$$\boldsymbol{X}(t)=\begin{bmatrix}x_1(t)\\x_2(t)\\\vdots\\x_n(t)\end{bmatrix}$$

4. 状态空间

从几何空间上来看，一个变量的值可用一条直线上的点来表示，两个变量的值可用平面上的一个点来表示，三个变量的值可用三维空间上的一个点来表示，依此类推，n 个变量的值就可用 n 维空间上的一个点来表示，因此，由 n 个状态变量 x_1，x_2，$\cdots$，x_n 作为坐标轴所构成的向量空间称为 n 维状态空间。可见，状态变量就是描述动态系统的一种广义坐标表示法，由 n 个一阶微分方程组所描述的动态系统，在 t 时刻的状态，可用 n 维状态

空间中的一个点来表示。而由初始时刻 t_0 开始的动态系统的行为，在状态空间中就是从初始点出发的一条轨迹。

一个复杂系统可能有多个输入和多个输出，而这些多输入—多输出又可能以某种复杂的关系相互联系着。为了分析这样的系统，必须简化复杂的数学表达式以及依靠计算机进行分析和必要的计算。从这个观点来说，状态空间分析法对于分析系统是最适合的。

经典控制理论是建立在输入—输出关系式，即传递函数的基础之上的，现代控制理论是建立在系统采用 n 个一阶微分方程组来描述的基础之上，而 n 个一阶微分方程组就组成了一个一阶矩阵微分方程。采用矩阵表示的方法可简化系统的数学表达式。当状态变量的数目、输入的数目或输出的数目增加时，并不增加方程的复杂性。实际上，一个复杂的多输入—多输出系统的分析，可用只比分析一个一阶纯量微分方程所描述的系统稍为复杂一些的运算来完成。

从计算的角度来说，由于状态空间分析法是时域的方法，特别适合于用计算机来计算。采用计算机能使工程技术人员摆脱复杂的数学运算，而专心致力于解决问题的方案分析，这是状态空间分析法的一个优点。值得注意的是，状态变量并不一定是系统的物理量，不可测量和不可观察的物理量都可选作状态变量。选择状态变量的这种自由性是状态空间分析法的另一个优点。

下面通过两个例子的分析来加深对这些概念的理解。

例 8-1 图 8-2 所示为一个 RLC 电路，其输入电压为 $u(t)$，试求系统的动态方程。

解 电路中有 4 个物理量 $i(t)$，$u_L(t)$，$u_R(t)$，$u_C(t)$，它们反映了系统的全部特征，根据电路的知识，这个电路有两个储能元件，即电感 L 和电容 C，因此，只能有两个物理量是独立的，而其余的物理量都能用这两个独立(即数目最少)的物理量来表示。若选 $i(t)$，$u_C(t)$为独立变量时，则

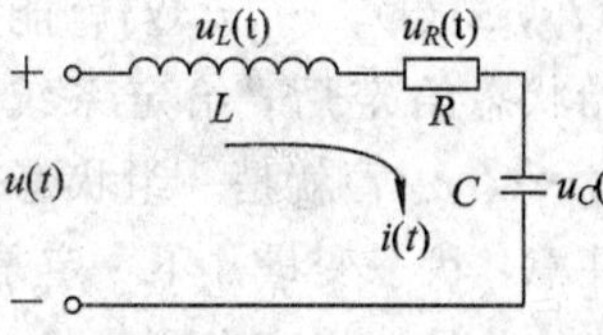

图 8-2 RLC 电路

$$u_R(t) = Ri(t)$$

$$u_L(t) = u(t) - u_C(t) - Ri(t)$$

其中，$i(t)$，$u_L(t)$为

$$i(t) = C\frac{\mathrm{d}u_C(t)}{\mathrm{d}t}$$

$$u_L(t) = L\frac{\mathrm{d}i(t)}{\mathrm{d}t}$$

可得

$$\begin{aligned}\frac{\mathrm{d}u_C(t)}{\mathrm{d}t} &= \frac{1}{C}i(t)\\ \frac{\mathrm{d}i(t)}{\mathrm{d}t} &= -\frac{1}{L}u_C(t) - \frac{R}{L}i(t) + \frac{1}{L}u(t)\end{aligned} \tag{8-2}$$

由此可见，$i(t)$、$u_C(t)$就是描述此电路的最少数目的一组变量。由微分方程的知识可知，只要知道了初始条件 $i(0)$、$u_C(0)$以及 $t\geqslant 0$ 时的输入 $u(t)$，则 $t>0$ 时的 $i(t)$、$u_C(t)$的值就完全被确定了。所以 $i(t)$、$u_C(t)$满足状态变量的条件，是描述此电路系统的一组状态变量。

例 8-2 如图 8-3 所示为一个二阶液位系统。当系统在初始平衡状态时各流量相等，都为 q_0，两个槽的液位为 H_1 和 H_2。现在流入量变为 q 后，引起槽 1 流出量变为 q_1，液位变为 H_1+h_1；槽 2 流出量变为 q_2，液位变为 H_2+h_2；此时阀 2 阻力为 R_2 不变。设当阀 2 阻力改变时，其流量变为 q_f，试求系统的动态方程。

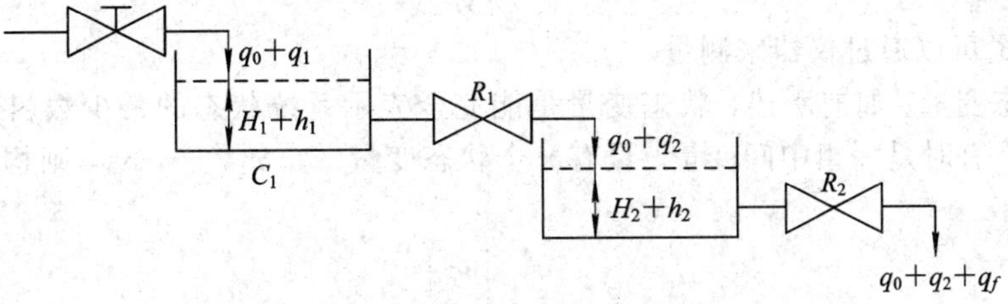

图 8-3 二阶液位系统

解 假设各变量对稳态值的改变量很小，阀的流量和阻力 R 之间的关系为线性关系，则按物料平衡关系可得

$$C_1\frac{\mathrm{d}h_1}{\mathrm{d}t}=q-q_1$$

$$C_2\frac{\mathrm{d}h_2}{\mathrm{d}t}=q_1-(q_2+q_f)$$

$$\frac{h_1}{R_1}=q_1$$

$$\frac{h_2}{R_2}=q_2$$

选取液位的改变量 h_1 和 h_2 为系统的状态变量，将上述方程整理并消去中间变量 q_1 和 q_2 可得

$$\begin{aligned}\frac{\mathrm{d}h_1}{\mathrm{d}t}&=-\frac{1}{C_1R_1}h_1+\frac{1}{C_1}q\\ \frac{\mathrm{d}h_2}{\mathrm{d}t}&=\frac{1}{C_2R_1}h_1-\frac{1}{C_2R_2}h_2-\frac{1}{C_2}q_f\end{aligned}\qquad(8-3)$$

由上可知，h_1 和 h_2 是系统的两个状态变量，若要求控制槽 2 的液位时，则 h_2 又可作为输出变量；q 是输入变量或称为操纵变量；q_f 是扰动变量，也可看做是输入变量。可见，对一个被控过程来说，其变量有三种类型。

(1) 输入变量。它是操纵变量和扰动变量的总称，设有 r 个输入变量 u_1，u_2，…，u_r，若用向量形式表示，则它们构成 r 维向量，记作

$$\boldsymbol{u}=\begin{bmatrix}u_1\\u_2\\\vdots\\u_r\end{bmatrix}$$

输入变量是人们按照控制的要求，通过控制元件作用于系统的变量，它可根据控制要求在规定范围内改变；扰动变量是外界对系统的一种干扰作用且是客观存在的变量。

(2) 输出变量。它是对象的被控变量，是系统对输入变量的响应，设有 m 个输出变量

y_1，y_2，…，y_m，若用向量形式表示，则构成 m 维向量，记作

$$\boldsymbol{y} = \begin{bmatrix} y_1 \\ y_2 \\ \vdots \\ y_m \end{bmatrix}$$

输出变量可以通过仪器来测量。

(3) 状态变量。如前所述，状态变量是能完全表示系统状态的最少数目的一组变量。从数学上看，有时是一组中间变量。设有 n 个状态变量 x_1，x_2，…，x_n，则构成 n 维向量，记作

$$\boldsymbol{X} = \begin{bmatrix} x_1 \\ x_2 \\ \vdots \\ x_n \end{bmatrix}$$

注意：状态变量的选择并非是唯一的，例如在例 8-1 中也可以选择 $i(t)$，$u_R(t)$作为状态变量。由于状态变量是描述系统的最少数目的一组变量，因此，一组状态变量必须是与线性无关的集合。

8.1.2 状态方程和输出方程

1. 状态方程

在状态空间分析法中，对于连续系统，是用状态变量构成的 n 个一阶微分方程组来描述系统的，称为状态方程，而 n 个一阶微分方程可以用一个一阶矩阵微分方程来表示，称为矩阵状态方程。采用矩阵表示的方法，可大大简化系统的数学描述。对于全部由离散元件构成的离散系统，状态方程是 n 个一阶差分方程组或一个一阶矩阵差分方程。

2. 输出方程

在状态空间分析法中，系统的输出变量 y_1，y_2，…，y_m，是用系统的状态变量和输入变量的线性组合来表示的，描述系统输出变量与状态变量、输入变量之间关系的方程称为系统的输出方程，它的一般形式是 m 个代数方程，用矩阵形式表示则为矩阵代数方程。

状态方程和输出方程综合起来，构成一个对动态系统的完整描述，称为系统的状态空间表达式。

在式(8-1)中，若令状态变量 $i(t)=x(t)$，输入变量 $e(t)=u(t)$，则其状态方程为

$$\dot{x}(t) = -\frac{R}{L}x(t) + \frac{1}{L}u(t)$$

若 $i(t)$也作为输出变量，则输出方程为

$$y(t) = x(t)$$

在例 8-2 中，若令状态变量 $x_1=h_1$，$x_2=h_2$，输入变量 $u_1=q$，$u_2=q_f$，则由式(8-3)可得系统的状态方程为

$$\begin{aligned} \dot{x}_1 &= -\frac{1}{C_1R_1}x_1 + \frac{1}{C_1}u_1 \\ \dot{x}_2 &= \frac{1}{C_2R_1}x_1 - \frac{1}{C_2R_2}x_2 - \frac{1}{C_2}u_2 \end{aligned} \tag{8-4}$$

若输出变量为 h_2，则系统的输出方程为

$$y = x_2 \tag{8-5}$$

将式(8－4)和式(8－5)写成矩阵形式，可得

$$\begin{bmatrix}\dot{x}_1\\ \dot{x}_2\end{bmatrix}=\begin{bmatrix}-\dfrac{1}{C_1R_1} & 0\\ \dfrac{1}{C_2R_1} & -\dfrac{1}{C_2R_2}\end{bmatrix}\begin{bmatrix}x_1\\ x_2\end{bmatrix}+\begin{bmatrix}\dfrac{1}{C_1} & 0\\ 0 & -\dfrac{1}{C_2}\end{bmatrix}\begin{bmatrix}u_1\\ u_2\end{bmatrix}$$

$$y=\begin{bmatrix}0 & 1\end{bmatrix}\begin{bmatrix}x_1\\ x_2\end{bmatrix}$$

若将上式写成一般矩阵形式，则

$$\dot{\boldsymbol{X}}(t) = \boldsymbol{AX}(t) + \boldsymbol{Bu}(t)$$
$$\boldsymbol{y}(t) = \boldsymbol{CX}(t)$$

式中

$$\dot{\boldsymbol{X}} = \begin{bmatrix}\dot{x}_1\\ \dot{x}_2\end{bmatrix},\quad \boldsymbol{X} = \begin{bmatrix}x_1\\ x_2\end{bmatrix},\quad \boldsymbol{u} = \begin{bmatrix}u_1\\ u_2\end{bmatrix},\quad \boldsymbol{y} = y$$

$$\boldsymbol{A} = \begin{bmatrix}-\dfrac{1}{C_1R_1} & 0\\ \dfrac{1}{C_2R_1} & -\dfrac{1}{C_2R_2}\end{bmatrix},\quad \boldsymbol{B} = \begin{bmatrix}\dfrac{1}{C_1} & 0\\ 0 & -\dfrac{1}{C_2}\end{bmatrix},\quad \boldsymbol{C} = \begin{bmatrix}0 & 1\end{bmatrix}$$

因此，对于如图 8－4 所示的多变量线性定常系统，其动态方程可写为状态方程

$$\dot{\boldsymbol{X}}(t) = \boldsymbol{AX}(t) + \boldsymbol{Bu}(t) \tag{8-6}$$

输出方程

$$\boldsymbol{y}(t) = \boldsymbol{CX}(t) + \boldsymbol{Du}(t) \tag{8-7}$$

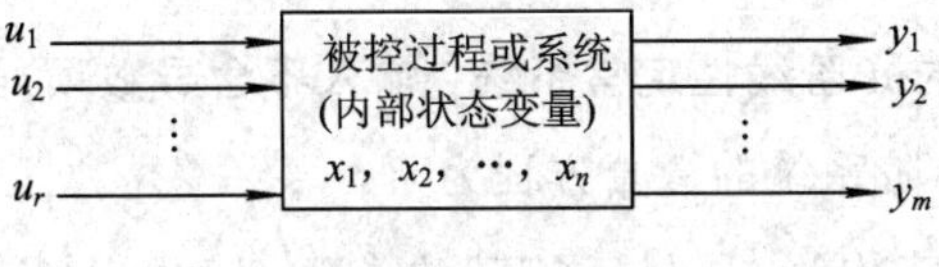

图 8－4　多输入—多输出系统

式中，$\boldsymbol{X}(t)$为 n 维状态向量，$\boldsymbol{u}(t)$为 r 维输入向量，$\boldsymbol{y}(t)$为 m 维输出向量，$\boldsymbol{A}$、$\boldsymbol{B}$、$\boldsymbol{C}$、$\boldsymbol{D}$ 分别为 $n\times n$，$n\times r$，$m\times n$，$m\times r$ 维系数矩阵，即

$$\boldsymbol{X} = \begin{bmatrix}x_1\\ x_2\\ \vdots\\ x_n\end{bmatrix},\quad \boldsymbol{u} = \begin{bmatrix}u_1\\ u_2\\ \vdots\\ u_r\end{bmatrix},\quad \boldsymbol{y} = \begin{bmatrix}y_1\\ y_2\\ \vdots\\ y_m\end{bmatrix},$$

$$\boldsymbol{A} = \begin{bmatrix}a_{11} & a_{12} & \cdots & a_{1n}\\ a_{21} & a_{22} & \cdots & a_{2n}\\ \vdots & \vdots & & \vdots\\ a_{n1} & a_{n2} & \cdots & a_{nn}\end{bmatrix},\quad \boldsymbol{B} = \begin{bmatrix}b_{11} & b_{12} & \cdots & b_{1r}\\ b_{21} & b_{22} & \cdots & b_{2r}\\ \vdots & \vdots & & \vdots\\ b_{n1} & b_{n2} & \cdots & b_{nr}\end{bmatrix},$$

$$C=\begin{bmatrix} c_{11} & c_{12} & \cdots & c_{1n} \\ c_{21} & c_{22} & \cdots & c_{2n} \\ \vdots & \vdots & & \vdots \\ c_{m1} & c_{m2} & \cdots & c_{mn} \end{bmatrix},\quad D=\begin{bmatrix} d_{11} & d_{12} & \cdots & d_{1r} \\ d_{21} & d_{22} & \cdots & d_{2r} \\ \vdots & \vdots & & \vdots \\ d_{m1} & d_{m2} & \cdots & d_{mr} \end{bmatrix}$$

3. 状态空间分析法的优越性

状态空间分析法归纳起来有如下优点：

(1) 对于连续系统，状态空间分析法把一个 n 阶微分方程化为 n 个一阶微分方程组来描述系统的动态特征，这有利于计算机求解。

(2) 由于状态空间分析法采用矩阵形式表示，可大为简化系统的数学描述。也就是说，当状态变量、输入变量和输出变量的数目增加时，并不会增加状态方程在形式上的复杂性。实际上，用状态空间分析法分析一个复杂的多输入—多输出系统，可采用类似于分析一个一阶纯量(标量)微分方程所描述的系统的方法来解决。

(3) 状态空间分析法能够考虑系统的初始条件的影响，而且可应用于某些非线性系统和时变系统。

8.2 系统的状态空间表达式

由有限个具有集中参数的元件组成的动力学系统可用常微分方程描述，在该方程中，时间 t 是独立变量。用矩阵表示时，n 阶微分方程式可用一阶矩阵微分方程表示。如果向量的 n 个元素是一组状态变量，则矩阵微分方程就是状态方程，这一节将介绍连续系统的状态空间表达式的求法。

8.2.1 由高阶微分方程式导出系统的状态空间表达式

1. 单输入—单输出的 n 阶线性定常系统，输入不含导数项

设单变量线性定常 n 阶系统的微分方程为

$$y^{(n)}(t)+a_1y^{(n-1)}(t)+\cdots+a_{n-1}\dot{y}(t)+a_ny(t)=bu(t) \tag{8-8}$$

式中，$y(t)$为输出变量，$u(t)$为输入变量。

在导出系统的状态方程之前，首先要解决如何选取状态变量。若已知 $y(0)$，$\dot{y}(0)$，…，$y^{(n-1)}(0)$和 $t\geqslant 0$ 时的输入 $u(t)$，就可完全确定系统在 $t>0$ 时的行为，因此我们可取 $y(t)$，$\dot{y}(t)$，…，$y^{(n-1)}(t)$这 n 个状态变量作为一组变量(从数学上讲，这样选取状态变量是很方便的，但在实际应用中，由于在各种情况中总是存在着噪音，因此并不希望这样来选择状态变量)。假设

$$\begin{aligned} x_1(t)&=y(t) \\ x_2(t)&=\dot{y}(t) \\ &\vdots \\ x_n(t)&=y^{(n-1)}(t) \end{aligned} \tag{8-9}$$

则式(8-8)可化为 n 个一阶微分方程组，也就是状态方程

$$\dot{x}_1=x_2$$

$$\dot{x}_2 = x_3$$

$$\vdots$$

$$\dot{x}_n = -a_n x_1 - a_{n-1} x_2 - \cdots - a_2 x_{n-1} - a_1 x_n + bu$$

由于输出变量为 $y(t)$，所以其输出方程为

$$y = x_1$$

将上式写成向量矩阵形式为

$$\begin{aligned} \dot{\boldsymbol{X}}(t) &= \boldsymbol{AX}(t) + \boldsymbol{B}u(t) \\ \boldsymbol{y}(t) &= \boldsymbol{CX}(t) \end{aligned} \tag{8-10}$$

式中，$\boldsymbol{X}(t)$为 $n\times1$ 状态向量，$u(t)$为纯量输入，$y(t)$是纯量输出，$\boldsymbol{A}$、$\boldsymbol{B}$、$\boldsymbol{C}$ 分别为 $n\times n$，$n\times1$，$1\times n$ 的系数矩阵，即

$$\boldsymbol{X}(t) = \begin{bmatrix} x_1(t) \\ x_2(t) \\ \vdots \\ x_n(t) \end{bmatrix}, \quad \boldsymbol{A} = \begin{bmatrix} 0 & 1 & 0 & 0 & \cdots & 0 \\ 0 & 0 & 1 & 0 & \cdots & 0 \\ 0 & 0 & 0 & 1 & \cdots & 0 \\ \vdots & \vdots & \vdots & \vdots & & \vdots \\ -a_n & -a_{n-1} & -a_{n-2} & -a_{n-3} & \cdots & -a_1 \end{bmatrix}$$

$$\boldsymbol{B} = \begin{bmatrix} 0 \\ 0 \\ \vdots \\ 1 \end{bmatrix}, \quad \boldsymbol{C} = [1 \quad 0 \quad 0 \quad \cdots \quad 0]$$

例 8-3 设系统的微分方程为

$$y''' + 6y'' + 8y' + 4y = 3u$$

试求系统的状态空间表达式。

解 选取状态变量为

$$x_1 = y, \quad x_2 = y', \quad x_3 = y''$$

从微分方程式中解出最高次导数项 y'''，然后将 $y=x_1$，$y'=x_2$，$y''=x_3$，代入微分方程式中，即可得出下面的三个方程：

$$x_1' = x_2$$

$$x_2' = x_3$$

$$\vdots$$

$$x_3' = -4x_1 - 8x_2 - 6x_3 + 3u$$

用矩阵方程表示，则其状态方程和输出方程为

$$\begin{bmatrix} \dot{x}_1 \\ \dot{x}_2 \\ \dot{x}_3 \end{bmatrix} = \begin{bmatrix} 0 & 1 & 0 \\ 0 & 0 & 1 \\ -4 & -8 & -6 \end{bmatrix} \begin{bmatrix} x_1 \\ x_2 \\ x_3 \end{bmatrix} + \begin{bmatrix} 0 \\ 0 \\ 3 \end{bmatrix} u$$

$$y = [1 \quad 0 \quad 0] \begin{bmatrix} x_1 \\ x_2 \\ x_3 \end{bmatrix}$$

或

$$\dot{\boldsymbol{X}}(t) = \boldsymbol{AX}(t) + \boldsymbol{B}u(t)$$

$$\boldsymbol{y}(t)=\boldsymbol{CX}(t)$$

式中

$$\boldsymbol{A}=\begin{bmatrix}0 & 1 & 0\\ 0 & 0 & 1\\ -4 & -8 & -6\end{bmatrix},\quad \boldsymbol{B}=\begin{bmatrix}0\\ 0\\ 3\end{bmatrix},\quad \boldsymbol{C}=\begin{bmatrix}1 & 0 & 0\end{bmatrix}$$

例 8-4 如图 8-5 所示的闭环控制系统，其开环传递函数为$\dfrac{4}{s(s+2)}$，试求其闭环控制系统的状态空间表达式。

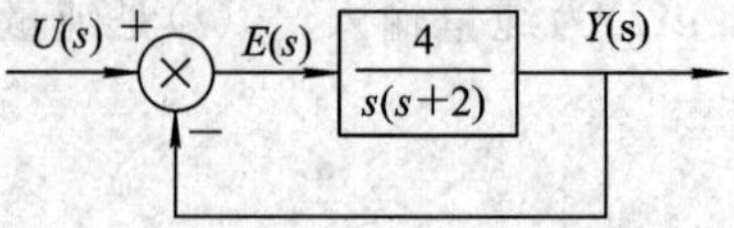

图 8-5 例 8-4 闭环系统

解 由图可得系统的闭环传递函数

$$\frac{Y(s)}{U(s)}=\frac{4}{s^2+2s+4}$$

其相应的微分方程为

$$y''+2y'+4y=4u$$

取状态变量为

$$x_1=y,\quad x_2=y'$$

则闭环控制系统的状态方程和输出方程为

$$\dot{x}_1=x_2$$
$$\dot{x}_2=-4x_1-2x_2+4u$$
$$y=x_1$$

于是矩阵形式为

$$\dot{\boldsymbol{X}}(t)=\boldsymbol{AX}(t)+\boldsymbol{B}u(t)$$
$$\boldsymbol{y}(t)=\boldsymbol{CX}(t)$$

式中

$$\boldsymbol{A}=\begin{bmatrix}0 & 1\\ -4 & -2\end{bmatrix},\quad \boldsymbol{B}=\begin{bmatrix}0\\ 4\end{bmatrix},\quad \boldsymbol{C}=\begin{bmatrix}1 & 0\end{bmatrix}$$

2. 单输入—单输出 *n* 阶线性定常系统，输入函数含有导数项

以二阶系统为例，设其微分方程为

$$y''+a_1y'+a_2y=b_0u''+b_1u'+b_2u \tag{8-11}$$

由微分方程可知，输入函数项出现导数，若仍按上述方法简单地取$x_1=y$，$x_2=y'$作为状态变量，则状态方程为

$$\dot{x}_1=x_2$$
$$\dot{x}_2=-a_2x_1-a_1x_2+b_0u''+b_1u'+b_2u$$

显然，在状态方程中，u也出现导数项，这是不利于求解的，所以应考虑选择新的状态变量，而且使得到的状态方程仍为标准形式。若要求得到的状态方程和输出方程的形式为

$$\begin{aligned}\dot{x}_1 &= x_2 + \beta_1 u \\ \dot{x}_2 &= -a_2 x_1 - a_1 x_2 + \beta_2 u\end{aligned} \tag{8-12}$$

$$y = x_1 + \beta_0 u \tag{8-13}$$

那么，现在的问题就是如何确定常数 β_0，β_1，β_2。将式(8－13)取导数并将式(8－12)代入可得

$$\dot{y} = \dot{x}_1 + \beta_0 \dot{u} = x_2 + \beta_1 u + \beta_0 \dot{u} \tag{8-14}$$

$$\ddot{y} = \dot{x}_2 + \beta_1 \dot{u} + \beta_0 \ddot{u} = -a_2 x_1 - a_1 x_2 + \beta_2 u + \beta_1 \dot{u} + \beta_0 \ddot{u} \tag{8-15}$$

将式(8－13)、(8－14)和(8－15)代入式(8－11)，可得

$$\ddot{y} + a_1 \dot{y} + a_2 y = \beta_0 u + (a_1\beta_0 + \beta_1)\dot{u} + (a_2\beta_0 + a_1\beta_1 + \beta_2)u = b_0\ddot{u} + b_1\dot{u} + b_2 u$$

比较上式各项导数项系数，并分别相等，可得

$$\beta_0 = b_0$$

$$a_1\beta_0 + \beta_1 = b_1$$

则

$$\beta_1 = b_1 - a_1\beta_0$$

$$a_2\beta_0 + a_1\beta_1 + \beta_2 = b_2$$

则

$$\beta_2 = b_2 - a_1\beta_1 - a_2\beta_0$$

所以，新的状态变量应取为

$$x_1 = y - \beta_0 u$$

$$x_2 = \dot{x}_1 - \beta_1 u = \dot{y} - \beta_0 \dot{u} - \beta_1 u$$

其初始条件可由下式确定

$$x_1(0) = y(0) - \beta_0 u(0)$$

$$x_2(0) = \dot{y}(0) - \beta_0 \dot{u}(0) - \beta_1 u(0)$$

其状态方程和输出方程可由式(8－12)和式(8－13)得到

$$\begin{bmatrix}\dot{x}_1 \\ \dot{x}_2\end{bmatrix} = \begin{bmatrix}0 & 1 \\ -a_2 & -a_1\end{bmatrix}\begin{bmatrix}x_1 \\ x_2\end{bmatrix} + \begin{bmatrix}\beta_1 \\ \beta_2\end{bmatrix} u$$

$$y = \begin{bmatrix}1 & 0\end{bmatrix}\begin{bmatrix}x_1 \\ x_2\end{bmatrix} + \beta_0 u$$

以此类推，将上述方法推广到 n 阶系统的情况，设 n 阶系统的微分方程为

$$\begin{aligned}& y^{(n)}(t) + a_1 y^{(n-1)}(t) + \cdots + a_{n-1}\dot{y}(t) + a_n y(t) \\ &= b_0 u^{(n)}(t) + b_1 u^{(n-1)}(t) + \cdots + b_{n-1}\dot{u}(t) + b_n u(t)\end{aligned} \tag{8-16}$$

同理，可取状态变量为

$$\begin{aligned}x_1 &= y - \beta_0 u \\ x_2 &= \dot{x}_1 - \beta_1 u = \dot{y} - \beta_0 \dot{u} - \beta_1 u \\ x_3 &= \dot{x}_2 - \beta_2 u = \ddot{y} - \beta_0 \ddot{u} - \beta_1 \dot{u} - \beta_2 u \\ &\vdots \\ x_n &= \dot{x}_{n-1} - \beta_{n-1} u = y^{(n-1)} - \beta_0 u^{(n-1)} - \cdots - \beta_{n-1} u\end{aligned} \tag{8-17}$$

其中，

$$
\begin{aligned}
&\beta_0 = b_0 \\
&\beta_1 = b_1 - a_1\beta_0 \\
&\beta_2 = b_2 - a_1\beta_1 - a_2\beta_0 \\
&\vdots \\
&\beta_n = b_n - a_1\beta_{n-1} - a_2\beta_{n-2} - \cdots - a_n\beta_0 = b_n - \sum_{i=1}^{n} a_i\beta_{n-i}
\end{aligned}
\tag{8-18}
$$

则 n 阶系统的状态方程和输出方程为

$$
\begin{aligned}
\dot{\boldsymbol{X}}(t) &= \boldsymbol{AX}(t) + \boldsymbol{B}u(t) \\
\boldsymbol{y}(t) &= \boldsymbol{CX}(t) + \boldsymbol{D}u(t)
\end{aligned}
\tag{8-19}
$$

其中，

$$
\dot{\boldsymbol{X}}(t) = \begin{bmatrix} \dot{x}_1(t) \\ \dot{x}_2(t) \\ \vdots \\ \dot{x}_n(t) \end{bmatrix}, \quad \boldsymbol{X}(t) = \begin{bmatrix} x_1(t) \\ x_2(t) \\ \vdots \\ x_n(t) \end{bmatrix}, \quad \boldsymbol{A} = \begin{bmatrix} 0 & 1 & 0 & 0 & \cdots & 0 \\ 0 & 0 & 1 & 0 & \cdots & 0 \\ \vdots & \vdots & \vdots & \vdots & & \vdots \\ 0 & 0 & 0 & 0 & \cdots & 1 \\ -a_n & -a_{n-1} & -a_{n-2} & -a_{n-3} & \cdots & -a_1 \end{bmatrix}
$$

$$
\boldsymbol{B} = \begin{bmatrix} \beta_1 \\ \beta_2 \\ \vdots \\ \beta_n \end{bmatrix}, \quad \boldsymbol{C} = [1 \quad 0 \quad 0 \quad \cdots \quad 0], \quad \boldsymbol{D} = \beta_0 = b_0 \tag{8-20}
$$

其初始条件事由式(8-17)确定。

例 8-5 设系统的微分方程为

$$
y''' + 5y'' + 6y' = u'' + 2u' + u
$$

试求系统的状态空间表达式。

解 根据上述原则，选取状态变量为

$$
\begin{aligned}
x_1 &= y - \beta_0 u \\
x_2 &= \dot{x}_1 - \beta_1 u = \dot{y} - \beta_0\dot{u} - \beta_1 u \\
x_3 &= \dot{x}_2 - \beta_2 u = \ddot{y} - \beta_0\ddot{u} - \beta_1\dot{u} - \beta_2 u
\end{aligned}
$$

式中各待定系数为

$$
\begin{aligned}
&\beta_0 = b_0 = 0 \\
&\beta_1 = b_1 - a_1\beta_0 = 1 - 5\times 0 = 1 \\
&\beta_2 = b_2 - a_1\beta_1 - a_2\beta_0 = 2 - 5\times 1 - 6\times 0 = -3 \\
&\beta_2 = b_3 - a_1\beta_2 - a_2\beta_1 - a_3\beta_0 = 1 - 5\times(-3) - 6\times 1 - 0\times 0 = 10
\end{aligned}
$$

则系统的状态方程为输出方程

$$
\begin{bmatrix} \dot{x}_1 \\ \dot{x}_2 \\ \dot{x}_3 \end{bmatrix} = \begin{bmatrix} 0 & 1 & 0 \\ 0 & 0 & 1 \\ 0 & -6 & -5 \end{bmatrix} \begin{bmatrix} x_1 \\ x_2 \\ x_3 \end{bmatrix} + \begin{bmatrix} 1 \\ -3 \\ 10 \end{bmatrix} u
$$

$$
y = [1 \quad 0 \quad 0] \begin{bmatrix} x_1 \\ x_2 \\ x_3 \end{bmatrix}
$$

3. 多变量系统的状态空间表达式

前面讨论的都局限于单输入—单输出的情况，这样的系统称为单变量系统(SISO)。若输入和输出有两个或两个以上时，这样的系统称为多输入多输出系统(MIMO)。这时，输入和输出亦应该用向量形式表示，下面介绍输入函数不含导数项的情况，关于输入函数含有导数的情况请参阅其他文献。

设两变量系统的微分方程为

$$\begin{aligned} y_1'' + a_1 y_1 + b_1 y_2' &= u_1 \\ y_2'' + a_2 y_2 + b_2 y_1' &= u_2 \end{aligned} \tag{8-21}$$

初始条件为

$$y_1(0) = {}'_1(0) = 0, \quad y_2(0) = {}'_2(0) = 0$$

该系统为两个输入和两个输出的多变量系统，并且输出 y_1、y_2 均为二阶，所以各需要两个状态变量，设其状态变量为

$$\begin{aligned} x_1 &= y_1 \\ x_2 &= \dot{y}_1 \\ x_3 &= y_2 \\ x_4 &= \dot{y}_2 \end{aligned} \tag{8-22}$$

则

$$\begin{aligned} \dot{x}_1 &= x_2 \\ \dot{x}_2 &= -a_1 x_1 - b_1 x_4 + u_1 \\ \dot{x}_3 &= x_4 \\ \dot{x}_4 &= -b_2 x_2 - a_2 x_3 + u_2 \end{aligned}$$

其状态方程为

$$\begin{bmatrix} \dot{x}_1 \\ \dot{x}_2 \\ \dot{x}_3 \\ \dot{x}_4 \end{bmatrix} = \begin{bmatrix} 0 & 1 & 0 & 0 \\ -a_1 & 0 & 0 & -b_1 \\ 0 & 0 & 0 & 1 \\ 0 & -b_2 & -a_2 & 0 \end{bmatrix} \begin{bmatrix} x_1 \\ x_2 \\ x_3 \\ x_4 \end{bmatrix} + \begin{bmatrix} 0 & 0 \\ 1 & 0 \\ 0 & 0 \\ 0 & 1 \end{bmatrix} \begin{bmatrix} u_1 \\ u_2 \end{bmatrix} \tag{8-23}$$

输出方程为

$$\begin{bmatrix} y_1 \\ y_2 \end{bmatrix} = \begin{bmatrix} 1 & 0 & 0 & 0 \\ 0 & 0 & 1 & 0 \end{bmatrix} \begin{bmatrix} x_1 \\ x_2 \\ x_3 \\ x_4 \end{bmatrix} \tag{8-24}$$

8.2.2 由传递函数导出状态空间表达式

由传递函数导出状态空间表达式有多种方法，其一是先将传递函数化为微分方程形式，然后按上述的方法再导出状态空间表达式；其二是由传递函数的分解方法导出状态空间表达式；其三是可用下面所介绍的由传递函数转化为状态变量图，再由状态变量图求出状态空间表达式。

1. 状态变量图

状态变量图是由加法器、积分器和比值器等组成，如图 8-6 所示。因而可进行相加、积分和相乘运算，它可以用方块图和信号流图两种形式表示。其中方块图形式和计算机的模拟图相似。

图 8-6　状态变量图

在状态变量图中，积分器是处理微分和积分关系的基本元件，其输出表示状态变量，当求解状态的转移问题时，对积分的运算应引入初始条件。

1）状态变量图的模拟图形式

现以二阶系统为例来说明，设该二阶系统的状态方程和输出方程为

$$\begin{aligned}\dot{x}_1 &= x_2 \\ \dot{x}_2 &= -a_2x_1 - a_1x_2 + bu \\ y &= x_1\end{aligned} \tag{8-25}$$

化为积分方程形式为

$$\begin{aligned}x_1 &= \int_0^t x_2\,\mathrm{d}t + x_1(0) \\ x_2 &= \int_0^t (-a_2x_1 - a_1x_2 + bu)\,\mathrm{d}t + x_2(0) \\ y &= x_1\end{aligned} \tag{8-26}$$

由式(8-26)即可绘出状态变量图的模拟图，如图 8-7 所示。

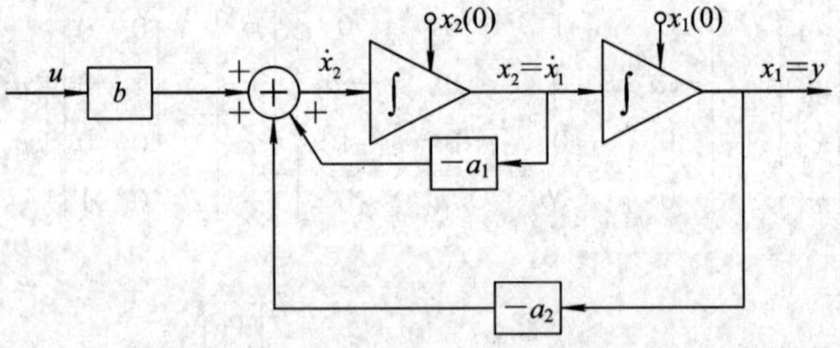

图 8-7　二阶系统的状态变量图的模拟图

由图 8-7 所示的状态变量图可求出系统的状态空间表达式，将积分器的输出选为状态变量，其输入端则为状态变量的导数，再根据状态变量图中各输入、输出关系，即可直接求出状态空间表达式。

2）状态变量图的信号流图形式

如果取各状态变量的拉氏变换式作为节点，而把积分和比值运算都看成各支路的增益，则可作出状态变量图的信号流图形式。设

$$\dot{x}_1 = ax_2$$

拉氏变换得

$$sX_1(s) - x(t_0) = aX_2(s)$$

整理得

$$X_1(s)=\frac{aX_2(s)}{s}+\frac{x(t_0)}{s}$$

其信号流图如图 8-8 所示。

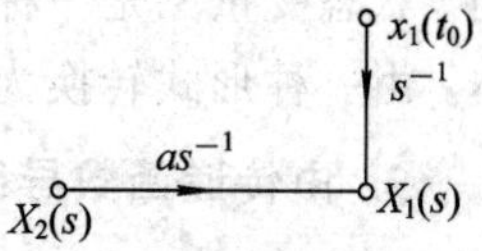

图 8-8　信号流图形式

同理，将式(8-25)取拉氏变换并整理得

$$X_1(s)=s^{-1}X_2(s)+s^{-1}x_1(t_0)$$

$$X_2(s)=s^{-1}[-a_2X_1(s)-a_1X_2(s)+bu(s)]+s^{-1}x_2(t_0)$$

$$Y(s)=X_1(s)$$

其二阶系统的状态变量图的信号流图形式如图 8-9 所示。

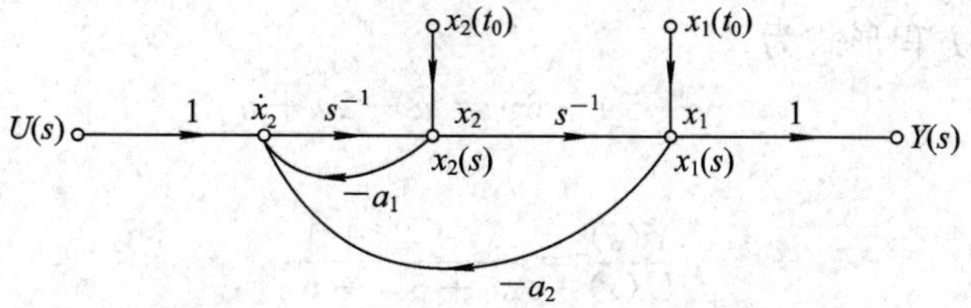

图 8-9　二阶系统状态变量图的信号流图

将各节点写成时间域的形式，则由信号流图各节点之间的相互关系同样可直接写出该系统的状态空间表达式。

将上述情况推广到一般情况，对于 r 个输入变量、m 个输出变量和 n 个状态变量的系统，其状态空间表达式为

$$\dot{\boldsymbol{X}}(t)=\boldsymbol{AX}(t)+\boldsymbol{Bu}(t)$$

$$\boldsymbol{y}(t)=\boldsymbol{CX}(t)+\boldsymbol{Du}(t)$$

式中 $\boldsymbol{X}$, $\boldsymbol{u}$, $\boldsymbol{y}$ 均为多维向量，$\boldsymbol{A}$, $\boldsymbol{B}$, $\boldsymbol{C}$, $\boldsymbol{D}$ 为相应的系数矩阵，其状态变量图的模拟图形式和信号流图形式如图 8-10(a)、(b)所示，图中双线箭头表示向量。

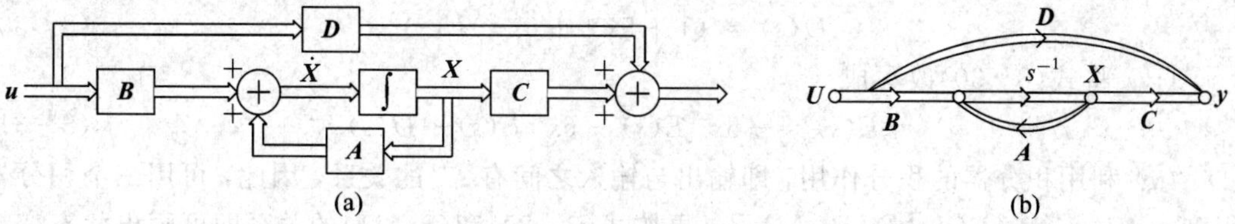

图 8-10　多变量系统的向量状态变量图
(a) 模拟图；(b) 信号流图

状态变量图的重要性在于它和状态方程、计算机模拟、微分方程以及传递函数之间有着紧密的联系，主要表现在以下几个方面：

(1) 由系统的微分方程能直接构成状态变量图。

(2) 由系统的传递函数也能构成状态变量图。

(3) 状态变量图能用于构成模拟计算机的系统程序，也能用于数字模拟。

(4) 在拉氏变换域上，由状态变量图借助信号流图公式，可以得到状态转移方程。

(5) 由状态变量图能够得到系统的传递函数。

(6) 由状态变量图能够求出状态方程和输出方程。

线性系统可以用微分方程、传递函数或状态方程来描述。所有这些方程都是紧密联系

的。状态变量图是一种有用的工具，它不仅能得出状态方程的解，而且还可以作为一种载体，由一种形式转换为另一种形式。

2. 由传递函数导出状态空间表达式

用状态变量图可以很容易地由传递函数导出状态空间表达式。其方法是先由传递函数构成状态变量图，即所谓传递函数的分解，然后再由状态变量图导出状态方程和输出方程。

常用的传递函数分解方法有如下三种：

1）直接分解法

直接分解法适用于传递函数不是因式分解的形式。

设系统的微分方程形式为

$$\dddot{y}+5\ddot{y}+6\dot{y}=\ddot{u}+2\dot{u}+u$$

其传递函数为

$$\frac{Y(s)}{U(s)}=\frac{s^2+2s+1}{s^3+5s^2+6s} \tag{8-27}$$

首先，由传递函数导出状态变量图，其步骤如下：

(i) 先将传递函数转换成积分形式，即用分母最高次项 s^3 除以式(8-27)的分子、分母可得

$$\frac{Y(s)}{U(s)}=\frac{s^{-1}+2s^{-2}+s^{-3}}{1+5s^{-1}+6s^{-2}} \tag{8-28}$$

(ii) 再将上式的分子、分母乘以 $E(s)$

$$\frac{Y(s)}{U(s)}=\frac{(s^{-1}+2s^{-2}+s^{-3})E(s)}{(1+5s^{-1}+6s^{-2})E(s)}$$

(iii) 令上式等式两边分子、分母分别相等可得

$$Y(s)=(s^{-1}+2s^{-2}+s^{-3})E(s) \tag{8-29}$$

$$U(s)=(1+5s^{-1}+6s^{-2})E(s) \tag{8-30}$$

(iv) 将式(8-30)改写成

$$E(s)=-5s^{-1}E(s)-6s^{-2}E(s)+U(s) \tag{8-31}$$

(v) 利用积分器的积分作用，即输出与输入之间有 s^{-1} 的关系，因此，可用三个积分器得到 $s^{-1}E(s)$，$s^{-2}E(s)$，$s^{-3}E(s)$信号，再按式(8-29)和(8-31)的关系即可画出状态变量图，如图 8-11 所示。

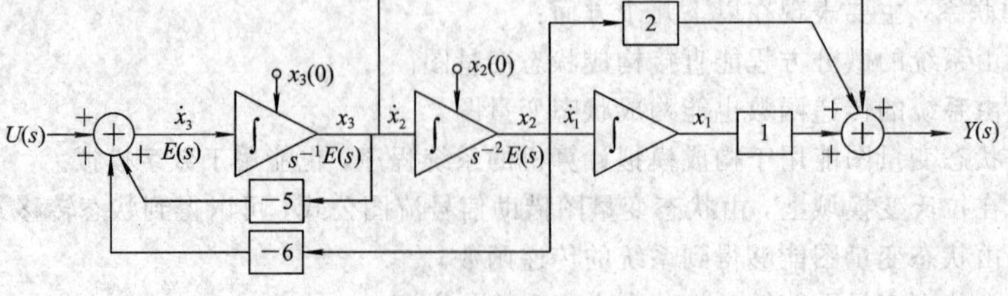

图 8-11　直接分解的状态变量图

其次，由状态变量图导出状态空间表达式。将各节点写成时间域的变量，三个积分器的输出分别设为三个状态变量 $x_1(t)$、$x_2(t)$、$x_3(t)$，那么从状态变量图即可得到状态方程和输出方程

$$\begin{aligned}\dot{x}_1 &= x_2 \\ \dot{x}_2 &= x_3 \\ \dot{x}_3 &= -6x_2 - 5x_3 + u \\ y &= x_1 + 2x_2 + x_3\end{aligned}$$

写成矩阵形式为

$$\begin{bmatrix}\dot{x}_1 \\ \dot{x}_2 \\ \dot{x}_3\end{bmatrix} = \begin{bmatrix}0 & 1 & 0 \\ 0 & 0 & 1 \\ 0 & -6 & -5\end{bmatrix}\begin{bmatrix}x_1 \\ x_2 \\ x_3\end{bmatrix} + \begin{bmatrix}0 \\ 0 \\ 1\end{bmatrix} u \tag{8-32}$$

$$y = \begin{bmatrix}1 & 2 & 1\end{bmatrix}\begin{bmatrix}x_1 \\ x_2 \\ x_3\end{bmatrix}$$

下面画出其信号流图：

首先以 $U(s)$，$E(s)$，$s^{-1}E(s)$，$s^{-2}E(s)$，$s^{-3}E(s)$和 $Y(s)$作为节点；其次按式(8-31)"连线路"；最后按式(8-29)"连支路"，即可以得到信号流图，如图 8-12 所示。

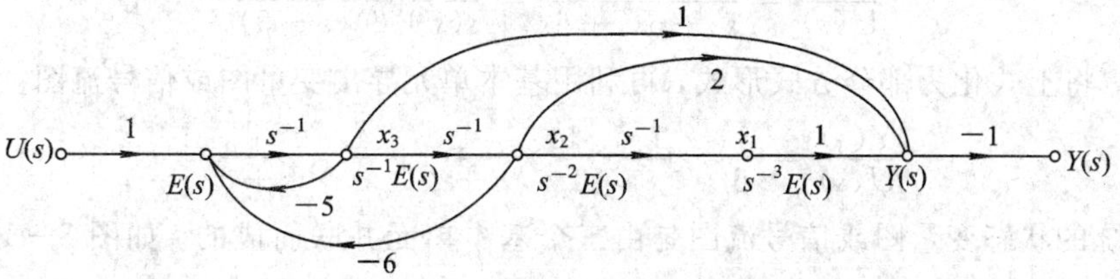

图 8-12　直接分解的信号流图

同理，由信号流图可以直接得出系统的状态空间表达式。

$$\begin{aligned}\dot{x}_1 &= x_2 \\ \dot{x}_2 &= x_3 \\ \dot{x}_3 &= E(s) -- 6x_2 - 5x_3 + u \\ y &= x_1 + 2x_2 + x_3\end{aligned}$$

由此可知，直接分解可以用来将输入函数具有导数项的高阶微分方程化为状态空间表达式，该方法比前述方法更加方便。

2）并联分解法

并联分解法适用于传递函数的分母是因式分解的形式，而分子仍是多项式的情况。其方法是先将传递函数分解成部分分式；然后再画出状态变量图；最后从状态变量图导出状态空间表达式。

部分分式的基本单元为

$$\frac{X(s)}{U(s)} = \frac{A_i}{s + p_i} = \frac{A_i s^{-1}}{1 + p_i s^{-1}} \tag{8-33}$$

利用直接分解的方法，由基本单元画出状态变量图和信号流图。其具体做法是由式(8－33)可得

$$\frac{X(s)}{U(s)}=\frac{A_i}{s+p_i}=\frac{A_i s^{-1}E(s)}{(1+p_i s^{-1})E(s)}$$

所以

$$X(s)=A_i s^{-1}E(s)$$

$$U(s)=(1+p_i s^{-1})E(s)$$

即

$$E(s)=-p_i s^{-1}E(s)+U(s)$$

其图形如图 8－13(a)，(b)所示。

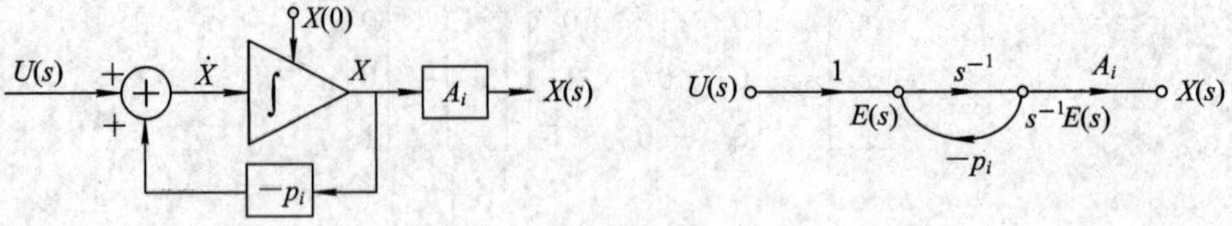

(a) (b)

图 8－13　并联分解基本单元图形

(a) 基本单元状态变量图；(b) 基本单元信号流图

仍利用前面的例子来说明，其传递函数为

$$\frac{Y(s)}{U(s)}=\frac{s^2+2s+1}{s^3+5s^2+6s}=\frac{s^2+2s+1}{s(s+2)(s+3)}$$

首先，将上式化为部分分式形式，再利用基本单元导出变量图或信号流图。

$$\frac{Y(s)}{U(s)}=\frac{1}{6}\times\frac{1}{s}-\frac{1}{2}\times\frac{1}{s+2}+\frac{4}{3}\times\frac{1}{s+3}$$

该系统的状态变量图或信号流图是由三个基本单元并联而成的。如图 8－14(a)、(b)所示。

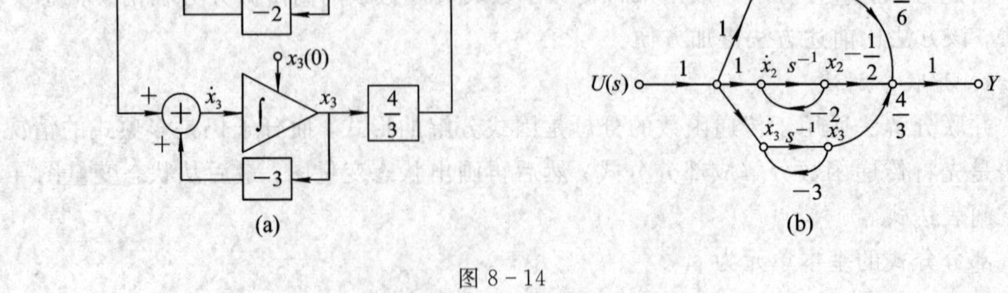

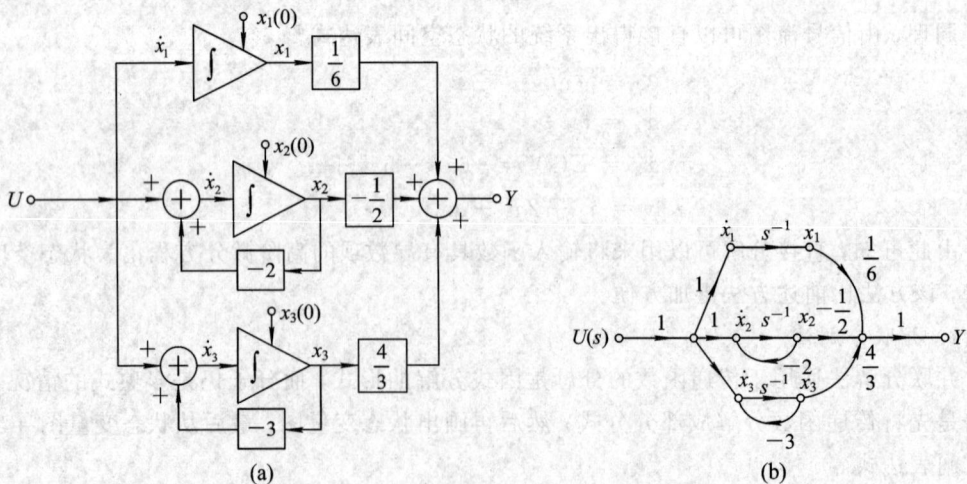

(a) (b)

图 8－14

(a) 状态变量图；(b) 信号流图

其次，由状态变量图(或信号流图)可导出系统的状态空间表达式。选取积分器的输出为状态变量，如图所示，则其状态方程为

$$\dot{x}_1 = u$$
$$\dot{x}_2 = -2x_2 + u$$
$$\dot{x}_3 = -3x_3 + u$$

输出方程为

$$y = \frac{1}{6}x_1 - \frac{1}{2}x_2 + \frac{4}{3}x_3$$

写成矩阵形式为

$$\begin{bmatrix}\dot{x}_1\\ \dot{x}_2\\ \dot{x}_3\end{bmatrix} = \begin{bmatrix}0 & 0 & 0\\ 0 & -2 & 0\\ 0 & 0 & -3\end{bmatrix}\begin{bmatrix}x_1\\ x_2\\ x_3\end{bmatrix} + \begin{bmatrix}1\\ 1\\ 1\end{bmatrix}u \tag{8-34}$$

$$y = \begin{bmatrix}\frac{1}{6} & -\frac{1}{2} & \frac{4}{3}\end{bmatrix}\begin{bmatrix}x_1\\ x_2\\ x_3\end{bmatrix}$$

以上是传递函数具有彼此不等的极点情况。若传递函数中具有重极点，应该如何处理呢？

下面我们就讨论具有重极点的情况。假设传递函数为

$$\frac{Y(s)}{U(s)} = \frac{2s^2+8s+7}{(s+2)^2(s+1)} = \frac{1}{(s+2)^2} + \frac{1}{(s+2)} + \frac{1}{(s+1)} \tag{8-35}$$

式中，$\frac{1}{s+2}^{\,2}$ 可用两个$\frac{1}{s+2}$的状态变量图相串联来构成，因极点多重时，必另有$\frac{1}{s+2}$一项，所以$\frac{1}{s+2}$的基本环节至少有一个可以共用，这样，可以减少一个积分器。其信号流图如图 8-15 所示。

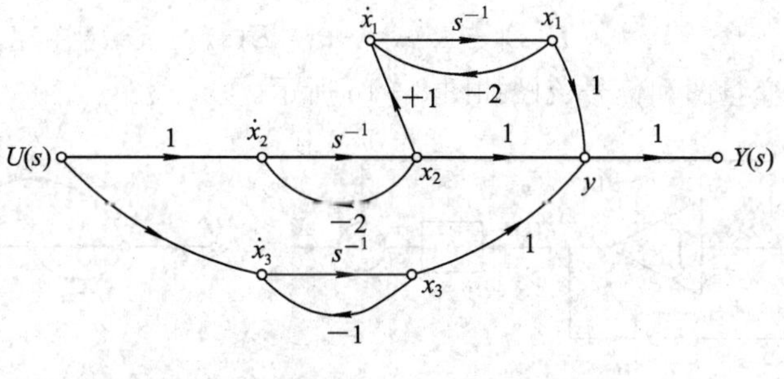

图 8-15　式(8-35)的信号流图

由以上状态变量图可得状态方程和输出方程

$$\dot{x}_1 = -2x_1 + x_2$$
$$\dot{x}_2 = -2x_2 + u$$
$$\dot{x}_3 = -x_3 + u$$
$$y = x_1 + x_2 + x_3$$

即

$$\begin{bmatrix}\dot{x}_1\\ \dot{x}_2\\ \dot{x}_3\end{bmatrix}=\begin{bmatrix}-2 & 1 & 0\\ 0 & -2 & 0\\ 0 & 0 & -1\end{bmatrix}\begin{bmatrix}x_1\\ x_2\\ x_3\end{bmatrix}+\begin{bmatrix}0\\ 1\\ 1\end{bmatrix}u$$

$$y=\begin{bmatrix}1 & 1 & 1\end{bmatrix}\begin{bmatrix}x_1\\ x_2\\ x_3\end{bmatrix}$$

具有以上形式的系数矩阵 $\boldsymbol{A}$ 称为约当矩阵。

通过上面的具体分析，可以得出并联分解的两个优点。

(1) 当由部分分式分解后传递函数只有相异极点时，其状态方程的系数矩阵 $\boldsymbol{A}$ 总是对角线矩阵，因此并联分解法能用于矩阵的对角线化。

(2) 当传递函数具有多重极点时，用并联分解得到的状态变量图，其积分器数目是最少的。如在式(8-35)的分解中，它是一个三阶的传递函数，化为因式分解形式后，需要的积分器总阶数是4。采用并联分解的方法，可以使一个积分器公用，所以只需要三个积分器，三阶传递函数用三个积分器来构成状态变量图，其积分器数目是最少的，这种分解方法，称为系统的最小实现。

3) 串联分解法

串联分解法是将传递函数化成因式分解的形式，即基本因子的连乘形式，然后再画出状态变量图，最后由状态变量图求出状态空间表达式。连乘形式的基本单元为

$$\frac{X(s)}{U(s)}=\frac{s+b}{s+a}=\frac{1+bs^{-1}}{1+as^{-1}} \tag{8-36}$$

用直接分解法可将此基本单元画成状态变量图。将上式右边分子、分母同乘以 $E(s)$ 可得

$$X(s)=(1+bs^{-1})E(s)$$
$$U(s)=(1+as^{-1})E(s)$$

所以

$$E(s)=U(s)-as^{-1}E(s)$$

其基本单元的状态变量图和信号流图如图 8-16 所示。

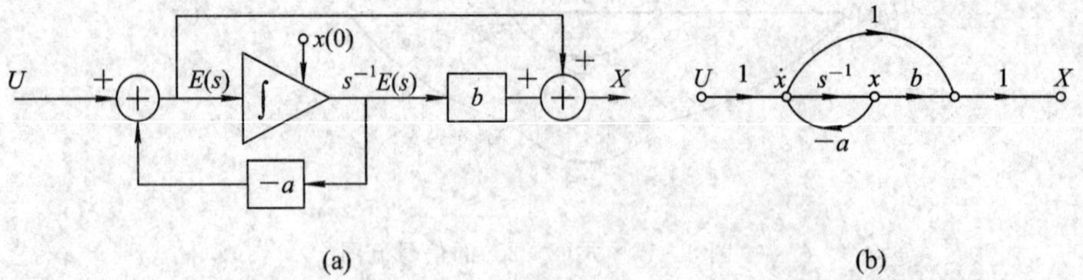

图 8-16 串联分解的基本单元

(a) 状态变量图；(b) 信号流图

仍利用前面的例子来说明。其传递函数为

$$\frac{Y(s)}{U(s)}=\frac{s^2+2s+1}{s^3+5s^2+6s}=\frac{(s+1)^2}{s(s+2)(s+3)}=\frac{1}{s}\times\frac{s+1}{s+2}\times\frac{s+1}{s+3} \tag{8-37}$$

这样就可按以上基本单元串联而构成状态变量图和信号流图，如图 8-17(a)、(b)所示。

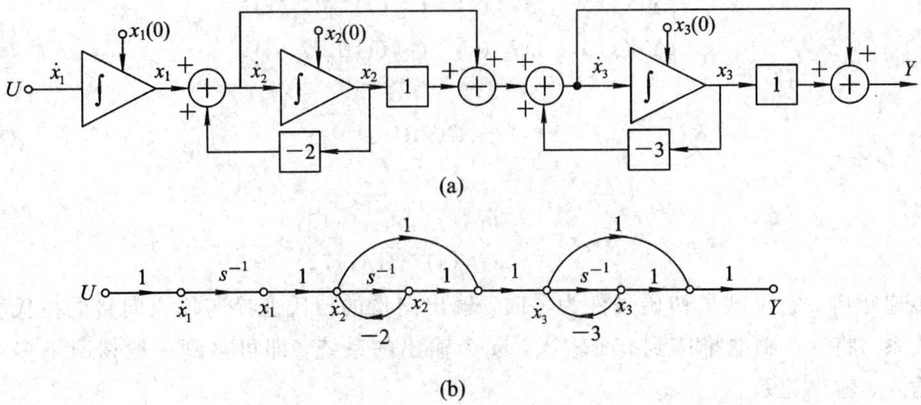

图 8-17　式(8-37)的状态变量图和信号流图

(a) 状态变量图；(b) 信号流图

取积分器的输出为状态变量，如图 8-17(a)所示，则状态方程和输出方程为

$$\dot{x}_1 = u$$

$$\dot{x}_2 = x_1 - 2x_2$$

$$\dot{x}_3 = \dot{x}_2 + x_2 - 3x_3 = x_1 - x_2 - 3x_3$$

$$y = \dot{x}_3 + x_3 = x_1 - x_2 - 2x_3$$

其矩阵形式为

$$\begin{bmatrix} \dot{x}_1 \\ \dot{x}_2 \\ \dot{x}_3 \end{bmatrix} = \begin{bmatrix} 0 & 0 & 0 \\ 1 & -2 & 0 \\ 1 & -1 & -3 \end{bmatrix} \begin{bmatrix} x_1 \\ x_2 \\ x_3 \end{bmatrix} + \begin{bmatrix} 1 \\ 0 \\ 0 \end{bmatrix} u \tag{8-38}$$

$$y = \begin{bmatrix} 1 & -1 & -2 \end{bmatrix} \begin{bmatrix} x_1 \\ x_2 \\ x_3 \end{bmatrix}$$

串联分解法的优点是传递函数的零、极点都出现在支路增益上，当研究零、极点的变化对系统的影响时这种方法很方便。

8.3　传递矩阵、特征方程和线性变换

8.3.1　传递矩阵的概念

在单输入—单输出系统中常用传递函数来描述系统的动态特性，把传递函数概念推广到多变量系统中，输入和输出拉氏变换之间的关系可用传递矩阵来表示。

以两变量系统为例来说明。如图 8-18 所示的两变量系统，当初始条件为零时，其输出的拉氏变换可表示为

$$Y_1(s) = G_{11}(s)U_1(s) + G_{12}(s)U_2(s)$$

$$Y_2(s)=G_{21}(s)U_1(s)+G_{22}(s)U_2(s)$$

写成矩阵形式为

$$\begin{bmatrix}Y_1(s)\\Y_2(s)\end{bmatrix}=\begin{bmatrix}G_{11}(s) & G_{12}(s)\\G_{21}(s) & G_{22}(s)\end{bmatrix}\begin{bmatrix}U_1(s)\\U_2(s)\end{bmatrix} \tag{8-39}$$

即

$$\boldsymbol{Y}(s)=\boldsymbol{G}(s)\boldsymbol{U}(s) \tag{8-40}$$

式中

$$\boldsymbol{G}(s)=\begin{bmatrix}G_{11}(s) & G_{12}(s)\\G_{21}(s) & G_{22}(s)\end{bmatrix}$$

称为传递矩阵，它反映了初始条件为零时，输出向量的拉氏变换与输入向量的拉氏变换之间的关系。将这一概念推广到 r 个输入，m 个输出的系统，即可得到一般情况下多变量系统的输入、输出关系。

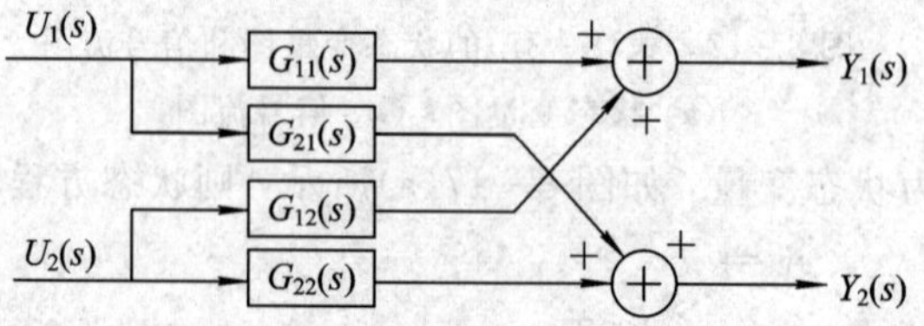

图 8-18　多变量系统

对于 r 个输入，m 个输出的系统，其关系为

$$\begin{bmatrix}Y_1(s)\\Y_2(s)\\\vdots\\Y_m(s)\end{bmatrix}=\begin{bmatrix}G_{11}(s) & G_{12}(s) & \cdots & G_{1r}(s)\\G_{21}(s) & G_{22}(s) & \cdots & G_{2r}(s)\\\vdots & \vdots & \ddots & \vdots\\G_{m1}(s) & G_{m2}(s) & \cdots & G_{mr}(s)\end{bmatrix}\begin{bmatrix}U_1(s)\\U_2(s)\\\vdots\\U_r(s)\end{bmatrix} \tag{8-41}$$

或

$$\boldsymbol{Y}(s)=\boldsymbol{G}(s)\boldsymbol{U}(s)$$

这时 $\boldsymbol{G}(s)$是 $m\times r$ 维矩阵，其中元素 $G_{ij}(s)$表示第 j 个输入对第 i 个输出的传递函数。

1. 由状态方程导出传递矩阵

设多变量系统的状态方程和输出方程为

$$\dot{\boldsymbol{X}}(t)=\boldsymbol{AX}(t)+\boldsymbol{Bu}(t)$$

$$\boldsymbol{y}(t)=\boldsymbol{CX}(t)+\boldsymbol{Du}(t)$$

当初始条件为零时，对上述两式取拉氏变换得

$$s\boldsymbol{X}(s)=\boldsymbol{AX}(s)+\boldsymbol{Bu}(s) \tag{8-42}$$

$$\boldsymbol{y}(s)=\boldsymbol{CX}(s)+\boldsymbol{Du}(s) \tag{8-43}$$

将式(8-42)移项得

$$(s\boldsymbol{I}-\boldsymbol{A})\boldsymbol{X}(s)=\boldsymbol{Bu}(s)$$

用$(s\boldsymbol{I}-\boldsymbol{A})^{-1}$左乘上式两边，可得

$$\boldsymbol{X}(s)=(s\boldsymbol{I}-\boldsymbol{A})^{-1}\boldsymbol{Bu}(s)$$

所以

$$\boldsymbol{y}(s) = [\boldsymbol{C}(s\boldsymbol{I} - \boldsymbol{A})^{-1}\boldsymbol{B} + \boldsymbol{D}]\boldsymbol{u}(s)$$

这样，由状态空间表达式得出的传递矩阵为

$$\boldsymbol{G}(s) = \boldsymbol{C}(s\boldsymbol{I} - \boldsymbol{A})^{-1}\boldsymbol{B} + \boldsymbol{D} \tag{8-44}$$

注意：单变量系统相当于多变量系统的一种特殊情况，所以式(8-44)也适用于单变量系统，由该式求得的就是传递函数。

2. 闭环系统的传递矩阵

如图 8-19 所示的多输入—多输出闭环系统，其传递矩阵 $\boldsymbol{G}(s)$的推导如下。

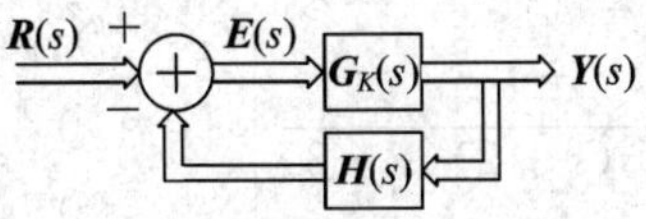

图 8-19　多输入—多输出闭环系统

因

$$\boldsymbol{Y}(s) = \boldsymbol{G}_K(s)\boldsymbol{E}(s)$$

而

$$\boldsymbol{E}(s) = \boldsymbol{R}(s) - \boldsymbol{H}(s)\boldsymbol{Y}(s)$$

所以

$$\boldsymbol{Y}(s) = \boldsymbol{G}_K(s)[\boldsymbol{R}(s) - \boldsymbol{H}(s)\boldsymbol{Y}(s)]$$

移项后得

$$[\boldsymbol{I} + \boldsymbol{G}_K(s)\boldsymbol{H}(s)]\boldsymbol{Y}(s) = \boldsymbol{G}_K(s)\boldsymbol{R}(s)$$

再用$[\boldsymbol{I}+\boldsymbol{G}_K(s)\boldsymbol{H}(s)]^{-1}$左乘上式两边，可得

$$\boldsymbol{Y}(s) = [\boldsymbol{I} + \boldsymbol{G}_K(s)\boldsymbol{H}(s)]^{-1}\boldsymbol{G}_K(s)\boldsymbol{R}(s)$$

这样闭环系统的传递矩阵为

$$\boldsymbol{G}(s) = [\boldsymbol{I} + \boldsymbol{G}_K(s)\boldsymbol{H}(s)]^{-1}\boldsymbol{G}_K(s) \tag{8-45}$$

若取 $\boldsymbol{H}(s)=1$，可得

$$\boldsymbol{G}(s) = [\boldsymbol{I} + \boldsymbol{G}_K(s)]^{-1}\boldsymbol{G}_K(s) \tag{8-46}$$

下面举例说明传递矩阵的求法。

例 8-6　设系统的状态空间表达式为

$$\begin{bmatrix} \dot{x}_1 \\ \dot{x}_2 \\ \dot{x}_3 \end{bmatrix} = \begin{bmatrix} 0 & 0 & 0 \\ 0 & -2 & 0 \\ 0 & 0 & -3 \end{bmatrix} \begin{bmatrix} x_1 \\ x_2 \\ x_3 \end{bmatrix} + \begin{bmatrix} 1 \\ 1 \\ 1 \end{bmatrix} u$$

$$y = \begin{bmatrix} \frac{1}{6} & -\frac{1}{2} & \frac{4}{3} \end{bmatrix} \begin{bmatrix} x_1 \\ x_3 \\ x_3 \end{bmatrix}$$

试求该系统的传递矩阵。

解　由上式可知

$$\boldsymbol{A} = \begin{bmatrix} 0 & 0 & 0 \\ 0 & -2 & 0 \\ 0 & 0 & -3 \end{bmatrix}, \quad \boldsymbol{B} = \begin{bmatrix} 1 \\ 1 \\ 1 \end{bmatrix}, \quad \boldsymbol{C} = \begin{bmatrix} \frac{1}{6} & -\frac{1}{2} & \frac{4}{3} \end{bmatrix}, \quad \boldsymbol{D} = 0$$

利用式(8-43)即可求出系统的传递矩阵。

首先确定

$$(s\boldsymbol{I}-\boldsymbol{A})=\begin{bmatrix} s & 0 & 0 \\ 0 & s+2 & 0 \\ 0 & 0 & s+3 \end{bmatrix}$$

再求

$$(s\boldsymbol{I}-\boldsymbol{A})^{-1}=\frac{\operatorname{adj}(s\boldsymbol{I}-\boldsymbol{A})}{|s\boldsymbol{I}-\boldsymbol{A}|}$$

$$=\frac{1}{s(s+2)(s+3)}\begin{bmatrix} (s+2)(s+3) & 0 & 0 \\ 0 & s(s+3) & 0 \\ 0 & 0 & s(s+2) \end{bmatrix}$$

$$=\begin{bmatrix} \frac{1}{s} & 0 & 0 \\ 0 & \frac{1}{s+2} & 0 \\ 0 & 0 & \frac{1}{s+3} \end{bmatrix}$$

所以，其传递矩阵为

$$\boldsymbol{G}(s)=\boldsymbol{C}(s\boldsymbol{I}-\boldsymbol{A})^{-1}\boldsymbol{B}+\boldsymbol{D}$$

$$=\begin{bmatrix} \frac{1}{6} & -\frac{1}{2} & \frac{4}{3} \end{bmatrix}\begin{bmatrix} \frac{1}{s} & 0 & 0 \\ 0 & \frac{1}{s+2} & 0 \\ 0 & 0 & \frac{1}{s+3} \end{bmatrix}\begin{bmatrix} 1 \\ 1 \\ 1 \end{bmatrix}$$

$$=\frac{1}{6s}-\frac{1}{2(s+2)}+\frac{4}{3(s+3)}$$

$$=\frac{s^2+2s+1}{s(s+2)(s+3)}$$

由于系统为单输入、单输出系统，所以得出的是传递函数。

例 8-7 设系统的状态空间表达式为

$$\begin{bmatrix} \dot{x}_1 \\ \dot{x}_2 \end{bmatrix}=\begin{bmatrix} 0 & 1 \\ 0 & -2 \end{bmatrix}\begin{bmatrix} x_1 \\ x_2 \end{bmatrix}+\begin{bmatrix} 1 & 0 \\ 0 & 1 \end{bmatrix}\begin{bmatrix} u_1 \\ u_2 \end{bmatrix}$$

$$\begin{bmatrix} y_1 \\ y_2 \end{bmatrix}=\begin{bmatrix} 1 & 0 \\ 0 & 1 \end{bmatrix}\begin{bmatrix} x_1 \\ x_2 \end{bmatrix}$$

试求该系统的传递矩阵。

解 由状态空间表达式可知

$$\boldsymbol{A}=\begin{bmatrix} 0 & 1 \\ 0 & -2 \end{bmatrix},\quad \boldsymbol{B}=\begin{bmatrix} 1 & 0 \\ 0 & 1 \end{bmatrix},\quad \boldsymbol{C}=\begin{bmatrix} 1 & 0 \\ 0 & 1 \end{bmatrix},\quad \boldsymbol{D}=0$$

所以

$$(s\boldsymbol{I}-\boldsymbol{A})^{-1}=\frac{\operatorname{adj}(s\boldsymbol{I}-\boldsymbol{A})}{|s\boldsymbol{I}-\boldsymbol{A}|}=\begin{bmatrix} s & -1 \\ 0 & s+2 \end{bmatrix}^{-1}$$

$$=\frac{1}{s(s+2)}\begin{bmatrix} s+2 & 0 \\ 0 & s \end{bmatrix}=\begin{bmatrix} \frac{1}{s} & \frac{1}{s(s+2)} \\ 0 & \frac{1}{(s+2)} \end{bmatrix}$$

那么

$$\boldsymbol{G}(s)=\boldsymbol{C}(s\boldsymbol{I}-\boldsymbol{A})^{-1}\boldsymbol{B}+\boldsymbol{D}$$

$$=\begin{bmatrix} 1 & 0 \\ 0 & 1 \end{bmatrix}\begin{bmatrix} \frac{1}{s} & \frac{1}{s(s+2)} \\ 0 & \frac{1}{(s+2)} \end{bmatrix}\begin{bmatrix} 1 & 0 \\ 0 & 1 \end{bmatrix}=\begin{bmatrix} \frac{1}{s} & \frac{1}{s(s+2)} \\ 0 & \frac{1}{(s+2)} \end{bmatrix}$$

综上所述，借助于状态变量图等手段可从传递函数导出状态空间表达式；反之，已知状态空间表达式，可利用传递矩阵公式或借助状态变量图导出传递函数，这就是传递函数和状态空间表达式的相互关系。

8.3.2 特征方程和特征值

1. 特征方程

特征方程在线性系统的研究中起着重要作用，它可以用微分方程、传递矩阵(或传递函数)或状态空间表达式来定义，特征方程就是微分方程的齐次式或传递矩阵分母等于零的表达式。

从前面的学习已经知道，状态空间表达式可化为传递矩阵形式，即

$$(s\boldsymbol{I}-\boldsymbol{A})^{-1}=\frac{\operatorname{adj}(s\boldsymbol{I}-\boldsymbol{A})}{|s\boldsymbol{I}-\boldsymbol{A}|}$$

所以由式(8-44)可得

$$\boldsymbol{G}(s)=\frac{\boldsymbol{C}[\operatorname{adj}(s\boldsymbol{I}-\boldsymbol{A})\boldsymbol{B}]+|s\boldsymbol{I}-\boldsymbol{A}|\boldsymbol{D}}{|s\boldsymbol{I}-\boldsymbol{A}|} \tag{8-47}$$

式中分母 $s\boldsymbol{I}-\boldsymbol{A}$ 为

$$s\boldsymbol{I}-\boldsymbol{A}=\begin{bmatrix} s-a_{11} & -a_{12} & \cdots & -a_{1n} \\ -a_{21} & s-a_{22} & \cdots & -a_{2n} \\ \vdots & \vdots & \ddots & \vdots \\ -a_{n1} & -a_{n2} & \cdots & s-a_{nn} \end{bmatrix} \tag{8-48}$$

$s\boldsymbol{I}-\boldsymbol{A}$ 称为方阵 $\boldsymbol{A}$ 的特征方阵。行列式 $|s\boldsymbol{I}-\boldsymbol{A}|$ 称为特征多项式。根据上述特征方程的定义，令传递矩阵分母等于零，可得特征方程为

$$|s\boldsymbol{I}-\boldsymbol{A}|=0 \tag{8-49}$$

2. 特征值

特征方程的根，常被称为矩阵 $\boldsymbol{A}$ 的特征值，用 λ_1，λ_2，…，λ_n 表示，若状态方程是向变量规范形式，则特征方程就可以很容易地用矩阵最后一行元素来表示，即当

$$A = \begin{bmatrix} 0 & 1 & 0 & 0 & \cdots & 0 \\ 0 & 0 & 1 & 0 & \cdots & 0 \\ 0 & 0 & 0 & 1 & \cdots & 0 \\ \vdots & \vdots & \vdots & \vdots & \ddots & \vdots \\ -a_n & -a_{n-1} & -a_{n-2} & -a_{n-3} & \cdots & -a_1 \end{bmatrix}$$

时，特征方程就是由其最后一行各元素所构成，

$$s^n + a_1 s^{n-1} + a_2 s^{n-2} + \cdots + a_{n-1} s + a_n = 0$$

3. 特征向量

设矩阵 $\boldsymbol{A}$ 有各不相同的特征值 λ_i；若 $n\times 1$ 向量 $\boldsymbol{P}_i$ 满足下列矩阵方程

$$(\lambda_i \boldsymbol{I} - \boldsymbol{A})\boldsymbol{P}_i = 0 \tag{8-50}$$

时，则称向量 $\boldsymbol{P}_i$ 为与矩阵 $\boldsymbol{A}$ 的特征值 λ_i 相对应的特征向量。

8.3.3 状态变量的非惟一性

如上所述，同一个系统，状态变量的选取并非惟一。由于状态变量选取的不同，所得到的状态变量图、状态方程和输出方程也不同。输出变量的选取是由系统所决定的，是不能随意改变的，而输出变量又是由状态变量的线性组合来表示的。所以，当选取的状态变量不同时，其输出的线性组合形式也当然不同。

对于状态变量的选取，归纳起来，我们应注意以下几点：

(1) 系统的状态变量的选取不是惟一的。状态变量的选取，从数学意义上看，是状态变量的一种线性变换，或坐标变换；从物理意义上看，它所对应的状态变量图不同，也就是结构形式不同；而从控制理论的角度来看，就是其实现方式不同，传递函数的并联分解就是一种最小实现。

(2) 状态变量不一定是可测量的。从数学上说，选择 $y(t)$，$\dot{y}(t)$，…，$y^{(n-1)}(t)$ 作为状态变量是很自然的事；而从工程上说，二阶或二阶以上的导数项是难以测量的。所以通常总是选取易于测量或可观测的量作为状态变量，因为在实现最优控制时，常要求所有状态变量都用来作为反馈。

(3) 有时为了方便起见，可将输入变量(包括操纵变量和扰动变量)也当作状态变量来处理，这时总体的状态变量称为广义的状态变量。

8.3.4 系统特征值的不变性及系统的不变量

首先讨论利用前述传递函数不同的分解法得出的状态方程。

用直接分解法时，由式(8-32)可知

$$A = \begin{bmatrix} 0 & 1 & 0 \\ 0 & 0 & 1 \\ 0 & -6 & -5 \end{bmatrix}$$

其特征方程为

$$|\lambda \boldsymbol{I} - \boldsymbol{A}| = \begin{bmatrix} \lambda & -1 & 0 \\ 0 & \lambda & -1 \\ 0 & 6 & \lambda+5 \end{bmatrix} = \lambda^3 + 5\lambda^2 + 6\lambda = \lambda(\lambda+2)(\lambda+3) = 0$$

那么，特征方程的根，即矩阵 **A** 的特征值为

$$\lambda_1 = 0,\quad \lambda_2 = -2,\quad \lambda_3 = -3$$

用并联分解法时，由式(8－34)已知：

$$\boldsymbol{A} = \begin{bmatrix} 0 & 0 & 0 \\ 0 & -2 & 0 \\ 0 & 0 & -3 \end{bmatrix}$$

其特征方程为

$$|\lambda\boldsymbol{I} - \boldsymbol{A}| = \begin{bmatrix} \lambda & 0 & 0 \\ 0 & \lambda+2 & 0 \\ 0 & 0 & \lambda+3 \end{bmatrix} = \lambda(\lambda+2)(\lambda+3)$$

$$= 0$$

特征值为

$$\lambda_1 = 0,\quad \lambda_2 = -2,\quad \lambda_3 = -3$$

用串联分解时，由式(8－38)已知：

$$\boldsymbol{A} = \begin{bmatrix} 0 & 0 & 0 \\ 1 & -2 & 0 \\ 1 & -1 & -3 \end{bmatrix}$$

其特征方程为

$$|\lambda\boldsymbol{I} - \boldsymbol{A}| = \begin{bmatrix} \lambda & 0 & 0 \\ -1 & \lambda+2 & 0 \\ -1 & 1 & \lambda+3 \end{bmatrix} = \lambda(\lambda+2)(\lambda+3) = 0$$

特征值为

$$\lambda_1 = 0,\ \lambda_2 = -2,\ \lambda_3 = -3$$

由此可见，用不同分解方法得到的状态方程虽然不同，但方阵 **A** 的特征值却是相同的，这一点很重要。下面对一般的情况加以证明。

设原有一组状态变量为 **X**，现选取另一组新的状态变量为 **Z**，若有

$$\boldsymbol{X} = \boldsymbol{P}\boldsymbol{Z} \tag{8-51}$$

假设矩阵 **P** 为非奇异矩阵，则新的一组状态变量为

$$\boldsymbol{Z} = \boldsymbol{P}^{-1}\boldsymbol{X} \tag{8-52}$$

设原状态方程为

$$\dot{\boldsymbol{X}} = \boldsymbol{A}\boldsymbol{X} + \boldsymbol{B}u \tag{8-53}$$

则新状态方程为

$$\boldsymbol{P}\dot{\boldsymbol{Z}} = \boldsymbol{A}\boldsymbol{P}\boldsymbol{Z} + \boldsymbol{B}u$$

所以

$$\dot{\boldsymbol{Z}} = \boldsymbol{P}^{-1}\boldsymbol{A}\boldsymbol{P}\boldsymbol{Z} + \boldsymbol{P}^{-1}\boldsymbol{B}u \tag{8-54}$$

原输出方程为

$$y = \boldsymbol{C}\boldsymbol{X} + \boldsymbol{D}u \tag{8-55}$$

新的输出方程为

$$y = \boldsymbol{C}\boldsymbol{P}\boldsymbol{Z} + \boldsymbol{D}u \tag{8-56}$$

所以，新的特征方程为

$$|\lambda \boldsymbol{I}-\boldsymbol{P}^{-1}\boldsymbol{A}\boldsymbol{P}|=0 \tag{8-57}$$

将新的特征方程进行矩阵运算，可整理为

$$\begin{aligned}|\lambda \boldsymbol{I}-\boldsymbol{P}^{-1}\boldsymbol{A}\boldsymbol{P}| &= |\lambda \boldsymbol{P}^{-1}\boldsymbol{P}-\boldsymbol{P}^{-1}\boldsymbol{A}\boldsymbol{P}| \\ &= |\boldsymbol{P}^{-1}(\lambda \boldsymbol{I}-\boldsymbol{A})\boldsymbol{P}| = |\boldsymbol{P}^{-1}|\,|\lambda \boldsymbol{I}-\boldsymbol{A}|\,|\boldsymbol{P}| \\ &= |\boldsymbol{P}^{-1}|\,|\boldsymbol{P}|\,|\lambda \boldsymbol{I}-\boldsymbol{A}| = |\boldsymbol{P}^{-1}\boldsymbol{P}|\,|\lambda \boldsymbol{I}-\boldsymbol{A}| \\ &= |\lambda \boldsymbol{I}-\boldsymbol{A}| \\ &= 0\end{aligned}$$

由此可知，新的特征方程与原状态方程的特征方程是相同的。换句话说，同一系统，虽然状态变量的选取是非惟一的，但其特征方程和特征值是不变的。所以特征方程反映了系统本质的内在联系。如果式(8-53)所示的系统的特征方程为

$$|s\boldsymbol{I}-\boldsymbol{A}|=s^n+a_1s^{n-1}+\cdots+a_{n-1}s+a_n=0 \tag{8-58}$$

也就是说，对于式(8-53)的系统，其特征根完全由 a_1，a_2，…，a_n 惟一地确定，经线性变换后得到的式(8-54)的特征根也完全由 a_1，a_2，…，a_n 惟一地确定，这样，确定特征根的参数没有变化，所以称这些参数 a_1，a_2，…，a_n 为线性系统的不变量。

8.3.5 矩阵的对角线化——相似变换

在采用并联分解法导出的状态方程中，$\boldsymbol{A}$ 是一个对角线方阵，其主对角线上的元素就是它的特征值。这在数学上处理起来就很方便，而从物理意义上来看，其各个状态变量之间是相互独立的。因此常需要将一般的状态方程，经过相似变换后，化为对角线矩阵状态方程。由数学知识可知，要将一个矩阵 $\boldsymbol{A}$ 化为对角线矩阵 $\boldsymbol{\Lambda}$ 的条件是 $\boldsymbol{A}$ 矩阵的 n 个特征值必须各不相同，否则就不能化为对角线矩阵。

设线性系统的状态方程为

$$\dot{\boldsymbol{X}}=\boldsymbol{A}\boldsymbol{X}+\boldsymbol{B}\boldsymbol{u} \tag{8-59}$$

其中，$\boldsymbol{A}$ 的特征值为 λ_1，λ_2，…，λ_n 共有 n 个各不相同的值，现在的问题是要找出一个非奇异矩阵 $\boldsymbol{P}$，通过线性变换

$$\boldsymbol{X}=\boldsymbol{P}\boldsymbol{Z}$$

将式(8-59)变换为

$$\dot{\boldsymbol{Z}}=\boldsymbol{P}^{-1}\boldsymbol{A}\boldsymbol{P}\boldsymbol{Z}+\boldsymbol{P}^{-1}\boldsymbol{B}\boldsymbol{u}=\boldsymbol{\Lambda}\boldsymbol{Z}+\boldsymbol{\Gamma}\boldsymbol{u} \tag{8-60}$$

式中 $\boldsymbol{\Lambda}$ 是以 λ_1，λ_2，…，λ_n 为主对角线的对角矩阵，式(8-60)称为对角规范形式。

现在的问题是如何确定 $\boldsymbol{P}$ 矩阵，以便 $\boldsymbol{A}$ 矩阵变换为 $\boldsymbol{\Lambda}$ 矩阵，下面介绍两种求 $\boldsymbol{P}$ 的方法。

(1) 特征向量法。

若令 $\boldsymbol{P}_i(i=1, 2, \cdots, n)$ 表示与特征值 λ_i 相对应的特征向量，特征向量可由式(8-50)表示。也可写为

$$\lambda_i\boldsymbol{P}_i=\boldsymbol{A}\boldsymbol{P}_i \quad (i=1, 2, \cdots, n)$$

若用矩阵形式表示，可写成 $n\times n$ 矩阵

$$(\lambda_1\boldsymbol{P}_1 \quad \lambda_2\boldsymbol{P}_2 \quad \cdots \quad \lambda_n\boldsymbol{P}_n)=(\boldsymbol{A}\boldsymbol{P}_1 \quad \boldsymbol{A}\boldsymbol{P}_2 \quad \cdots \quad \boldsymbol{A}\boldsymbol{P}_n)$$

或改写为

$$[\boldsymbol{P}_1 \quad \boldsymbol{P}_2 \quad \cdots \quad \boldsymbol{P}_n]\begin{bmatrix}\lambda_1 & 0 & \cdots & 0\\ 0 & \lambda_2 & \cdots & 0\\ \vdots & \vdots & \ddots & \vdots\\ 0 & 0 & \cdots & \lambda_n\end{bmatrix} = \boldsymbol{A}[\boldsymbol{P}_1 \quad \boldsymbol{P}_2 \quad \cdots \quad \boldsymbol{P}_n]$$

若令

$$\boldsymbol{P} = [\boldsymbol{P}_1 \quad \boldsymbol{P}_2 \quad \cdots \quad P_n]$$

则

$$\boldsymbol{\Lambda} = \begin{bmatrix}\lambda_1 & 0 & \cdots & 0\\ 0 & \lambda_2 & \cdots & 0\\ \vdots & \vdots & \ddots & \vdots\\ 0 & 0 & \cdots & \lambda_n\end{bmatrix} = \boldsymbol{P}^{-1}\boldsymbol{A}\boldsymbol{P}$$

可见，利用矩阵 $\boldsymbol{A}$ 的特征向量组成的变换矩阵 $\boldsymbol{P}$，可将 $\boldsymbol{A}$ 矩阵对角线化。

(2) 假如矩阵 $\boldsymbol{A}$ 具有如下的向变量规范形式，即

$$\boldsymbol{A} = \begin{bmatrix}0 & 1 & 0 & 0 & \cdots & 0\\ 0 & 0 & 1 & 0 & \cdots & 0\\ 0 & 0 & 0 & 1 & \cdots & 0\\ \vdots & \vdots & \vdots & \vdots & \ddots & \vdots\\ -a_n & -a_{n-1} & -a_{n-2} & -a_{n-3} & \cdots & -a_1\end{bmatrix} \tag{8-61}$$

可按上述及原理证明变换矩阵 $\boldsymbol{P}$ 为

$$\boldsymbol{P} = \begin{bmatrix}1 & 1 & 1 & 1 & \cdots & 1\\ \lambda_1 & \lambda_2 & \lambda_3 & \lambda_4 & \cdots & \lambda_n\\ \lambda_1^2 & \lambda_2^2 & \lambda_3^2 & \lambda_4^2 & \cdots & \lambda_n^2\\ \vdots & \vdots & \vdots & \vdots & \ddots & \vdots\\ \lambda_1^{n-1} & \lambda_2^{n-1} & \lambda_3^{n-1} & \lambda_4^{n-1} & \cdots & \lambda_n^{n-1}\end{bmatrix} \tag{8-62}$$

式(8-62)称为范德蒙特征矩阵。其中 λ_i 为 $\boldsymbol{A}$ 矩阵的 n 个不同数值的特征值。注意，只有当矩阵 $\boldsymbol{A}$ 具有式(8-61)的向变量规范形式时，$\boldsymbol{P}$ 才能取式(8-62)的变换矩阵形式。

例 8-8 若已知

$$\boldsymbol{A} = \begin{bmatrix}0 & 1 & -1\\ -6 & -11 & 6\\ -6 & -11 & 5\end{bmatrix}$$

试求变换矩阵 $\boldsymbol{P}$，使 $\boldsymbol{P}^{-1}\boldsymbol{A}\boldsymbol{P}=\boldsymbol{\Lambda}$。

解 特征方程为

$$|s\boldsymbol{I} - \boldsymbol{A}| = \begin{bmatrix}s & -1 & 1\\ 6 & s+11 & -6\\ 6 & 11 & s-5\end{bmatrix} = s^3 + 6s^2 + 11s + 6 = (s+1)(s+2)(s+3)$$

所以特征值为 $\lambda_1=-1$，$\lambda_2=-2$，$\lambda_3=-3$。

因矩阵 $\boldsymbol{P}$ 的某一列向量 $\boldsymbol{P}_1$ 是对应特征值 λ_i 的一个特征向量，由式(8-50)得

$$(\boldsymbol{\lambda}_i\boldsymbol{I} - \boldsymbol{A})\boldsymbol{P}_i = 0$$

对于 λ_1 有

$$(\boldsymbol{\lambda}_1 \boldsymbol{I} - \boldsymbol{A})\boldsymbol{P}_1 = 0$$

即

$$\begin{bmatrix} \lambda_1 & -1 & 1 \\ 6 & \lambda_1 + 11 & -6 \\ 6 & 11 & \lambda_1 - 5 \end{bmatrix} \begin{bmatrix} p_{11} \\ p_{21} \\ p_{31} \end{bmatrix} = 0$$

用 $\lambda_1 = -1$ 代入后得

$$\begin{bmatrix} -1 & -1 & 1 \\ 6 & 10 & -6 \\ 6 & 11 & -6 \end{bmatrix} \begin{bmatrix} p_{11} \\ p_{21} \\ p_{31} \end{bmatrix} = 0$$

解之得

$$p_{11} = p_{31} = 1, \quad p_{21} = 0$$

即

$$\boldsymbol{P}_1 = \begin{bmatrix} 1 \\ 0 \\ 1 \end{bmatrix}$$

同理可解得当 $\lambda_2 = -2$，$\lambda_3 = -3$ 时所对应的 $\boldsymbol{P}_2$，$\boldsymbol{P}_3$

即

$$\boldsymbol{P}_2 = \begin{bmatrix} 1 \\ 2 \\ 4 \end{bmatrix}, \quad \boldsymbol{P}_3 = \begin{bmatrix} 1 \\ 6 \\ 9 \end{bmatrix}$$

则

$$\boldsymbol{P}^{-1} = [\boldsymbol{P}_1 \quad \boldsymbol{P}_2 \quad \boldsymbol{P}_3] = \begin{bmatrix} 1 & 1 & 1 \\ 0 & 2 & 6 \\ 1 & 4 & 9 \end{bmatrix}$$

$$\boldsymbol{P}^{-1} = \frac{\mathrm{adj}\boldsymbol{P}}{|\boldsymbol{P}|} = \begin{bmatrix} 3 & \frac{5}{2} & -2 \\ -3 & -4 & 3 \\ 1 & \frac{3}{2} & -1 \end{bmatrix}$$

所以

$$\boldsymbol{P}^{-1}\boldsymbol{A}\boldsymbol{P} = \begin{bmatrix} 3 & \frac{5}{2} & -2 \\ -3 & -4 & 3 \\ 1 & \frac{3}{2} & -1 \end{bmatrix} \begin{bmatrix} 0 & 1 & -1 \\ -6 & -11 & 6 \\ -6 & -11 & 5 \end{bmatrix} \begin{bmatrix} 1 & 1 & 1 \\ 0 & 2 & 6 \\ 1 & 4 & 9 \end{bmatrix}$$

$$= \begin{bmatrix} -1 & 0 & 0 \\ 0 & -2 & 0 \\ 0 & 0 & -3 \end{bmatrix} = \begin{bmatrix} \lambda_1 & 0 & 0 \\ 0 & \lambda_2 & 0 \\ 0 & 0 & \lambda_3 \end{bmatrix}$$

这就证明了在 $\boldsymbol{A}$ 的 n 个特征值各不相同时，总可以求得一个非奇异矩阵 $\boldsymbol{P}$，经相似变换后，使 **A** 矩阵变为对角线矩阵，而且主对角线元素就是 $\lambda_1, \lambda_2, \cdots, \lambda_n$。

当 **A** 矩阵具有相同的特征值时，经相似变换后，**A** 矩阵一般不能化为对角线矩阵，而是接近于对角线矩阵的形式。如当 λ_1 为三重重根的 5 阶系统则有

$$\boldsymbol{J} = \boldsymbol{P}^{-1}\boldsymbol{A}\boldsymbol{P} = \begin{bmatrix} \lambda_1 & 1 & 0 & 0 & \cdots & 0 \\ 0 & \lambda_1 & 1 & 0 & \cdots & 0 \\ 0 & 0 & \lambda_1 & 1 & \cdots & 0 \\ \vdots & \vdots & \vdots & \vdots & \ddots & \vdots \\ 0 & 0 & 0 & 0 & \cdots & \lambda_5 \end{bmatrix} \tag{8-63}$$

上式称为约当规范形式或者约当矩阵，矩阵中的虚线框称为约当块。

8.4 线性离散系统的状态空间表达式

线性定常离散系统的状态空间表达式与连续系统的状态空间表达式很相似。最一般的形式为

$$\boldsymbol{X}(k+1) = \boldsymbol{G}\boldsymbol{X}(k) + \boldsymbol{H}\boldsymbol{u}(k) \tag{8-64}$$

$$\boldsymbol{y}(k) = \boldsymbol{C}\boldsymbol{X}(k) + \boldsymbol{D}\boldsymbol{u}(k) \tag{8-65}$$

式中，$\boldsymbol{X}(k)$为 n 维状态向量，$\boldsymbol{u}(k)$为 r 维输入向量，$\boldsymbol{y}(k)$为 m 维输出向量，它们都是在时间 $t=kt$ 时刻所确定的向量，k 表示第 k 个采样时刻，T 为采样周期，**G**，**H**，**C**，**D** 分别为 $n\times n$，$n\times r$，$m\times n$，$m\times r$ 维系数矩阵。

离散系统通常有两种情况。

一种情况是系统所有环节对时间都是离散的，它们所接收和发送的都是离散的数据，例如数字控制器或数字计算机。这种系统的动态行为可用差分方程或脉冲传递函数来描述，因此，可从差分方程或脉冲传递函数出发来导出离散系统的状态空间表达式。

另一种情况是系统的各个组成部分是连续的，而在系统的某些点上对时间是离散的，例如在某些点上存在着采样器和零阶保持器。在这种情况下，系统各环节仍用微分方程描述，但因数据是离散的，所以要从原有微分方程化为差分方程来导出离散状态方程，这就称为连续系统的离散化。

8.4.1 从高阶差分方程导出离散状态空间表达式

对于全部是由数字环节构成的离散系统，可用差分方程来描述，此时只要将高阶差分方程变换为一阶差分方程组，就可化出离散的状态空间表达式。设单变量高阶差分方程为

$$y(k+n) + a_1 y(k+n-1) + \cdots + a_{n-1} y(k+1) + a_n y(k) = u(k) \tag{8-66}$$

式中，k 表示第 k 个采样瞬时，$y(k)$为第 k 个采样瞬时的系统输出，$u(k)$为第 k 个采样瞬时的输入。像前面的连续系统一样，首先是确定状态变量，最方便的方法是定义状态变量为

$$\begin{aligned} x_1(k) &= y(k) \\ x_2(k) &= y(k+1) = x_1(k+1) \\ x_3(k) &= y(k+2) = x_2(k+1) \\ &\vdots \\ x_n(k) &= y(k+n-1) \end{aligned} \tag{8-67}$$

这样，可得离散状态方程为

$$
\begin{aligned}
&x_1(k+1)=x_2(k)\\
&x_2(k+1)=x_3(k)\\
&\vdots\\
&x_n(k+1)=-a_nx_1(k)-a_{n-1}x_2(k)-\cdots-a_2x_{n-1}(k)-a_1x_n(k)+u(k)
\end{aligned}
\tag{8-68}
$$

输出方程为

$$
y(k)=x_1(k) \tag{8-69}
$$

写成向量形式

$$
\left.\begin{aligned}
&\boldsymbol{X}(k+1)=\boldsymbol{GX}(k)+\boldsymbol{Hu}(k)\\
&\boldsymbol{y}(k)=\boldsymbol{CX}(k)
\end{aligned}\right. \tag{8-70}
$$

式中，

$$
\boldsymbol{X}(k+1)=\begin{bmatrix}x_1(k+1)\\x_2(k+1)\\\vdots\\x_n(k+1)\end{bmatrix},\quad \boldsymbol{X}(k)=\begin{bmatrix}x_1(k)\\x_2(k)\\\vdots\\x_n(k)\end{bmatrix}
$$

$$
\boldsymbol{G}=\begin{bmatrix}0&1&0&0&\cdots&0\\0&0&1&0&\cdots&0\\0&0&0&1&\cdots&0\\\vdots&\vdots&\vdots&\vdots&\ddots&\vdots\\-a_n&-a_{n-1}&-a_{n-2}&-a_{n-3}&\cdots&-a_1\end{bmatrix}
$$

$$
\boldsymbol{H}=\begin{bmatrix}0\\0\\\vdots\\1\end{bmatrix},\quad \boldsymbol{C}=[1\quad 0\quad 0\quad \cdots\quad 0]
$$

式(8-70)称为离散系统的相变量规范形式，其形式和连续系统的相变量规范形式相同。

以上属于高阶差分方程右边输入项为非高阶的情况。当输入项含有高阶项时，可作如下处理。设输入含有高阶项的差分方程为

$$
\begin{aligned}
&y(k+n)+a_1y(k+n-1)+\cdots+a_{n-1}y(k+1)+a_ny(k)\\
&=b_0u(k+n)+b_1u(k+n-1)+\cdots+b_{n-1}u(k+1)+b_nu(k)
\end{aligned}
\tag{8-71}
$$

仿照连续系统处理的方法，设状态变量为

$$
\begin{aligned}
&x_1(k)=y(k)-h_0u(k)\\
&x_2(k)=x_1(k+1)-h_1u(k)\\
&x_3(k)=x_2(k+1)-h_2u(k)\\
&\vdots\\
&x_n(k)=x_{n-1}(k+1)-h_{n-1}u(k)
\end{aligned}
$$

式中，h_0，h_1，h_2，…，h_n 可由下式确定。

$$
\begin{aligned}
&h_0=b_0\\
&h_1=b_1-a_1h_0\\
&h_2=b_2-a_1h_1-a_2h_0
\end{aligned}
$$

$$\vdots$$

$$h_n = b_n - a_1 h_{n-1} - \cdots - a_{n-1} h_1 - a_n h_0 = b_n - \sum_{i=1}^{n} a_i h_{n-i}$$

于是其状态方程为

$$\begin{aligned}
x_1(k+1) &= x_2(k) + h_1 u(k) \\
x_2(k+1) &= x_3(k) + h_2 u(k) \\
&\vdots \\
x_n(k+1) &= -a_n x_1(k) - a_{n-1} x_2(k) - \cdots - a_1 x_n(k) + h_n u(k)
\end{aligned}$$

输出方程为

$$y(k) = x_1(k) + h_0 u(k)$$

写成矩阵形式

$$\begin{bmatrix} x_1(k+1) \\ x_2(k+1) \\ \vdots \\ x_n(k+1) \end{bmatrix} = \begin{bmatrix} 0 & 1 & 0 & 0 & \cdots & 0 \\ 0 & 0 & 1 & 0 & \cdots & 0 \\ 0 & 0 & 0 & 1 & \cdots & 0 \\ \vdots & \vdots & \vdots & \vdots & \ddots & \vdots \\ -a_n & -a_{n-1} & -a_{n-2} & -a_{n-3} & \cdots & -a_1 \end{bmatrix} \begin{bmatrix} x_1(k) \\ x_2(k) \\ \vdots \\ x_n(k) \end{bmatrix} + \begin{bmatrix} h_1 \\ h_2 \\ \vdots \\ h_n \end{bmatrix} u(k)$$

$$y(k) = [1 \quad 0 \quad 0 \quad \cdots \quad 0] \begin{bmatrix} x_1(k) \\ x_2(k) \\ \vdots \\ x_n(k) \end{bmatrix} + h_0 u(k)$$

其初始条件 $x_1(0)$，$x_2(0)$，…，$x_n(0)$可由下式确定

$$\begin{aligned}
x_1(0) &= y(0) - h_0 u(0) \\
x_2(0) &= y(1) - h_0 u(1) - h_1 u(0) \\
x_3(0) &= y(2) - h_0 u(2) - h_1 u(1) - h_2 u(0) \\
&\vdots \\
x_n(0) &= y(n-1) - h_0 u(n-1) - \cdots - h_{n-2} u(1) - h_{n-1} u(0)
\end{aligned}$$

例 8-9 求 $y(k+2)+y(k+1)+0.16y(k)=u(k+1)+2u(k)$所描述的系统状态空间表达式。

解 设状态变量为

$$\begin{aligned}
x_1(k) &= y(k) - h_0 u(k) \\
x_2(k) &= x_1(k+1) - h_1 u(k)
\end{aligned}$$

而

$$\begin{aligned}
h_0 &= b_0 = 0 \\
h_1 &= b_1 - a_1 h_0 = 1 \\
h_2 &= b_2 - a_1 h_1 - a_2 h_0 = 2 - 1 = 1
\end{aligned}$$

所以，状态方程和输出方程为

$$\begin{aligned}
x_1(k+1) &= x_2(k) + u(k) \\
x_2(k+1) &= -0.16 x_1(k) - x_2(k) + u(k) \\
y(k) &= x_1(k)
\end{aligned}$$

其矩阵形式为

$$\begin{bmatrix} x_1(k+1) \\ x_2(k+1) \end{bmatrix} = \begin{bmatrix} 0 & 1 \\ -0.16 & -1 \end{bmatrix} \begin{bmatrix} x_1(k) \\ x_2(k) \end{bmatrix} + \begin{bmatrix} 1 \\ 1 \end{bmatrix} u(k)$$

$$y(k) = [1 \quad 0] \begin{bmatrix} x_1(k) \\ x_2(k) \end{bmatrix}$$

初始条件为

$$\begin{bmatrix} x_1(0) \\ x_2(0) \end{bmatrix} = \begin{bmatrix} y(0) \\ y(1) - u(0) \end{bmatrix}$$

8.4.2 从脉冲传递函数导出离散状态空间表达式

与连续系统由传递函数化为状态方程方法相似，从脉冲传递函数导出离散状态方程时，也可采用离散状态变量图的方法。

1. 离散系统的状态变量图

离散系统状态变量图是由加法器、比值器和单位延迟元件 Z^{-1} 等组成，以实现下面三种基本运算。

(1) 加法运算。如图 8-20(a)所示，

$$x_3(kT) = x_1(kT) + x_2(kT)$$

或

$$x_3(z) = x_1(z) + x_2(z)$$

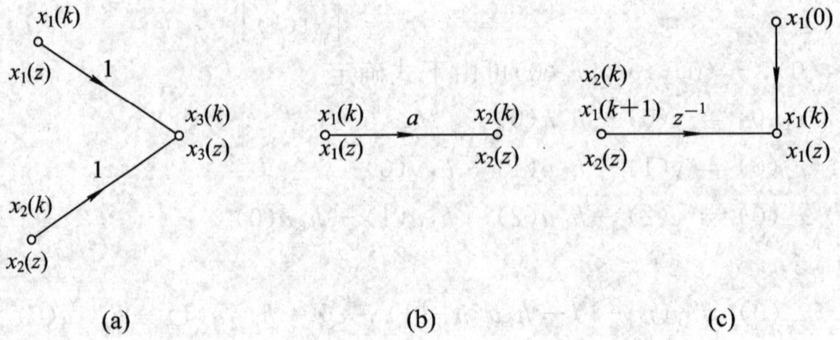

图 8-20 离散系统状态变量图的基本形式

(2) 比值运算，即乘常数。如图 8-20(b)所示，

$$x_2(kT) = ax_1(kT)$$

或

$$x_2(z) = ax_1(z)$$

(3) 单位时间延迟。如图 8-20(c)所示，

$$x_2(kT) = x_1[(k+1)T]$$

等式两边 Z 变换为

$$x_2(z) = zx_1(z) - zx_1(0)$$

或

$$x_1(z) = z^{-1}x_2(z) + x_1(0)$$

在离散状态变量图中，每个单位延迟单元的输出为第 k 个采样时刻的状态变量。而其输入端就是第 $(k+1)$ 个采样时刻的状态变量，这样就可按状态变量图，直接写出状态空间表达式。与连续系统一样，离散状态变量图同样可用模拟图形式和信号流图形式表示。

例 8-10 设系统的离散状态空间表达式为

$$x_1(k+1) = x_2(k) + u(k)$$
$$x_2(k+1) = -3x_1(k) - 5x_2(k) + 3u(k)$$
$$y(k) = x_1(k)$$

试求离散状态变量图。

解 利用 $x(k+1)$与 $x(k)$的关系，可用单位延迟单元 Z^{-1}来表示，这样可应用与连续状态变量图的同样原理画出该系统的离散状态变量图，如图 8-21 所示。

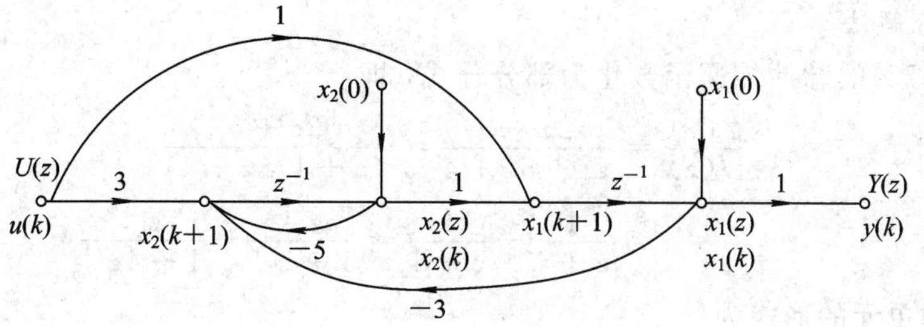

图 8-21 例 8-10 的离散状态变量图

2. 脉冲传递函数的分解

离散系统的脉冲传递函数分解与连续系统的传递函数的三种分解类同。这里我们仅举例说明。

假设某离散系统的脉冲传递函数为

$$\frac{Y(z)}{U(z)} = \frac{2Z+5}{Z^2+5Z+4} \tag{8-72}$$

下面我们用三种分解方法来确定离散系统的状态变量图。

1）直接分解

将式(8-72)的脉冲传递函数用 z^{-2}乘以分子、分母，然后分子、分母各乘以 $x(z)$，可得

$$\frac{Y(z)}{U(z)} = \frac{2z^{-1}+5z^{-2}}{1+5z^{-1}+4z^{-2}} = \frac{(2z^{-1}+5z^{-2})x(z)}{(1+5z^{-1}+4z^{-2})x(z)}$$

则

$$\begin{aligned} Y(z) &= 2z^{-1}x(z) + 5z^{-2}x(z) \\ U(z) &= x(z) + 5z^{-1}x(z) + 4z^{-2}x(z) \end{aligned} \tag{8-73}$$

即

$$x(z) = -5z^{-1}x(z) - 4z^{-2}x(z) + U(z) \tag{8-74}$$

由式(8-73)和(8-74)即可构成如图 8-22 所示的状态变量图。

其状态方程和输出方程为

$$\begin{aligned} x_1(k+1) &= x_2(k) \\ x_2(k+1) &= -4x_1(k) - 5x_2(k) + u(k) \\ y(k) &= 5x_1(k) + 2x_2(k) \end{aligned} \tag{8-75}$$

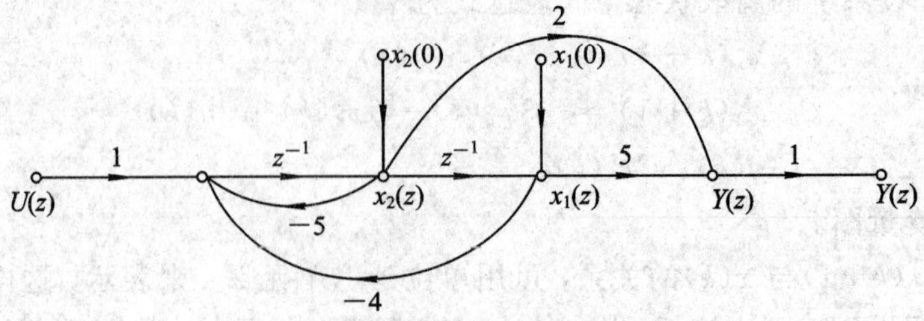

图 8-22　直接分解的状态变量图

2）并联分解法

将式(8-72)的脉冲传递函数化为部分分式，即

$$\frac{Y(z)}{U(z)}=\frac{2z+5}{z^2+5z+4}=\frac{2z+5}{(z+1)(z+4)}$$

$$=\frac{1}{z+1}+\frac{1}{z+4}=\frac{z^{-1}}{1+z^{-1}}+\frac{z^{-1}}{1+4z^{-1}}$$

其中每个基本单元的形式为

$$\frac{X(z)}{U(z)}=\frac{a}{z-b}=\frac{az^{-1}}{1-bz^{-1}}$$

其基本单元的状态变量图如图 8-23(a)所示。这样本例可视为两个基本单元的并联，其状态变量图如图 8-23(b)所示。

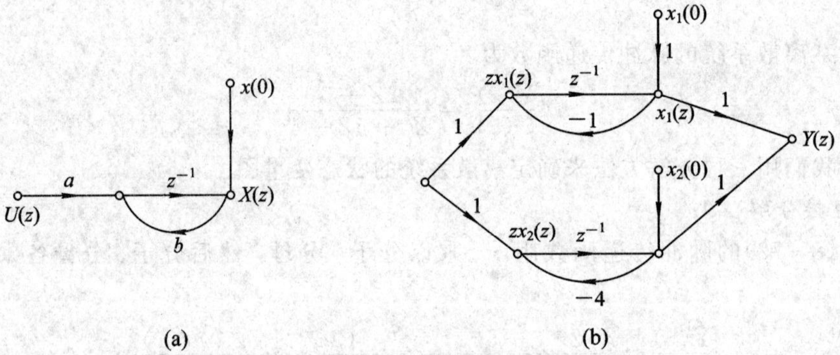

图 8-23　并联分解法的状态变量图

同理可得出状态方程和输出方程

$$\begin{aligned}x_1(k+1)&=-x_1(k)+u(k)\\x_2(k+1)&=-4x_2(k)+u(k)\\y(k)&=x_1(k)+x_2(k)\end{aligned}\tag{8-76}$$

3）串联分解法

将式(8-72)化为因式相乘的形式

$$\frac{Y(z)}{U(z)}=\frac{2z+5}{(z+1)(z+4)}$$

$$=\frac{2(z+2.5)}{(z+1)(z+4)}=\frac{2z^{-1}}{1+z^{-1}}\times\frac{1+2.5z^{-1}}{1+4z^{-1}}$$

其中每个基本单元的形式为

$$\frac{X(z)}{U(z)}=\frac{z+a}{z+b}=\frac{1+az^{-1}}{1+bz^{-1}}$$

其基本单元的状态变量图如图 8-24(a)所示，本例可视为两个基本单元的乘积形式，其状态变量图如图 8-24(b)所示。

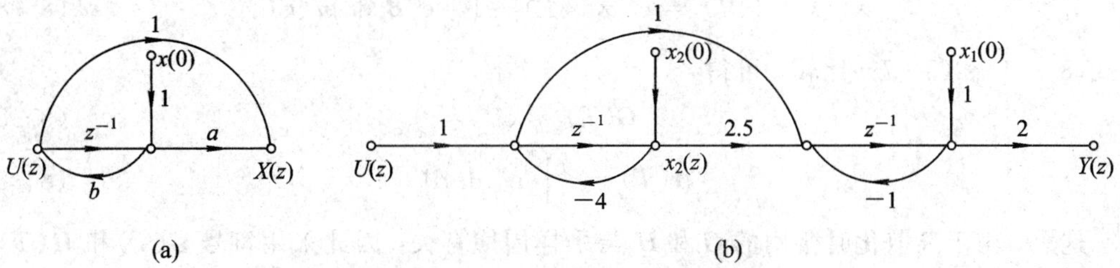

图 8-24　串联分解法的状态变量图

其状态方程和输出方程为

$$\begin{aligned} x_1(k+1) &= -x_1(k)+2.5x_2(k)+x_2(k+1) \\ &= -x_1(k)-1.5x_2(k)+u(k) \\ x_2(k+1) &= -4x_2(k)+u(k) \\ y(k) &= 2x_1(k) \end{aligned} \tag{8-77}$$

由式(8-75)、(8-76)、(8-77)可知，同一个系统，由于状态变量的选取不同，即实现方式不同，可以得到不同的状态变量图和状态空间表达式。

8.4.3　连续状态方程的离散化

如果希望采用数字计算机来计算状态 $x(t)$，那么必须将连续状态方程化为离散状态方程。下面阐述这样的计算步骤。

设连续系统的状态方程为

$$\dot{\boldsymbol{X}}(t)=\boldsymbol{AX}(t)+\boldsymbol{Bu}(t) \tag{8-78}$$

为了分析方法更为清晰，采用符号 KT 和$(K+1)T$ 代替 K 和$(K+1)$。这时式(8-78)的离散表达式将取为下列形式

$$\boldsymbol{X}[(k+1)T]=\boldsymbol{G}(T)\boldsymbol{X}(kT)+\boldsymbol{H}(T)\boldsymbol{u}(kT) \tag{8-79}$$

注意，这里的矩阵 $\boldsymbol{G}$ 和 $\boldsymbol{H}$ 与采样周期 T 有关。(一旦采样周期 T 固定不变，那么 $\boldsymbol{G}$ 和 $\boldsymbol{H}$ 就是常系数矩阵)。

为了确定 $\boldsymbol{G}(T)$和 $\boldsymbol{H}(T)$，利用式(8-78)的解，即

$$\boldsymbol{X}(t)=\mathrm{e}^{\boldsymbol{A}(t-t_0)}\boldsymbol{X}(t_0)+\int_{t_0}^{t}\mathrm{e}^{\boldsymbol{A}(t-\tau)}\boldsymbol{Bu}(\tau)\,\mathrm{d}\tau \tag{8-80}$$

假设 $\boldsymbol{u}(t)$的所有分量在任意两个依次相连的采样瞬时之间为常值，即对第 k 个采样周期，$\boldsymbol{u}(t)=\boldsymbol{u}(kT)$。现在研究两个采样时刻的状态。

若令 $t_0=kT$，$t=(k+1)T$，由于在采样时刻 kT 和$(k+1)T$ 之间的采样周期内，输入是零阶保持器的输出，其值为 $u(kT)$并保持不变，因此，可以把 $u(\tau)$项移至积分外面，则式(8-80)变为

$$\boldsymbol{X}[(k+1)T] = e^{\boldsymbol{A}T}\boldsymbol{X}(kT) + \left\{\int_{kT}^{(k+1)T} e^{\boldsymbol{A}[(k+1)T-\tau]}\boldsymbol{B}\,d\tau\right\}u(kT)$$

再令

$$t = (k+1)T - \tau$$

则

$$\boldsymbol{X}[(k+1)T] = e^{\boldsymbol{A}T}\boldsymbol{X}(kT) + \left(\int_0^T e^{\boldsymbol{A}t}\boldsymbol{B}\,dt\right)u(kT) \tag{8-81}$$

将式(8-81)和(8-79)比较，可得

$$\boldsymbol{G}(T) = e^{\boldsymbol{A}T} \tag{8-82}$$

$$\boldsymbol{H}(T) = \left(\int_0^T e^{\boldsymbol{A}t}\,dt\right)\boldsymbol{B} \tag{8-83}$$

这里，由于离散化时所用的 $\boldsymbol{G}$ 和 $\boldsymbol{H}$ 与采样周期有关，因此采用符号 $\boldsymbol{G}(T)$和 $\boldsymbol{H}(T)$代替 $\boldsymbol{G}$ 和 $\boldsymbol{H}$。在规定了采样周期 T 后，就可按式(8-82)和式(8-83)求出 $\boldsymbol{G}(T)$和 $\boldsymbol{H}(T)$的具体数值，再按式(8-81)就可得到离散化后的状态方程。但是我们应该注意，离散状态方程仅仅是描述采样时刻系统的行为，即只提供了系统在采样时刻的信息。

例 8-11 求连续系统$\begin{bmatrix}\dot{x}_1\\ \dot{x}_2\end{bmatrix}=\begin{bmatrix}0 & 1\\ 0 & -2\end{bmatrix}\begin{bmatrix}x_1\\ x_2\end{bmatrix}+\begin{bmatrix}0\\ 1\end{bmatrix}u$ 的离散状态方程。

解 所要求的离散状态方程为

$$\boldsymbol{X}[(k+1)T] = \boldsymbol{G}(T)\boldsymbol{X}(kT) + \boldsymbol{H}(T)\boldsymbol{u}(kT)$$

现在的问题就是要确定 $\boldsymbol{G}(T)$和 $\boldsymbol{H}(T)$，根据式(8-82)和(8-83)即可确定。

$$\begin{aligned}\boldsymbol{G}(T) &= e^{\boldsymbol{A}T} = \mathscr{L}^{-1}[(sI-A)^{-1}]\\ &= \mathscr{L}^{-1}\begin{bmatrix}s & -1\\ 0 & s+2\end{bmatrix}^{-1} = \mathscr{L}^{-1}\begin{bmatrix}\dfrac{1}{s} & \dfrac{1}{s(s+2)}\\ 0 & \dfrac{1}{s+2}\end{bmatrix} = \begin{bmatrix}1 & \dfrac{1}{2}(1-e^{-2T})\\ 0 & e^{-2T}\end{bmatrix}\end{aligned}$$

$$\begin{aligned}\boldsymbol{H}(T) &= \left(\int_0^T e^{\boldsymbol{A}T}\,dt\right)\boldsymbol{B}\\ &= \left\{\int_0^T \begin{bmatrix}1 & \dfrac{1}{2}(1-e^{-2t})\\ 0 & e^{-2t}\end{bmatrix}dt\right\}\begin{bmatrix}0\\ 1\end{bmatrix}\\ &= \begin{bmatrix}t & \dfrac{1}{2}t+\dfrac{1}{4}e^{-2t}\\ 0 & -\dfrac{1}{2}e^{-2t}\end{bmatrix}_0^T\begin{bmatrix}0\\ 1\end{bmatrix} = \begin{bmatrix}\dfrac{1}{2}\left(T+\dfrac{e^{-2T}-1}{2}\right)\\ \dfrac{1}{2}(1-e^{-2T})\end{bmatrix}\end{aligned}$$

所以，离散状态方程为

$$\begin{bmatrix}x_1[(k+1)T]\\ x_2[(k+1)T]\end{bmatrix} = \begin{bmatrix}1 & \dfrac{1}{2}(1-e^{-2T})\\ 0 & e^{-2T}\end{bmatrix}\begin{bmatrix}x_1(kT)\\ x_2(kT)\end{bmatrix} + \begin{bmatrix}\dfrac{1}{2}\left(T+\dfrac{e^{-2T}-1}{2}\right)\\ \dfrac{1}{2}(1-e^{-2T})\end{bmatrix}u(kT)$$

如果采样周期 $T=1$ 秒，则离散状态方程为

$$\begin{bmatrix}x_1[(k+1)T]\\ x_2[(k+1)T]\end{bmatrix} = \begin{bmatrix}1 & 0.432\\ 0 & 0.135\end{bmatrix}\begin{bmatrix}x_1(k)\\ x_2(k)\end{bmatrix} + \begin{bmatrix}0.284\\ 0.432\end{bmatrix}u(k)$$

8.5 状态方程的求解及状态转移矩阵

这一节中，先讨论线性定常连续系统的解，即各系数矩阵 **A**、**B**、**C** 和 **D** 不随时间变化的情况，然后再讨论线性定常离散系统的解。

8.5.1 连续线性定常系统状态方程的齐次解

设连续线性定常系统的状态方程为

$$\dot{\boldsymbol{X}}(t)=\boldsymbol{AX}(t)+\boldsymbol{Bu}(t),\quad \boldsymbol{x}(0)=\boldsymbol{x}_0 \tag{8-84}$$

则状态方程的齐次解就是输入为零时系统的自由运动方程，即

$$\dot{\boldsymbol{X}}(t)=\boldsymbol{AX}(t),\quad \boldsymbol{x}(0)=\boldsymbol{x}_0 \tag{8-85}$$

式中，$\boldsymbol{A}$ 是 $n\times n$ 系数矩阵。

求齐次状态方程式(8-85)的解，常用以下两种方法。

1. 矩阵指数法

在求解矩阵微分方程之前，首先来观察纯量微分方程

$$\dot{\boldsymbol{X}}(t)=a\boldsymbol{X}(t) \tag{8-86}$$

的解。在解这个方程时，可假设其解 $x(t)$ 为

$$x(t)=b_0+b_1t+b_2t^2+\cdots+b_kt^k+\cdots \tag{8-87}$$

将所设的解代入式(8-86)中可得

$$\begin{aligned}&b_1+2b_2t+3b_3t^2+\cdots+kb_kt^{k-1}+\cdots\\&=a(b_0+b_1t+b_2t^2+\cdots+b_kt^k+\cdots)\end{aligned} \tag{8-88}$$

如果所设的解是式(8-86)的真实解，那么式(8-88)对任意 t 都成立。因此，使 t 的幂次项的各个系数分别相等，可得

$$\begin{aligned}b_1&=ab_0\\b_2&=\frac{1}{2}ab_1=\frac{1}{2}a^2b_0\\b_3&=\frac{1}{3}ab_2=\frac{1}{3\times2}a^3b_0\\&\vdots\\b_k&=\frac{1}{k!}a^kb_0\end{aligned}$$

而 b_0 的值可将 $t=0$ 代入式(8-87)求得，即

$$x(0)=b_0$$

因此，齐次方程式(8-86)的解为

$$\begin{aligned}x(t)&=\left(1+at+\frac{1}{2!}a^2t^2+\cdots+\frac{1}{k!}a^kt^k+\cdots\right)x(0)\\&=e^{at}x(0)\end{aligned}$$

现在我们来解矩阵微分方程

$$\dot{\boldsymbol{X}}(t) = \boldsymbol{A}\boldsymbol{X}(t) \tag{8-89}$$

式中，$\boldsymbol{X}(t)$为 n 维向量，$\boldsymbol{A}$ 为 $n\times n$ 的常系数矩阵。

与纯量微分方程的解法相似，设方程的解为 t 的向量幂级数形式，即

$$\boldsymbol{X}(t) = \boldsymbol{b}_0 + \boldsymbol{b}_1 t + \boldsymbol{b}_2 t^2 + \cdots + \boldsymbol{b}_k t^k + \cdots \tag{8-90}$$

将所得的解代入式(8-89)中可得

$$\begin{aligned} &\boldsymbol{b}_1 + 2\boldsymbol{b}_2 t + 3\boldsymbol{b}_3 t^2 + \cdots + k\boldsymbol{b}_k t^{k-1} + \cdots \\ &= \boldsymbol{A}(\boldsymbol{b}_0 + \boldsymbol{b}_1 t + \boldsymbol{b}_2 t^2 + \cdots + \boldsymbol{b}_k t^k + \cdots) \end{aligned} \tag{8-91}$$

若所得的解是方程的真实解，那么对所有 t，式(8-91)都成立。因此，要求 t 的同次幂项系数分别相等，即

$$\begin{aligned} \boldsymbol{b}_1 &= \boldsymbol{A}\boldsymbol{b}_0 \\ \boldsymbol{b}_2 &= \frac{1}{2}\boldsymbol{A}\boldsymbol{b}_1 = \frac{1}{2}\boldsymbol{A}^2\boldsymbol{b}_0 \\ \boldsymbol{b}_3 &= \frac{1}{3}\boldsymbol{A}\boldsymbol{b}_2 = \frac{1}{3\times 2}\boldsymbol{A}^3\boldsymbol{b}_0 \\ &\vdots \\ \boldsymbol{b}_k &= \frac{1}{k!}\boldsymbol{A}^k\boldsymbol{b}_0 \end{aligned}$$

将 $t=0$ 代入式(8-90)可得 $\boldsymbol{b}_0$

$$\boldsymbol{X}(0) = \boldsymbol{b}_0$$

因此，矩阵微分方程的解为

$$\boldsymbol{X}(t) = \left(\boldsymbol{I} + \boldsymbol{A}t + \frac{1}{2!}\boldsymbol{A}^2 t^2 + \cdots + \frac{1}{k!}\boldsymbol{A}^k t^k + \cdots\right)\boldsymbol{x}(0) \tag{8-92}$$

方程右边括号里的展开式是一个 $n\times n$ 矩阵，由于它类似于纯量指数的无穷级数，因此称其为矩阵指数，并记为

$$\mathrm{e}^{\boldsymbol{A}t} = \boldsymbol{I} + \boldsymbol{A}t + \frac{1}{2!}\boldsymbol{A}^2 t^2 + \cdots + \frac{1}{k!}\boldsymbol{A}^k t^k + \cdots \tag{8-93}$$

那么，利用矩阵指数，式(8-89)的解可写为

$$\boldsymbol{X}(t) = \mathrm{e}^{\boldsymbol{A}t}\boldsymbol{x}(0) \tag{8-94}$$

2. 拉氏变换法

将式(8-85)两边取拉氏变换可得

$$S\boldsymbol{X}(s) - \boldsymbol{x}(0) = \boldsymbol{A}\boldsymbol{X}(s)$$

移项后

$$(s\boldsymbol{I} - \boldsymbol{A})\boldsymbol{X}(s) = \boldsymbol{x}(0)$$

上式两边各乘以$(s\boldsymbol{I}-\boldsymbol{A})^{-1}$，则

$$\boldsymbol{X}(s) = (s\boldsymbol{I} - \boldsymbol{A})^{-1}\boldsymbol{x}(0)$$

假设矩阵 $s\boldsymbol{I}-\boldsymbol{A}$ 是非奇异的，则对上式取拉氏反变换可得状态方程式(8-85)的解为

$$\boldsymbol{X}(t) = \mathscr{L}^{-1}[(s\boldsymbol{I} - \boldsymbol{A})^{-1}]\boldsymbol{x}(0) \tag{8-95}$$

比较式(8-94)和(8-95)可得

$$\mathrm{e}^{\boldsymbol{A}t} = \mathscr{L}^{-1}[(s\boldsymbol{I} - \boldsymbol{A})^{-1}]$$

8.5.2 状态转移矩阵

1. 状态转移矩阵的概念

齐次状态方程的解表示状态向量 $\boldsymbol{X}(t)$由初始值 $\boldsymbol{x}(0)$向任一时刻的状态 $\boldsymbol{X}(t)$转移的内在特征。所以上述连续线性定常系统的齐次解可表示为

$$\boldsymbol{X}(t)=\boldsymbol{\Phi}(t)\boldsymbol{x}(0) \tag{8-96}$$

式中

$$\boldsymbol{\Phi}(t)=\mathrm{e}^{\boldsymbol{A}t}=\mathscr{L}^{-1}[(s\boldsymbol{I}-\boldsymbol{A})^{-1}] \tag{8-97}$$

$\boldsymbol{\Phi}(t)$是一个 $n\times n$ 的矩阵，称为状态转移矩阵。从数学上来说，它代表线性齐次状态方程的解；从物理意思上说，它是描述系统的自由运动；从状态空间的角度来看，式(8-96)表示的齐次状态方程的解仅仅是初始状态的转移。因此我们称这个特殊的矩阵 $\boldsymbol{\Phi}(t)$为状态转移矩阵。

2. 状态转移矩阵的性质

现在扼要阐明状态转移矩阵 $\boldsymbol{\Phi}(t)$的几个重要性质。

对于线性定常系统

$$\dot{\boldsymbol{X}}(t)=\boldsymbol{A}\boldsymbol{X}(t)$$

其状态转移矩阵为

$$\boldsymbol{\Phi}(t)=\mathrm{e}^{\boldsymbol{A}t}$$

于是我们有如下性质：

(1) 自身性。

$$\boldsymbol{\Phi}(0)=\mathrm{e}^{\boldsymbol{A}0}=\boldsymbol{I}$$

(2) 反逆性。

$$\boldsymbol{\Phi}^{-1}(t)=\boldsymbol{\Phi}(-t)$$

利用此性质，求状态转移的逆是很方便的。

(3) 传递性。

$$\boldsymbol{\Phi}(t_2-t_1)\boldsymbol{\Phi}(t_1-t_0)=\mathrm{e}^{\boldsymbol{A}(t_2-t_1)}\mathrm{e}^{\boldsymbol{A}(t_1-t_0)}=\mathrm{e}^{\boldsymbol{A}(t_2-t_0)}=\boldsymbol{\Phi}(t_2-t_0)$$

(4) 幂。

$$[\boldsymbol{\Phi}(t)]^n=(\mathrm{e}^{\boldsymbol{A}t})^n=\mathrm{e}^{n\boldsymbol{A}t}=\boldsymbol{\Phi}(nt)$$

(5) 积。

$$\boldsymbol{\Phi}(t_1+t_2)=\mathrm{e}^{\boldsymbol{A}(t_1+t_2)}+\mathrm{e}^{\boldsymbol{A}t_1}\cdot\mathrm{e}^{\boldsymbol{A}t_2}=\boldsymbol{\Phi}(t_1)\cdot\boldsymbol{\Phi}(t_2)$$

(6) 满足状态方程。

$$\boldsymbol{\Phi}'(t)=\frac{\mathrm{d}}{\mathrm{d}t}(\mathrm{e}^{\boldsymbol{A}t})=\boldsymbol{A}\mathrm{e}^{\boldsymbol{A}t}=\boldsymbol{A}\boldsymbol{\Phi}(t)$$

3. 状态转移矩阵 $\boldsymbol{\Phi}(t)$的计算

状态转移矩阵的计算方法很多，下面介绍几种常用的方法。

1) 矩阵指数法

将矩阵展开成泰勒级数，直接按矩阵指数的定义计算。由式(8-93)可得

$$\mathrm{e}^{\boldsymbol{A}t}=\boldsymbol{I}+\boldsymbol{A}t+\frac{\boldsymbol{A}t}{2}\left(\frac{\boldsymbol{A}t}{1!}\right)+\frac{\boldsymbol{A}t}{3}\left(\frac{\boldsymbol{A}t}{2!}\right)+\cdots=\boldsymbol{I}+\sum_{k=1}^{\infty}\frac{\boldsymbol{A}^k t^k}{k!} \tag{8-98}$$

式中每项括号内的值就是前一项的整个值，这样便于计算机递推计算。虽然上式是一个无穷级数，但计算时只要按计算精度要求算至某一项即可，其余高次项可以略去。

2）拉氏变换法

由式(8－97)可得

$$\boldsymbol{\Phi}(t) = \mathrm{e}^{\boldsymbol{A}t} = \mathscr{L}^{-1}[(s\boldsymbol{I}-\boldsymbol{A})^{-1}]$$

式中，$(s\boldsymbol{I}-\boldsymbol{A})^{-1}$为 $n\times n$ 矩阵，利用求逆公式

$$(s\boldsymbol{I}-\boldsymbol{A})^{-1} = \frac{\mathrm{adj}(s\boldsymbol{I}-\boldsymbol{A})}{|s\boldsymbol{I}-\boldsymbol{A}|}$$

求出$(s\boldsymbol{I}-\boldsymbol{A})^{-1}$，再取拉氏反变换即可得到 $\boldsymbol{\Phi}(t)$。

利用上式求逆时，要计算伴随矩阵 $\mathrm{adj}(s\boldsymbol{I}-\boldsymbol{A})$和行列式$|s\boldsymbol{I}-\boldsymbol{A}|$的值，才能得到逆矩阵$(s\boldsymbol{I}-\boldsymbol{A})^{-1}$。这样，当 $n>3$ 时，这种方法手算就很麻烦，然而利用计算机求逆就相当简单。

3）利用凯利-哈密顿(Cayley－hamilton)定理

根据此定理，$n\times n$ 方阵满足它本身的特征方程，若特征方程为

$$f(\lambda) = |\lambda\boldsymbol{I}-\boldsymbol{A}| = \lambda^n + a_1\lambda^{n-1} + a_2\lambda^{n-2} + \cdots + a_{n-1}\lambda + a_n = 0$$

则矩阵 $\boldsymbol{A}$ 亦满足

即

$$f(\boldsymbol{A}) = \boldsymbol{A}^n + a_1\boldsymbol{A}^{n-1} + a_2\boldsymbol{A}^{n-2} + \cdots + a_{n-1}\boldsymbol{A} + a_n\boldsymbol{I} = 0$$

所以

$$\boldsymbol{A}^n = -a_1\boldsymbol{A}^{n-1} - a_2\boldsymbol{A}^{n-2} - \cdots - a_{n-1}\boldsymbol{A} - a_n\boldsymbol{I}$$

同理，$\boldsymbol{A}^{n+1}$，$\boldsymbol{A}^{n+2}$，…等都可用$\boldsymbol{A}^{n-1}$，$\boldsymbol{A}^{n-2}$，…，$\boldsymbol{A}$，$\boldsymbol{I}$ 线性组合来表示。于是 $\mathrm{e}^{\boldsymbol{A}t}$ 的定义式中，用上述方法可以消去 $\boldsymbol{A}$ 的 n 以及 n 以上的幂次项，因此，$\mathrm{e}^{\boldsymbol{A}t}$ 可由无穷项化为有限项来计算，即

$$\begin{aligned}\mathrm{e}^{\boldsymbol{A}t} &= \boldsymbol{I} + \boldsymbol{A}t + \frac{1}{2!}\boldsymbol{A}^2t^2 + \cdots + \frac{1}{k!}\boldsymbol{A}^kt^k + \cdots = \boldsymbol{I} + \sum_{k=1}^{\infty}\frac{\boldsymbol{A}^kt^k}{k!} \\ &= a_{n-1}\boldsymbol{A}^{n-1} + a_{n-2}\boldsymbol{A}^{n-2} + \cdots + a_1\boldsymbol{A} + a_0\boldsymbol{I} = \sum_{k=0}^{n-1}a_k(t)\boldsymbol{A}(k)\end{aligned} \tag{8-99}$$

式中，系数 $a_0(t)$，$a_1(t)$，…，$a_{n-1}(t)$都是时间 t 的函数。当 $\boldsymbol{A}$ 具有 n 个各不相同的特征值时，可利用以下方法求解。

由于 $\boldsymbol{A}$ 满足它本身的特征方程，因此，特征值 λ 和 $\boldsymbol{A}$ 是可以互换的，所以 λ_i 也必定满足式(8－99)，从而有

$$\begin{cases} a_0 + a_1\lambda_1 + a_2\lambda_1^2 + \cdots + a_{n-1}\lambda_1^{n-1} = \mathrm{e}^{\lambda_1 t} \\ a_0 + a_1\lambda_2 + a_2\lambda_2^2 + \cdots + a_{n-1}\lambda_2^{n-1} = \mathrm{e}^{\lambda_2 t} \\ \vdots \\ a_0 + a_1\lambda_n + a_2\lambda_n^2 + \cdots + a_{n-1}\lambda_n^{n-1} = \mathrm{e}^{\lambda_n t} \end{cases} \tag{8-100}$$

式(8－100)共有 n 个方程，n 个未知数，所以可惟一地确定系数 a_0，a_1，…，a_{n-1}。

当 $\boldsymbol{A}$ 有多重特征值时，必须对上式进行修改后再计算。关于这种情况，请读者参阅其他文献。

例 8－12 已知 $\boldsymbol{A}=\begin{bmatrix}0 & 1\\ -2 & -3\end{bmatrix}$，试验证凯利-哈密顿定理的正确性，并求 $\mathrm{e}^{\boldsymbol{A}t}$ 表达式中

的 $a_i(t)$。

解　系统的特征方程为

$$f(\lambda)=[\lambda \boldsymbol{I}-\boldsymbol{A}]=\begin{bmatrix}\lambda & -1\\ 2 & \lambda+3\end{bmatrix}=\lambda^2+3\lambda+2=0$$

而

$$\begin{aligned}f(\boldsymbol{A})&=\boldsymbol{A}^2+3\boldsymbol{A}+2\boldsymbol{I}\\&=\begin{bmatrix}0 & 1\\ -2 & -3\end{bmatrix}^2+3\begin{bmatrix}0 & 1\\ -2 & -3\end{bmatrix}+2\begin{bmatrix}1 & 0\\ 0 & 1\end{bmatrix}=0\end{aligned}$$

这说明 $\boldsymbol{A}$ 满足它本身的特征方程。

所以，

$$\boldsymbol{A}^2=-3\boldsymbol{A}-2\boldsymbol{I}$$

$$\boldsymbol{A}^3=\boldsymbol{A}\cdot\boldsymbol{A}^2=\boldsymbol{A}(-3\boldsymbol{A}-2\boldsymbol{I})=-3\boldsymbol{A}^2-2\boldsymbol{A}=-3(-3\boldsymbol{A}-2\boldsymbol{I})-2\boldsymbol{A}=7\boldsymbol{A}+6\boldsymbol{I}$$

$$\boldsymbol{A}^4=\boldsymbol{A}\cdot\boldsymbol{A}^3=7\boldsymbol{A}^2+6\boldsymbol{A}=7(-3\boldsymbol{A}-2\boldsymbol{I})+6\boldsymbol{A}=-15\boldsymbol{A}-14\boldsymbol{I}$$

$\vdots$

将以上式子代入下式的相应项中，即可消去 $\boldsymbol{A}$ 的 2 次及 2 次以上的各次幂。

$$\begin{aligned}e^{\boldsymbol{A}t}&=\boldsymbol{I}+\boldsymbol{A}t+\frac{1}{2!}\boldsymbol{A}^2t^2+\frac{1}{3!}\boldsymbol{A}^3t^3+\frac{1}{4!}\boldsymbol{A}^4t^4+\cdots\\&=\left(t-\frac{3}{2!}t^2+\frac{7}{3!}t^3-\frac{15}{4!}t^4+\cdots\right)\boldsymbol{A}+\left(1-t^2+t^3-\frac{14}{4!}t^4+\cdots\right)\boldsymbol{I}\\&=a_1(t)\boldsymbol{A}+a_0(t)\boldsymbol{I}\end{aligned}$$

所以

$$a_0(t)=1-t^2+t^3-\frac{14}{4!}t^4+\cdots$$

$$a_1(t)=t-\frac{3}{2!}t^2+\frac{7}{3!}t^3-\frac{15}{4!}t^4+\cdots$$

例 8-13　设齐次状态方程为

$$\begin{bmatrix}\dot{x}_1\\ \dot{x}_2\end{bmatrix}=\begin{bmatrix}0 & 1\\ 0 & -2\end{bmatrix}\begin{bmatrix}x_1\\ x_2\end{bmatrix}$$

试用各种方法求状态转移矩阵。

解　(1) 用指数方法，由泰勒级数展开式可得

$$\begin{aligned}e^{\boldsymbol{A}t}&=\boldsymbol{I}+\boldsymbol{A}t+\frac{1}{2!}\boldsymbol{A}^2t^2+\cdots+\frac{1}{k!}\boldsymbol{A}^kt^k+\cdots=\boldsymbol{I}+\sum_{k=1}^{\infty}\frac{\boldsymbol{A}^kt^k}{k!}\\&=\begin{bmatrix}1 & 0\\ 0 & 10\end{bmatrix}+\begin{bmatrix}0 & 1\\ 0 & -2\end{bmatrix}t+\begin{bmatrix}0 & 1\\ 0 & -2\end{bmatrix}\begin{bmatrix}0 & 1\\ 0 & -2\end{bmatrix}\frac{1}{2!}t^2+\cdots\\&=\begin{bmatrix}1 & \frac{1}{2}-\frac{1}{2}\left(1-2t+\frac{(2t)^2}{2!}-\frac{(2t)^3}{3!}+\cdots\right)\\ 0 & 1-2t+\frac{(2t)^2}{2!}-\frac{(2t)^3}{3!}+\cdots\end{bmatrix}\\&=\begin{bmatrix}1 & \frac{1}{2}(1-e^{-2t})\\ 0 & e^{-2t}\end{bmatrix}\end{aligned}$$

(2) 应用拉氏变换法，可得

$$
\begin{aligned}
e^{At} &= \mathscr{L}^{-1}[(sI-A)^{-1}] \\
&= \mathscr{L}^{-1}\left(\begin{bmatrix} s & -1 \\ 0 & s+2 \end{bmatrix}^{-1}\right) = \mathscr{L}^{-1}\frac{1}{s(s+2)}\left(\begin{bmatrix} s+2 & 1 \\ 0 & s \end{bmatrix}\right) \\
&= \mathscr{L}^{-1}\left(\begin{bmatrix} \frac{1}{s} & \frac{1}{s(s+2)} \\ 0 & \frac{1}{(s+2)} \end{bmatrix}\right) = \begin{bmatrix} 1 & \frac{1}{2}(1-e^{-2t}) \\ 0 & e^{-2t} \end{bmatrix}
\end{aligned}
$$

(3) 应用凯利—哈密顿定理。

首先，求 A 的特征值 λ_1，λ_2。其特征方程为

$$f(\lambda)=|\lambda I-A|=\lambda^2+2\lambda=0$$

可得

$$\lambda_1=0,\quad \lambda_2=-2$$

其次，由式(8-100)确定待定系数 a_0，a_1：

$$
\begin{aligned}
a_0+a_1 0 &= e^{0t} \\
a_0+a_1(-2) &= e^{-2t}
\end{aligned}
$$

解之得

$$a_0=1,\quad a_1=\frac{1}{2}(1-e^{-2t})$$

将 a_0，a_1 代入式(8-99)可得

$$e^{At}=a_0 I+a_1 A=\begin{bmatrix} 1 & 0 \\ 0 & 1 \end{bmatrix}+\begin{bmatrix} 0 & \frac{1}{2}(1-e^{-2t}) \\ 0 & -(1-e^{-2t}) \end{bmatrix}=\begin{bmatrix} 1 & \frac{1}{2}(1-e^{-2t}) \\ 0 & e^{-2t} \end{bmatrix}$$

8.5.3 连续线性定常系统状态方程的非齐次解

线性定常系统非齐次状态方程，表示系统在输入作用下强迫运动的情况。设非齐次方程为

$$\dot{X}(t)=AX(t)+Bu(t),\quad x(0)=x_0 \tag{8-101}$$

式中，$X(t)$，$u(t)$，A，B 如前所定义，其解称为非齐次解，又称为状态转移方程。下面介绍求解非齐次状态方程的方法。

1. 积分法求解

将式(8-101)改写为

$$\dot{X}(t)-AX(t)=Bu(t) \tag{8-102}$$

将上式两边各乘以矩阵 e^{-At}

$$e^{-At}(\dot{X}(t)-AX(t))=e^{-A\tau}\cdot Bu(t) \tag{8-103}$$

将式(8-103)改写为

$$\frac{d}{dt}[e^{-At}X(t)]=e^{-A\tau}\cdot Bu(t) \tag{8-104}$$

对上式进行由 0 到 t 的积分，可得

$$\int_0^t \frac{\mathrm{d}}{\mathrm{d}\tau}[\mathrm{e}^{-A\tau}\boldsymbol{X}(\tau)\ \mathrm{d}\tau] = \int_0^t \mathrm{e}^{-A\tau}\cdot \boldsymbol{Bu}(\tau)\ \mathrm{d}\tau$$

注意，由于式中 t 是积分的时间上限，所以应将积分号内时间变量由 t 设为 τ。

所以，

$$\mathrm{e}^{-At}(\boldsymbol{X}(t)-\boldsymbol{x}(0)) = \int_0^t \mathrm{e}^{-A\tau}\cdot \boldsymbol{Bu}(\tau)\ \mathrm{d}\tau$$

上式两边各乘以 e^{At} 可得

$$\boldsymbol{X}(t) = \mathrm{e}^{At}\boldsymbol{x}(0) + \int_0^t \mathrm{e}^{A(t-\tau)}\boldsymbol{Bu}(\tau)\ \mathrm{d}\tau \tag{8-105}$$

或

$$\boldsymbol{X}(t) = \boldsymbol{\Phi}(t)\boldsymbol{x}(0) + \int_0^t \boldsymbol{\Phi}(t-\tau)\boldsymbol{Bu}(\tau)\ \mathrm{d}\tau \tag{8-106}$$

由式(8-106)可知，非齐次状态方程的解包含两部分。第一部分是初始状态的转移项，即自由分量；第二部分是由输入向量 $\boldsymbol{u}(\tau)$引起的项，即强迫分量。

若初始时间不为零，而是 t_0 时，则非齐次状态方程的解具有如下形式：

$$\boldsymbol{X}(t) = \boldsymbol{\Phi}(t-t_0)\boldsymbol{X}(t_0) + \int_{t_0}^t \boldsymbol{\Phi}(t-\tau)\boldsymbol{Bu}(\tau)\ \mathrm{d}\tau \tag{8-107}$$

状态转移方程确定后，输出方程就可以由初始状态和输入来确定，即

$$\begin{aligned}\boldsymbol{y}(t) &= \boldsymbol{CX}(t) + \boldsymbol{Du}(t)\\ &= \boldsymbol{C\Phi}(t)\boldsymbol{X}(0) + \boldsymbol{C}\int_0^t \boldsymbol{\Phi}(t-\tau)\boldsymbol{Bu}(\tau)\ \mathrm{d}\tau + \boldsymbol{Du}(t)\end{aligned} \tag{8-108}$$

2. 拉氏变换法求解

将式(8-101)两边取拉氏变换，当初始时间 $t_0=0$ 时，有

$$s\boldsymbol{X}(s) - \boldsymbol{x}(0) = \boldsymbol{AX}(s) + \boldsymbol{Bu}(s)$$

移项得

$$(s\boldsymbol{I}-\boldsymbol{A})\boldsymbol{X}(s) = \boldsymbol{x}(0) + \boldsymbol{Bu}(s)$$

用$(s\boldsymbol{I}-\boldsymbol{A})^{-1}$左乘上式两边，可得

$$\boldsymbol{X}(s) = (s\boldsymbol{I}-\boldsymbol{A})^{-1}\boldsymbol{X}(0) + (s\boldsymbol{I}-\boldsymbol{A})^{-1}\boldsymbol{Bu}(s)$$

再对上式两边取拉氏反变换可得非齐次状态方程的解为

$$\boldsymbol{X}(t) = \mathscr{L}^{-1}[(s\boldsymbol{I}-\boldsymbol{A})^{-1}]\boldsymbol{X}(0) + \mathscr{L}^{-1}[(s\boldsymbol{I}-\boldsymbol{A})^{-1}\boldsymbol{Bu}(s)] \tag{8-109}$$

事实上，应用状态转移矩阵的定义式和拉氏变换的卷积公式，即可直接将上式转化为如式(8-106)的形式，即

$$\mathscr{L}^{-1}[(s\boldsymbol{I}-\boldsymbol{A})^{-1}]\boldsymbol{x}(0) = \boldsymbol{\Phi}(t)\boldsymbol{x}(0)$$

$$\mathscr{L}^{-1}[(s\boldsymbol{I}-\boldsymbol{A})^{-1}\boldsymbol{Bu}(s)] = \int_0^t \boldsymbol{\Phi}(t-\tau)\cdot\boldsymbol{Bu}(\tau)\ \mathrm{d}\tau$$

例 8-14 设系统的状态方程和输出方程为

$$\begin{bmatrix}\dot{x}_1\\ \dot{x}_2\end{bmatrix} = \begin{bmatrix}0 & 1\\ -2 & -3\end{bmatrix}\begin{bmatrix}x_1\\ x_2\end{bmatrix} + \begin{bmatrix}0\\ 1\end{bmatrix}u$$

$$y = x_1$$

试求系统在 $t\geqslant 0$ 时输入为单位阶跃函数时系统的过渡过程。

解

(1) 应用积分法求解。

由式(8－105)可得

$$\boldsymbol{X}(t)=\mathrm{e}^{\boldsymbol{A}t}\boldsymbol{x}(0)+\int_0^t \mathrm{e}^{\boldsymbol{A}(t-\tau)}\boldsymbol{B}\boldsymbol{u}(\tau)\,\mathrm{d}\tau$$

而

$$\begin{aligned}
\mathrm{e}^{\boldsymbol{A}t}&=\mathscr{L}^{-1}[(s\boldsymbol{I}-\boldsymbol{A})^{-1}]=\mathscr{L}^{-1}\begin{bmatrix} s & 1\\ 2 & s+3\end{bmatrix}^{-1}\\
&=\mathscr{L}^{-1}\begin{bmatrix}\dfrac{s+3}{(s+1)(s+2)} & \dfrac{1}{(s+1)(s+2)}\\ \dfrac{-2}{(s+1)(s+2)} & \dfrac{s}{(s+1)(s+2)}\end{bmatrix},\\
&=\begin{bmatrix}2\mathrm{e}^{-t}-\mathrm{e}^{-2t} & \mathrm{e}^{-t}-\mathrm{e}^{-2t}\\ -2\mathrm{e}^{-t}+\mathrm{e}^{-2t} & -\mathrm{e}^{-t}+2\mathrm{e}^{-2t}\end{bmatrix}
\end{aligned}$$

代入上式可得

$$\begin{aligned}
\boldsymbol{X}(t)=&\begin{bmatrix}2\mathrm{e}^{-t}-\mathrm{e}^{-2t} & \mathrm{e}^{-t}-\mathrm{e}^{-2t}\\ -2\mathrm{e}^{-t}+\mathrm{e}^{-2t} & -\mathrm{e}^{-t}+2\mathrm{e}^{-2t}\end{bmatrix}\begin{bmatrix}x_1(0)\\ x_2(0)\end{bmatrix}+\\
&\int_0^t\begin{bmatrix}2\mathrm{e}^{-(t-\tau)}-\mathrm{e}^{-2(t-\tau)} & \mathrm{e}^{-(t-\tau)}-\mathrm{e}^{-2(t-\tau)}\\ -2\mathrm{e}^{-(t-\tau)}+\mathrm{e}^{-2(t-\tau)} & -\mathrm{e}^{-(t-\tau)}+2\mathrm{e}^{-2(t-\tau)}\end{bmatrix}\begin{bmatrix}0\\ 1\end{bmatrix}\mathrm{d}\tau\\
=&\begin{bmatrix}2\mathrm{e}^{-t}-\mathrm{e}^{-2t} & \mathrm{e}^{-t}-\mathrm{e}^{-2t}\\ -2\mathrm{e}^{-t}+\mathrm{e}^{-2t} & -\mathrm{e}^{-t}+2\mathrm{e}^{-2t}\end{bmatrix}\begin{bmatrix}x_1(0)\\ x_2(0)\end{bmatrix}+\begin{bmatrix}\dfrac{1}{2}-\mathrm{e}^{-t}+\dfrac{1}{2}\mathrm{e}^{-2t}\\ \mathrm{e}^{-t}-\mathrm{e}^{-2t}\end{bmatrix}
\end{aligned}$$

(2) 应用拉氏变换法求解。

$$(s\boldsymbol{I}-\boldsymbol{A})^{-1}=\begin{bmatrix}s & -1\\ 2 & s+3\end{bmatrix}^{-1}=\frac{1}{(s+1)(s+2)}\begin{bmatrix}s+3 & 1\\ -2 & s\end{bmatrix}$$

$$\begin{aligned}
(s\boldsymbol{I}-\boldsymbol{A})^{-1}\boldsymbol{B}\boldsymbol{u}(s)&=\frac{1}{(s+1)(s+2)}\begin{bmatrix}s+3 & 1\\ -2 & s\end{bmatrix}\begin{bmatrix}0\\ 1\end{bmatrix}\frac{1}{s}\\
&=\frac{1}{s(s+1)(s+2)}\begin{bmatrix}1\\ s\end{bmatrix}\\
&=\begin{bmatrix}\dfrac{1}{2s}-\dfrac{1}{s+1}+\dfrac{1}{2(s+2)}\\ \dfrac{1}{s+1}-\dfrac{1}{s+2}\end{bmatrix}
\end{aligned}$$

因此

$$\boldsymbol{X}(s)=\frac{1}{(s+1)(s+2)}\begin{bmatrix}s+3 & 1\\ -2 & s\end{bmatrix}\begin{bmatrix}x_1(0)\\ x_2(0)\end{bmatrix}+\begin{bmatrix}\dfrac{1}{2s}-\dfrac{1}{s+1}+\dfrac{1}{2(s+2)}\\ \dfrac{1}{s+1}-\dfrac{1}{s+2}\end{bmatrix}$$

上式取拉氏反变换可得

$$\boldsymbol{X}(t)=\begin{bmatrix}2\mathrm{e}^{-t}-\mathrm{e}^{-2t} & \mathrm{e}^{-t}-\mathrm{e}^{-2t}\\ -2\mathrm{e}^{-t}+\mathrm{e}^{-2t} & -\mathrm{e}^{-t}+2\mathrm{e}^{-2t}\end{bmatrix}\begin{bmatrix}x_1(0)\\ x_2(0)\end{bmatrix}+\begin{bmatrix}\dfrac{1}{2}-\mathrm{e}^{-t}+\dfrac{1}{2}\mathrm{e}^{-2t}\\ \mathrm{e}^{-t}-\mathrm{e}^{-2t}\end{bmatrix}$$

8.5.4 线性离散系统状态方程的求解

设离散系统的状态方程和输出方程为

$$\begin{aligned} \boldsymbol{X}(k+1) &= \boldsymbol{G}\boldsymbol{X}(k) + \boldsymbol{H}\boldsymbol{u}(k) \\ \boldsymbol{y}(k) &= \boldsymbol{C}\boldsymbol{X}(k) + \boldsymbol{D}\boldsymbol{u}(k) \end{aligned} \tag{8-110}$$

式中，$\boldsymbol{X}(k)$为$n\times1$状态向量，$\boldsymbol{u}(k)$为$r\times1$输入向量，$\boldsymbol{G}$，$\boldsymbol{H}$分别为$n\times n$，$n\times r$维系数矩阵。k为整数，它代表第k次采样时刻。由前面的学习知道，$\boldsymbol{G}$，$\boldsymbol{H}$有两种情况。

对于全部由数字元件组成的离散系统，由式(8-70)可得

$$\boldsymbol{G}=\boldsymbol{A}, \quad \boldsymbol{H}=\boldsymbol{B}$$

式中，$\boldsymbol{A}$，$\boldsymbol{B}$分别为$n\times n$，$n\times r$维系数矩阵，是离散状态方程式(8-110)的系数矩阵。

对于带有采样和零阶保持器的系统，由式(8-82)和(8-83)可得

$$\begin{aligned} \boldsymbol{G} &= \boldsymbol{G}(T) = \mathrm{e}^{\boldsymbol{A}T} = \boldsymbol{\Phi}(T) \\ \boldsymbol{H} &= \boldsymbol{H}(T) = \int_{kT}^{(k+1)T} \mathrm{e}^{\boldsymbol{A}[(k+1)T-\tau]}\boldsymbol{B}\,\mathrm{d}\tau = \boldsymbol{B}\int_0^T \mathrm{e}^{\boldsymbol{A}t}\,\mathrm{d}t \end{aligned} \tag{8-111}$$

式中，T为采样周期。$\boldsymbol{A}$，$\boldsymbol{B}$是采样系统中连续部分的状态方程的系数矩阵。

1. 离散齐次状态方程的解和转移矩阵

当输入函数为零时，式(8-110)变为齐次状态方程形式

$$\boldsymbol{X}(k+1) = \boldsymbol{G}\boldsymbol{X}(k),\ \boldsymbol{X}(0) = \boldsymbol{X}_0 \tag{8-112}$$

此齐次状态方程可用递推法求解

$$\begin{aligned} &k=0,\ \boldsymbol{X}(1) = \boldsymbol{G}\boldsymbol{X}(0) \\ &k=1,\ \boldsymbol{X}(2) = \boldsymbol{G}\boldsymbol{X}(1) = \boldsymbol{G}^2\boldsymbol{X}(0) \\ &k=2,\ \boldsymbol{X}(3) = \boldsymbol{G}\boldsymbol{X}(2) = \boldsymbol{G}^3\boldsymbol{X}(0) \\ &\quad\vdots \\ &k=k-1,\ \boldsymbol{X}(k) = \boldsymbol{G}\boldsymbol{X}(k-1) = \boldsymbol{G}^k\boldsymbol{X}(0) \end{aligned} \tag{8-113}$$

则上式(8-113)即为齐次状态方程式(8-112)的解。

令

$$\boldsymbol{\Phi}(k) = \boldsymbol{G}^k \tag{8-114}$$

则

$$\boldsymbol{X}(k) = \boldsymbol{\Phi}(k)\boldsymbol{X}(0) \tag{8-115}$$

$\boldsymbol{\Phi}(k)$称为离散状态转移矩阵，它具有类似于连续状态转移矩阵的一些性质，是满足下列两个方程的惟一矩阵。

$$\boldsymbol{\Phi}(k+1) = \boldsymbol{G}\boldsymbol{\Phi}(k)$$

$$\boldsymbol{\Phi}(0) = \boldsymbol{I}$$

对于具有采样和零阶保持器的系统，由式(8-111)可知

$$\boldsymbol{G} = \mathrm{e}^{\boldsymbol{A}T} = \boldsymbol{\Phi}(T)$$

则

$$\boldsymbol{\Phi}(k) = \boldsymbol{G}^k = (\mathrm{e}^{\boldsymbol{A}T})^k = \boldsymbol{\Phi}(kT) \tag{8-116}$$

由此可见，此时$\boldsymbol{\Phi}(k)$与连续状态转移矩阵很相似。

对于全部由数字环节组成的离散系统，则$\boldsymbol{G}=\boldsymbol{A}$，故式(8-114)可写成

$$\boldsymbol{\Phi}(k)=\boldsymbol{G}^{k}=\boldsymbol{A}^{k} \tag{8-117}$$

2. 离散线性非齐次状态方程的解

1）递推法

已知初始条件 $\boldsymbol{X}(0)$ 和输入向量 $\boldsymbol{u}(k)$，非齐次方程式(8－110)可用递推法求解出 $\boldsymbol{X}(1)$，$X(2)$，…，此法便于计算机计算求解。但是此法只能得到数值解，不能求出解析解。

$k=0,\quad \boldsymbol{X}(1)=\boldsymbol{GX}(0)+\boldsymbol{Hu}(0)$

$k=1,\quad \boldsymbol{X}(2)=\boldsymbol{GX}(1)+\boldsymbol{Hu}(1)=\boldsymbol{G}^{2}\boldsymbol{X}(0)+\boldsymbol{GHu}(0)+\boldsymbol{Hu}(1)$

$k=2,\quad \boldsymbol{X}(3)=\boldsymbol{GX}(2)+\boldsymbol{Hu}(2)=\boldsymbol{G}^{3}\boldsymbol{X}(0)+\boldsymbol{G}^{2}\boldsymbol{Hu}(0)+\boldsymbol{GHu}(1)+\boldsymbol{Hu}(2)$

因此，用数学归纳法可得任意 $k>0$ 时的解为

$$k=k-1,\quad \boldsymbol{X}(k)=\boldsymbol{GX}(k-1)+\boldsymbol{Hu}(k-1)=\boldsymbol{G}^{k}\boldsymbol{X}(0)+\sum_{j=0}^{k-1}\boldsymbol{G}^{k-i-j}\boldsymbol{Hu}(j) \tag{8-118}$$

由式(8－114)的关系，上式可改写为

$$\boldsymbol{X}(k)=\boldsymbol{\Phi}(k)\boldsymbol{X}(0)+\sum_{j=0}^{k-1}\boldsymbol{\Phi}(k-1-j)\boldsymbol{Hu}(j) \tag{8-119}$$

其输出方程为

$$\boldsymbol{y}(k)=\boldsymbol{C\Phi}(k)\boldsymbol{X}(0)+\boldsymbol{C}\sum_{j=0}^{k-1}\boldsymbol{\Phi}(k-1-j)\boldsymbol{Hu}(j) \tag{8-120}$$

式(8－119)就是非齐次状态方程的解，又称为离散状态转移方程。像连续系统一样，它也包含两部分，第一项表示初始状态的转移(自由分量)，第二项是由输入向量引起的强迫响应分量。

2）$\mathscr{Z}$ 变换求解法

将式(8－110)的状态方程写为

$$\boldsymbol{X}(k+1)=\boldsymbol{GX}(k)+\boldsymbol{Hu}(k)$$

两边取 $\mathscr{Z}$ 变换得

$$z\boldsymbol{X}(z)-z\boldsymbol{X}(0)=\boldsymbol{GX}(z)+\boldsymbol{Hu}(z)$$

移项整理得

$$\boldsymbol{X}(z)=(z\boldsymbol{I}-\boldsymbol{G})^{-1}z\boldsymbol{X}(0)+(z\boldsymbol{I}-\boldsymbol{G})^{-1}\boldsymbol{Hu}(z)$$

对上式进行反 $\mathscr{Z}$ 变换，其解为

$$\boldsymbol{X}(k)=\mathscr{Z}^{-1}[(z\boldsymbol{I}-\boldsymbol{G})^{-1}z]\boldsymbol{X}(0)+\mathscr{Z}^{-1}[(z\boldsymbol{I}-\boldsymbol{G})^{-1}\boldsymbol{Hu}(z)] \tag{8-121}$$

或

$$\boldsymbol{X}(k)=\mathscr{Z}^{-1}\{(z\boldsymbol{I}-\boldsymbol{G})^{-1}[z\boldsymbol{X}(0)+\boldsymbol{Hu}(z)]\} \tag{8-122}$$

由 $\mathscr{Z}$ 变换定理可知

$$z(\boldsymbol{G}^{k})=(\boldsymbol{I}-\boldsymbol{G}z^{-1})^{-1}=(z\boldsymbol{I}-\boldsymbol{G})^{-1}z$$

即

$$\boldsymbol{G}^{k}=\mathscr{Z}^{-1}[(z\boldsymbol{I}-\boldsymbol{G})^{-1}z] \tag{8-123}$$

同样可以证明

$$\mathscr{Z}^{-1}[(z\boldsymbol{I}-\boldsymbol{G})^{-1}\boldsymbol{Hu}(z)]=\sum_{j=0}^{k-1}\boldsymbol{G}^{k-1-j}\boldsymbol{Hu}(j) \tag{8-124}$$

例 8-15 设离散系统的状态方程为

$$\boldsymbol{X}(k+1)=\boldsymbol{G}\boldsymbol{X}(k)+\boldsymbol{H}u(k)$$

其中

$$\boldsymbol{G}=\begin{bmatrix}0 & 1\\ -0.16 & -1\end{bmatrix},\quad \boldsymbol{H}=\begin{bmatrix}1\\ 1\end{bmatrix}$$

若初始条件为

$$\boldsymbol{X}(0)=\begin{bmatrix}x_1(0)\\ x_2(0)\end{bmatrix}=\begin{bmatrix}1\\ -1\end{bmatrix}$$

当 $k=0, 1, 2, \cdots, u(k)=1$ 时，试用递推法求其解 $\boldsymbol{X}(k)$。

解 由式(8-119)可得

$$k=0:\ \boldsymbol{\Phi}(0)=\boldsymbol{I},\quad \boldsymbol{X}(0)=\begin{bmatrix}1\\ -1\end{bmatrix}$$

$$k=1:\ \boldsymbol{\Phi}(1)=G=\begin{bmatrix}0 & 1\\ -0.16 & -1\end{bmatrix}$$

$$\boldsymbol{X}(1)=\boldsymbol{\Phi}(1)\boldsymbol{X}(0)+\boldsymbol{\Phi}(0)\boldsymbol{H}u(0)=\begin{bmatrix}0 & 1\\ -0.16 & -1\end{bmatrix}\begin{bmatrix}1\\ -1\end{bmatrix}+\begin{bmatrix}1\\ 1\end{bmatrix}=\begin{bmatrix}0\\ 1.84\end{bmatrix}$$

$$k=2:\ \boldsymbol{\Phi}(2)=\boldsymbol{G}^2=\begin{bmatrix}-0.16 & -1\\ 0.16 & 0.84\end{bmatrix},$$

$$\begin{aligned}\boldsymbol{X}(2)&=\boldsymbol{\Phi}(2)\boldsymbol{X}(0)+\boldsymbol{\Phi}(1)\boldsymbol{H}u(0)+\boldsymbol{\Phi}(0)\boldsymbol{H}u(1)\\ &=\begin{bmatrix}-0.16 & -1\\ 0.16 & 0.84\end{bmatrix}\begin{bmatrix}1\\ -1\end{bmatrix}+\begin{bmatrix}0 & 1\\ -0.16 & -1\end{bmatrix}\begin{bmatrix}1\\ 1\end{bmatrix}+\begin{bmatrix}1\\ 1\end{bmatrix}=\begin{bmatrix}2.84\\ -0.84\end{bmatrix}\end{aligned}$$

$$k=3:\ \boldsymbol{\Phi}(3)\boldsymbol{G}^3=\begin{bmatrix}0.16 & 0.84\\ -0.134 & -0.68\end{bmatrix},$$

$$\begin{aligned}\boldsymbol{X}(3)&=\boldsymbol{\Phi}(3)\boldsymbol{X}(0)+\boldsymbol{\Phi}(2)\boldsymbol{H}u(0)+\boldsymbol{\Phi}(1)\boldsymbol{H}u(1)+\boldsymbol{\Phi}(0)\boldsymbol{H}u(2)\\ &=\begin{bmatrix}0.16 & 0.84\\ -0.134 & -0.68\end{bmatrix}\begin{bmatrix}1\\ -1\end{bmatrix}+\begin{bmatrix}-0.16 & -1\\ 0.16 & 0.84\end{bmatrix}\begin{bmatrix}1\\ 1\end{bmatrix}+\begin{bmatrix}0 & 1\\ -0.16 & -1\end{bmatrix}\begin{bmatrix}1\\ 1\end{bmatrix}+\begin{bmatrix}1\\ 1\end{bmatrix}\\ &=\begin{bmatrix}0.16\\ 1.386\end{bmatrix}\end{aligned}$$

$\vdots$

如此递推下去，可以得到整个解。

下面用 $\mathscr{Z}$ 变换法求解。

利用式(8-122)，首先计算 $(z\boldsymbol{I}-\boldsymbol{G})^{-1}$ 与 $\boldsymbol{\Phi}(k)$。

$$\begin{aligned}(z\boldsymbol{I}-\boldsymbol{G})^{-1}&=\begin{bmatrix}z & -1\\ 0.16 & z+1\end{bmatrix}^{-1}=\frac{1}{z(z+1)+0.16}\begin{bmatrix}z+1 & 1\\ -0.16 & z\end{bmatrix}\\ &=\begin{bmatrix}\dfrac{z+1}{(z+0.2)(z+0.8)} & \dfrac{1}{(z+0.2)(z+0.8)}\\ \dfrac{-0.16}{(z+0.2)(z+0.8)} & \dfrac{z}{(z+0.2)(z+0.8)}\end{bmatrix}\end{aligned}$$

再求离散状态转移矩阵：

$$
\begin{aligned}
\boldsymbol{\Phi}(k) = \boldsymbol{G}^k &= \mathscr{Z}^{-1}[(z\boldsymbol{I}-\boldsymbol{G})^{-1}z] \\
&= \mathscr{Z}^{-1}\begin{bmatrix} \dfrac{\frac{4}{3}}{z+0.2}+\dfrac{-\frac{1}{3}z}{z+0.8} & \dfrac{\frac{5}{3}z}{z+0.2}+\dfrac{-\frac{5}{3}z}{z+0.8} \\ \dfrac{-\frac{0.8}{3}z}{z+0.2}+\dfrac{\frac{0.8}{3}z}{z+0.8} & \dfrac{-\frac{1}{3}z}{z+0.2}+\dfrac{\frac{4}{3}z}{z+0.8} \end{bmatrix} \\
&= \begin{bmatrix} \frac{4}{3}(-0.2)^k-\frac{1}{3}(-0.8)^k & \frac{5}{3}(-0.2)^k-\frac{5}{3}(-0.8)^k \\ -\frac{0.8}{3}(-0.2)^k+\frac{0.8}{3}(-0.8)^k & -\frac{1}{3}(-0.2)^k+\frac{4}{3}(-0.8)^k \end{bmatrix}
\end{aligned}
$$

最后计算 $z\boldsymbol{X}(0)+\boldsymbol{Hu}(z)$。

$$
z\boldsymbol{X}(z)+\boldsymbol{Hu}(z) = z\begin{bmatrix}1\\-1\end{bmatrix}+\begin{bmatrix}1\\1\end{bmatrix}\frac{z}{z-1} = \begin{bmatrix} \dfrac{z^2}{z-1} \\ \dfrac{-z^2+2z}{z-1} \end{bmatrix}
$$

所以

$$
\begin{aligned}
\boldsymbol{X}(z) &= (z\boldsymbol{I}-\boldsymbol{G})^{-1}[z\boldsymbol{X}(0)+\boldsymbol{Hu}(z)] \\
&= \begin{bmatrix} z\dfrac{z^2+2}{(z+0.2)(z+0.8)(z-1)} \\ z\dfrac{-z^2+1.84z}{(z+0.2)(z+0.8)(z-1)} \end{bmatrix} \\
&= \begin{bmatrix} \dfrac{-\frac{17}{6}z}{z+0.2}+\dfrac{\frac{22}{9}z}{z+0.8}+\dfrac{\frac{25}{18}z}{z-1} \\ \dfrac{\frac{3.4}{6}z}{z+0.2}+\dfrac{-\frac{17.6}{9}z}{z+0.8}+\dfrac{\frac{7}{18}z}{z-1} \end{bmatrix}
\end{aligned}
$$

对上式进行反 $\mathscr{Z}$ 变换，可得离散状态方程的解

$$
\boldsymbol{X}(k) = \mathscr{Z}^{-1}[\boldsymbol{X}(z)] = \begin{bmatrix} -\frac{17}{6}(-0.2)^k+\frac{22}{9}(-0.8)^k+\frac{25}{18} \\ \frac{3.4}{6}(-0.2)^k-\frac{17.6}{9}(-0.8)^k+\frac{7}{18} \end{bmatrix}
$$

用 $k=0, 1, 2, \cdots$，代入上式可求得 $\boldsymbol{X}(0)$，$\boldsymbol{X}(1)$，$\boldsymbol{X}(2)$，…，其结果与递推法是一致的。

8.6 线性系统的可控性和可观性

虽然大多数物理系统是可控和可观测的，然而所对应的数学模型可能不具有可控性和可观测性。因此，必须知道系统在什么条件下是可控的和可观测的。

如图 8-25 所示为一个多变量控制系统，其被控过程的状态空间表达式为

$$
\begin{aligned}
\dot{\boldsymbol{X}}(t) &= \boldsymbol{AX}(t)+\boldsymbol{Bu}(t) \\
\boldsymbol{y}(t) &= \boldsymbol{CX}(t)+\boldsymbol{Du}(t)
\end{aligned} \tag{8-125}
$$

式中，$\boldsymbol{X}(t)$为$n\times1$状态向量，$\boldsymbol{u}(t)$为$r\times1$控制向量，$\boldsymbol{y}(t)$为$m\times1$输出向量，$\boldsymbol{A}$，$\boldsymbol{B}$，$\boldsymbol{C}$，$\boldsymbol{D}$分别为$n\times n$，$n\times r$，$m\times n$，$m\times r$系数矩阵。由图 8-25 可知，要实现对被控过程的控制，首先控制器应能观测输出向量$\boldsymbol{y}(t)$，并根据$\boldsymbol{y}(t)$的观测值来决定控制向量$\boldsymbol{u}(t)$，对这样的控制系统，有两个问题引起人们的关注：第一是在有限的时间间隔内，通过所选的控制向量能否使任选的初始状态$\boldsymbol{X}(t_0)$转移到所希望的状态$\boldsymbol{X}(t)$；第二是对系统的输出向量$\boldsymbol{y}(t)$在一段时间内的观测，能否判断或识别系统的初始状态$\boldsymbol{X}(t_0)$，这就是控制系统的可控性和可观测性问题。可控性和可观测性的概念及判据，是由卡尔曼(R. E. Kalman)首先提出来的，在多变量最优控制系统中，起着很重要的作用，因为系统的可控性和可观测性是系统最优控制的前提。

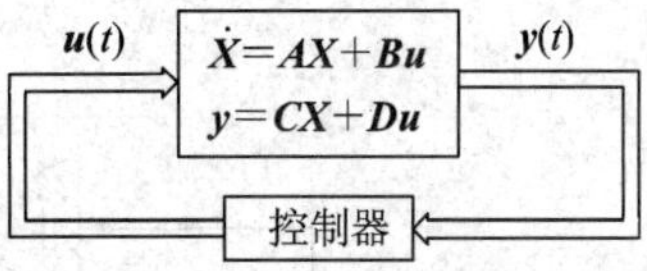

图 8-25　多变量控制系统

8.6.1　状态可控性

1. 基本概念

在一个有限的时间间隔t_f-t_0内，可用一组未加约束的控制向量$\boldsymbol{u}(t)$，使被控过程由任选的初始状态$\boldsymbol{X}(t_0)$转移到规定的状态$\boldsymbol{X}(t_f)$(为了在数学上研究方便，可以取最终的平衡状态或目标状态为状态空间的原点，即$\boldsymbol{X}(t_f)=0$，如图 8-26 所示为三维空间的情况)。这一系统称为状态完全可控。为简单起见，常称系统状态完全可控为系统可控。对于时变系统来说，因为时变系统与时间有关，所以称在时间t_0状态是完全可控的。

下面以连续系统为例，通过几个简单例子来说明系统的可控性。

(1) 设系统的状态方程为

$$\begin{aligned}\dot{x}_1 &= x_1 + x_2 + u\\ \dot{x}_2 &= x_1 - x_2 + 2u\end{aligned} \tag{8-126}$$

由上式可以看出，系统的两个状态变量x_1，x_2均受到输入作用u的控制，所以此系统是状态完全可控的。

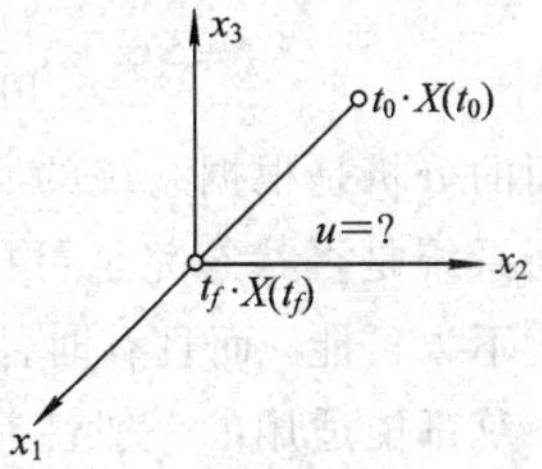

图 8-26　三维状态空间可控性原理图

(2) 设系统的状态方程为

$$\begin{aligned}\dot{x}_1 &= x_1 + x_2 + u\\ \dot{x}_2 &= - x_2\end{aligned} \tag{8-127}$$

由上式可以看出，系统的两个状态变量中，只有x_1受到输入u的作用，而x_2不受输入u的作用。因为上述的第二个方程$\dot{x}_2=-x_2$，是一个齐次方程，它的解只取决于初始状态，而不受输入u的影响，这就是说输入作用不能直接影响x_2。又因为这个齐次方程中没有x_1，所以x_1也不能影响x_2，也就是说，输入u也不能通过x_1的耦合来间接作用于x_2，因此x_2不能由所选的控制变量u来控制，所以这个系统是不完全可控的，或简称为系统不可控。如果用状态变量图来分析，则结论更为直观，上式的状态变量图如图 8-27 所示。

由图 8-27 可知，只有x_1受到输入作用u的影响，而x_2不受输入作用u的影响，所以此系统不可控。

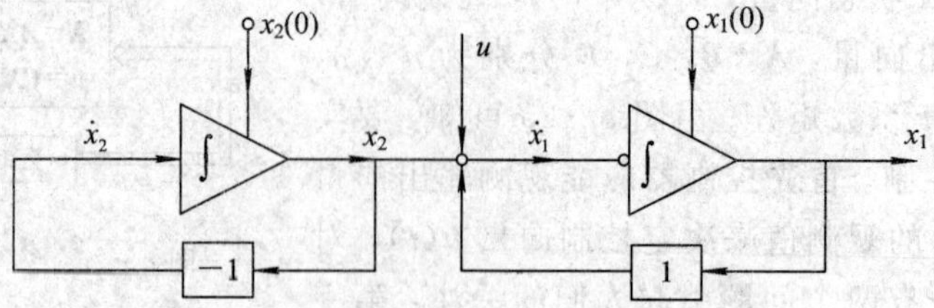

图 8-27 式(8-127)的状态变量图

(3) 设系统的状态方程为

$$\begin{aligned}\dot{x}_1 &= x_1 + x_2 + u \\ \dot{x}_2 &= -x_1\end{aligned} \tag{8-128}$$

该系统中，虽然输入 u 不能直接影响 x_2，但输入 u 可以通过 x_1 的耦合间接影响 x_2。因此，两个状态变量 x_1，x_2 都受到输入 u 的作用，所以状态完全可控。式(8-128)的状态变量图如图 8-28 所示。

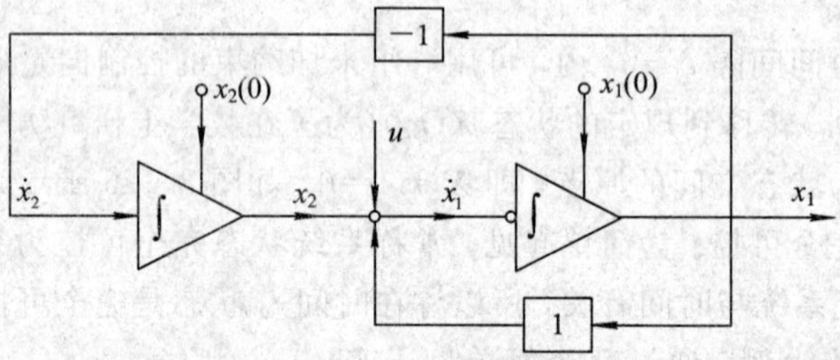

图 8-28 式(8-128)的状态变量图

上面的分析是根据系统的所有状态是否都能直接或间接地受到输入 u 的影响或控制作用来判断系统是否状态完全可控的。但是对于比较复杂的系统来说，用以上方法对系统进行分析就不太可能，而且有时甚至会得出错误的判断。因此，必须通过定量的推导，得出对所有系统都能适用的一般性判据。

2. 连续系统状态完全可控的条件

设连续系统的状态方程为

$$\dot{\boldsymbol{X}}(t) = \boldsymbol{AX}(t) + \boldsymbol{Bu}(t) \tag{8-129}$$

若输入为单输入时，系数矩阵 $\boldsymbol{B}$ 为 $n\times 1$ 向量，其解可由式(8-105)得

$$\boldsymbol{X}(t) = \mathrm{e}^{\boldsymbol{A}t}\boldsymbol{X}(0) + \int_0^t \mathrm{e}^{\boldsymbol{A}(t-\tau)}\boldsymbol{Bu}(\tau)\,\mathrm{d}\tau \tag{8-130}$$

由状态完全可控的定义可知，在有限时间间隔 $0\leqslant t\leqslant t_f$ 内，从初始状态 $\boldsymbol{X}(0)$ 转移到最终状态 $\boldsymbol{X}(t_f)=0$，则式(8-130)变为

$$\boldsymbol{X}(t_f) = 0 = \mathrm{e}^{\boldsymbol{A}t_f}\boldsymbol{X}(0) + \int_0^{t_f} \mathrm{e}^{\boldsymbol{A}(t_f-\tau)}\boldsymbol{Bu}(\tau)\,\mathrm{d}\tau$$

又由于 $\mathrm{e}^{\boldsymbol{A}t_f}$ 是非奇异矩阵，由此可得

$$\boldsymbol{X}(0) = -\int_0^{t_f} \mathrm{e}^{-\boldsymbol{A}\tau}\boldsymbol{Bu}(\tau)\,\mathrm{d}\tau \tag{8-131}$$

再由凯利-哈密顿定理得到的式(8-99)可得

$$e^{-A\tau} = \sum_{i=0}^{n-1} a_i(\tau)\boldsymbol{A}^i \tag{8-132}$$

当$\boldsymbol{A}$具有n个不同的特征值λ_1，λ_2，λ_3，…时，其系数$a_i(\tau)$可由式(8－100)求得。将式(8－132)代入式(8－131)可得

$$\boldsymbol{X}(0) = -\sum_{i=0}^{n-1}\int_0^{t_f} a_i(\tau)\boldsymbol{A}^i\boldsymbol{B}\boldsymbol{u}(\tau)\,\mathrm{d}\tau = -\sum_{i=0}^{n-1}\boldsymbol{A}^i\boldsymbol{B}\int_0^{t_f} a_i(\tau)\boldsymbol{u}(\tau)\,\mathrm{d}\tau$$

令

$$\beta_i = \int_0^{t_f} a_i(\tau)\boldsymbol{u}(\tau)\,\mathrm{d}\tau \tag{8-133}$$

则上式变为

$$\boldsymbol{X}(0) = -\sum_{i=0}^{n-1}\boldsymbol{A}^i\boldsymbol{B}\beta_i \tag{8-134}$$

将上式写成矩阵的形式为

$$\boldsymbol{X}(0) = -[\boldsymbol{B} \quad \boldsymbol{AB} \quad \boldsymbol{A}^2\boldsymbol{B} \quad \cdots \quad \boldsymbol{A}^{n-1}\boldsymbol{B}]\begin{bmatrix}\beta_0\\ \beta_1\\ \vdots\\ \beta_{n-1}\end{bmatrix} = -\boldsymbol{S\beta} \tag{8-135}$$

式中，$\boldsymbol{S}$为$n\times n$矩阵，$\boldsymbol{\beta}$为$n\times 1$向量，即

$$\boldsymbol{S} = [\boldsymbol{B} \quad \boldsymbol{AB} \quad \boldsymbol{A}^2\boldsymbol{B} \quad \cdots \quad \boldsymbol{A}^{n-1}\boldsymbol{B}] \tag{8-136}$$

$$\boldsymbol{\beta} = [\beta_0 \quad \beta_1 \quad \cdots \quad \beta_{n-1}]^{\mathrm{T}} \tag{8-137}$$

式(8－135)有n个方程，如果这n个方程是线性无关的，则当$\boldsymbol{X}(0)$给定时，就有惟一的解，则n个未知量β_i即可求出，再由式(8－133)可以找到相应的控制向量$\boldsymbol{u}$，这样在有限的时间间隔t_f内，通过这个控制作用$\boldsymbol{u}$，可以从给定的初始状态$\boldsymbol{X}(0)$转移到规定的状态$\boldsymbol{X}(t_f)=0$，实现状态完全可控。这样，状态完全可控的条件归结为式(8－135)是否有解，而式(8－135)有解的充分和必要条件是矩阵$\boldsymbol{S}$必须是非奇异矩阵，即$\boldsymbol{S}$的$n\times n$矩阵的秩为n。

将这个结论推广到输入向量$\boldsymbol{u}$为r维的情况，此时的可控性矩阵$\boldsymbol{S}$为$n\times nr$维，其秩也应为n。

综上所述，式(8－129)状态方程所描述的系统，其状态完全可控的充分和必要条件是由$\boldsymbol{A}$，$\boldsymbol{B}$所构成的$n\times nr$矩阵

$$\boldsymbol{S} = [\boldsymbol{B} \quad \boldsymbol{AB} \quad \boldsymbol{A}^2\boldsymbol{B} \quad \cdots \quad \boldsymbol{A}^{n-1}\boldsymbol{B}] \tag{8-138}$$

满秩，即

$$\mathrm{rank}\boldsymbol{S} = n \tag{8-139}$$

否则，当系统$\mathrm{rank}\boldsymbol{S} < n$时，系统是不可控的。$\boldsymbol{S}$称为状态可控性矩阵，当$\boldsymbol{S}$满秩时，$[\boldsymbol{A} \quad \boldsymbol{B}]$称为可控性对。

例 8－16 已知系统的状态方程分别为

(1) $\begin{bmatrix}\dot{x}_1\\ \dot{x}_2\end{bmatrix} = \begin{bmatrix}1 & 1\\ 0 & -1\end{bmatrix}\begin{bmatrix}x_1\\ x_2\end{bmatrix} + \begin{bmatrix}1\\ 0\end{bmatrix}u$

(2) $\begin{bmatrix}\dot{x}_1\\ \dot{x}_2\end{bmatrix} = \begin{bmatrix}1 & 1\\ 2 & -1\end{bmatrix}\begin{bmatrix}x_1\\ x_2\end{bmatrix} + \begin{bmatrix}0\\ 1\end{bmatrix}u$

试判断系统的可控性。

解 (1) 由状态方程可得

$$\boldsymbol{A}=\begin{bmatrix}1 & 1\\0 & -1\end{bmatrix},\quad \boldsymbol{B}=\begin{bmatrix}1\\0\end{bmatrix}$$

则

$$\boldsymbol{AB}=\begin{bmatrix}1 & 1\\0 & -1\end{bmatrix}\begin{bmatrix}1\\0\end{bmatrix}=\begin{bmatrix}1\\0\end{bmatrix}$$

由式(8-138)可得状态可控性矩阵为

$$\boldsymbol{S}=(\boldsymbol{B}\quad \boldsymbol{AB})=\begin{bmatrix}1 & 1\\0 & 0\end{bmatrix}$$

所以，rank$\boldsymbol{S}$=1，它是一个奇异矩阵，故系统不是状态完全可控的。

(2) 由状态方程可得

$$\boldsymbol{A}=\begin{bmatrix}1 & 1\\2 & -1\end{bmatrix},\quad \boldsymbol{B}=\begin{bmatrix}0\\1\end{bmatrix}$$

则

$$\boldsymbol{AB}=\begin{bmatrix}1 & 1\\2 & -1\end{bmatrix}\begin{bmatrix}0\\1\end{bmatrix}=\begin{bmatrix}1\\-1\end{bmatrix}$$

故

$$\boldsymbol{S}=[\boldsymbol{B}\quad \boldsymbol{AB}]=\begin{bmatrix}0 & 1\\1 & -1\end{bmatrix}$$

rank$\boldsymbol{S}$=2，说明它是一个非奇异矩阵，所以系统是状态完全可控的。

3. 状态完全可控性条件的另一种形式

设系统的状态方程为

$$\dot{\boldsymbol{X}}(t)=\boldsymbol{AX}(t)+\boldsymbol{Bu}(t) \tag{8-140}$$

式中，$\boldsymbol{X}(t)$为n维状态向量，$\boldsymbol{u}(t)$为r维输入向量，$\boldsymbol{A}$，$\boldsymbol{B}$分别为$n\times n$，$n\times r$矩阵。

如果$\boldsymbol{A}$的特征向量互不相同，那么可求得一个变换矩阵$\boldsymbol{P}$，使得

$$\boldsymbol{P}^{-1}\boldsymbol{AP}=\boldsymbol{\Lambda}=\begin{bmatrix}\lambda_1 & 0 & \cdots & 0\\0 & \lambda_2 & \cdots & 0\\\vdots & \vdots & \ddots & \vdots\\0 & 0 & \cdots & \lambda_n\end{bmatrix}$$

应注意，如果矩阵$\boldsymbol{A}$的特征值互不相同，那么$\boldsymbol{A}$的特征向量也互不相同；然而，其逆定理不成立。例如，具有多重特征值的$n\times n$实对称矩阵有n个不同的特征向量。还应注意，矩阵$\boldsymbol{P}$的每一列是与$\lambda_i(i=1, 2, 3, \cdots, n)$有联系的$\boldsymbol{A}$的特征向量。

令

$$\boldsymbol{X}(t)=\boldsymbol{PZ}(t) \tag{8-141}$$

将式(8-141)代入式(8-140)，可得

$$\dot{\boldsymbol{Z}}(t)=\boldsymbol{P}^{-1}\boldsymbol{AP}Z(t)+\boldsymbol{P}^{-1}\boldsymbol{Bu}(t) \tag{8-142}$$

再令

$$P^{-1}B = F = (f_{ij})$$

则式(8-142)可写成

$$\begin{aligned}
\dot{z}_1 &= \lambda_1 z_1 + f_{11}u_1 + f_{12}u_2 + \cdots + f_{1r}u_r \\
\dot{z}_2 &= \lambda_2 z_2 + f_{21}u_1 + f_{22}u_2 + \cdots + f_{2r}u_r \\
&\vdots \\
\dot{z}_n &= \lambda_n z_n + f_{n1}u_1 + f_{n2}u_2 + \cdots + f_{nr}u_r
\end{aligned}$$

如果 $n\times r$ 矩阵 $\boldsymbol{F}$ 的任一行元素全为零，那么对应的状态变量就不能由任一的 $u_i(t)$ 来控制。由于状态完全可控的条件是 $\boldsymbol{A}$ 的特征向量互不相同，因此，当且仅当只有 $\boldsymbol{P}^{-1}\boldsymbol{B}$ 没有一行的所有元素都为零时，系统才是状态完全可控的。在应用状态完全可控性的这一条件时，应特别指出的是：必须将式(8-142)的矩阵 $\boldsymbol{P}^{-1}\boldsymbol{AP}$ 变成对角线形式。

如果方程式(8-140)中的矩阵 $\boldsymbol{A}$ 具有相同的特征向量时，那么就不能将矩阵化为对角线形式。在这种情况下，我们可将 $\boldsymbol{A}$ 化为约当(Jordan)标准形式。例如 $\boldsymbol{A}$ 的特征值分别为 $\lambda_1, \lambda_1, \lambda_1, \lambda_4, \lambda_4, \lambda_6, \cdots, \lambda_n$，并且只有 $n-3$ 个互不相同的特征向量，那么 $\boldsymbol{A}$ 的约当标准形式为

$$\boldsymbol{J} = \begin{bmatrix}
\lambda_1 & 1 & 0 & 0 & 0 & 0 & \cdots & 0 \\
0 & \lambda_1 & 1 & 0 & 0 & 0 & \cdots & 0 \\
0 & 0 & \lambda_1 & 0 & 0 & 0 & \cdots & 0 \\
0 & 0 & 0 & \lambda_4 & 1 & 0 & \cdots & 0 \\
0 & 0 & 0 & 0 & \lambda_4 & 0 & \cdots & 0 \\
0 & 0 & 0 & 0 & 0 & \lambda_6 & \cdots & 0 \\
\vdots & \vdots & \vdots & \vdots & \vdots & \vdots & \ddots & \vdots \\
0 & 0 & 0 & 0 & 0 & 0 & 0 & \lambda_n
\end{bmatrix}$$

在主对角线上的 3×3，2×2 子矩阵叫做约当块。

假设能找到一个变换矩阵 $\boldsymbol{S}$，使得

$$\boldsymbol{S}^{-1}\boldsymbol{AS} = \boldsymbol{J} \tag{8-143}$$

又如果我们用

$$\boldsymbol{X} = \boldsymbol{SZ} \tag{8-144}$$

定义一个新的状态变量 $\boldsymbol{Z}$，那么将式(8-143)代入式(8-140)可得

$$\dot{\boldsymbol{Z}}(t) = \boldsymbol{S}^{-1}\boldsymbol{ASZ}(t) + \boldsymbol{S}^{-1}\boldsymbol{Bu}(t) = \boldsymbol{JZ}(t) + \boldsymbol{S}^{-1}\boldsymbol{Bu}(t) \tag{8-145}$$

由方程式(8-140)表达的系统状态完全可控性的条件：

(1) 在方程式(8-145)的矩阵 $\boldsymbol{J}$ 中没有两个约当块与同一特征值有关；

(2) 在 $\boldsymbol{S}^{-1}\boldsymbol{B}$ 中与每个约当块最后一行相对应的任一行的元素不全为零；

(3) 在 $\boldsymbol{S}^{-1}\boldsymbol{B}$ 中对应于不同特征值的每一行的各元素不全为零。

例 8 17 下列系统是状态完全可控的

$$\begin{bmatrix} \dot{x}_1 \\ \dot{x}_2 \end{bmatrix} = \begin{bmatrix} -1 & 0 \\ 0 & -2 \end{bmatrix}\begin{bmatrix} x_1 \\ x_2 \end{bmatrix} + \begin{bmatrix} 2 \\ 5 \end{bmatrix}u;$$

$$\begin{bmatrix} \dot{x}_1 \\ \dot{x}_2 \\ \dot{x}_3 \end{bmatrix} = \begin{bmatrix} -1 & 1 & 0 \\ 0 & -1 & 0 \\ 0 & 0 & -2 \end{bmatrix}\begin{bmatrix} x_1 \\ x_2 \\ x_3 \end{bmatrix} + \begin{bmatrix} 0 \\ 4 \\ 3 \end{bmatrix}u$$

下列系统是状态不完全可控的

$$\begin{bmatrix}\dot{x}_1\\ \dot{x}_2\end{bmatrix}=\begin{bmatrix}-1 & 0\\ 0 & -2\end{bmatrix}\begin{bmatrix}x_1\\ x_2\end{bmatrix}+\begin{bmatrix}2\\ 0\end{bmatrix}u;$$

$$\begin{bmatrix}\dot{x}_1\\ \dot{x}_2\\ \dot{x}_3\end{bmatrix}=\begin{bmatrix}-1 & 1 & 0\\ 0 & -1 & 0\\ 0 & 0 & -2\end{bmatrix}\begin{bmatrix}x_1\\ x_2\\ x_3\end{bmatrix}+\begin{bmatrix}4 & 2\\ 0 & 0\\ 3 & 0\end{bmatrix}u$$

4. 离散系统状态完全可控的条件

设离散系统的状态方程为

$$\boldsymbol{X}(k+1)=\boldsymbol{G}\boldsymbol{X}(k)+\boldsymbol{H}\boldsymbol{u}(k) \tag{8-146}$$

式中，$\boldsymbol{X}(k)$为 $n\times 1$ 状态向量，$\boldsymbol{u}(k)$为 $r\times 1$ 控制向量，$\boldsymbol{G}$，$\boldsymbol{H}$ 分别为 $n\times n$，$n\times r$ 系数矩阵。

下面先以三阶系统为例，导出其状态完全可控的条件，然后将该可控性条件推广到 n 阶系统。

设某线性定常离散系统的状态方程为

$$\boldsymbol{X}(k+1)=\begin{bmatrix}1 & 0 & 0\\ 0 & 2 & -3\\ -1 & 1 & 0\end{bmatrix}\boldsymbol{X}(k)+\begin{bmatrix}1\\ 0\\ 1\end{bmatrix}\boldsymbol{u}(k) \tag{8-147}$$

并假设初始状态为

$$\boldsymbol{X}(0)=\begin{bmatrix}2\\ 1\\ 0\end{bmatrix}$$

试选取控制信号 $\boldsymbol{u}(0)$，$\boldsymbol{u}(1)$，$\boldsymbol{u}(2)$，使系统在第三个采样时刻转移到平衡状态，即使 $\boldsymbol{X}(3)=0$。

根据式(8-147)，应用递推法，依次取 $k=0$，1，2，可得

$$\begin{aligned}\boldsymbol{X}(1)&=\boldsymbol{G}\boldsymbol{X}(0)+\boldsymbol{H}\boldsymbol{u}(0)\\ &=\begin{bmatrix}1 & 0 & 0\\ 0 & 2 & -3\\ -1 & 1 & 0\end{bmatrix}\begin{bmatrix}2\\ 1\\ 0\end{bmatrix}+\begin{bmatrix}1\\ 0\\ 1\end{bmatrix}\boldsymbol{u}(0)\\ &=\begin{bmatrix}2\\ 2\\ -1\end{bmatrix}+\begin{bmatrix}1\\ 0\\ 1\end{bmatrix}\boldsymbol{u}(0)\end{aligned}$$

$$\begin{aligned}\boldsymbol{X}(2)&=\boldsymbol{G}\boldsymbol{X}(1)+\boldsymbol{H}\boldsymbol{u}(1)=\boldsymbol{G}^2\boldsymbol{X}(0)+\boldsymbol{G}\boldsymbol{H}\boldsymbol{u}(0)+\boldsymbol{H}\boldsymbol{u}(1)\\ &=\begin{bmatrix}1 & 0 & 0\\ 0 & 2 & -3\\ -1 & 1 & 0\end{bmatrix}\begin{bmatrix}2\\ 1\\ 0\end{bmatrix}+\begin{bmatrix}1 & 0 & 0\\ 0 & 2 & -2\\ -1 & 1 & 0\end{bmatrix}\begin{bmatrix}1\\ 0\\ 1\end{bmatrix}\boldsymbol{u}(0)+\begin{bmatrix}1\\ 0\\ 1\end{bmatrix}\boldsymbol{u}(1)\\ &=\begin{bmatrix}2\\ 6\\ 0\end{bmatrix}+\begin{bmatrix}1\\ -2\\ -1\end{bmatrix}\boldsymbol{u}(0)+\begin{bmatrix}1\\ 0\\ 1\end{bmatrix}\boldsymbol{u}(1)\end{aligned}$$

$$\boldsymbol{X}(3)=\boldsymbol{G}\boldsymbol{X}(2)+\boldsymbol{H}\boldsymbol{u}(2)=\boldsymbol{G}^3\boldsymbol{X}(0)+\boldsymbol{G}^2\boldsymbol{H}\boldsymbol{u}(0)+\boldsymbol{G}\boldsymbol{H}\boldsymbol{u}(1)+\boldsymbol{H}\boldsymbol{u}(2)$$

$$=\begin{bmatrix}2\\12\\4\end{bmatrix}+\begin{bmatrix}1\\-2\\-3\end{bmatrix}\boldsymbol{u}(0)+\begin{bmatrix}1\\-2\\-1\end{bmatrix}\boldsymbol{u}(1)+\begin{bmatrix}1\\0\\1\end{bmatrix}\boldsymbol{u}(2)$$

根据 $\boldsymbol{X}(3)=0$ 的要求，分析输入控制信号 $\boldsymbol{u}(0)$，$\boldsymbol{u}(1)$，$\boldsymbol{u}(2)$是否存在，这取决于方程

$$\boldsymbol{X}(3)=\begin{bmatrix}2\\12\\4\end{bmatrix}+\begin{bmatrix}1\\-2\\-3\end{bmatrix}\boldsymbol{u}(0)+\begin{bmatrix}1\\-2\\-1\end{bmatrix}\boldsymbol{u}(1)+\begin{bmatrix}1\\0\\1\end{bmatrix}\boldsymbol{u}(2)=0$$

或

$$\begin{bmatrix}1\\-2\\-3\end{bmatrix}\boldsymbol{u}(0)+\begin{bmatrix}1\\-2\\-1\end{bmatrix}\boldsymbol{u}(1)+\begin{bmatrix}1\\0\\1\end{bmatrix}\boldsymbol{u}(2)=-\begin{bmatrix}2\\12\\4\end{bmatrix}\tag{8-148}$$

是否有解。式(8-148)写成矩阵形式为

$$\begin{bmatrix}1&1&1\\-2&-2&0\\-3&-1&0\end{bmatrix}\begin{bmatrix}u(0)\\u(1)\\u(2)\end{bmatrix}=-\begin{bmatrix}2\\12\\4\end{bmatrix}$$

或

$$[\boldsymbol{G}^2\boldsymbol{H}\quad \boldsymbol{G}\boldsymbol{H}\quad \boldsymbol{H}]\begin{bmatrix}u(0)\\u(1)\\u(2)\end{bmatrix}=-\begin{bmatrix}2\\12\\4\end{bmatrix}$$

由于方程的系数矩阵$[\boldsymbol{G}^2\boldsymbol{H}\quad \boldsymbol{G}\boldsymbol{H}\quad \boldsymbol{H}]$为非奇异矩阵，则它的逆矩阵存在，所以方程有解，其解为

$$\begin{bmatrix}u(0)\\u(1)\\u(2)\end{bmatrix}=\begin{bmatrix}1&1&1\\-2&-2&0\\-3&-1&0\end{bmatrix}^{-1}\begin{bmatrix}-2\\-12\\-4\end{bmatrix}=\begin{bmatrix}\frac{1}{2}&\frac{1}{2}&-\frac{1}{2}\\-\frac{1}{2}&-1&\frac{1}{2}\\1&\frac{1}{2}&0\end{bmatrix}=\begin{bmatrix}-5\\11\\-8\end{bmatrix}$$

即求得 $u(0)=-5$，$u(1)=11$，$u(2)=-8$。

由上述计算可以得出两点结论：

(1) 状态方程式(8-148)有解说明，所给的三阶离散系统在 $u(0)$，$u(1)$，$u(2)$控制信号序列的作用下，可由指定的初始状态 $\boldsymbol{X}(0)$经过三个采样周期转移到规定状态，实现 $\boldsymbol{X}(3)=0$，所以此系统是状态完全可控的。

(2) 所给的系统是否状态完全可控取决于方程式(8 148)是否有解，而该方程是否有解又取决于系数矩阵$[\boldsymbol{G}^2\boldsymbol{H}\quad \boldsymbol{G}\boldsymbol{H}\quad \boldsymbol{H}]$是否为非奇异矩阵，也就是其秩是否等于状态变量个数 3，即是否为满秩。

将上述结论推广到式(8-146)所示的 n 阶线性定常离散系统的情况，其状态完全可控的条件是下列 $n\times nr$ 矩阵

$$\bar{\boldsymbol{S}}=[\boldsymbol{G}^{n-1}\boldsymbol{H}\quad \boldsymbol{G}^{n-2}\boldsymbol{H}\quad \cdots\quad \boldsymbol{G}\boldsymbol{H}\quad \boldsymbol{H}]\tag{8-149}$$

满秩，或称状态可控性矩阵 $\bar{\boldsymbol{S}}$ 的秩为 n，即

$$\text{rank}\bar{\boldsymbol{S}} = n$$

例 8-18 设离散系统的状态方程为

$$\boldsymbol{X}(k+1) = \begin{bmatrix} 1 & 0 & 0 \\ 0 & 2 & -2 \\ -1 & 1 & 0 \end{bmatrix} x(k) + \begin{bmatrix} 1 \\ 0 \\ 1 \end{bmatrix} \boldsymbol{u}(k)$$

试判断系统是否可控。

解 根据状态方程可知

$$\boldsymbol{G} = \begin{bmatrix} 1 & 0 & 0 \\ 0 & 2 & -2 \\ -1 & 1 & 0 \end{bmatrix}, \quad \boldsymbol{H} = \begin{bmatrix} 1 \\ 0 \\ 1 \end{bmatrix}$$

那么

$$\boldsymbol{GH} = \begin{bmatrix} 1 & 0 & 0 \\ 0 & 2 & -2 \\ -1 & 1 & 0 \end{bmatrix} \begin{bmatrix} 1 \\ 0 \\ 1 \end{bmatrix} = \begin{bmatrix} 1 \\ -2 \\ -1 \end{bmatrix}$$

$$\boldsymbol{G}^2\boldsymbol{H} = \begin{bmatrix} 1 & 0 & 0 \\ 0 & 2 & -2 \\ -1 & 1 & 0 \end{bmatrix} \begin{bmatrix} 1 \\ -2 \\ -1 \end{bmatrix} = \begin{bmatrix} 1 \\ -2 \\ -3 \end{bmatrix}$$

所以

$$\text{rank}\bar{\boldsymbol{S}} = \text{rank}[\boldsymbol{G}^2\boldsymbol{H} \quad \boldsymbol{GH} \quad \boldsymbol{H}] = \text{rank} \begin{bmatrix} 1 & 1 & 1 \\ -2 & -2 & 0 \\ -3 & -1 & 1 \end{bmatrix} = 3$$

因给定系统是三阶的，即 $n=3$，故满足状态完全能控的条件。

8.6.2 输出完全可控的条件

在实际系统中，我们需要控制的往往是输出向量，而不是它的状态。当以输出向量为控制目标时，状态完全可控的条件既不是必要的条件也不是充分的条件。

所谓输出完全可控是指在有限的时间间隔 $t_f - t_0$ 内，能用某种控制作用 u，使输出向量 $\boldsymbol{y}(t)$ 由任选的初始状态 $\boldsymbol{y}(t_0)$ 转移到最终的规定值 $\boldsymbol{y}(t_f)$，这一系统称为输出完全可控。

1. 连续系统输出完全可控的条件

设连续系统的状态空间表达式为

$$\begin{aligned} \dot{\boldsymbol{X}}(t) &= \boldsymbol{AX}(t) + \boldsymbol{Bu}(t) \\ \boldsymbol{y}(t) &= \boldsymbol{CX}(t) + \boldsymbol{Du}(t) \end{aligned} \tag{8-150}$$

式中，$\boldsymbol{X}(t)$ 为 n 维状态向量，$\boldsymbol{u}(t)$ 为 r 维控制向量，$\boldsymbol{y}(t)$ 为 m 维输出向量，$\boldsymbol{A}$，$\boldsymbol{B}$，$\boldsymbol{C}$，$\boldsymbol{D}$ 分别为 $n\times n$，$n\times r$，$m\times n$，$m\times r$ 系数矩阵。

如同推导状态完全可控的条件那样，从输出向量可控性定义出发，可推得输出完全可控的条件是下列 $m\times(n+1)r$ 输出可控性矩阵 $\boldsymbol{Ty}$ 的秩为 m。即

$$\boldsymbol{Ty} = [\boldsymbol{CB} \quad \boldsymbol{CAB} \quad \boldsymbol{CA}^2\boldsymbol{B} \quad \cdots \quad \boldsymbol{CA}^{n-1}\boldsymbol{B} \quad \boldsymbol{D}] \tag{8-151}$$

$$\text{rank}\boldsymbol{Ty} = m$$

例 8-19 设系统的状态方程和输出方程为

$$\begin{bmatrix}\dot{x}_1\\ \dot{x}_2\end{bmatrix}=\begin{bmatrix}0 & 1\\ -1 & -2\end{bmatrix}\begin{bmatrix}x_1\\ x_2\end{bmatrix}+\begin{bmatrix}1\\ -1\end{bmatrix}u$$

$$y=x_1$$

试判断系统的状态可控性和输出可控性。

解 由状态空间表达式可知

$$\boldsymbol{A}=\begin{bmatrix}0 & 1\\ -1 & -2\end{bmatrix},\quad \boldsymbol{B}=\begin{bmatrix}1\\ -1\end{bmatrix},\quad \boldsymbol{C}=[1\quad 0]$$

由式(8-138)可得状态可控性矩阵

$$\boldsymbol{S}=[\boldsymbol{B}\quad \boldsymbol{AB}]=\begin{bmatrix}1 & -1\\ -1 & 1\end{bmatrix}$$

$$\text{rank}\boldsymbol{S}=1$$

由此可见，$\boldsymbol{S}$ 的秩为 1，是奇异矩阵，所以系统是状态不完全可控的。

再由式(8-151)可得输出可控性矩阵为

$$\boldsymbol{Ty}=[\boldsymbol{CB}\quad \boldsymbol{CAB}\quad \boldsymbol{D}]=[1\quad -1\quad 0]$$

$$\text{rank}\boldsymbol{Ty}=1$$

可见 $\boldsymbol{Ty}$ 的秩为 1，而输出变量只有一个，即 $m=1$，所以 $\boldsymbol{Ty}$ 的秩与输出维数相等，故系统是输出完全可控的。

由此可见，在同一系统中，状态可控性和输出可控性并不相同，各有自己的判据。

2. 离散系统输出向量完全可控的条件

设离散系统的状态空间表达式为

$$\begin{aligned}\boldsymbol{X}(k+1)&=\boldsymbol{GX}(k)+\boldsymbol{Hu}(k)\\ \boldsymbol{y}(k)&=\boldsymbol{CX}(k)+\boldsymbol{Du}(k)\end{aligned}\tag{8-152}$$

式中，$\boldsymbol{X}(k)$为 n 维状态向量，$\boldsymbol{u}(k)$为 r 维控制向量，$\boldsymbol{y}(k)$为 m 维输出向量，$\boldsymbol{G}$, $\boldsymbol{H}$, $\boldsymbol{C}$, $\boldsymbol{D}$ 分别为 $n\times n$, $n\times r$, $m\times n$, $m\times r$ 系数矩阵。同样可以证明输出向量完全可控的条件为 $m\times(n+1)r$ 矩阵

$$\overline{\boldsymbol{Ty}}=[\boldsymbol{CH}\quad \boldsymbol{CGH}\quad \boldsymbol{CG}^2\boldsymbol{H}\quad \cdots\quad \boldsymbol{CG}^{n-1}\boldsymbol{H}\quad \boldsymbol{D}]$$

的秩为 m。

8.6.3 状态可观测性

1. 可观测性概念

如果状态向量 $\boldsymbol{X}(t_0)$ 可以通过一个有限的时间间隔 t_f-t_0 内从输出向量的观测值 $\boldsymbol{y}(t)$ $(t_0\leqslant t\leqslant t_f)$来确定，则在 t_0 时刻，系统的状态是完全可观测的，或简称系统是可观测的。

从事物的本质来说，没有不可知的，也没有不可观测的。然而，由于测量方法的限制，某些状态变量无法直接测量，只能通过输出来反映，在这种情况下，系统可观测性的概念是很有用的。下面用一个例子来说明可观测性的概念。

设某系统的状态方程为

$$
\begin{aligned}
\dot{x}_1 &= x_2 \\
\dot{x}_2 &= x_3 + u \\
\dot{x}_3 &= 0
\end{aligned}
\tag{8-153}
$$

如果对 x_1，x_2，x_3 三个状态变量全部进行测量的话(假定三个状态变量都可直接进行测量)，系统当然是完全可观测的。但是若我们只测量其中一个状态变量就能把其余的两个状态变量都观测到，当然就更为经济。设测量 x_1 这个状态变量，也就是把 x_1 作为输出变量，即 $y=x_1$，那么经过微分后，可获得 x_2 和 x_3 的值，因此这个系统也是完全可观测的。从它的状态变量图来看就更为直观，如图 8-29 所示。

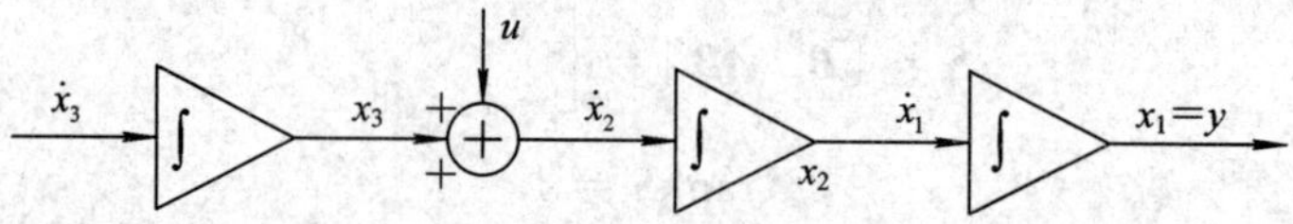

图 8-29　系统可观测性

若仅测量 x_2，即 $y=x_2$，则 x_3 可通过 x_2 的微分来得到，而 x_1 没有出现在可观测的 x_2 和 x_3 方程的右边，也没有直接被测量，因此状态变量 x_1 是观测不到的，所以系统不是完全可观测的，如图 8-30 所示。可见，只有当每一个状态变量都能影响到输出 $\boldsymbol{y}(t)$时，才能达到可观测的要求。

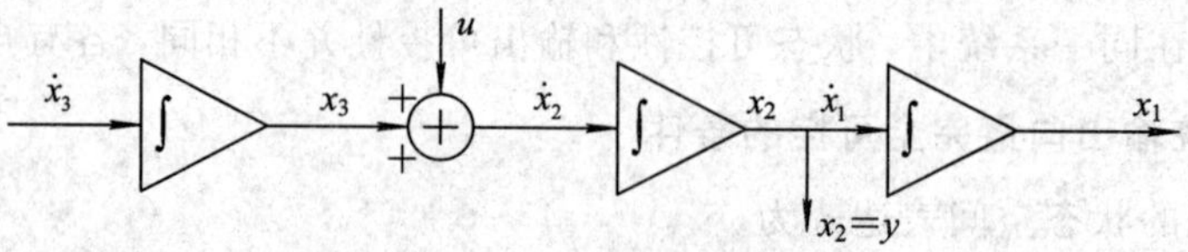

图 8-30　系统不完全可观测性

总之，利用可观测性概念，可解决由那些输出变量(即可测量的状态变量)来确定不可直接测量的状态变量，以便将所有状态变量都观测出来，同时又要使所选择的输出变量数目为最少，以尽量减少设备和投资费用，这就是在设计比较复杂的控制系统时，需要解决的一个实际问题。

2. 连续系统的可观测性条件

由可观测性的定义可知，如果系统每一个状态都直接或间接地影响输出，那么系统的所有状态才可由系统的输出来观测，则称系统是完全可观测的。假如有一个状态变量不能由输出的测量值来观测时，则称这个状态是不可观测的，这个系统就称为状态不是完全可观测的，或简称不可观测。由此可见，系统的可观测性是研究输出变量和状态变量之间的关系，所以可以不考虑输入的影响，可令 $u=0$，只研究自由运动方程，即齐次方程

$$
\begin{aligned}
\dot{X}(t) &= \boldsymbol{A}\boldsymbol{X}(t) \\
\boldsymbol{y}(t) &= \boldsymbol{C}\boldsymbol{X}(t)
\end{aligned}
\tag{8-154}
$$

的情况。由齐次状态方程的解可得

$$
\boldsymbol{y}(t) = \boldsymbol{C}\boldsymbol{\Phi}(t-t_0)\boldsymbol{X}(t_0) \tag{8-155}
$$

再由式(8-99)可得

$$\boldsymbol{\Phi}(t-t_0)=e^{\boldsymbol{A}(t-t_0)}=\sum_{i=0}^{n-1}a_i(t)\boldsymbol{A}^i \tag{8-156}$$

当 $\boldsymbol{A}$ 具有 n 个不同的特征值时，式(8-156)中的系数 $a_i(t)$ 可由式(8-100)求得。所以式(8-155)可改写为

$$\boldsymbol{y}(t)=\sum_{i=0}^{n-1}\boldsymbol{C}a_i(t)\boldsymbol{A}^i\boldsymbol{X}(t_0)$$

写成矩阵形式

$$\boldsymbol{y}(t)=\begin{bmatrix}a_0\boldsymbol{I} & a_1\boldsymbol{I} & a_2\boldsymbol{I} & \cdots & a_{n-1}\boldsymbol{I}\end{bmatrix}\begin{bmatrix}\boldsymbol{C}\\ \boldsymbol{CA}\\ \boldsymbol{CA}^2\\ \vdots\\ \boldsymbol{CA}^{n-1}\end{bmatrix}\boldsymbol{X}(t_0) \tag{8-157}$$

因此，在有限时间间隔 $t_0\leqslant t\leqslant t_f$ 内，若已知输出 $\boldsymbol{y}(t)$，就可以由式(8-157)惟一地确定 $\boldsymbol{X}(t_0)$，则称这个系统是状态完全可观测的。而式(8-157)有惟一解的条件是式(8-157)必须是线性无关的，也就是要求 $mn\times n$ 矩阵

$$\boldsymbol{V}=\begin{bmatrix}\boldsymbol{C}\\ \boldsymbol{CA}\\ \boldsymbol{CA}^2\\ \vdots\\ \boldsymbol{CA}^{n-1}\end{bmatrix} \tag{8-158}$$

为满秩，即

$$\mathrm{rank}\boldsymbol{V}=n$$

由 $\boldsymbol{A}$，$\boldsymbol{C}$ 构成的矩阵 $\boldsymbol{V}$ 称为可观测性矩阵，当矩阵 $\boldsymbol{V}$ 为满秩时，则称 $[\boldsymbol{A}\quad\boldsymbol{C}]$ 为可观测性对。

例 8-20 设系统的齐次状态方程和输出方程分别为

(1) $\dot{\boldsymbol{X}}(t)=\begin{bmatrix}0&1&0\\0&0&1\\0&0&0\end{bmatrix}\begin{bmatrix}x_1\\x_2\\x_3\end{bmatrix}$，$\boldsymbol{y}(t)=\begin{bmatrix}1&0&0\end{bmatrix}\begin{bmatrix}x_1\\x_2\\x_3\end{bmatrix}$

(2) $\dot{\boldsymbol{X}}(t)=\begin{bmatrix}0&1&0\\0&0&1\\0&0&0\end{bmatrix}\begin{bmatrix}x_1\\x_2\\x_3\end{bmatrix}$，$\boldsymbol{y}(t)=\begin{bmatrix}0&1&0\end{bmatrix}\begin{bmatrix}x_1\\x_2\\x_3\end{bmatrix}$

试判断系统的可观测性。

解 (1) 由状态方程和输出方程可知

$$\boldsymbol{A}=\begin{bmatrix}0&1&0\\0&0&1\\0&0&0\end{bmatrix},\quad \boldsymbol{C}=\begin{bmatrix}1&0&0\end{bmatrix}$$

由式(8-158)可得观测性矩阵为

$$\boldsymbol{V}=\begin{bmatrix}\boldsymbol{C}\\ \boldsymbol{CA}\\ \boldsymbol{CA}^2\end{bmatrix}=\begin{bmatrix}1&0&0\\0&1&0\\0&0&1\end{bmatrix}$$

即

$$\mathrm{rank}\boldsymbol{V} = 3$$

其秩为 3，而系统的状态变量有 3 个，即 $n=3$，所以系统是完全可观测的。

(2) 同理

$$\boldsymbol{A} = \begin{bmatrix} 0 & 1 & 0 \\ 0 & 0 & 1 \\ 0 & 0 & 0 \end{bmatrix}, \quad \boldsymbol{C} = \begin{bmatrix} 0 & 1 & 0 \end{bmatrix}$$

则

$$\boldsymbol{V} = \begin{bmatrix} \boldsymbol{C} \\ \boldsymbol{CA} \\ \boldsymbol{CA}^2 \end{bmatrix} = \begin{bmatrix} 0 & 1 & 0 \\ 0 & 0 & 1 \\ 0 & 0 & 0 \end{bmatrix}$$

即

$$\mathrm{rank}\boldsymbol{V} = 2$$

其秩为 2，小于系统状态变量个数，所以系统不完全可观。

例 8 - 21 设系统的状态方程和输出方程为

$$\begin{aligned} \dot{x}_1 &= x_2 \\ \dot{x}_2 &= 2x_1 - x_2 \\ y &= c_1 x_1 + c_2 x_2 \end{aligned}$$

试求满足系统可观测性的条件。

解 由状态方程和输出方程可知

$$\boldsymbol{A} = \begin{bmatrix} 0 & 1 \\ 2 & -1 \end{bmatrix}, \quad \boldsymbol{C} = \begin{bmatrix} c_1 & c_2 \end{bmatrix}$$

则

$$\boldsymbol{V} = \begin{bmatrix} \boldsymbol{C} \\ \boldsymbol{CA} \end{bmatrix} = \begin{bmatrix} c_1 & c_2 \\ 2c_2 & c_1 - c_2 \end{bmatrix}$$

当 $c_1(c_1-c_2) \neq 2c_2^2$ 时，$\mathrm{rank}\boldsymbol{V}=2$，而系统的状态变量个数 $n=2$，所以系统完全可观测。当 $c_1(c_1-c_2)=2c_2^2$ 时，$\mathrm{rank}\boldsymbol{V}=1$，小于系统状态变量个数，此时系统是不可观测的。

3. 系统完全能观测条件的另一种形式

设线性系统的状态空间表达式为

$$\begin{aligned} \dot{\boldsymbol{X}}(t) &= \boldsymbol{AX}(t) \\ \boldsymbol{y}(t) &= \boldsymbol{CX}(t) \end{aligned} \tag{8-159}$$

如果矩阵 $\boldsymbol{A}$ 的特征值互不相同，则可以通过非奇异变换，使其状态变量在各个方程中的耦合被解除，即选取非奇异矩阵 $\boldsymbol{P}$，使

$$\boldsymbol{P}^{-1}\boldsymbol{AP} = \boldsymbol{\Lambda}$$

令

$$\boldsymbol{X} = \boldsymbol{PZ}$$

那么，新的状态方程和输出方程为

$$\dot{\boldsymbol{Z}} = \boldsymbol{P}^{-1}\boldsymbol{APZ} = \boldsymbol{\Lambda Z}$$

$$\boldsymbol{y} = \boldsymbol{CPZ}$$

因此，

$$\boldsymbol{y}(t) = \boldsymbol{CP}\mathrm{e}^{\boldsymbol{\Lambda}t}\boldsymbol{Z}(0)$$

或者

$$\boldsymbol{y}(t) = \boldsymbol{CP}\begin{bmatrix} \mathrm{e}^{\lambda_1 t} & & 0 \\ & \ddots & \\ 0 & & \mathrm{e}^{\lambda_n t} \end{bmatrix}\boldsymbol{Z}(0) = \boldsymbol{CP}\begin{bmatrix} \mathrm{e}^{\lambda_1 t}\boldsymbol{Z}_1(0) \\ \mathrm{e}^{\lambda_2 t}\boldsymbol{Z}_2(0) \\ \vdots \\ \mathrm{e}^{\lambda_n t}\boldsymbol{Z}_n(0) \end{bmatrix}$$

上式是经过变换后的观测方程，$\boldsymbol{y}(t)$是 m 维向量，$\boldsymbol{CP}$ 是 $m\times n$ 矩阵。很明显：

(1) 如果 $\boldsymbol{CP}$ 的第 i 列中元素全为零，那么在输出的联立方程中将不出现状态变量 $z_i(0)$，因而也就不能由 $\boldsymbol{y}(t)$的观测值确定。

(2) 如果 $\boldsymbol{CP}$ 的任一列中元素不全为零，那么状态变量都能由 $\boldsymbol{y}(t)$的观测值确定，因而系统是完全能观测的。

4. 离散系统的可观测性条件

设线性离散系统的状态空间表达式为

$$\begin{aligned} \boldsymbol{X}(k+1) &= \boldsymbol{GX}(k) \\ \boldsymbol{y}(k) &= \boldsymbol{CX}(k) \end{aligned} \tag{8-160}$$

式中，$\boldsymbol{X}(k)$为 n 维状态向量，$\boldsymbol{y}(k)$为 m 维输出向量，$\boldsymbol{G}$，$\boldsymbol{C}$ 分别为 $n\times n$，$m\times n$ 系数矩阵。

如果给出有限采样周期内的输出 $\boldsymbol{y}(k)$，就可以确定初始状态 $\boldsymbol{X}(0)$，那么系统便是完全可观测的。下面我们来推导系统完全可观测性的条件。

方程式(8－159)的解为

$$\boldsymbol{X}(k) = \boldsymbol{G}^k\boldsymbol{X}(0)$$

所以

$$\boldsymbol{y}(k) = \boldsymbol{CG}^k\boldsymbol{X}(0) \tag{8-161}$$

上式中，未知量 $\boldsymbol{X}_1(0)$，$\boldsymbol{X}_2(0)$，…，$\boldsymbol{X}_n(0)$共为 n 个，因此最多只需要 n 个观测周期。

$$\begin{aligned} \boldsymbol{y}(0) &= \boldsymbol{CX}(0) \\ \boldsymbol{y}(1) &= \boldsymbol{CGX}(0) \\ \boldsymbol{y}(2) &= \boldsymbol{CG}^2\boldsymbol{X}(0) \\ &\vdots \\ \boldsymbol{y}(n-1) &= \boldsymbol{CG}^{n-1}\boldsymbol{X}(0) \end{aligned}$$

完全可测，是指给定 $\boldsymbol{y}(0)$，$\boldsymbol{y}(1)$，$\boldsymbol{y}(2)$，…，$\boldsymbol{y}(n-1)$来确定 $\boldsymbol{X}(0)$。注意，$\boldsymbol{y}$ 是 m 维向量，因此上述联立方程是 nm 个方程，这些方程中全都包含有 $\boldsymbol{X}_1(0)$，$\boldsymbol{X}_2(0)$，…，$\boldsymbol{X}_n(0)$。

为了由这 nm 个方程中求得惟一的一组解 $\boldsymbol{X}_1(0)$，$\boldsymbol{X}_2(0)$，…，$\boldsymbol{X}_n(0)$，应当从这 nm 个方程中取出 n 个线性无关的方程，即观测方程

$$\begin{bmatrix} y(0) \\ y(1) \\ \vdots \\ y(n-1) \end{bmatrix} = \begin{bmatrix} \boldsymbol{C} \\ \boldsymbol{CG} \\ \boldsymbol{CG}^2 \\ \vdots \\ \boldsymbol{CG}^{n-1} \end{bmatrix}\boldsymbol{X}(0) = \begin{bmatrix} \boldsymbol{C} \\ \boldsymbol{CG} \\ \boldsymbol{CG}^2 \\ \vdots \\ \boldsymbol{CG}^{n-1} \end{bmatrix}\begin{bmatrix} x_1(0) \\ x_2(0) \\ \vdots \\ x_n(0) \end{bmatrix} \tag{8-162}$$

而 $nm\times n$ 矩阵

$$\bar{\boldsymbol{V}}=\begin{bmatrix}\boldsymbol{C}\\ \boldsymbol{CG}\\ \boldsymbol{CG}^2\\ \vdots\\ \boldsymbol{CG}^{n-1}\end{bmatrix}$$

的秩为 n。

例 8-22 设离散系统的状态空间表达式为

$$\boldsymbol{X}(k+1)=\begin{bmatrix}2 & 0 & 3\\ -1 & -2 & 0\\ 0 & 1 & 2\end{bmatrix}\boldsymbol{X}(k)$$

$$\boldsymbol{y}(k)=\begin{bmatrix}1 & 0 & 0\\ 0 & 1 & 0\end{bmatrix}\boldsymbol{X}(k)$$

试判断系统的可观测性。

解 由状态方程和输出方程可知

$$\boldsymbol{G}=\begin{bmatrix}2 & 0 & 3\\ -1 & -2 & 0\\ 0 & 1 & 2\end{bmatrix},\quad \boldsymbol{C}=\begin{bmatrix}1 & 0 & 0\\ 0 & 1 & 0\end{bmatrix}$$

则

$$\bar{\boldsymbol{V}}=\begin{bmatrix}\boldsymbol{C}\\ \boldsymbol{CG}\\ \boldsymbol{CG}^2\end{bmatrix}=\begin{bmatrix}1 & 0 & 0\\ 0 & 1 & 0\\ 2 & 0 & 3\\ -1 & -2 & 0\\ 4 & 3 & 12\\ 0 & 4 & -3\end{bmatrix}$$

即

$$\operatorname{rank}\bar{\boldsymbol{V}}=3$$

其秩为 3，而系统的状态变量个数为 3 个，即 $n=3$，所以系统是完全能观测的。

例 8-23 设离散系统的状态空间表达式为

$$\boldsymbol{X}(k+1)=\begin{bmatrix}1 & 0 & -1\\ 0 & -2 & 1\\ 3 & 0 & 2\end{bmatrix}\boldsymbol{X}(k)+\begin{bmatrix}2\\ -1\\ 1\end{bmatrix}\boldsymbol{u}(k)$$

$$\boldsymbol{y}(k)=\begin{bmatrix}0 & 0 & 1\\ 1 & 0 & 0\end{bmatrix}\boldsymbol{X}(k)$$

试判断系统的可观测性。

解 由已知条件可得

$$\boldsymbol{G}=\begin{bmatrix}1 & 0 & -1\\ 0 & -2 & 1\\ 3 & 0 & 2\end{bmatrix},\quad \boldsymbol{C}=\begin{bmatrix}0 & 0 & 1\\ 1 & 0 & 0\end{bmatrix}$$

则

$$\bar{\boldsymbol{V}}=\begin{bmatrix}\boldsymbol{C}\\ \boldsymbol{CG}\\ \boldsymbol{CG}^2\end{bmatrix}=\begin{bmatrix}0&0&1\\1&0&0\\3&0&2\\1&0&-1\\9&0&1\\-2&0&-3\end{bmatrix}$$

即

$$\text{rank}\bar{\boldsymbol{V}}=2<3$$

所以系统不具有可观测性。

8.6.4 对偶原理

从前面的讨论可知，可控性和可观测性无论是在概念上还是判据形式上都是很相似的，例如可观测性条件

$$\begin{bmatrix}\boldsymbol{C}\\ \boldsymbol{CA}\\ \vdots\\ \boldsymbol{CA}^{n-1}\end{bmatrix}$$

可以改写为

$$\begin{bmatrix}\boldsymbol{C}^* & \boldsymbol{A}^*\boldsymbol{C}^* & \cdots & (\boldsymbol{A}^*)^{n-1}\boldsymbol{C}^*\end{bmatrix}$$

这就和可控性条件十分相似。下面说明可控性与可观测性二者之间的关系，即卡尔曼(Kalman)建立的对偶原理。

先介绍对偶系统。设原系统的状态空间表达式为

$$\begin{aligned}\dot{\boldsymbol{X}}(t)&=\boldsymbol{AX}(t)+\boldsymbol{Bu}(t)\\ \boldsymbol{y}(t)&=\boldsymbol{CX}(t)\end{aligned}\tag{8-163}$$

式中，$\boldsymbol{X}(t)$为 n 维状态向量，$\boldsymbol{u}(t)$为 r 维控制向量，$\boldsymbol{y}(t)$为 m 维输出向量，$\boldsymbol{A}$, $\boldsymbol{B}$, $\boldsymbol{C}$ 分别为 $n\times n$, $n\times r$, $m\times n$ 系数矩阵。

设新系统的状态空间表达式为

$$\begin{aligned}\dot{\boldsymbol{Z}}(t)&=\boldsymbol{A}^*\boldsymbol{Z}(t)+\boldsymbol{C}^*\boldsymbol{V}(t)\\ \boldsymbol{N}(t)&=\boldsymbol{B}^*\boldsymbol{Z}(t)\end{aligned}\tag{8-164}$$

式中，$\boldsymbol{Z}(t)$为 n 维状态向量，$\boldsymbol{V}(t)$为 r 维空间向量，$\boldsymbol{N}(t)$为 m 维输出向量。

$\boldsymbol{A}^*$ 为 $\boldsymbol{A}$ 的共轭转置矩阵(如元素是实数，则为转置矩阵)。

$\boldsymbol{C}^*$ 为 $\boldsymbol{C}$ 的共轭转置矩阵(如元素是实数，则为转置矩阵)。

$\boldsymbol{B}^*$ 为 $\boldsymbol{B}$ 的共轭转置矩阵(如元素是实数，则为转置矩阵)。

称新系统为原系统的对偶系统。

对偶原理指出：原系统状态完全可控(状态完全可观测)的充要条件是，其对偶系统(新系统)状态完全可观测(状态完全可控)。

现在我们来验证这个原理。对于原系统：

(1) 状态完全可控的充要条件是 $n\times nr$ 矩阵

$$\text{rank}[\boldsymbol{B} \quad \boldsymbol{AB} \quad \boldsymbol{A}^2\boldsymbol{B} \quad \cdots \quad \boldsymbol{A}^{n-1}\boldsymbol{B}] = n$$

(2) 完全可观测的充要条件是 $n\times nm$ 矩阵

$$\text{rank}[\boldsymbol{C}^* \quad \boldsymbol{A}^*\boldsymbol{C}^* \quad (\boldsymbol{A}^*)^2\boldsymbol{C}^* \quad \cdots \quad (\boldsymbol{A}^*)^{n-1}\boldsymbol{C}^*] = n$$

对于新系统

(1) 状态完全可控的充要条件是 $n\times nm$ 矩阵

$$\text{rank}[\boldsymbol{C}^* \quad \boldsymbol{A}^*\boldsymbol{C}^* \quad (\boldsymbol{A}^*)^2\boldsymbol{C}^* \quad \cdots \quad (\boldsymbol{A}^*)^{n-1}\boldsymbol{C}^*] = n$$

(2) 完全可观测的充要条件是 $n\times nr$ 矩阵

$$\text{rank}[\boldsymbol{B} \quad \boldsymbol{AB} \quad \boldsymbol{A}^2\boldsymbol{B} \quad \cdots \quad \boldsymbol{A}^{n-1}\boldsymbol{B}] = n$$

对比这些条件可以看出，原系统的可控性条件即为新系统的可观测性条件；原系统的可观测性条件即为新系统的可控性条件。当然，对偶原理也可应用于离散系统。利用这个原理，一个系统的可控性(可观测性)，可借助其对偶系统的可观测性(可控性)来研究。

8.6.5 可控性、可观测性与传递函数的关系

用状态方程所描述的系统和用传递函数所描述的同一系统，其结果是否都相同？卡尔曼证实了这种等价性是有条件的。

1. 系统的分解

我们来考虑下面的系统

$$\dot{\boldsymbol{X}} = \begin{bmatrix} -3 & 0 & 0 & 0 \\ 0 & -1 & 0 & 0 \\ 0 & 0 & -2 & 0 \\ 0 & 0 & 0 & -4 \end{bmatrix}\boldsymbol{X} + \begin{bmatrix} 1 \\ 2 \\ 0 \\ 0 \end{bmatrix}\boldsymbol{u} \tag{8-165}$$

$$\boldsymbol{y} = [0 \quad 1 \quad 1 \quad 0]\boldsymbol{X} \tag{8-166}$$

或写成联立方程

$$\dot{x}_1 = -3x_1 + u \tag{8-167}$$

$$\dot{x}_2 = -x_2 + 2u \tag{8-168}$$

$$\dot{x}_3 = -2x_3 \tag{8-169}$$

$$\dot{x}_4 = -4x_4 \tag{8-170}$$

$$y = x_2 + x_3 \tag{8-171}$$

这个系统的矩阵 $\boldsymbol{A}$ 是对角线矩阵，所以用另一形式很容易判断它是既不可控又不可观测的。但是，这个系统由方程式(8-167)和(8-168)所描述的子系统却是可控的。由观测方程式(8-171)可知，方程式(8-168)和(8-169)所描述的子系统是可观测的。显然，方程式(8-168)所描述的子系统是可控又可观测的，而方程式(8-170)所描述的子系统是既不可控又不可观测的。

根据以上分析，这个系统可以分成为四个子系统：

(1) 可控又可观测的子系统 $\sum^A$；

(2) 不可控但可观测的子系统 $\sum^B$；

(3) 可控但不可观测的子系统 $\sum^C$；

(4) 不可控也不可观测的子系统 $\sum^{D}$。

事实上，一个系统总不外乎分解为上述四个子系统，如图 8-31 所示。

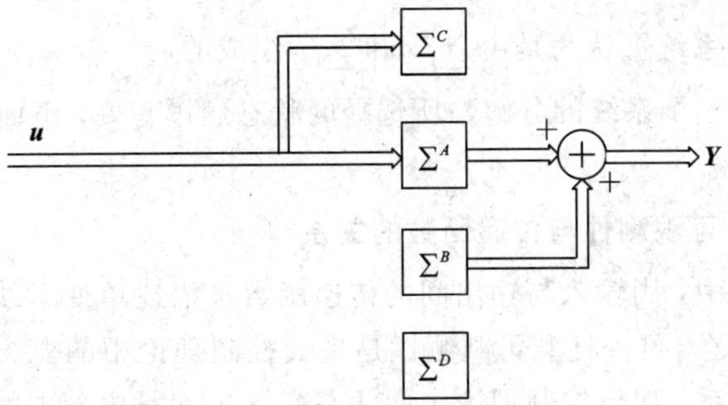

图 8-31 系统分解为四个子系统

必须指出，同一个系统由于选择的状态变量不同，它的分解也就不同。例如，由

$$\ddot{x}+2\dot{x}+x=\dot{u}+u$$

所描述的系统，我们先选

$$x_1=x,\quad x_2=\dot{x}_1-u$$

为一组状态变量，则系统的状态方程和输出方程为

$$\begin{bmatrix}\dot{x}_1\\ \dot{x}_2\end{bmatrix}=\begin{bmatrix}0 & 1\\ -1 & -2\end{bmatrix}\begin{bmatrix}x_1\\ x_2\end{bmatrix}+\begin{bmatrix}1\\ -1\end{bmatrix}u$$

$$y=x_1=[1\quad 0]\begin{bmatrix}x_1\\ x_2\end{bmatrix}$$

因为

$$\text{rank}[\boldsymbol{B}\quad \boldsymbol{AB}]=\text{rank}\begin{bmatrix}1 & -1\\ -1 & 1\end{bmatrix}<2$$

$$\text{rank}\begin{bmatrix}\boldsymbol{C}\\ \boldsymbol{CA}\end{bmatrix}=\text{rank}\begin{bmatrix}1 & 0\\ 0 & 1\end{bmatrix}=2$$

所以系统是不可控但可观测的。既然整个系统是可观测的，自然不包含可控不可观测的子系统，因而整个系统可以认为是由 $\sum^{A}$ 和 $\sum^{B}$ 组成的。

现在另外选择状态变量

$$x_1+x_2=x,\quad x_2=\dot{x}_1$$

作为一组状态变量，这时系统的状态方程和输出方程为

$$\begin{bmatrix}\dot{x}_1\\ \dot{x}_2\end{bmatrix}=\begin{bmatrix}0 & 1\\ -1 & -2\end{bmatrix}\begin{bmatrix}x_1\\ x_2\end{bmatrix}+\begin{bmatrix}0\\ 1\end{bmatrix}u$$

$$y=x_1+x_2=[1\quad 1]\begin{bmatrix}x_1\\ x_2\end{bmatrix}$$

因为

$$\text{rank}[\boldsymbol{B}\quad \boldsymbol{AB}]=\text{rank}\begin{bmatrix}0 & 1\\ 1 & -2\end{bmatrix}=2$$

$$\text{rank}\begin{bmatrix} \boldsymbol{C} \\ \boldsymbol{CA} \end{bmatrix} = \text{rank}\begin{bmatrix} 1 & 1 \\ -1 & -1 \end{bmatrix} < 2$$

所以系统是可控但不可观测的。既然整个系统是可控的，自然不包括不可控但可观测的子系统 $\sum^B$，因而整个系统可认为是由 $\sum^A$ 和 $\sum^C$ 组成的。

上述例子证实了一个系统的分解与所选择的状态变量有关，下面将分析为什么会出现这种结果。

2. 系统可控性、可观测性与传递函数的关系

在经典控制理论中，用输入与输出间的传递函数来描述单变量线性定常系统，不存在可控性、可观测性问题。可控性和可观测性是现代控制理论中的概念。但是它与传递函数之间也有着密切的联系。现代控制理论中的状态变量 $x(t)$ 是内部中间变量，它的可控性和可观测性是由它和输入输出变量间的关系反映出来的。当系统为不可控和不可观测时，说明系统中某些内部行为无法由输入输出关系反映出来，例如系统的状态空间表达式为

$$\begin{bmatrix} \dot{x}_1 \\ \dot{x}_2 \end{bmatrix} = \begin{bmatrix} 0 & 1 \\ -1 & -2 \end{bmatrix}\begin{bmatrix} x_1 \\ x_2 \end{bmatrix} + \begin{bmatrix} 1 \\ -1 \end{bmatrix}u$$

$$y = x_1$$

可以判断它是状态不完全可控的。其原因可以通过传递函数来解释。由式(8-44)可求得系统的传递函数为

$$\frac{Y(s)}{U(s)} = \boldsymbol{C}(s\boldsymbol{I} - \boldsymbol{A})^{-1}\boldsymbol{B} = \frac{s+1}{(s+1)^2} = \frac{1}{s+1}$$

其中有一个零点和极点相同，则相互抵消了。

上面的例子告诉我们，从状态变量表示法到传递函数表示法过程中，系统响应方面的一个重要性质丢失了。这种情况在多维情况的传递矩阵中更为严重。下面我们将叙述一个定理，它将说明一个给定系统的传递函数和状态方程的等价性是有条件的。

定理：一个线性系统，若其传递函数有零点、极点的抵消现象，则视状态变量的选择而定，它将是不可控的或不可观测的。若没有零点、极点抵消现象，那么系统一定是既可控又可观测的。

证明：设系统的状态空间表达式为

$$\begin{aligned} \dot{\boldsymbol{X}} &= \boldsymbol{AX} + \boldsymbol{Bu} \\ \boldsymbol{y} &= \boldsymbol{CX} \end{aligned} \tag{8-172}$$

式中，$\boldsymbol{X}$ 为 n 维状态向量，$\boldsymbol{u}$ 为控制函数，$\boldsymbol{y}$ 为观测函数，$\boldsymbol{A}$，$\boldsymbol{B}$，$\boldsymbol{C}$ 分别为 $n\times n$，$n\times 1$，$1\times n$系数矩阵。

如果矩阵 $\boldsymbol{A}$ 的特征值互不相同，则可以通过线性非奇异变换，使其状态变量在各个方程中的耦合被解除，即选取非奇异矩阵 $\boldsymbol{P}$，使

$$\boldsymbol{P}^{-1}\boldsymbol{AP} = \begin{bmatrix} \lambda_1 & 0 & \cdots & 0 \\ 0 & \lambda_2 & \cdots & 0 \\ \vdots & \vdots & \ddots & \vdots \\ 0 & 0 & \cdots & \lambda_n \end{bmatrix}$$

令

$$X = PZ$$

则方程式(8-172)可写成

$$\begin{aligned} \dot{Z} &= P^{-1}APZ + P^{-1}Bu \\ y &= CPZ \end{aligned} \tag{8-173}$$

式中，矩阵 $P^{-1}B$ 和 CP 分别记为

$$P^{-1}B = \begin{bmatrix} \alpha_1 \\ \alpha_2 \\ \vdots \\ \alpha_n \end{bmatrix}, \quad CP = [\beta_1 \quad \beta_2 \quad \cdots \quad \beta_n]$$

对方程式(8-173)取拉氏变换，可得

$$Z(s) = (sI - P^{-1}AP)^{-1}P^{-1}Bu(s) \tag{8-174}$$

$$Y(s) = CPZ(s) \tag{8-175}$$

将式(8-174)代入式(8-175)，可得到系统的传递函数为

$$\frac{Y(s)}{U(s)} = CP(sI - P^{-1}AP)^{-1}P^{-1}B \tag{8-176}$$

写成矩阵形式为

$$\frac{Y(s)}{U(s)} = [\beta_1 \quad \beta_2 \quad \cdots \quad \beta_n] \begin{bmatrix} \frac{1}{s-\lambda_1} & 0 & \cdots & 0 \\ 0 & \frac{1}{s-\lambda_2} & \cdots & 0 \\ \vdots & \vdots & & \vdots \\ 0 & 0 & \cdots & \frac{1}{s-\lambda_n} \end{bmatrix} \begin{bmatrix} \alpha_1 \\ \alpha_2 \\ \vdots \\ \alpha_n \end{bmatrix} = \sum_{i=1}^{n} \frac{\beta_i \alpha_i}{s-\lambda_i}$$

式(8-176)所表示的系统传递函数是由状态空间表达式求得的。

另一方面，系统的传递函数还可以写成如下的一般形式：

$$\frac{Y(s)}{U(s)} = \frac{K(s-s_1)(s-s_2)\cdots(s-s_m)}{(s-\lambda_1)(s-\lambda_2)\cdots(s-\lambda_n)} (n > m)$$

将上式展开成部分分式，可得

$$\frac{Y(s)}{U(s)} = \sum_{i=1}^{n} \frac{a_i}{s-\lambda_i} \tag{8-177}$$

式(8-177)中系数 a_i 可用留数方法求得

$$a_i = \lim_{s \to \lambda_i}(s-\lambda_i)\frac{Y(s)}{U(s)}$$

比较式(8-176)和式(8-177)可得

$$a_i = \beta_i \alpha_i \quad (i = 1, 2, \cdots, n) \tag{8-178}$$

由式(8-178)可得出下列结论：

(1) 若在传递函数中不存在极点和零点相互抵消的现象，则 $a_i(i=1, 2, \cdots, n)$就全不为零。由式(8-178)可知，α_i 和 β_i 就全不为零。根据可控性和可观测性条件的另一种形式可知，系统是可控且可观测的。

(2) 若传递函数中有极点和零点相互抵消的现象，且 $s_1=\lambda_1$，那么式(8-177)中 a_1 就

等于零。由式(8-178)可知，α_1 和 β_1 之中至少有一个为零。如果 α_1 为零，则根据可控性条件的另一形式，系统不可控；如果 β_1 为零，根据可观测性条件的另一形式，则系统不可观测。

结论(2)还可以说明，系统的传递函数只能表征其可控又可观测的子系统 $\sum^A$，与其余的子系统都没有关系。

8.7 控制系统的状态空间综合法

用状态空间法来设计控制系统通常有三种方法：状态反馈和极点的任意配置问题、解耦控制问题和最优控制问题。我们这里只简单介绍前面两个问题。

8.7.1 状态反馈和极点的任意配置

在经典控制理论中，系统要满足一定的动态性能要求，在 s 平面上，闭环传递函数极点应分布在一定范围内。为了使系统达到所要求的品质指标，大多采用反馈，即通过输出反馈来改善控制系统的品质。最常用的反馈有两种：一种是静态反馈，这种反馈网络通常只是反馈系数，主要是改变系统的放大系数，并不增加系统零点或极点的数目。另一种是动态反馈，其反馈网络含有积分和微分元件，所以会改变系统的零、极点数目。

在处理多输入、多输出系统的状态空间分析中，反馈原理同样很重要，而且反馈同样也有不增加新的状态变量(静态反馈)和增加新的状态变量(动态反馈)两种。所不同的是除了输出反馈以外还采用状态反馈。这样就可以任意配置极点，使系统动态性能获得令人满意的结果。所以，状态反馈是实现最优控制的基础。

图 8-32 所示为具有状态反馈的闭环系统。所有状态都通过反馈矩阵 $\boldsymbol{K}$ 反馈到输入端。

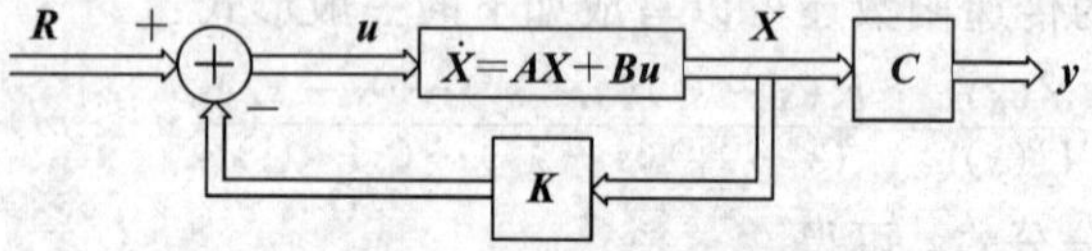

图 8-32　线性系统状态反馈方块图

图 8-33 所示为具有输出反馈的闭环系统。输出向量 $\boldsymbol{y}$ 通过反馈矩阵 $\boldsymbol{K}$ 反馈到输入端。它们的状态方程、输出方程和反馈方程分别为

$$\dot{\boldsymbol{X}}(t) = \boldsymbol{A}\boldsymbol{X}(t) + \boldsymbol{B}\boldsymbol{u}(t) \tag{8-179}$$

$$\boldsymbol{y}(t) = C\boldsymbol{X}(t) \tag{8-180}$$

$$\boldsymbol{u}(t) = \boldsymbol{R}(t) - \boldsymbol{K}\boldsymbol{X}(t) \tag{8-181}$$

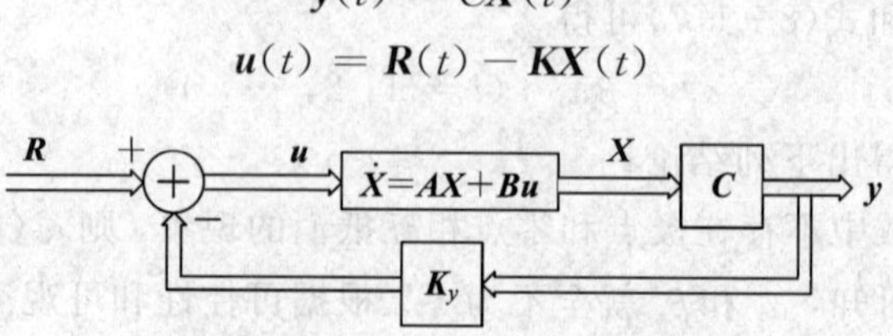

图 8-33　输出反馈方块图

和

$$\dot{\boldsymbol{X}}(t)=\boldsymbol{A}\boldsymbol{X}(t)+\boldsymbol{B}\boldsymbol{u}(t) \tag{8-182}$$

$$\boldsymbol{y}(t)=\boldsymbol{C}\boldsymbol{X}(t) \tag{8-183}$$

$$\boldsymbol{u}(t)=\boldsymbol{R}(t)-\boldsymbol{K}_y\boldsymbol{y}(t) \tag{8-184}$$

式中，$\boldsymbol{X}(t)$是 n 维状态向量，$\boldsymbol{y}(t)$是 m 维输出函数向量，$\boldsymbol{u}(t)$是 r 维作用函数向量，$\boldsymbol{R}(t)$是 r 维系统输入函数向量，$\boldsymbol{A}$，$\boldsymbol{B}$，$\boldsymbol{C}$ 分别为 $n\times n$，$n\times r$，$m\times n$ 系数矩阵，$\boldsymbol{K}$ 是状态反馈矩阵，是 $r\times n$ 实矩阵，$\boldsymbol{K}_y$ 是输出反馈矩阵，是 $r\times m$ 实矩阵。

显然，采用状态反馈或输出反馈来改善系统的控制性能，其前提是系统要完全可控。因此，对于完全可控的系统，在采用状态反馈和输出反馈后，其系统是否还能保持完全可控？回答是肯定的。

下面我们就单输入、单输出系统给予证实。

设单输入、单输出系统完全可控的系数矩阵 $\boldsymbol{A}$，$\boldsymbol{B}$ 为

$$\boldsymbol{A}=\begin{bmatrix}0 & 1 & 0 & 0 & \cdots & 0\\0 & 0 & 1 & 0 & \cdots & 0\\0 & 0 & 0 & 1 & \cdots & 0\\\vdots & \vdots & \vdots & \vdots & \ddots & \vdots\\-a_n & -a_{n-1} & -a_{n-2} & -a_{n-3} & \cdots & -a_1\end{bmatrix},\quad \boldsymbol{B}=\begin{bmatrix}0\\0\\\vdots\\1\end{bmatrix}$$

由式(8－179)和式(8－181)可得，具有状态反馈时的状态方程为

$$\dot{\boldsymbol{X}}(t)=(\boldsymbol{A}-\boldsymbol{B}\boldsymbol{K})\boldsymbol{X}(t)+\boldsymbol{B}\boldsymbol{R}(t) \tag{8-185}$$

由于单输入系统的反馈矩阵 $\boldsymbol{K}$ 为 $1\times n$ 实矩阵，即

$$\boldsymbol{K}=[k_1 \quad k_2 \quad \cdots \quad k_n] \tag{8-186}$$

所以方程式(8－185)中的系数矩阵 $\boldsymbol{A}-\boldsymbol{B}\boldsymbol{K}$ 为

$$\boldsymbol{A}-\boldsymbol{B}\boldsymbol{K}=\begin{bmatrix}0 & 1 & 0 & 0 & \cdots & 0\\0 & 0 & 1 & 0 & \cdots & 0\\0 & 0 & 0 & 1 & \cdots & 0\\\vdots & \vdots & \vdots & \vdots & \ddots & \vdots\\-a_n-k_1 & -a_{n-1}-k_2 & -a_{n-2}-k_3 & -a_{n-3}-k_4 & \cdots & -a_1-k_n\end{bmatrix} \tag{8-187}$$

由此可见，式(8－187)的矩阵 $\boldsymbol{A}-\boldsymbol{B}\boldsymbol{K}$ 与矩阵 $\boldsymbol{A}$ 具有完全相同的形式。这表明，在具有可控性的系统式(8－179)中引入式(8－186)所示状态反馈 $\boldsymbol{K}$ 后的系统式(8－185)，仍保持了原有的可控性。

注意：状态反馈就不一定能保持可观测性。

对于输出反馈，它能保持系统的可控性和可观测性。

对于方程式(8－182)和(8－184)可求得系统具有输出反馈时的状态方程

$$\dot{\boldsymbol{X}}(t)=(\boldsymbol{A}-\boldsymbol{B}\boldsymbol{K}_y\boldsymbol{C})\boldsymbol{X}(t)+\boldsymbol{B}\boldsymbol{R}(t) \tag{8-188}$$

将 $r\times n$ 矩阵 $\boldsymbol{K}_y\boldsymbol{C}$ 等效地视为 $r\times n$ 状态反馈矩阵 $\boldsymbol{K}$，则和具有状态反馈的系统保持其原系统的可控性一样，输出反馈系统具有保持了原系统的可控性。同理可以说明，输出反馈也能保持原系统的可观测性。

1. 通过状态反馈实现极点任意配置

状态反馈控制系统的设计实际上就是进行极点的任意配置。其任务就是设计一个状态反馈矩阵 $\boldsymbol{K}$，将矩阵 $\boldsymbol{A}-\boldsymbol{BK}$ 的特征值即闭环传递函数的极点任意配置在希望的位置上，使系统品质指标达到设计要求。

然而，$\boldsymbol{K}$ 阵的存在是有条件的。即由式(8-179)和式(8-180)所描述的原系统是状态完全可控的。这样进行状态反馈后，才可以使矩阵 $\boldsymbol{A}-\boldsymbol{BK}$ 的特征值任意设定，换句话说，状态反馈后系统特征方程

$$|s\boldsymbol{I}-(\boldsymbol{A}-\boldsymbol{BK})|=0$$

的根可以任意配置。

下面说明状态反馈矩阵 $\boldsymbol{K}$ 的设计步骤。

(1) 将原系统变换为可控规范形式。只要原系统是状态完全可控的，则总能将原系统线性变换成如下的可控规范形式。

$$\boldsymbol{A}=\begin{bmatrix} 0 & 1 & 0 & 0 & \cdots & 0 \\ 0 & 0 & 1 & 0 & \cdots & 0 \\ 0 & 0 & 0 & 1 & \cdots & 0 \\ \vdots & \vdots & \vdots & \vdots & \ddots & \vdots \\ -a_n & -a_{n-1} & -a_{n-2} & -a_{n-3} & \cdots & -a_1 \end{bmatrix},\quad \boldsymbol{B}=\begin{bmatrix} 0 \\ 0 \\ \vdots \\ 1 \end{bmatrix} \tag{8-189}$$

反之，若系统是用可控规范形式表示的，则系统必然是状态完全可控的。由可控规范形式可容易写出原系统的特征方程为

$$|s\boldsymbol{I}-\boldsymbol{A}|=s^n+a_1s^{n-1}+\cdots+a_{n-1}s+a_n=0 \tag{8-190}$$

(2) 求出新系统(状态反馈后)的特征方程。

$$\boldsymbol{A}-\boldsymbol{BK}=\begin{bmatrix} 0 & 1 & 0 & 0 & \cdots & 0 \\ 0 & 0 & 1 & 0 & \cdots & 0 \\ 0 & 0 & 0 & 1 & \cdots & 0 \\ \vdots & \vdots & \vdots & \vdots & \ddots & \vdots \\ -a_n & -a_{n-1} & -a_{n-2} & -a_{n-3} & \cdots & -a_1 \end{bmatrix}-\begin{bmatrix} 0 \\ 0 \\ \vdots \\ 1 \end{bmatrix}\begin{bmatrix} k_1 & k_2 & \cdots & k_n \end{bmatrix}$$

$$=\begin{bmatrix} 0 & 1 & 0 & 0 & \cdots & 0 \\ 0 & 0 & 1 & 0 & \cdots & 0 \\ 0 & 0 & 0 & 1 & \cdots & 0 \\ \vdots & \vdots & \vdots & \vdots & \ddots & \vdots \\ -a_n-k_1 & -a_{n-1}-k_2 & -a_{n-2}-k_3 & -a_{n-3}-k_4 & \cdots & -a_1-k_n \end{bmatrix} \tag{8-191}$$

因此，新系统的特征方程为

$$|s\boldsymbol{I}-(\boldsymbol{A}-\boldsymbol{BK})|=s^n+(a_1+k_n)s^{n-1}+\cdots+(a_{n-1}+k_2)s+(a_n+k_1)=0 \tag{8-192}$$

(3) 求出希望的特征方程。设状态反馈希望达到的 n 个极点为 s_1，s_2，…，s_n。则希望的特征方程为

$$(s-s_1)(s-s_2)\cdots(s-s_n)=0$$

或

$$s^n + p_1 s^{n-1} + \cdots + p_{n-1} s + p_n = 0 \tag{8-193}$$

(4) 求出状态反馈矩阵 $\boldsymbol{K}$。根据新系统的特征方程应满足希望的特征方程的要求，由式(8-192)和式(8-193)同次项系数相等可得

$$\begin{aligned}
&a_n + k_1 = p_n,\ k_1 = p_n - a_n \\
&a_{n-1} + k_2 = p_{n-1},\ k_2 = p_{n-1} - a_{n-1} \\
&\vdots \\
&a_1 + k_n = p_1,\ k_n = p_1 - a_1
\end{aligned}$$

则可构成状态反馈矩阵

$$\boldsymbol{K} = [k_1 \quad k_2 \quad \cdots \quad k_n]$$

2. 输出反馈的极点配置问题

上述讨论表明，状态反馈具有任意配置极点的特点。那么，输出反馈是否也具有任意配置极点的特性呢？这里，仅就单输入、单输出系统作简要讨论。

对于完全能控的单输入、单输出系统，通过输出反馈是不能任意配置极点的。下面说明这个结论的正确性。

对如图 8-33 所示单输入、单输出的输出反馈系统，其状态方程和输出方程为式(8-188)和式(8-183)，其传递函数可写为

$$W_{ky}(s) = \frac{W_0(s)}{1 + K_y W_0(s)} = \frac{\dfrac{P(s)}{Q(s)}}{1 + K_y \dfrac{P(s)}{Q(s)}} = \frac{P(s)}{Q(s) + K_y P(s)}$$

式中，$Q(s)$为开环传递函数的分母多项式，$P(s)$为开环传递函数的分子多项式，K_y 为标量。从上式可以导出，闭环系统的特征方程为

$$Q(s) + K_y P(s) = 0$$

当 K_y 由 $0 \to \infty$ 时，闭环极点的轨迹是以开环极点为起点，开环零点为终点的一组根轨迹。这表明，对于输出反馈，不管如何选择反馈系数 K_y，都只能使闭环极点位于根轨迹上，而不能位于 s 平面上任意指定的不属于根轨迹上的那些位置。从而说明了上述结论的正确性。

输出反馈不能任意配置极点，这是输出反馈系统的基本弱点。为了克服这个弱点，可采用动态反馈(即反馈中具有比例、微分、积分等作用)，则可以实现极点的任意配置。

例 8-24 设系统的传递函数为

$$G(s) = \frac{1}{s(s+6)(s+12)}$$

试设计一个状态反馈控制系统，使系统满足超调量 $\sigma\% \leqslant 5\%$，峰值时间 $t_p \leqslant 0.5$ s 的要求。

解 因传递函数中，没有零极点抵消的现象，所以原系统是状态完全可控的。

(1) 利用直接分解法，将原系统化为可控规范形式

$$\dot{\boldsymbol{X}} = \begin{bmatrix} 0 & 1 & 0 \\ 0 & 0 & 1 \\ 0 & -72 & -18 \end{bmatrix} \boldsymbol{X} + \begin{bmatrix} 0 \\ 0 \\ 1 \end{bmatrix} u$$

则特征方程为

$$|sI - A| = s^3 + 18s^2 + 72s = 0$$

(2) 求新系统的特征方程。

因为

$$A - BK = \begin{bmatrix} 0 & 1 & 0 \\ 0 & 0 & 1 \\ -k_1 & -72 - k_2 & -18 - k_3 \end{bmatrix}$$

所以闭环特征方程为

$$|sI - (A - BK)| = s^3 + (18 + k_3)s^2 + (72 + k_2)s + k_1 = 0 \tag{8-194}$$

(3) 求希望的特征方程，因为希望振荡过程较快结束，所以采用一对共轭极点作为主导极点，而另一极点必为实数极点，令其实部为主导极点实部的 5 倍以上。则系统可降为二阶，此时，品质指标与极点位置间有确定的关系。

根据对系统品质指标的要求

$$\sigma\% = e^{-\pi\xi\sqrt{1-\xi^2}} \times 100\% \leqslant 5\%$$

和

$$t_p = \frac{\pi}{\omega_n \sqrt{1-\xi^2}} \leqslant 0.5$$

可得

$$\xi = 0.707, \quad \omega_n \geqslant 9\left(\frac{1}{s}\right), \quad 取\ \omega_n = 10\left(\frac{1}{s}\right)$$

于是，这一对主导共轭极点的实部、虚部分别为

$$\alpha = -\xi\omega_n = -7.07$$

$$\beta = \omega_n \sqrt{1-\xi^2} = \pm 7.07$$

故

$$s_{1,2} = \alpha \pm j\beta = -7.07 \pm j7.07$$

设另一个实数极点 s_3 为

$$|s_3| \geqslant 10\alpha = 70$$

故取

$$s_3 = -100$$

因此，希望的系统特征方程为

$$(s - s_1)(s - s_2)(s - s_3) = s^3 + 114.1s^2 + 1510s + 1000 = 0 \tag{8-195}$$

(4) 求 K 阵，式(8-194)与式(8-195)各 s 项的系数分别相等，可得

$$k_1 = 1000$$

$$k_2 = 1438$$

$$k_3 = 96.1$$

所以状态反馈矩阵为

$$K = [k_1 \quad k_2 \quad k_3] = [1000 \quad 1438 \quad 96.1]$$

整个状态反馈系统可画成状态变量图，如图 8-34 所示。

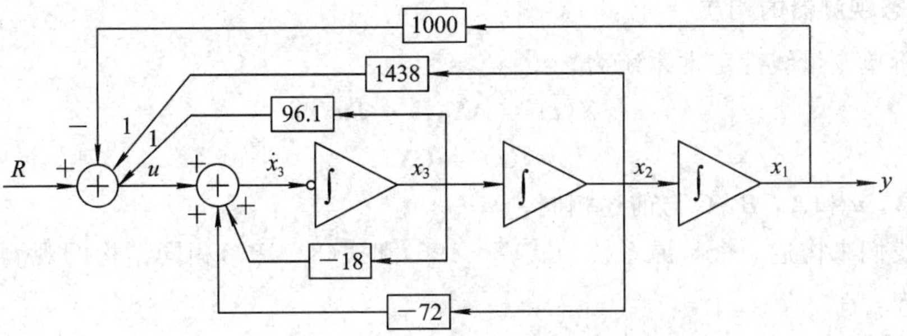

图 8 - 34　例 8 - 24 的状态变量图

若不采用状态反馈，而按经典方法采用输出反馈，在得到相同极点配置的情况下，应在反馈网络内引入较复杂的动态反馈网络 $K(s)$。而 $K(s)$ 的求取可将图 8 - 34 中的 x_1，x_2，x_3 的引出点等效地移到输出点 y 处得到，即得

$$K(s)=k_1+k_2s+k_3s^2$$

显然，此时反馈回路内除比例环节外，还需增加一阶和二阶微分环节，这将带来不少技术上的困难，而要是单纯采用静态输出反馈，则品质指标显然又不能满足要求。

上述结果表明，如果系统是状态完全可控的，通过全部状态变量的反馈能够任意配置系统的极点。因此任何不稳定的系统如果是状态完全可控的，则能够通过全部状态变量反馈来使系统变为稳定。

综上所述，状态反馈可以得到比较好的效果，这是因为状态反馈可以任意配置极点的缘故。但是它要求将所有状态变量都测量出来，才可实现全部状态变量反馈。在工程实践中，有些变量是无法测量的，这时就需要借助于状态观测器的帮助，来获得全部状态变量的观测值。

8.7.2　状态观测器

1. 概述

用状态反馈可以任意配置极点，以使系统满足一定的品质指标，但这是在假定系统状态变量可以直接测量的情况下才能实现的。当一个系统的状态变量不能全部被测量时，必须先设法测出状态变量，才能进行状态反馈。因为一般情况下，系统的输入和输出变量是可以进行测量的，因此可以按图 8 - 35 所示那样构造一个观测器。以原系统的输入量 $\boldsymbol{u}$ 和输出量 $\boldsymbol{y}$ 作为观测器的输入量，而观测器的输出量 $\boldsymbol{X}_e$ 等于或接近于原系统的状态变量 $\boldsymbol{X}$，然后将观测器的输出 $\boldsymbol{X}_e$ 作为状态反馈信号构成闭环系统，使系统达到设计的要求，这就是构成状态观测器的基本原理。

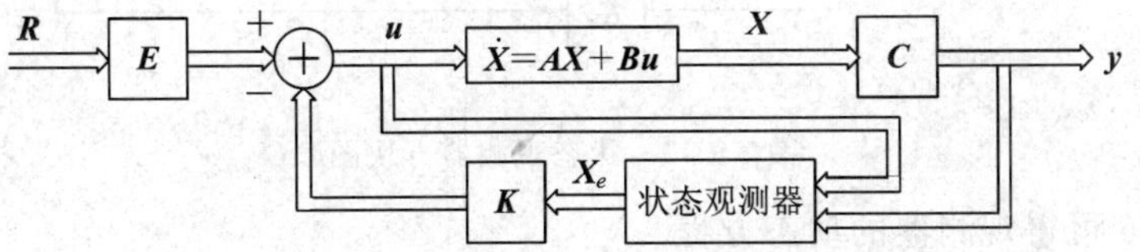

图 8 - 35　具有状态观测器的线性闭环系统

2. 状态观测器的构成

设 n 阶单变量线性定常系统为

$$\dot{\boldsymbol{X}}(t)=\boldsymbol{AX}(t)+\boldsymbol{Bu}(t) \tag{8-196}$$

$$\boldsymbol{y}(t)=\boldsymbol{CX}(t) \tag{8-197}$$

式中，$\boldsymbol{X}$，$\boldsymbol{y}$，$\boldsymbol{u}$ 和 $\boldsymbol{A}$，$\boldsymbol{B}$，$\boldsymbol{C}$ 与前述相同。

现在我们来构造一个与原系统为式(8-196)和式(8-197)相同结构的观测器，则观测器的方程为

$$\dot{\boldsymbol{X}}_e(t)=\boldsymbol{AX}_e(t)+\boldsymbol{Bu}(t) \tag{8-198}$$

$$\boldsymbol{y}_e(t)=\boldsymbol{CX}_e(t) \tag{8-199}$$

当控制作用相同时，式(8-196)和(8-198)相减可得

$$\dot{\boldsymbol{X}}(t)-\dot{\boldsymbol{X}}_e(t)=\boldsymbol{A}[\boldsymbol{X}(t)-\boldsymbol{X}_e(t)] \tag{8-200}$$

上式为一个齐次方程，其解为

$$\boldsymbol{X}(t)-\boldsymbol{X}_e(t)=\mathrm{e}^{A(t-t_0)}[X(t_0)-X_e(t_0)] \tag{8-201}$$

由上式可知，当原系统与观测器的初始条件相同，即 $X(t_0)=X_e(t_0)$时，那么 $\boldsymbol{X}_e(t)$始终等于 $\boldsymbol{X}(t)$的值，则可用 $\boldsymbol{X}_e(t)$来代表 $\boldsymbol{X}(t)$；但实际上，原系统和观测器模型的初始条件相同这个要求很难满足，并且两个系统在运行中参数也会有变化，噪声干扰也难一致，所以 $\boldsymbol{X}_e(t)$与 $\boldsymbol{X}(t)$之间必定有误差。为了使 $\boldsymbol{X}_e(t)$与 $\boldsymbol{X}(t)$之间误差尽量小，在 X 无法直接测量的情况下，无法利用 $\boldsymbol{X}(t)-\boldsymbol{X}_e(t)$作为反馈信号，只能采用可测量的 $\boldsymbol{y}(t)-\boldsymbol{y}_e(t)$作为误差反馈信号。为此利用观测器的输出 $\boldsymbol{y}_e(t)$与原系统的输出 $\boldsymbol{y}(t)$相比较，如有偏差就不断地对观测器进行修正，通过使 $\boldsymbol{y}(t)-\boldsymbol{y}_e(t)$最小来达到使 $\boldsymbol{X}(t)-\boldsymbol{X}_e(t)$为最小的目的。然而，这里的条件是系统必须是可观测的，这样由系统输出才能惟一地确定所有状态变量，输出向量的误差才能真正反映状态向量之间的误差。

$$\boldsymbol{y}(t)-\boldsymbol{y}_e(t)=\boldsymbol{C}[\boldsymbol{X}(t)-\boldsymbol{X}_e(t)] \tag{8-202}$$

根据这一原理，状态观测器的设计问题，其实就是设计一个带有反馈矩阵 $\boldsymbol{K}_e$ 的反馈系统。

状态观测的结构如图 8-36 所示。它以 $\boldsymbol{u}$ 和 $\boldsymbol{y}$ 作为输入。

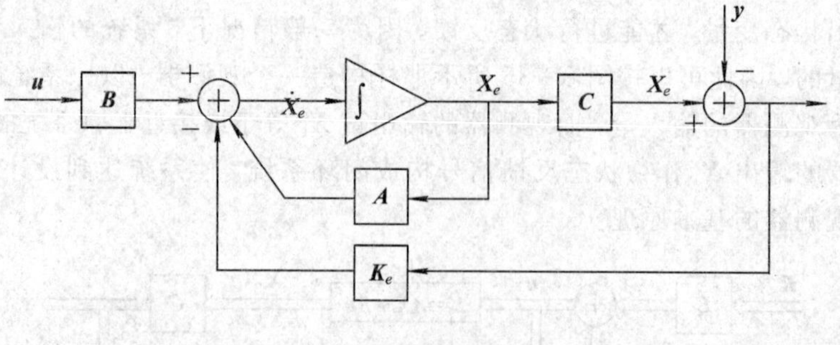

图 8-36　状态观测器方块图

由图 8-36 可得观测器的动态方程

$$\begin{aligned}\dot{\boldsymbol{X}}_e(t)&=\boldsymbol{AX}_e(t)+\boldsymbol{Bu}(t)-\boldsymbol{K}_e(\boldsymbol{y}_e(t)-\boldsymbol{y}(t))\\&=\boldsymbol{AX}_e(t)+\boldsymbol{Bu}(t)-\boldsymbol{K}_e\boldsymbol{C}(\boldsymbol{X}_e(t)-\boldsymbol{X}(t))\end{aligned} \tag{8-203}$$

或

$$\dot{\boldsymbol{X}}_e(t) = (\boldsymbol{A} - \boldsymbol{K}_e\boldsymbol{C})\boldsymbol{X}_e(t) + \boldsymbol{B}\boldsymbol{u}(t) + \boldsymbol{K}_e\boldsymbol{y} \tag{8-204}$$

式中，$\boldsymbol{K}_e$ 为状态观测器的反馈矩阵，当输出为单变量时，$\boldsymbol{K}_e$ 为 $n\times1$ 向量，将式(8-196)减去式(8-203)可得

$$\dot{\boldsymbol{X}}(t) - \dot{\boldsymbol{X}}_e(t) = (\boldsymbol{A} - \boldsymbol{K}_e\boldsymbol{C})[\boldsymbol{X}(t) - \boldsymbol{X}_e(t)] \tag{8-205}$$

其解为

$$\boldsymbol{X}(t) - \boldsymbol{X}_e(t) = \mathrm{e}^{(\boldsymbol{A}-\boldsymbol{K}_e\boldsymbol{C})t}[\boldsymbol{X}(t_0) - \boldsymbol{X}_e(t_0)] \tag{8-206}$$

这样，加了反馈以后，式(8-201)就变成为式(8-206)。状态观测器的设计要求就是要使 $\boldsymbol{X}_e(t)$能迅速紧跟 $\boldsymbol{X}(t)$，使得

$$\lim_{t\to\infty}[\boldsymbol{X}(t) - \boldsymbol{X}_e(t)] = 0$$

而这完全取决于合理地选择反馈矩阵 $\boldsymbol{K}_e$，这样就要求系统矩阵$(\boldsymbol{A}-\boldsymbol{K}_e\boldsymbol{C})$的特征矩阵都具有负实部，而且负实部的绝对值足够大，使$[\boldsymbol{X}(t)-\boldsymbol{X}_e(t)]$迅速趋近于零，这样 $\boldsymbol{X}_e(t)$才能准确反映 $\boldsymbol{X}(t)$值。

3. 用极点配置法设计状态观测器

由状态反馈控制的分析已知，当式(8-179)所描述的系统是状态完全可控时，总可以选择一个反馈矩阵 $\boldsymbol{K}$，使$(\boldsymbol{A}-\boldsymbol{B}\boldsymbol{K})$具有任意指定的特征值，同样可以证明，当式(8-196)和式(8-197)的系统是状态完全可观测时，也总可以选择一个反馈矩阵 $\boldsymbol{K}_e$，使$(\boldsymbol{A}-\boldsymbol{K}_e\boldsymbol{C})$具有任意指定的特征值。所以状态观测存在的条件，就是系统是完全可观测的。状态观测器的设计任务就是求取反馈矩阵 $\boldsymbol{K}_e$。

$\boldsymbol{K}_e$ 是按给定的极点位置即$(\boldsymbol{A}-\boldsymbol{K}_e\boldsymbol{C})$的特征值来选择的。所定极点的位置，将决定误差向量$[\boldsymbol{X}(t)-\boldsymbol{X}_e(t)]$衰减至零的速率。当输出为单变量时，反馈矩阵 $\boldsymbol{K}_e$ 为 $n\times1$ 向量，即

$$\boldsymbol{K}_e = \begin{bmatrix} k_{e1} \\ k_{e2} \\ \vdots \\ k_{en} \end{bmatrix}$$

与状态反馈控制的设计类似，状态观测器的设计步骤如下：

(1) 把原系统线性变换成可观规范形式。只要系统是完全可观测的，总能将原系统线性变换成如下的可观规范形式。

$$\boldsymbol{A} = \begin{bmatrix} 0 & 0 & \cdots & 0 & -a_n \\ 1 & 0 & \cdots & 0 & -a_{n-1} \\ 0 & 1 & \cdots & 0 & -a_{n-2} \\ \vdots & \vdots & \ddots & \vdots & \vdots \\ 0 & 0 & \cdots & 1 & -a_1 \end{bmatrix},\quad \boldsymbol{C} = [0 \quad 0 \quad \cdots \quad 1] \tag{8-207}$$

反之，若系统是用可观规范形式表示的，则系统必然是完全可观测的。由可观规范形式同样可以容易地写出系统的特征方程。

(2) 求出观测器模型的特征方程。

由

$$
A - K_e C = \begin{bmatrix} 0 & 0 & \cdots & 0 & -a_n \\ 1 & 0 & \cdots & 0 & -a_{n-1} \\ 0 & 1 & \cdots & 0 & -a_{n-2} \\ \vdots & \vdots & \ddots & \vdots & \vdots \\ 0 & 0 & \cdots & 1 & -a_1 \end{bmatrix} - \begin{bmatrix} k_{e1} \\ k_{e2} \\ \vdots \\ k_{en} \end{bmatrix} [0 \quad 0 \quad \cdots \quad 1]
$$

$$
= \begin{bmatrix} 0 & 0 & \cdots & 0 & -(a_n + k_{e1}) \\ 1 & 0 & \cdots & 0 & -(a_{n-1} + k_{e2}) \\ 0 & 1 & \cdots & 0 & -(a_{n-2} + k_{e3}) \\ \vdots & \vdots & \ddots & \vdots & \vdots \\ 0 & 0 & \cdots & 1 & -(a_1 + k_{en}) \end{bmatrix}
$$

可得其相应的特征方程为

$$
|\lambda I - (A - K_e C)| = \lambda^n + (a_1 + k_{en})\lambda^{n-1} + \cdots + (a_{n-1} + k_{e2})\lambda + (a_n + k_{e1}) = 0 \tag{8-208}
$$

(3) 按要求的特征值 $\lambda_1, \lambda_2, \cdots, \lambda_n$ 写出希望的观测器的特征方程。

$$
(\lambda - \lambda_1)(\lambda - \lambda_2)\cdots(\lambda - \lambda_n) = \lambda^n + p_1\lambda^{n-1} + \cdots + p_{n-1}\lambda + p_n = 0 \tag{8-209}
$$

(4) 求出反馈矩阵 K_e。

由式(8-208)和式(8-209)的同次项系数相等求得 K_e，其值分别为

$$
\begin{aligned}
K_{e1} &= p_n - a_n \\
K_{e2} &= p_{n-1} - a_{n-1} \\
&\vdots \\
K_{en} &= p_1 - a_1
\end{aligned}
$$

具有状态观测器的状态反馈控制系统的方块图如图 8-37 所示。

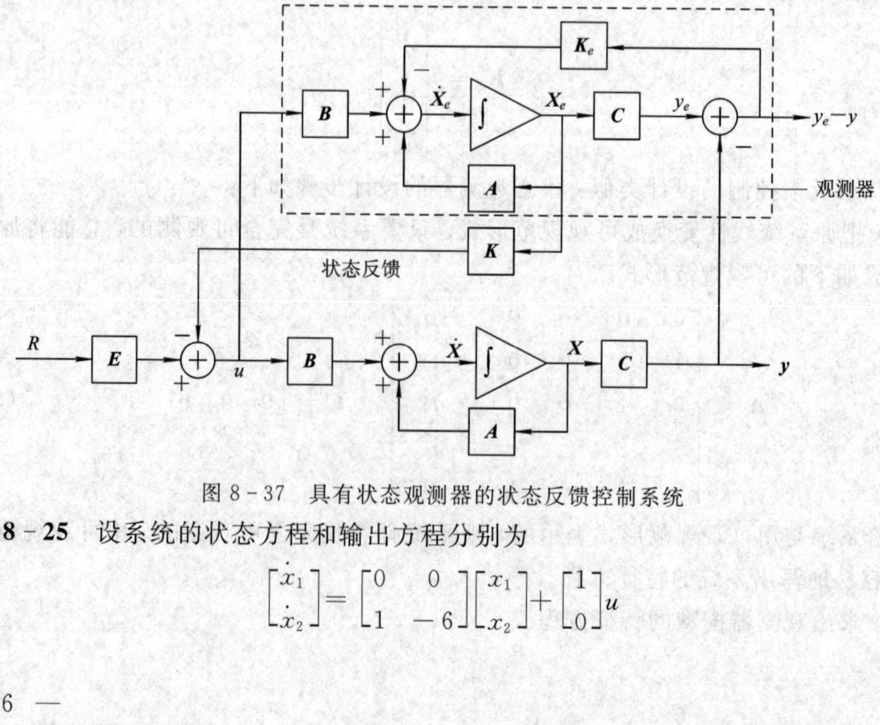

图 8-37 具有状态观测器的状态反馈控制系统

例 8-25 设系统的状态方程和输出方程分别为

$$
\begin{bmatrix} \dot{x}_1 \\ \dot{x}_2 \end{bmatrix} = \begin{bmatrix} 0 & 0 \\ 1 & -6 \end{bmatrix} \begin{bmatrix} x_1 \\ x_2 \end{bmatrix} + \begin{bmatrix} 1 \\ 0 \end{bmatrix} u
$$

$$y = [0 \quad 1]\begin{bmatrix} x_1 \\ x_2 \end{bmatrix}$$

试设计一个状态观测器，其中矩阵($\boldsymbol{A}-\boldsymbol{K}_e\boldsymbol{C}$)的特征值要求为 $\lambda_1=\lambda_2=-10$。并用设计出来的状态观测器实现状态反馈控制。

解 此系统的状态方程为可观规范形式，因而具有可观测性。

令观测器反馈矩阵为

$$\boldsymbol{K}_e = \begin{bmatrix} k_{e1} \\ k_{e2} \end{bmatrix}$$

由式(8-208)可知观测器的特征方程为

$$|\lambda \boldsymbol{I} - (\boldsymbol{A} - \boldsymbol{K}_e\boldsymbol{C})| = \begin{vmatrix} \lambda & k_{e1} \\ -1 & \lambda + 6 + k_{e2} \end{vmatrix} = \lambda^2 + (6 + k_{e2})\lambda + k_{e1} = 0$$

由设计要求 $\lambda_1=\lambda_2=-10$，可求得希望的观测器特征方程为

$$(\lambda + 10)(\lambda + 10) = \lambda^2 + 20\lambda + 100 = 0$$

由上述两式中的同次项系数分别相等

$$k_{e1} = 100$$

$$k_{e2} = 14$$

其观测器方程为

$$\begin{aligned} \dot{\boldsymbol{X}}_e(t) &= \boldsymbol{A}\boldsymbol{X}_e(t) + \boldsymbol{B}\boldsymbol{u}(t) - \boldsymbol{K}_e(\boldsymbol{y}_e - \boldsymbol{y}) \\ &= \begin{bmatrix} 0 & 0 \\ 1 & -6 \end{bmatrix}\boldsymbol{X}_e(t) + \begin{bmatrix} 1 \\ 0 \end{bmatrix}\boldsymbol{u} - \begin{bmatrix} 100 \\ 14 \end{bmatrix}(\boldsymbol{y}_e - \boldsymbol{y}) \end{aligned}$$

或

$$\begin{aligned} \dot{\boldsymbol{X}}_e(t) &= (\boldsymbol{A} - \boldsymbol{K}_e\boldsymbol{C})\boldsymbol{X}_e(t) + \boldsymbol{B}\boldsymbol{u}(t) + \boldsymbol{K}_e\boldsymbol{y} \\ &= \begin{bmatrix} 0 & -100 \\ 1 & -20 \end{bmatrix}\boldsymbol{X}_e(t) + \begin{bmatrix} 1 \\ 0 \end{bmatrix}\boldsymbol{u} + \begin{bmatrix} 100 \\ 14 \end{bmatrix}\boldsymbol{y} \end{aligned}$$

利用此状态观测器来实现状态反馈方案的方块图如图 8-38 所示。

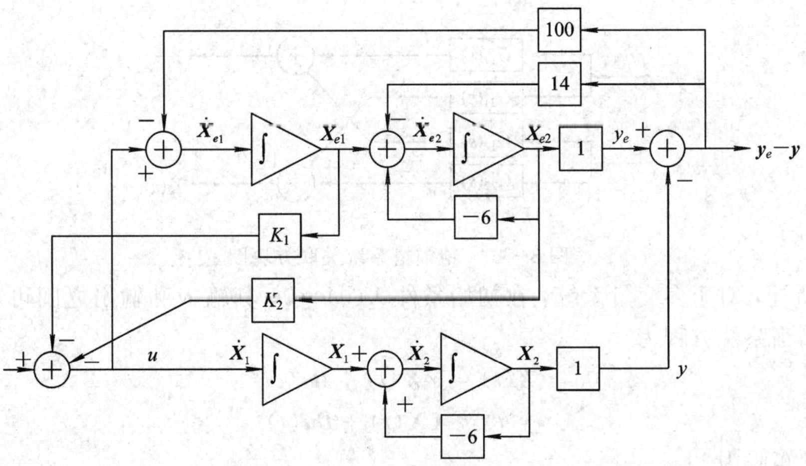

图 8-38 例 8-25 的状态变量图

8.7.3 解耦控制系统

1. 解耦控制的概念

在多变量控制系统中，各变量之间往往是相互关联，相互影响的。例如图 8-39 所示的化工生产过程中的精馏塔控制，用塔顶回流量 u_1 来控制塔顶温度 y_1，用塔底加热蒸汽量 u_2 来控制塔釜温度 y_2。由精馏塔操作经验可知，实际上 u_2 的改变不仅影响 y_2，同时也引起 y_1 变化；同样 u_1 改变不仅影响 y_1，也会影响 y_2 的变化，即两个控制系统间存在着关联(或称耦合)。假定精馏塔有关通道的传递函数已知，分别为

$$G_{11}(s)=\frac{Y_1(s)}{U_1(s)},\quad G_{12}(s)=\frac{Y_1(s)}{U_2(s)}$$

$$G_{21}(s)=\frac{Y_2(s)}{U_1(s)},\quad G_{22}(s)=\frac{Y_2(s)}{U_2(s)}$$

则精馏塔对象特性可用如图 8-40 所示的方块图表示。

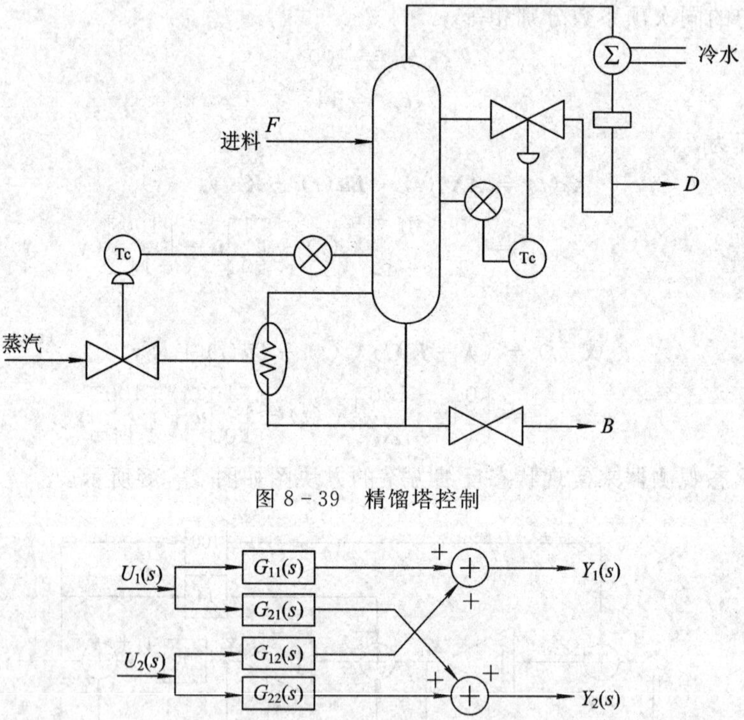

图 8-39 精馏塔控制

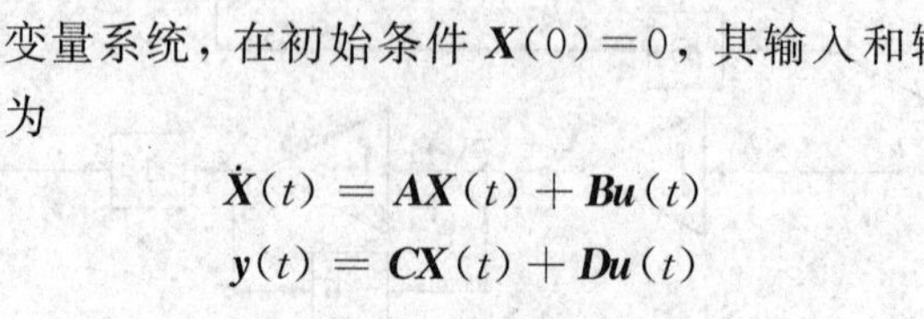

图 8-40 精馏塔系统关联方块图

如前所述，对于多变量系统，在初始条件 $\boldsymbol{X}(0)=0$，其输入和输出之间可用传递矩阵形式表示。当系统方程为

$$\dot{\boldsymbol{X}}(t)=\boldsymbol{AX}(t)+\boldsymbol{Bu}(t)$$

$$\boldsymbol{y}(t)=\boldsymbol{CX}(t)+\boldsymbol{Du}(t)$$

时，其传递矩阵为

$$\boldsymbol{Y}(s)=[\boldsymbol{C}(s\boldsymbol{I}-\boldsymbol{A})^{-1}\boldsymbol{B}+\boldsymbol{D}]\boldsymbol{U}(s)$$

所以

$$G(s) = C(sI - A)^{-1}B + D$$

本例中，对象特性可表示成传递矩阵形式为

$$\begin{bmatrix} Y_1(s) \\ Y_2(s) \end{bmatrix} = \begin{bmatrix} G_{11}(s) & G_{12}(s) \\ G_{21}(s) & G_{22}(s) \end{bmatrix} \begin{bmatrix} U_1(s) \\ U_2(s) \end{bmatrix}$$

或

$$\boldsymbol{Y}(s) = \boldsymbol{G}_o(s)\boldsymbol{U}(s)$$

式中，$\boldsymbol{G}_o(s)$称为对象调节通道的传递矩阵。

当对象或系统的输入 $\boldsymbol{u}$ 和输出 $\boldsymbol{y}$ 具有相同的维数 n 时，传递矩阵 $G(s)$为 n 阶方块，即

$$\begin{bmatrix} Y_1(s) \\ Y_2(s) \\ \vdots \\ Y_n(s) \end{bmatrix} = \begin{bmatrix} G_{11}(s) & G_{12}(s) & \cdots & G_{1n}(s) \\ G_{21}(s) & G_{22}(s) & \cdots & G_{2n}(s) \\ \vdots & \vdots & & \vdots \\ G_{n1}(s) & G_{n2}(s) & \cdots & G_{nn}(s) \end{bmatrix} \begin{bmatrix} U_1(s) \\ U_2(s) \\ \vdots \\ U_n(s) \end{bmatrix}$$

或

$$\boldsymbol{Y}(s) = \boldsymbol{G}(s)\boldsymbol{U}(s)$$

式中，$G_{ij}(s)$表示第 j 个输入对第 i 个输出的影响。如 $i \neq j$ 的各元素 G_{ij} 均为零时，传递矩阵 $\boldsymbol{G}(s)$变为对角线矩阵，表示各输入变量除了对自身的输出有影响外，对其它输出均无影响，即系统各回路之间彼此独立，不相关或耦合。

控制系统之间的耦合，往往引起两个系统相互干扰，使系统不能平稳，甚至无法正常运行。为了解决这个矛盾，通常采用解耦控制的方法，以消除各个控制回路之间的相互影响。例如对于上述的精馏塔，可以设计一个控制系统，使得塔顶温度控制器的输出主要用来调节回流量 u_1 以使 y_1 稳定，同时还通过另一个补偿器去修正加热蒸汽量 u_2，其作用是消除由于 u_1 的变化对 y_2 的影响。同样，塔釜温度控制器的输出，主要改变加热蒸汽量 u_2，以使 y_2 稳定，同时也通过另一个补偿器去修正回流量 u_1，以消除由于 u_2 的变化对 y_1 的影响。只要参数选择合理并在时间上配合得当，可以变成两个独立的控制系统，大大改善控制系统的品质。

2. 解耦装置的设计

根据以上的理论分析，所谓解耦控制就是使各控制回路之间相互独立，因此为消除各调节通道之间的相互影响，通常在控制器输出之后，再加上一个补偿装置，称为解耦装置，其传递矩阵为 $\boldsymbol{K}(s)$，则闭环控制系统的方块图如图 8-41 所示。用传递矩阵表示如图 8-42 所示。

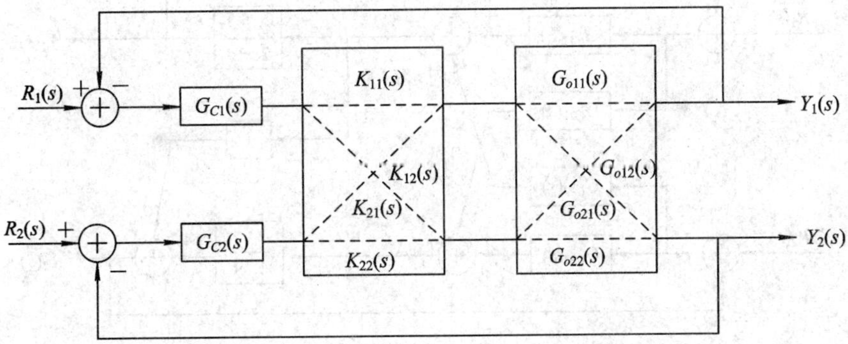

图 8-41　两变量解耦系统

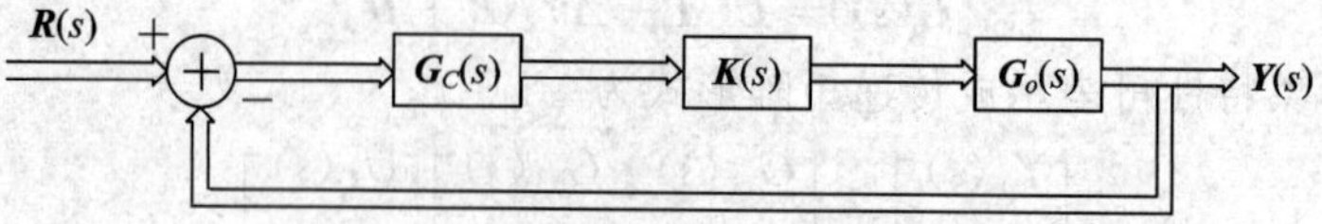

图 8-42　传递矩阵表示的解耦控制系统

其中

$$G_o(s)=\begin{bmatrix}G_{o11}(s) & G_{o12}(s)\\ G_{o21}(s) & G_{o22}(s)\end{bmatrix},\quad \boldsymbol{K}(s)=\begin{bmatrix}K_{11}(s) & K_{12}(s)\\ K_{21}(s) & k_{22}(s)\end{bmatrix},\quad G_C(s)=\begin{bmatrix}G_{C1}(s) & 0\\ 0 & G_{C2}(s)\end{bmatrix}$$

由图 8-42 可得 $\boldsymbol{R}(s)$ 对 $\boldsymbol{Y}(s)$ 的闭环传递矩阵为

$$\boldsymbol{G}(s)=[\boldsymbol{I}+\boldsymbol{G}_K(s)]^{-1}\boldsymbol{G}_K(s) \tag{8-210}$$

其中，$\boldsymbol{G}_K(s)$ 为广义对象、解耦装置和控制器的传递矩阵的乘积，即

$$\boldsymbol{G}_K(s)=\boldsymbol{G}_o(s)\boldsymbol{K}(s)\boldsymbol{G}_C(s) \tag{8-211}$$

解耦的条件就是闭环传递矩阵 $\boldsymbol{G}(s)$ 为对角线矩阵，即

$$\boldsymbol{G}(s)=\begin{bmatrix}G_{11}(s) & 0\\ 0 & G_{22}(s)\end{bmatrix}$$

这样各控制回路才能相互独立。

由式(8-210)原理得

$$\boldsymbol{G}_K(s)=\boldsymbol{G}(s)[\boldsymbol{I}-\boldsymbol{G}(s)]^{-1} \tag{8-212}$$

满足解耦条件时，$\boldsymbol{G}(s)$ 是对角线矩阵，$[\boldsymbol{I}-\boldsymbol{G}(s)]^{-1}$ 也必是对角线矩阵，则由式(8-212)分析可知，开环传递矩阵 $\boldsymbol{G}_K(s)$ 也必定要求是对角线矩阵。因此在已知广义对象特征 $\boldsymbol{G}_o(s)$ 的条件下，解耦控制设计的任务是按照已知的广义对象特性 $\boldsymbol{G}_o(s)$，设计出解耦矩阵 $\boldsymbol{K}(s)$。

例 8-26　如图 8-43 所示的系统，已知闭环传递矩阵为

$$\boldsymbol{G}(s)=\begin{bmatrix}\dfrac{1}{s+1} & 0\\ 0 & \dfrac{1}{5s+1}\end{bmatrix}$$

试求控制器和解耦装置的传递矩阵。

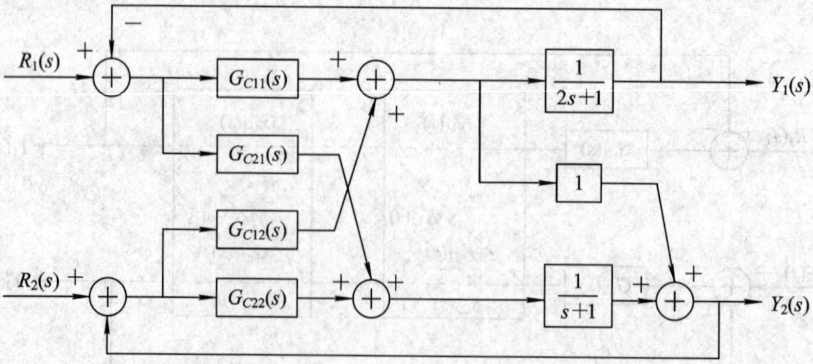

图 8-43　例 8-26 闭环解耦控制系统

解　由式(8-212)可得

$$\boldsymbol{G}_K(s) = \boldsymbol{G}(s)[\boldsymbol{I} - \boldsymbol{G}(s)]^{-1}$$

$$= \begin{bmatrix} \dfrac{1}{s+1} & 0 \\ 0 & \dfrac{1}{5s+1} \end{bmatrix} \begin{bmatrix} \dfrac{s+1}{s} & 0 \\ 0 & \dfrac{5s+1}{5s} \end{bmatrix} = \begin{bmatrix} \dfrac{1}{s} & 0 \\ 0 & \dfrac{1}{5s} \end{bmatrix}$$

由图 8 - 43 可知对象的传递矩阵为

$$G_o(s) = \begin{bmatrix} \dfrac{1}{2s+1} & 0 \\ 1 & \dfrac{1}{s+1} \end{bmatrix}$$

所以控制器和解耦装置的传递矩阵由式(8 - 211)可得

$$\boldsymbol{K}(s)\boldsymbol{G}_C(s) = \boldsymbol{G}_o(s)^{-1}\boldsymbol{G}_K(s)$$

$$= \begin{bmatrix} (2s+1) & 0 \\ (s+1)(2s+1) & (s+1) \end{bmatrix} \begin{bmatrix} \dfrac{1}{s} & 0 \\ 0 & \dfrac{1}{5s} \end{bmatrix} = \begin{bmatrix} \dfrac{2s+1}{s} & 0 \\ \dfrac{(s+1)(2s+1)}{s} & \dfrac{s+1}{5s} \end{bmatrix}$$

由此可见所用三个控制器为

$$G_{C11}(s) = \frac{2s+1}{s}, \quad G_{C22}(s) = \frac{s+1}{5s}, \quad G_{C21}(s) = \frac{2s^2+3s+1}{s}$$

前面两个是比例加积分控制器，后一个为比例积分微分控制器，即可实现解耦控制的目的，并且我们用常规控制器就可以构成。

习　　题

8.1　设系统的运动方程为

(1) $\dddot{y}+7\ddot{y}+14\dot{y}+8y=3u$；　(2) $\ddddot{y}+2\dddot{y}+5\ddot{y}+4\dot{y}+4y=4u$

试求系统的状态空间表达式。

8.2　设系统的运动方程为

(1) $\dddot{y}+6\ddot{y}+11\dot{y}+6y=3\ddot{u}+2\dot{u}+u$；(2) $\ddddot{y}+2\dddot{y}+6\ddot{y}+2\dot{y}+5y=\dddot{u}+2\ddot{u}+3\dot{u}+5u$

试求系统的状态空间表达式。

8.3　设某系统的传递函数为

$$\frac{y(s)}{u(s)} = \frac{s+2}{s^3+5s^2+7s+2}$$

试求系统的状态空间表达式。

8.4　设某线性系统的传递函数为

$$\frac{y(s)}{u(s)} = \frac{s^2+3s+2}{s(s^2+7s+12)}$$

试分别用：(1) 直接分解法；(2) 并联分解法；(3) 串联分解法画出该系统的状态变量图，并导出系统的状态空间表达式。

8.5　试求下列系统的传递函数。

$$\begin{bmatrix} \dot{x}_1 \\ \dot{x}_2 \end{bmatrix} = \begin{bmatrix} -5 & -1 \\ 3 & -1 \end{bmatrix} \begin{bmatrix} x_1 \\ x_2 \end{bmatrix} + \begin{bmatrix} 2 \\ 5 \end{bmatrix} u$$

$$y=[1 \quad 2]\begin{bmatrix}x_1\\x_2\end{bmatrix}$$

8.6 已知系统的状态方程和输出方程分别为

$$\begin{bmatrix}\dot{x}_1\\\dot{x}_2\\\dot{x}_3\end{bmatrix}=\begin{bmatrix}-2 & 0 & 0\\0 & -3 & 0\\0 & 0 & -4\end{bmatrix}\begin{bmatrix}x_1\\x_2\\x_3\end{bmatrix}+\begin{bmatrix}1 & -1\\-5 & 4\\5 & -3\end{bmatrix}\begin{bmatrix}u_1\\u_2\end{bmatrix}$$

$$y=\begin{bmatrix}1 & 1 & 1\\-2 & -3 & -4\end{bmatrix}\begin{bmatrix}x_1\\x_2\\x_3\end{bmatrix}$$

试求系统的传递矩阵。

8.7 试求下述离散系统的状态空间表达式。

$$y(k+2)+3y(k+1)+2y(k)=u(k)$$

8.8 试求下述离散系统的状态空间表达式。

$$\frac{y(z)}{u(z)}=\frac{z+2}{z^2+z+0.16}$$

8.9 设连续系统的状态方程为

$$\begin{bmatrix}\dot{x}_1\\\dot{x}_2\end{bmatrix}=\begin{bmatrix}0 & 1\\0 & 0\end{bmatrix}\begin{bmatrix}x_1\\x_2\end{bmatrix}+\begin{bmatrix}0\\1\end{bmatrix}u$$

假定采样周期为 2 s，将系统离散化并导出离散状态方程。

8.10 设连续系统状态方程分别为

(1) $\dot{\boldsymbol{X}}=\begin{bmatrix}0 & 1\\-2 & -3\end{bmatrix}\boldsymbol{X}$;

(2) $\dot{\boldsymbol{X}}=\begin{bmatrix}0 & 0\\-1 & -1\end{bmatrix}\boldsymbol{X}$;

(3) $\dot{\boldsymbol{X}}=\begin{bmatrix}1 & 0 & 0\\0 & 1 & 0\\0 & 1 & 2\end{bmatrix}\boldsymbol{X}$。

试用三种方法求出系统的状态转移矩阵 $\boldsymbol{\Phi}(t)$。

8.11 已知系统状态方程为

$$\dot{\boldsymbol{X}}=\begin{bmatrix}0 & 1\\-6 & -5\end{bmatrix}\boldsymbol{X}+\begin{bmatrix}1\\1\end{bmatrix}\boldsymbol{u}$$

当 $\boldsymbol{u}=1$ 时，试求用初始条件 $x_1(0)$ 和 $x_2(0)$ 来表示的解。

8.12 已知系统状态方程为

$$\dot{\boldsymbol{X}}=\begin{bmatrix}0 & 1\\-2 & -3\end{bmatrix}\boldsymbol{X}$$

初始条件为

$$\begin{bmatrix}x_1(0)\\x_2(0\end{bmatrix}=\begin{bmatrix}1\\-1\end{bmatrix}$$

试求 $x_1(t)$ 和 $x_2(t)$。

8.13　已知控制系统 $\dot{\boldsymbol{X}}=\boldsymbol{AX}$ 的状态转移矩阵分别为

(1) $\boldsymbol{\Phi}(t)=\begin{bmatrix}2e^{-t}-e^{-2t} & 2e^{-2t}-2e^{-t}\\ e^{-t}-e^{-2t} & 2e^{-2t}-e^{-t}\end{bmatrix}$;

(2) $\boldsymbol{\Phi}(t)=\begin{bmatrix}e^{-t} & 0 & 0\\ 0 & (1-2t)e^{-2t} & 4te^{-2t}\\ 0 & -te^{-2t} & (1+2t)e^{-2t}\end{bmatrix}$。

试确定系统矩阵 $\boldsymbol{A}$。

8.14　设控制系统的状态方程为

$$\begin{bmatrix}\dot{x}_1\\ \dot{x}_2\end{bmatrix}=\begin{bmatrix}0 & 1\\ -2 & -3\end{bmatrix}\begin{bmatrix}x_1\\ x_2\end{bmatrix}+\begin{bmatrix}0\\ 1\end{bmatrix}u$$

已知系统初始条件为 $x_1(0)=2$，$x_2(0)=1$。试求单位阶跃函数输入时系统的时间响应 $x(t)$。

8.15　已知控制系统的状态方程为

$$\dot{\boldsymbol{X}}=\begin{bmatrix}0 & 1\\ 2 & -1\end{bmatrix}\boldsymbol{X}$$

当系统的时间响应为 $\boldsymbol{X}(t)=x(t)=\begin{bmatrix}2\\ 5\end{bmatrix}$时，试求系统的初始状态 $\boldsymbol{x}(0)$。

8.16　已知离散系统状态方程为

$$x(k+1)=\begin{bmatrix}0 & 1\\ -2 & -3\end{bmatrix}x(k)+\begin{bmatrix}0\\ 1\end{bmatrix}u(k)$$

试求状态转移矩阵 $\boldsymbol{\Phi}(k)$。若初始条件为

$$\begin{bmatrix}x_1(0)\\ x_2(0)\end{bmatrix}=\begin{bmatrix}1\\ 1\end{bmatrix}$$

当 $k=0, 1, 2, \cdots$，$u(k)=1$ 时，使用 $\mathscr{Z}$ 变换法求 $x(k)$。

8.17　检验下列系统的可控制。

$$\dot{\boldsymbol{X}}=\boldsymbol{AX}+\boldsymbol{B}u$$

其中

(1) $\boldsymbol{A}=\begin{bmatrix}-2 & 0\\ 0 & -4\end{bmatrix}$; $\boldsymbol{B}=\begin{bmatrix}2\\ 1\end{bmatrix}$;

(2) $\boldsymbol{A}=\begin{bmatrix}0 & 1\\ -1 & -2\end{bmatrix}$; $\boldsymbol{B}=\begin{bmatrix}0\\ 1\end{bmatrix}$;

(3) $\boldsymbol{A}=\begin{bmatrix}-2 & 1 & 0\\ 0 & -2 & 0\\ 0 & 0 & -3\end{bmatrix}$; $\boldsymbol{B}=\begin{bmatrix}1 & 2\\ 0 & 0\\ 3 & 0\end{bmatrix}$。

8.18　检验下列系统的可观测性。

(1) $\begin{bmatrix}\dot{x}_1\\ \dot{x}_2\\ \dot{x}_3\end{bmatrix}=\begin{bmatrix}-7 & 0 & 0\\ 0 & -5 & 0\\ 0 & 0 & -1\end{bmatrix}\begin{bmatrix}x_1\\ x_2\\ x_3\end{bmatrix}$;

$$\begin{bmatrix} y_1 \\ y_2 \end{bmatrix}=\begin{bmatrix} 3 & 2 & 0 \\ 0 & 3 & 1 \end{bmatrix}\begin{bmatrix} x_1 \\ x_2 \\ x_3 \end{bmatrix}$$

(2) $$\begin{bmatrix} \dot{x}_1 \\ \dot{x}_2 \\ \dot{x}_3 \\ \dot{x}_4 \end{bmatrix}=\begin{bmatrix} 2 & 1 & 0 & 0 \\ 0 & 2 & 0 & 0 \\ 0 & 0 & 3 & 1 \\ 0 & 0 & 0 & 3 \end{bmatrix}\begin{bmatrix} x_1 \\ x_2 \\ x_3 \\ x_4 \end{bmatrix}$$

$$\begin{bmatrix} y_1 \\ y_2 \end{bmatrix}=\begin{bmatrix} 0 & 1 & 1 & 0 \\ 0 & 1 & 1 & 1 \end{bmatrix}\begin{bmatrix} x_1 \\ x_2 \\ x_3 \\ x_4 \end{bmatrix}。$$

8.19 试确定由下列方程所描述系统的状态可控性、输出可控性和状态可观测性。

$$\begin{bmatrix} \dot{x}_1 \\ \dot{x}_2 \\ \dot{x}_3 \end{bmatrix}=\begin{bmatrix} 0 & 1 & 0 \\ 0 & 0 & 1 \\ -6 & -11 & -6 \end{bmatrix}\begin{bmatrix} x_1 \\ x_2 \\ x_3 \end{bmatrix}+\begin{bmatrix} 0 \\ 0 \\ 1 \end{bmatrix}\begin{bmatrix} u_1 \\ u_2 \end{bmatrix}$$

$$y=\begin{bmatrix} 4 & 5 & 1 \end{bmatrix}\begin{bmatrix} x_1 \\ x_2 \\ x_3 \end{bmatrix}$$

8.20 已知控制系统的状态方程为

$$\begin{bmatrix} \dot{x}_1 \\ \dot{x}_2 \\ \dot{x}_3 \end{bmatrix}=\begin{bmatrix} 0 & 1 & 0 \\ 0 & 0 & 1 \\ -a & -b & -c \end{bmatrix}\begin{bmatrix} x_1 \\ x_2 \\ x_3 \end{bmatrix}+\begin{bmatrix} 0 \\ 0 \\ 1 \end{bmatrix}u$$

试证明对于所有的 a，b，c 值，系统是状态完全可控制。

附录 A　拉普拉斯变换

1. 拉普拉斯变换

拉普拉斯变换简称拉氏变换，它是一种函数变换。正如代数学中取对数运算是一种数值间的变换那样，拉氏变换是函数间的变换。拉氏变换是将含时间 t 的实变函数 $x(t)$ 变换成为一个含复变量 s 的复变函数 $X(s)$，其定义为

$$X(s)=\int_0^{\infty}x(t)\mathrm{e}^{-st}\,\mathrm{d}t \qquad s=\sigma+\mathrm{j}\omega\ \text{为复变量}$$

式中，$x(t)$ 是需要变换的函数，称为原函数，$X(s)$ 是含复变量 s 的复变函数，称为原函数 $x(t)$ 的象函数或拉氏变换式。

通常拉氏变换可简单表示为

$$\mathscr{L}[x(t)]=X(s)$$

式中 $\mathscr{L}$ 表示拉氏变换。

另外，拉氏变换的原函数和象函数是相互惟一对应的。由象函数 $X(s)$ 求时间 t 的原函数的运算，称为拉氏反变换。

通常拉氏反变换用 $\mathscr{L}^{-1}$ 表示，即

$$\mathscr{L}^{-1}[X(s)]=x(t)=\frac{1}{2\pi\mathrm{j}}\int_{\sigma-\mathrm{j}\omega}^{\sigma+\mathrm{j}\omega}X(s)\mathrm{e}^{st}\,\mathrm{d}s$$

下面，我们求取几种典型函数的拉氏变换。

例 A.1　求阶跃函数

$$x(t)=\begin{cases}0 & t<0\\ x_0 & t\geqslant 0\end{cases}$$

的拉氏变换。

解　根据拉氏变换的定义，阶跃函数 $x(t)$ 的拉氏变换为

$$\begin{aligned}\mathscr{L}^{-1}[x(t)]=X(s)&=\int_0^{\infty}x_0\mathrm{e}^{-st}\,\mathrm{d}t\\&=-\frac{x_0}{s}\mathrm{e}^{-st}\Big|_0^{\infty}=-\lim_{t\to\infty}\frac{x_0}{s}\mathrm{e}^{-st}+\frac{x_0}{s}\\&=\frac{x_0}{s}\end{aligned}$$

在进行此积分时，可以假设 s 的实部比零略大，因此 $\lim\limits_{t\to\infty}\mathrm{e}^{-st}\to 0$。

对于单位阶跃函数 $x(t)=1(t)$ 的拉氏变换为

$$\mathscr{L}[1(t)]=\frac{1}{s}$$

例 A.2 求斜坡函数

$$x(t)=\begin{cases}0 & t<0\\ Vt & t\geqslant 0\end{cases}\qquad V\text{ 为常数}$$

的拉氏变换。

解 根据拉氏变换的定义，斜坡函数 $x(t)$ 的拉氏变换为

$$\mathscr{L}[x(t)]=\int_0^\infty Vt\,\mathrm{e}^{-st}\,\mathrm{d}t=V\int_0^\infty t\,\mathrm{e}^{-st}\,\mathrm{d}t$$

$$Vt\,\frac{\mathrm{e}^{-st}}{-s}\bigg|_0^\infty-\int_0^\infty\frac{V}{-s}\mathrm{e}^{-st}\,\mathrm{d}t=0+\frac{V}{s}\int_0^\infty\mathrm{e}^{-st}\,\mathrm{d}t=\frac{V}{s^2}$$

对于单位斜坡函数时，

$$x(t)=\begin{cases}0 & t<0\\ t & t\geqslant 0\end{cases}$$

同理可得其拉氏变换

$$\mathscr{L}[x(t)]=\frac{1}{s^2}$$

例 A.3 求抛物线函数

$$x(t)=\begin{cases}\dfrac{1}{2}t^2 & t>0\\ 0 & t\leqslant 0\end{cases}$$

的拉普拉斯变换。

解 $\mathscr{L}[x(t)]=\int_0^\infty\frac{1}{2}t^2\mathrm{e}^{-st}\,\mathrm{d}t=\frac{1}{s^3}$

例 A.4 求指数函数

$$x(t)=\begin{cases}\mathrm{e}^{\alpha t} & t\geqslant 0\\ 0 & t<0\end{cases}$$

的拉氏变换。

解 根据拉氏变换的定义，指数函数 $x(t)$ 的拉氏变换为

$$X(s)=\mathscr{L}[x(t)]=\int_0^\infty\mathrm{e}^{\alpha t}\mathrm{e}^{-st}\,\mathrm{d}t=\int_0^\infty\mathrm{e}^{-(s-\alpha)t}\,\mathrm{d}t$$

$$=-\frac{1}{(s-\alpha)}\mathrm{e}^{-(s-\alpha)t}\bigg|_0^\infty=\frac{1}{s-\alpha}$$

例 A.5 求正弦函数

$$x(t)=\begin{cases}\sin\omega t & t\geqslant 0\\ 0 & t<0\end{cases}$$

的拉氏变换。

解 根据拉氏变换的定义，正弦函数 $x(t)$ 的拉氏变换为

$$X(s)=\int_0^\infty\sin\omega t\,\mathrm{e}^{-st}\,\mathrm{d}t=\int_0^\infty\frac{1}{2\mathrm{j}}(\mathrm{e}^{\mathrm{j}\omega t}-\mathrm{e}^{-\mathrm{j}\omega t})\mathrm{e}^{-st}\,\mathrm{d}t$$

$$=\frac{1}{2\mathrm{j}}\left[\frac{1}{s-\mathrm{j}\omega}-\frac{1}{s+\mathrm{j}\omega}\right]=\frac{\omega}{s^2+\omega^2}$$

常用函数的拉普拉斯变换表见附录 B。

2. 拉氏变换的性质和定理

1）线性性质

拉氏变换也像一般线性函数那样具有均匀(齐次)性和叠加性，总称为线性性质。

$$\mathscr{L}[ax(t)] = aX(s)$$

表示变换的均匀性(或齐次性)，即一个时间函数乘以常数时，其拉氏变换为该时间函数的拉氏变换乘以该常数。

$$\mathscr{L}[x_1(t) \pm x_2(t)] = X_1(s) \pm X_2(s)$$

表示变换的叠加性，即两个时间函数和的拉氏变换等于这两个时间函数的拉氏变换之和。

2）微分定理

原函数导数的拉氏变换为

$$\mathscr{L}\left[\frac{\mathrm{d}x(t)}{\mathrm{d}t}\right] = sX(s) - X(0)$$

式中，$x(0)$为$x(t)$在$t = 0$时的值，或称为$x(t)$的初始值。

同理，可以得出$x(t)$的各阶导数的拉氏变换为

$$\mathscr{L}\left[\frac{\mathrm{d}^2x(t)}{\mathrm{d}t^2}\right] = s^2X(s) - sX(0) - X'(0)$$

$$\vdots$$

$$\mathscr{L}\left[\frac{\mathrm{d}^nx(t)}{\mathrm{d}t^n}\right] = s^nX(s) - s^{n-1}X(0) - s^{n-2}X'(0) - \cdots - X^{(n-1)}(0)$$

其中，$X'(0)$，…，$X^{(n-1)}(0)$分别为$x(t)$各阶导数在$t = 0$时的初始值。

若所有初始条件全为零时，则$x(t)$各阶导数的拉氏变换分别为

$$\mathscr{L}[x'(t)] = sX(s),\ \mathscr{L}[x''(t)] = s^2X(s),\ \cdots,\ \mathscr{L}[x^{(n)}(t)] = s^nX(s)$$

3）积分定理

原函数积分的拉氏变换为

$$\mathscr{L}\left[\int x(t)\ \mathrm{d}t\right] = \frac{X(s)}{s} + \frac{1}{s}X^{(-1)}(0)$$

其中，$X^{(-1)}(0)$是$\int x(t)\ \mathrm{d}t$在$t = 0$时的初始值。

同理，可以得出$x(t)$多重积分的拉氏变换为

$$\mathscr{L}\left[\iint x(t)\ \mathrm{d}^2t\right] = \frac{X(s)}{s^2} + \frac{1}{s^2}X^{(-1)}(0) + \frac{1}{s}X^{(-n)}(0)$$

$$\vdots$$

$$\mathscr{L}\left[\underbrace{\int\cdots\int}_{n} x(t)\ \mathrm{d}^nt\right] = \frac{X(s)}{s^n} + \frac{1}{s^n}X^{(-1)}(0) + \cdots + \frac{1}{s}X^{(-n)}(0)$$

其中，$X^{(-1)}(0)$，$X^{(-2)}(0)$，…，$X^{(-n)}(0)$为$x(t)$的各重积分在$t = 0$时的初始值。

若所有初始条件全为零时，则有

$$\mathscr{L}\left[\underbrace{\int\cdots\int}_{n} x(t)\ \mathrm{d}^nt\right] = \frac{X(s)}{s^n}$$

4）终值定理

如果 $x(t)$ 及其一阶导数是可以拉氏变换的，$\lim_{t\to 0}x(t)$ 存在，并且 $sX(s)$ 除原点为单极点外，在 $j\omega$ 轴上及其右半 s 平面内没有其它极点，则有

$$\lim_{t\to\infty}x(t)=\lim_{s\to 0}sX(s)$$

应用终值定理时，需要注意上述条件是否满足。例如 $x(t)=\sin\omega t$ 时，在 $j\omega$ 轴上有 $\pm j\omega$ 两个极点，并且 $\lim_{t\to\infty}x(t)$ 不存在，因此，终值定理不适用。

5）初值定理

如果 $x(t)$ 及其一阶导数是可以拉氏变换的，并且 $\lim_{s\to\infty}sX(s)$ 存在，则有

$$x(0_+)=\lim_{s\to\infty}sX(s)$$

注意：这里的初值只能是 $t=0_+$，而不是 t 恰好等于 0，在应用初值定理时，对 $sX(s)$ 极点的位置没有限制，所以初值定理可适用于正弦函数。

因此，我们利用终值定理和初值定理可以直接和方便地求出时域里系统的初值和终值，而不必求出其时间函数 $x(t)$。

6）位移定理

设 $X(s)=\mathscr{L}[x(t)]$，则

$$\mathscr{L}[x(t-\tau_0)]=e^{-\tau_0 s}X(s)\ 及\ \mathscr{L}[e^{at}x(t)]=X(s-a)$$

分别称为实域中的位移定理和复域中的位移定理。

7）时标变换

用计算机对实际系统仿真时，需要将时间 t 的标尺扩大或缩小为 t/a，以便得到清晰曲线或节省观察时间，则有

$$\mathscr{L}\left[x\left(\frac{t}{a}\right)\right]=aX(as)$$

8）卷积积分定理

$$\int_0^t g(t-\tau)x(\tau)\,d\tau=g(t)*x(t)$$

“$*$”表示两个时间函数 $g(t)$ 和 $x(t)$ 的卷积分。

3. 拉普拉斯反变换

拉氏反变换的定义我们在前面已经给出：

$$\mathscr{L}^{-1}[X(s)]=x(t)=\frac{1}{2\pi j}\int_{\sigma-j\infty}^{\sigma+j\infty}X(s)e^{st}\,ds$$

这是一个复变函数的积分，一般很难直接计算。这里的问题是我们怎样求取 $X(s)$ 的反变换？

设

$$X(s)=\frac{K(s+z_1)(s+z_2)\cdots(s+z_m)}{(s+p_1)(s+p_2)\cdots(s+p_n)}=\frac{B(s)}{A(s)}\qquad n>m$$

于是，我们可以先将它展开成部分分式，然后查拉氏变换对照表，求出原函数 $x(t)$ 的各项。具体有以下三种情况。

(1) $X(s)$ 只含有不相同的极点，即 $A(s)$ 无重根。

这样，上式可展开为如下部分分式形式：

$$X(s)=\frac{A_1}{s+p_1}+\frac{A_2}{s+p_2}+\cdots+\frac{A_n}{s+p_n}$$

其中，A_1，A_2，…，A_n 都是待定常数，可用以下留数方法得出：

$$A_i=\lim_{s\to -p_i}(s+p_i)X(s)=\frac{B(s)}{A(s)}(s+p_i)\bigg|_{s=-p_i}$$

那么，原函数 $x(t)$可由下面反变换表示：

$$\begin{aligned}x(t)&=\mathscr{L}^{-1}[X(s)]\\&=\mathscr{L}^{-1}\left[\frac{A_1}{s+p_1}\right]+\mathscr{L}^{-1}\left[\frac{A_2}{s+p_2}\right]+\cdots+\mathscr{L}^{-1}\left[\frac{A_n}{s+p_n}\right]\end{aligned}$$

通过查表得

$$\mathscr{L}^{-1}\left[\frac{A_i}{s+p_i}\right]=A_i\mathrm{e}^{-p_it}$$

所以

$$x(t)=A_1\mathrm{e}^{-p_1t}+A_2\mathrm{e}^{-p_2t}+\cdots+A_n\mathrm{e}^{-p_nt}\qquad t\geqslant 0$$

例 A.6 求

$$X(s)=\frac{s+3}{(s+1)(s+2)}$$

的原函数 $x(t)$。

解 将 $X(s)$展开成部分分式：

$$X(s)=\frac{A_1}{s+1}+\frac{A_2}{s+2}$$

$$A_1=\frac{s+3}{(s+1)(s+2)}(s+1)\mid_{s=-1}=2$$

$$A_2=\frac{s+3}{(s+1)(s+2)}(s+2)\mid_{s=-2}=-1$$

所以

$$X(s)=\frac{2}{s+1}-\frac{1}{s+2}$$

$$\begin{aligned}x(t)&=\mathscr{L}^{-1}[x(s)]=\mathscr{L}^{-1}\left[\frac{2}{s+1}\right]-\mathscr{L}\left[\frac{1}{s+2}\right]\\&=2\mathrm{e}^{-t}-\mathrm{e}^{-2t}\qquad t\geqslant 0\end{aligned}$$

(2) $X(s)$含有共轭复数极点，即 $A(s)$有共轭复数根。

设共轭复根点为 P_1，P_2，则 $X(s)$可展开为

$$X(s)=\frac{A_1s+A_2}{(s+p_1)(s+p_2)}+\frac{A_3}{(s+p_3)}+\cdots+\frac{A_n}{(s+p_n)}$$

其中，A_3，…，A_n 的求法与前面的方法(1)相同，A_1，A_2 可按下式求得：

$$[X(s)(s+p_1)(s+p_2)]_{s=-p_1}=[A_1s+A_2]_{s=-p_1}$$

上式等号两边都是复数，使等式两边的实部和虚部分别相等，可得两个方程，联立解出 A_1，A_2。

例 A.7 求

$$X(s)=\frac{s+1}{s(s^2+s+1)}$$

的原函数 $x(t)$。

解 令 $s(s^2+s+1)=0$，求出三个极点为

$$s_1=0,\ s_{2,3}=-\frac{1}{2}\pm j\frac{\sqrt{3}}{2}$$

将原式展开成

$$X(s)=\frac{A_1}{s}+\frac{A_2 s+A_3}{s^2+s+1}$$

$$A_1=\lim_{s\to 0} sX(s)=\frac{s+1}{s^2+s+1}=1$$

然后确定系数 A_2，A_3：

$$\left[\frac{s+1}{s(s^2+s+1)}(s^2+s+1)\right]_{s=-\frac{1}{2}-j\frac{\sqrt{3}}{2}}=[A_2 s+A_3]_{s=-\frac{1}{2}-j\frac{\sqrt{3}}{2}}$$

解之得

$$A_2=-1,\ A_3=0$$

所以

$$X(s)=\frac{1}{s}-\frac{s}{s^2+s+1}=\frac{1}{s}-\frac{s+0.5}{(s+0.5)^2+0.866^2}+\frac{0.5}{(s+0.5)^2+0.866^2}$$

则

$$x(t)=\mathscr{L}^{-1}[X(s)]=1-e^{-0.5t}\cos 0.866t+0.57e^{-0.5t}\sin 0.866t\qquad t\geqslant 0$$

(3) $X(s)$含有 r 阶重极点。

设 p_1 为 r 阶重极点，其余均为不相等的单极点，则 $X(s)$为

$$X(s)=\frac{k(s+z_1)(s+z_2)\cdots(s+z_m)}{(s+p_1)^r(s+p_{r+1})\cdots(s+p_n)}$$

则部分分式为以下形式：

$$X(s)=\frac{A_1}{(s+p_1)^r}+\frac{A_2}{(s+p_2)^{r-1}}+\cdots+\frac{A_r}{(s+p_r)}+\frac{A_{r+1}}{(s+p_{r+1})}+\cdots+\frac{A_n}{s+p_n}$$

式中 A_{r+1}，…，A_n 的求法与前面的方法(1)相同，而相应于 r 个重极点的参数 A_1，A_2，…，A_r 的求法如下：

$$A_1=[X(s)(s+p_1)^r]_{s=-p_i}$$

$$A_2=\frac{1}{(2-1)!}\left\{\frac{d}{ds}[X(s)(s+p_1)^r]\right\}_{s=-p_1}$$

$$\vdots$$

$$A_r=\frac{1}{(r-1)!}\left\{\frac{d^{r-1}}{ds^{r-1}}[X(s)(s+p_1)^r]\right\}_{s=-p_1}$$

于是，所求函数行 $x(t)$ 为

$$\begin{aligned}x(t)&=\mathscr{L}^{-1}[X(s)]\\&=\left[\frac{A_1}{(r-1)!}t^{r-1}+\frac{A_2}{(r-2)!}t^{r-2}+\cdots+A_r\right]e^{-p_1 t}+\cdots+A_n e^{-p_n t}\qquad t\geqslant 0\end{aligned}$$

例 A.8 求

$$X(s) = \frac{s^2 + 2s + 3}{(s+1)^3}$$

的原函数 $x(t)$。

解

$$X(s) = \frac{A_1}{(s+1)^3} + \frac{A_2}{(s+1)^2} + \frac{A_3}{(s+1)}$$

根据上述方法可求得

$$A_1 = [X(s)(s+1)^3]_{s=-1} = 2$$

$$A_2 = \frac{1}{(2-1)!}\left\{\frac{\mathrm{d}}{\mathrm{d}s}[X(s)(s+1)^3]\right\}_{s=-1} = (2s+1)\mid_{s=-1} = 0$$

$$A_3 = \frac{1}{(3-1)!}\left\{\frac{\mathrm{d}^2}{\mathrm{d}s^2}[X(s)(s+1)^3]\right\}_{s=-1} = \frac{1}{2!}\left\{\frac{\mathrm{d}^2}{\mathrm{d}s^2}(s^2+2s+3)\right\}_{s=-1} = 1$$

所以所求原函数为

$$x(t) = \mathscr{L}^{-1}[X(s)] = (t^2+1)\mathrm{e}^{-t} \qquad t \geqslant 0$$

附录 B　常见函数拉普拉斯变换对照表

序号	原函数 $f(t)$	象函数 $F(s)$
1	$\delta(t)$	1
2	$I(t)$	$\frac{1}{s}$
3	t	$\frac{1}{s^2}$
4	e^{-at}	$\frac{1}{s+a}$
5	te^{-at}	$\frac{1}{(s+a)^2}$
6	$\sin\omega t$	$\frac{\omega}{s^2+\omega^2}$
7	$\cos\omega t$	$\frac{s}{s^2+\omega^2}$
8	$t^n \quad n=1, 2, 3, \cdots$	$\frac{n!}{s^{n+1}}$
9	$t^n e^{-at} \quad n=1, 2, 3, \cdots$	$\frac{n!}{(s+a)^{n+1}}$
10	$\frac{1}{a}(1-e^{-at})$	$\frac{1}{s(s+a)}$
11	$\frac{1}{b-a}(e^{-at}-e^{-bt})$	$\frac{1}{(s+a)(s+b)}$
12	$e^{-at}\sin\omega t$	$\frac{\omega}{(s+a)^2+\omega^2}$
13	$e^{-at}\cos\omega t$	$\frac{s+a}{(s+a)^2+\omega^2}$
14	$\frac{1}{t}\sin\omega t$	$\arctan\frac{\omega}{s}$
15	$\frac{1}{a^2}(at-1+e^{-at})$	$\frac{1}{s^2(s+a)}$
16	$\frac{\omega_n}{\sqrt{1-\xi^2}}e^{-\xi\omega_n t}\sin(\omega_n\sqrt{1-\xi^2}t) \quad \xi<1$	$\frac{\omega_n^2}{s^2+2\xi\omega_n s+\omega_n^2}$
17	$-\frac{1}{\sqrt{1-\xi^2}}e^{-\xi\omega_n t}\sin(\omega_n\sqrt{1-\xi^2}t+\varphi)$ $\varphi=\arctan\frac{\sqrt{1-\xi^2}}{\xi} \quad \xi<1$	$\frac{s}{s^2+2\xi\omega_n s+\omega_n^2}$
18	$1-\frac{1}{\sqrt{1-\xi^2}}e^{-\xi\omega_n t}\sin(\omega_n\sqrt{1-\xi^2}t+\varphi)$ $\varphi=\arctan\frac{\sqrt{1-\xi^2}}{\xi} \quad \xi<1$	$\frac{\omega_n^2}{s(s^2+2\xi\omega_n s+\omega_n^2)}$

参考文献

1 田玉平. 自动控制原理. 北京：电子工业出版社，2002
2 孙虎章. 自动控制原理. 北京：中央广播电视大学出版社，1994
3 涂植英，何均正. 自动控制原理. 重庆：重庆大学出版社，1994
4 陈玉宏，胡学敏. 自动控制原理. 重庆：重庆大学出版社，1997
5 王诗宓，杜继宏，窦曰轩. 自动控制理论例题习题集. 北京：清华大学出版社，2002
6 夏德钤. 自动控制理论实验和习题集. 北京：机械工业出版社，1994
7 史忠科，卢京潮. 自动控制原理常见题型解析及模拟题. 西安：西北工业大学出版社，1998
8 绪芳胜彦. 现代控制工程. 北京：科学出版社，1984
9 黄家英. 自动控制原理. 南京：东南大学出版社，1991
10 袁冬莉等. 自动控制原理解题题典. 西安：西北工业大学出版社，2003
11 章高建. 过程控制原理. 北京：化学工业出版社，1994
12 张彬. 自动控制原理. 北京：北京邮电大学出版社，2002
13 张尚才. 控制工程基础. 杭州：浙江大学出版社，1992
14 吴麒. 自动控制原理. 北京：清华大学出版社，1988
15 李友善. 自动控制原理. 北京：国防工业出版社，1994
16 郭雷. 控制理论导论——从基本概念到研究前沿. 北京：科学出版社，2005
17 黄坚. 自动控制原理及其应用. 北京：高等教育出版社，2001
18 肖安崑，刘玲腾. 自动控制系统及其应用. 北京：清华大学出版社，2006
19 F. G. Shinskey. 过程控制系统——应用、设计与整定. 3版. 萧德云，吕伯明，译. 北京：清华大学出版社，2004
20 钱学森，宋健. 工程控制论. 北京：科学出版社，1983